Oldenbourg

Synthese und Analyse Digitaler Schaltungen

von
Prof. Dr.-Ing. habil. Gerd Scarbata
Technische Universität Ilmenau

2., überarbeitete Auflage

Oldenbourg Verlag München Wien

Die Deutsche Bibliothek - CIP-Einheitsaufnahme

Scarbata, Gerd:
Synthese und Analyse digitaler Schaltungen / von Gerd Scarbata. -
2., überarb. Aufl. – München ; Wien : Oldenbourg, 2001
ISBN 3-486-25814-1

Rosenheimer Straße 145, D-81671 München
Telefon: (089) 45051-0
www.oldenbourg-verlag.de

Lektorat: Sabine Ohlms
Herstellung: Rainer Hartl
Umschlagkonzeption: Kraxenberger Kommunikationshaus, München
Gedruckt auf säure- und chlorfreiem Papier
Druck: R. Oldenbourg Graphische Betriebe Druckerei GmbH

Inhaltsverzeichnis

Seite

Seite

Seite

Seite

Seite

Seite

Vorwort

Inhalt und Darstellung der 1. Auflage des vorliegenden Lehrbuches haben sich bewährt. Deshalb sind in der 2. Auflage die erforderlichen Überarbeitungen, wenige Ergänzungen aber keine wesentlichen Änderungen vorgenommen worden.
Im Jahr 2000 ist eine ins vietnamesische übersetzte Ausgabe des Lehrbuches mit dem Inhalt der hier vorliegenden 2. Auflage im Wissenschaftsverlag in Hanoi erschienen und findet auch dort an Universitäten und Hochschulen sowie an Aus- und Weiterbildungsstätten z.B. im Telekommunikationsbereich rege Resonanz.
Das Buch enthält die wesentlichen Verfahren zur Synthese optimierter digitaler Schaltungen unterschiedlicher Komplexität, die z. B. mit Booleschen Gleichungen, Wahrheitstabellen, Signaldiagrammen oder mit Automatentabellen bzw. Automatengraphen beschrieben sein können.
Einführend werden die Grundlagen der Booleschen Algebra behandelt. Neben den Gesetzen und Regeln zur Verknüpfung von Variablen sind die mathematischen Beziehungen zwischen den Ein- und Ausgangsgrößen kombinatorischer Schaltungen als Schaltfunktionen in ihren verschiedenen Normalformen dargestellt.
Minimierungsverfahren für diese Schaltfunktionen nach Karnaugh, Quine/Mc Cluskey einschließlich der spezifischen Tafelauswahlverfahren für Kernprimimplikanten werden anhand zahlreicher Beispiele ausführlich interpretiert.
Daran schließen sich die Synthese zweistufiger kombinatorischer Schaltungen und mehrstufige Realisierungen mittels Faktorisierungsmethoden auf Karnaugh-Plan-Basis an.
Ein weiterer Abschnitt beschreibt die kombinatorischen Standardschaltungen und die Realisierung von Schaltfunktionen mit Multiplexerbausteinen und vorstrukturierter programmierbarer Logik.
Als ein besonderer Schwerpunkt dieses Buches wird die Synthese von sequentiellen Schaltungen auf der Basis von MOORE- und MEALY-Automaten vermittelt.
Dies betrifft sowohl Standardschaltungen, wie Flip-Flops, synchrone und asynchrone Zähler und Teiler, als auch komplexe Schaltungen im Sinne von "flachen" Automaten.
Der überwiegende Teil dieses Lehrbuches basiert auf den seit vielen Jahren vom Autor gehaltenen Grundlagenvorlesungen "Digitale Schaltungstechnik" und „Synthese digitaler Schaltungen“ an der Fakultät Elektrotechnik und Informationstechnik bzw. der Fakultät Informatik und Automatisierung an der Technischen Universität Ilmenau.
Die systematische Einarbeitung in den dargestellten Stoff setzt Grundlagenkenntnisse der Mathematik und z. T. der Elektronik voraus.
Zahlreiche Beispiele unterstützen die Anschaulichkeit der vermittelten Theorie. Geschrieben wurde das Buch vorzugsweise für Studenten und Mitarbeiter an Universitäten und Hochschulen der Studiengänge Elektrotechnik und Informatik, die den Entwurf und die Analyse digitaler Schaltungen zum Gegenstand haben. Aber auch für den Fachmann in Forschungs- und Entwicklungsbereichen, der sich mit mikroelektronischen Schaltungen und Systemen auseinandersetzt, ist es ein nützliches Nachschlagewerk.

Bei der Abfassung dieses Buches habe ich vielfältige Unterstützung erfahren. Meine wissenschaftlichen Assistenten erprobten die hier vermittelten Synthese- und Analysemethoden in zahlreichen Übungsveranstaltungen mit Studenten.
Vor allem möchte ich Herrn Dr. rer. nat. Th. Böhme danken, der maßgeblich an der Ausarbeitung der Abschnitte zur Booleschen Algebra und zu den automatentheoretischen Grundlagen der sequentiellen Systeme beteiligt war. Frau Dipl.-Ing. U. Rommel und Frau I. Heyer erarbeiteten mit Engagement und Ausdauer die Druckvorlagen. Zahlreiche Hinweise zur Systematisierung und Darstellung des Stoffes verdanke ich Herrn Dr.-Ing. habil. A. Kühlmann, den Herren Dr. rer. nat. J. Rempel, Dr. rer. nat. A. Müller und Prof. Dr. rer. nat. J. Kelber, Herrn Dr.-Ing. Chr. Schröder, Frau Dipl.-Ing. Chr. Wisser und den Herren Dr.-Ing. K. Pahnke, Dipl.-Ing. R. Selent, Dr.-Ing. T. Krenzer und Dr.-Ing. St. Arlt.

Ilmenau, Sommer 2001 Prof. Dr.-Ing. habil. G. Scarbata

1 Boolesche Algebra, Schaltalgebra - Begriffsbestimmung

Basis für eine Synthese und Analyse digitaler Schaltungen ist die Schaltalgebra als eine spezielle Form der Booleschen Algebra. Letztere wurde nach dem englischen Mathematiker G. Boole (1815-1864) benannt und damit dessen 1854 erschienenes Buch "The Laws of Thought" und andere seiner Arbeiten zum Kalkül der formalen Logik honoriert. Nach [1.1] ist die Boolesche Algebra ein Tripel

$$\mathbf{A}: = (X; \blacktriangledown, \blacktriangle), \tag{1.1}$$

in dem $\blacktriangledown$ und $\blacktriangle$ zweistellige Operatoren und X eine endliche Menge sind. Die Operatoren einer solchen Algebra (1.1) genügen für $x_2, x_1, x_0 \in X$ folgenden Bedingungen:

1.1.1 Kommutative Beziehungen

$$x_1 \blacktriangledown x_0 = x_0 \blacktriangledown x_1 \tag{1.2.a}$$
$$x_1 \blacktriangle x_0 = x_0 \blacktriangle x_1 \tag{1.2.b}$$

1.1.2 Assoziative Beziehungen

$$(x_2 \blacktriangledown x_1) \blacktriangledown x_0 = x_2 \blacktriangledown (x_1 \blacktriangledown x_0) \tag{1.3.a}$$
$$(x_2 \blacktriangle x_1) \blacktriangle x_0 = x_2 \blacktriangle (x_1 \blacktriangle x_0) \tag{1.3.b}$$

1.1.3 Distributive Beziehungen

$$x_2 \blacktriangledown (x_1 \blacktriangle x_0) = (x_2 \blacktriangledown x_1) \blacktriangle (x_2 \blacktriangledown x_0) \tag{1.4.a}$$
$$x_2 \blacktriangle (x_1 \blacktriangledown x_0) = (x_2 \blacktriangle x_1) \blacktriangledown (x_2 \blacktriangle x_0) \tag{1.4.b}$$

1.1.4 Adjunktive bzw. Absorptive Beziehungen

$$x_1 \blacktriangle (x_1 \blacktriangledown x_0) = x_1 \tag{1.5.a}$$
$$x_1 \blacktriangledown (x_1 \blacktriangle x_0) = x_1 \tag{1.5.b}$$

1.2 Für die Operatoren $\blacktriangledown$ und $\blacktriangle$ existiert je ein neutrales Element $n_\blacktriangledown$ und $n_\blacktriangle$:

$$\forall x \in X: \quad x \blacktriangledown n_\blacktriangledown = n_\blacktriangledown \blacktriangledown x = x, \tag{1.6.a}$$
$$x \blacktriangle n_\blacktriangle = n_\blacktriangle \blacktriangle x = x. \tag{1.6.b}$$

1.3 Es gibt die einstellige Operation "‾" (außer diesem Symbol ist auch "/" üblich), welche die Menge X eindeutig auf sich abbildet, wobei folgende Beziehungen gelten:

$$x \blacktriangledown \overline{x} = n_\blacktriangle, \quad x \blacktriangle \overline{x} = n_\blacktriangledown \tag{1.7.a}$$
$$\overline{\overline{x}} = x. \tag{1.7.b}$$

Der Operator "‾" hat bei der hier beabsichtigten Interpretation die Bedeutung der Negation.

Mit diesen drei Bedingungen läßt sich die in (1.1) dargestellte algebraische Struktur wie folgt erweitern:

$$\mathbf{A}^*: = (X; \blacktriangledown, \blacktriangle, {}^{-}, n_\blacktriangledown, n_\blacktriangle). \tag{1.8}$$

Man kann eine solche Struktur auf verschiedene Weise inhaltlich interpretieren, z. B. mengentheoretisch (dann handelt es sich um eine Boolesche Mengenalgebra):
Dafür wählt man $X = \{M, \emptyset\}$, wobei M eine nichtleere und $\emptyset$ die leere Menge bezeichnen und interpretiert $\blacktriangledown$, $\blacktriangle$ und "$-$" als die Operationen der Vereinigung, der Durchschnittsbildung und des Übergangs zur Komplementärmenge, wofür wir die in der Mengentheorie üblichen Symbole $\cup$, $\cap$ und ~ benutzen:

$$\mathbf{A}^*: = (\{M, \emptyset\}; \cup, \cap, \sim, \emptyset, M). \tag{1.9}$$

Die Operationstabellen für $\cup$ (Vereinigung), $\cap$ (Durchschnitt) und ~ (Komplement) der $\emptyset$- und M-Menge haben dann folgenden Inhalt:

$\cup$	$\emptyset$	M
$\emptyset$	$\emptyset$	M
M	M	M

$\cap$	$\emptyset$	M
$\emptyset$	$\emptyset$	$\emptyset$
M	$\emptyset$	M

~	
$\emptyset$	M
M	$\emptyset$

(1.10)

In der digitalen Schaltungstechnik benutzen wir eine andere Interpretation, und zwar diejenige, von der Boole ursprünglich ausgegangen ist:

$$\mathbf{S}: = (\{n_\blacktriangledown, n_\blacktriangle\}; \blacktriangledown, \blacktriangle, /, n_\blacktriangledown, n_\blacktriangle). \tag{1.11}$$

Mit $n_\blacktriangledown = 0$ und $n_\blacktriangle = 1$ sowie $\blacktriangledown \equiv +$ und $\blacktriangle \equiv \cdot$ vereinfacht sich (1.11) zu der für die digitale Schaltungstechnik instrumentierbaren Struktur:

$$\mathbf{S}: = (\{0,1\}; +, \cdot, /, 0, 1). \tag{1.12}$$

Dabei sind 0 und 1 Symbole (nicht die ganzen Zahlen 0 und 1!) für die neutralen Elemente bezüglich der Operationen "+" (ODER) bzw. "·" (UND). Die Operationstabellen für die Schaltalgebra sind:

+	0	1
0	0	1
1	1	1

·	0	1
0	0	0
1	0	1

/	
0	1
1	0

(1.13)

Die Darstellungen (1.10) und (1.13) verdeutlichen, daß die Boolesche Schaltalgebra der Booleschen Mengenalgebra isomorph ist.

Neben den Operationssymbolen (+, ·, /) sind auch andere gebräuchlich, z. B. (∨, ∧, ') in teilweiser Anlehnung an die Mengenalgebra (∪, ∩, ~):

Operation	Symbole	Sprechweise
ODER (DISJUNKTION)	$x_1 + x_0 \equiv x_1 \vee x_0$	x_1 ODER x_0
UND (KONJUNKTION)	$x_1 \cdot x_0 \equiv x_1 x_0 \equiv x_1 \wedge x_0$	x_1 UND x_0
NEGATION (KOMPLEMENT)	$/x \equiv x' \equiv \overline{x}$	$\overline{x}$ - NEGATION von x - KOMPLEMENT von x

2 Operationssystem der Schaltalgebra

Die bereits für die Boolesche Algebra generell definierten Beziehungen (1.2- 1.7) gelten für die Schaltalgebra

$$S := (\{0,1\}; +, \cdot, /, 0,1) \tag{2.1}$$

mit $x, x_2, x_1, x_0 \in \{0,1\}$ sinngemäß:

2.1 Kommutative Beziehungen

$$x_1 + x_0 = x_0 + x_1 \tag{2.1.a}$$
$$x_1 \cdot x_0 = x_0 \cdot x_1 \tag{2.1.b}$$

2.2 Assoziative Beziehungen

$$(x_2 + x_1) + x_0 = x_2 + (x_1 + x_0) \tag{2.2.a}$$
$$(x_2 \cdot x_1) \cdot x_0 = x_2 \cdot (x_1 \cdot x_0) \tag{2.2.b}$$

2.3 Distributive Beziehungen

$$x_2 + (x_1 \cdot x_0) = (x_2 + x_1) \cdot (x_2 + x_0) \tag{2.3.a}$$
$$x_2 \cdot (x_1 + x_0) = (x_2 \cdot x_1) + (x_2 \cdot x_0) \tag{2.3.b}$$

2.4 Adjunktive bzw. Absorptive Beziehungen

$$x_1 \cdot (x_1 + x_0) = x_1 \tag{2.4.a}$$
$$x_1 + (x_1 \cdot x_0) = x_1 \tag{2.4.b}$$

2.5 Operationen mit den neutralen Elementen 0 und 1

$$x + 0 = 0 + x = x \tag{2.5.a}$$
$$x + 1 = 1 + x = 1 \tag{2.5.b}$$
$$x \cdot 0 = 0 \cdot x = 0 \tag{2.5.c}$$
$$x \cdot 1 = 1 \cdot x = x \tag{2.5.d}$$

2.6 Komplementbildung (Negation)

$$/x = \overline{x} \tag{2.6.a}$$
$$\overline{\overline{x}} = x \tag{2.6.b}$$
$$x + \overline{x} = 1 \tag{2.6.c}$$
$$x \cdot \overline{x} = 0\,. \tag{2.6.d}$$

Die Tabelle 2.1 enthält eine Zusammenfassung der Operationen · (UND), + (ODER) und "‾" (Komplementbildung) mit einer Variable $x \in X$ und den neutralen Elementen 0 und 1.

$x \in 0,1$	$0,1$
$x \cdot 0 = 0$	$0 \cdot 0 = 0$
$x \cdot 1 = x$	$0 \cdot 1 = 0$
$\bar{x} \cdot 0 = 0$	$1 \cdot 0 = 0$
$\bar{x} \cdot 1 = \bar{x}$	$1 \cdot 1 = 1$
$x + 0 = x$	$0 + 0 = 0$
$x + 1 = 1$	$0 + 1 = 1$
$\bar{x} + 0 = \bar{x}$	$1 + 0 = 1$
$\bar{x} + 1 = 1$	$1 + 1 = 1$
$x + x + x \ldots = x$	$1 + 1 + 1 \ldots = 1$
	$0 + 0 + 0 \ldots = 0$
$x \cdot x \cdot x \ldots = x$	$1 \cdot 1 \cdot 1 \ldots = 1$
	$0 \cdot 0 \cdot 0 \ldots = 0$
$x \cdot \bar{x} = 0$	$0 \cdot 1 = 0$
$x + \bar{x} = 1$	$0 + 1 = 1$
$\bar{\bar{x}} = x$	$\bar{0} = 1$
	$\bar{1} = 0$

Tabelle 2.1 Basis-Operationen in der Schaltalgebra

3 Boolesche Funktionen

Die folgenden Definitionen dienen der Begriffsbestimmung der Booleschen Funktion. Die Boolesche Menge {0,1} bezeichnen wir im weiteren mit X.

3.1 Ein Element 0 oder 1 der Booleschen Menge X bezeichnet man als Konstante.

3.2 Ein Symbol x, das ein beliebiges Element der Booleschen Menge X repräsentieren kann, bezeichnet man als Variable $x \in X$.

3.3 $f(x_{k-1},...,x_\kappa,...,x_0)$ mit den Variablen $x_{k-1},...,x_\kappa,...,x_0$ als Abbild f der Menge X in die Menge X wird als Boolesche Funktion bezeichnet, wenn sie mit den folgenden Vorschriften gebildet werden kann:

3.3.1 a sei eine Konstante. Dann sind $f(x_{k-1},...,x_\kappa,...,x_0) = a$ und $f(x_{k-1},...,x_\kappa,...,x_0) = x_\kappa$ Boolesche Funktionen. Bei der ersten spricht man von einer konstanten Funktion, bei der zweiten von einer Projektionsfunktion.

3.3.2 Wenn $f(x_{k-1},...,x_\kappa,...,x_0)$ eine Boolesche Funktion ist, dann ist $\overline{f(x_{k-1},...,x_\kappa,...,x_0)}$ ebenfalls eine Boolesche Funktion, die wir auch mit $\bar{f}\,(x_{k-1},...,x_\kappa,...,x_0)$ bezeichnen.

3.3.3 Wenn $f_1(x_{k-1},...,x_\kappa,...,x_0)$ und $f_0(x_{k-1},...,x_\kappa,...,x_0)$ Boolesche Funktionen sind, dann sind $f_1(x_{k-1}, ..., x_\kappa, ..., x_0) + f_0(x_{k-1}, ..., x_\kappa, ..., x_0)$ und $f_1(x_{k-1}, ..., x_\kappa, ..., x_0) \cdot f_0(x_{k-1}, ..., x_\kappa, ..., x_0)$ ebenfalls Boolesche Funktionen.

Eine Funktion heißt also genau dann eine Boolesche Funktion, wenn sie mit Hilfe einer endlichen Anzahl wiederholter Anwendungen der unter 3.3.1 bis 3.3.3 genannten Vorschriften erzeugt werden kann. Das heißt, eine Boolesche Funktion kann erzeugt werden aus konstanten Funktionen und aus Projektionsfunktionen durch eine endliche Anzahl von Anwendungen der Operationen "‾", "+", und "·". Die Projektionsfunktion $f(x) = x$ einer einzigen Variable x ist offenbar die identische Funktion.
Die Bildung einer Booleschen Funktion mit Hilfe der Vorschriften 3.3.1 - 3.3.3 soll an einem folgenden Beispiel für zwei Variable x_1 und x_0 nachvollzogen werden.
Gegeben seien z. B. zwei Projektionsfunktionen für je eine Variable x_0 bzw. x_1

$$f(x_0) = x_0 \tag{3.1.a}$$
$$f(x_1) = x_1. \tag{3.1.b}$$

Mittels Komplementbildung nach Vorschrift 3.3.2 erhalten wir aus (3.1)

$$\overline{f(x_0)} = \bar{x}_0 \tag{3.2.a}$$
$$\overline{f(x_1)} = \bar{x}_1. \tag{3.2.b}$$

Führen wir mit diesen vier Funktionen (3.1) und (3.2) entsprechend der Vorschrift 3.3.3

z. B. die UND-Operation aus, so erhalten wir vier neue Boolesche Funktionen für zwei Variable

$$f_0(x_1,x_0) = \overline{f(x_1)} \cdot \overline{f(x_0)} = \overline{x}_1\overline{x}_0 \quad (3.3.a)$$
$$f_1(x_1,x_0) = \overline{f(x_1)} \cdot f(x_0) = \overline{x}_1x_0 \quad (3.3.b)$$
$$f_2(x_1,x_0) = f(x_1) \cdot \overline{f(x_0)} = x_1\overline{x}_0 \quad (3.3.c)$$
$$f_3(x_1,x_0) = f(x_1) \cdot f(x_0) = x_1x_0. \quad (3.3.d)$$

Eine Auswahl der Funktionen (3.3) kann man nun z. B. mittels ODER-Operationen in eine Funktion $f(x_1,x_0)$ überführen.
Diese Auswahl kann unter Zuhilfenahme der in 3.3.1 definierten konstanten Funktion geschehen. Wir führen dazu UND-Verknüpfungen zwischen den Funktionen (3.3) und den konstanten "0" - bzw. "1"-Funktionen beispielsweise wie folgt durch und unterziehen diese UND-verknüpften Terme der ODER-Operation:

$$f(x_1,x_0) = 0 \cdot f_0(x_1,x_0) + 1 \cdot f_1(x_1,x_0) + 1 \cdot f_2(x_1,x_0) + 0 \cdot f_3(x_1,x_0). \quad (3.4)$$

Als Ergebnis erhalten wir

$$f(x_1,x_0) = f_1(x_1,x_0) + f_2(x_1,x_0) = \overline{x}_1x_0 + x_1\overline{x}_0. \quad (3.5)$$

Mit der für (3.4) getroffenen Auswahl (insgesamt gibt es 16 Auswahlmöglichkeiten für die vier Funktionen (3.3)) erhalten wir eine ANTIVALENZ-Verknüpfung (3.5) für die Variable x_1 und x_0. Das Symbol $\nleftrightarrow$ für eine solche ANTIVALENZ-Verknüpfung ermöglicht die verkürzte Schreibweise

$$f(x_1,x_0) = x_1 \nleftrightarrow x_0. \quad (3.6)$$

Die komplette tabellarische Zuordnung der Funktionswerte "0" und "1" einer Booleschen Funktion zu den möglichen Kombinationen der "0" und "1" - Belegungen für die Variable $x_{k-1},\ldots,x_\kappa,\ldots,x_0$ nennt man Wahrheitsstabelle oder Schaltbelegungstafel.
Für die ANTIVALENZ - Funktion zweier Variablen gilt folgende Wahrheitsstabelle:

x_1	x_0	f_0	f_1	f_2	f_3	f
0	0	1	0	0	0	0
0	1	0	1	0	0	1
1	0	0	0	1	0	1
1	1	0	0	0	1	0

Tabelle: 3.1 Wahrheitsstabelle der Booleschen Funktionen f_0 - f_3 (3.3) und der ANTIVALENZ-Funktion f (3.5)

4 Boolesche Funktionen kombinatorischer Schaltungen

4.1 Begriffsbestimmungen

Analysieren wir zunächst eine kombinatorische Schaltung K, die eine Boolesche Funktion $y = f(\underline{x})$ realisiert, wobei diese Funktion in Form einer Wahrheitstabelle als ANTIVALENZ-Verknüpfung der beiden Eingangsvariablen x_1 und x_0 vorgegeben sein soll. Der Ausgang dieser kombinatorischen Schaltung sei y, wie im Bild 4.1.1 dargestellt.

ε	x_1	x_0	$y = x_1 \not\equiv x_0$
0	0	0	0
1	0	1	1
2	1	0	1
3	1	1	0

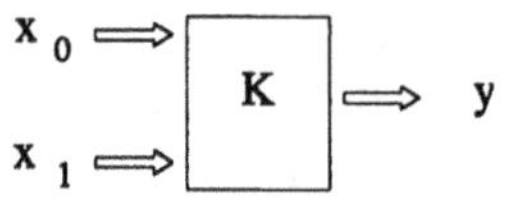

Bild 4.1.1 Wahrheitstabelle und Blockschaltbild für eine kombinatorische Schaltung (ANTIVALENZ-Funktion)

Jede der möglichen Eingangsbelegungen $\underline{x}$ für k Variable läßt sich durch einen Vektor

$$\underline{x} = (x_{k-1},\dots,x_\kappa,\dots,x_0) \tag{4.1.1}$$

darstellen. Offenbar gibt es $e = 2^k$ verschiedene solche Vektoren. Diese werden im folgenden mit $\underline{x}_0,\dots,\underline{x}_\varepsilon,\dots,\underline{x}_{e-1}$ bezeichnet, wobei wir vereinbaren, daß für

$$\underline{x}_\varepsilon = (x_{\varepsilon,k-1},\dots,x_{\varepsilon,\kappa},\dots,x_{\varepsilon,0}), \qquad \varepsilon \in \{0,\dots,e-1\} \tag{4.1.2}$$

gilt.

$$\varepsilon = \sum_{\kappa=0}^{k-1} x_{\varepsilon,\kappa} \cdot 2^\kappa \tag{4.1.3}$$

d. h. $\underline{x}_\varepsilon$ ist die in Vektorform angeordnete binäre Darstellung der natürlichen Zahl ε.
Die Menge der Vektoren $\underline{x}_\varepsilon$ läßt sich auch durch eine Matrix darstellen:

$$\underline{X} = \begin{bmatrix} \underline{x}_0 \\ \vdots \\ \underline{x}_\varepsilon \\ \vdots \\ \underline{x}_{e-1,} \end{bmatrix} \tag{4.1.4}$$

d. h.:

$$\underline{X} = \begin{bmatrix} x_{0,k-1} & \dots & x_{0,\kappa} & \dots & x_{0,0} \\ \vdots & & \vdots & & \vdots \\ x_{\varepsilon,k-1} & \dots & x_{\varepsilon,\kappa} & \dots & x_{\varepsilon,0} \\ \vdots & & \vdots & & \vdots \\ x_{e-1,k-1} & \dots & x_{e-1,\kappa} & \dots & x_{e-1,0} \end{bmatrix} \tag{4.1.5}$$

$$= \left[x_{\varepsilon,\kappa} \right], \quad \begin{matrix} \varepsilon = 0, 1 \dots e\text{-}1 \\ \kappa = 0, 1 \dots k\text{-}1 \end{matrix} \tag{4.1.6}$$

Die der Eingangsbelegung $\underline{x}_\varepsilon$ über die Schaltfunktion $y = f(\underline{x})$ zugeordnete Ausgangsbelegung bezeichnen wir mit

$$y_\varepsilon = f(\underline{x}_\varepsilon) \in \{0,1\}. \qquad (4.1.7)$$

Diese möglichen Ausgangsbelegungen ordnen wir zu einer einspaltigen Matrix (Spaltenvektor)

$$\underline{y}^f = \begin{pmatrix} y_0 \\ | \\ y_\varepsilon \\ | \\ y_{e-1} \end{pmatrix} \qquad (4.1.8)$$

an.

Für die möglichen $e = 2^k$ Eingangsbelegungen sind insgesamt $a = 2^e = 2^{2^k}$ Ausgangsfunktionen definierbar. Also für zwei Eingangsvariablen z. B. für x_1 und x_0 mit ihren $e = 2^k = 4$ möglichen Eingangsbelegungen gibt es insgesamt $a = 2^e = 16$ kombinatorische Schaltungen, die diese möglichen 16 Ausgangsfunktionen realisieren. Die ANTIVALENZ-Funktion im Bild 4.1.1 ist eine von diesen. Alle 16 Funktionen sind in Tabelle 4.3.1 enthalten.

Alle a Ausgangsfunktionen bilden demgemäß eine Menge von Vektoren:

$$\{\underline{y}_0, \ldots, \underline{y}_\alpha, \ldots, \underline{y}_{a-1}\}. \qquad (4.1.9)$$

Diese Menge läßt sich auch durch eine Matrix darstellen:

$$\underline{Y} = [\underline{y}_0, \ldots, \underline{y}_\alpha, \ldots, \underline{y}_{a-1}] \qquad (4.1.10)$$

d.h.:

$$\underline{Y} = \begin{bmatrix} y_{0,0} & \ldots & y_{0,\alpha} & \ldots & y_{0,a-1} \\ | & & | & & | \\ y_{\varepsilon,0} & \ldots & y_{\varepsilon,\alpha} & \ldots & y_{\varepsilon,a-1} \\ | & & | & & | \\ y_{e-1,0} & \ldots & y_{e-1,\alpha} & \ldots & y_{e-1,a-1} \end{bmatrix} \qquad (4.1.11)$$

$$= \left[y_{\varepsilon,\alpha} \right], \quad \begin{matrix} \varepsilon = 0, \ldots, e-1, \\ \alpha = 0, \ldots, a-1 \end{matrix} \qquad (4.1.12)$$

Eine kombinatorische Schaltung ist also ein abstraktes Gebilde, das durch die Matrix $\underline{X}$, den Vektor $\underline{Y}^f$ und die realisierende Vektorfunktion vollständig beschrieben ist. In Verallgemeinerung des bisher betrachteten Konzeptes gibt es auch kombinatorische Schaltungen mit mehr als einen Ausgang. Die Ausgangsvariablen einer kombinatorischen Schaltung mit ℓ Ausgängen bezeichnen wir mit $y_0, .., y_{\ell-1}$. Man kann sich eine solche kombinatorische Schaltung K mit ℓ Ausgängen auch als aufgebaut aus ℓ verschiedenen kombinatorischen Schaltungen $K_0, \ldots, K_{\ell-1}$ mit jeweils k Eingängen und je einem Ausgang denken.

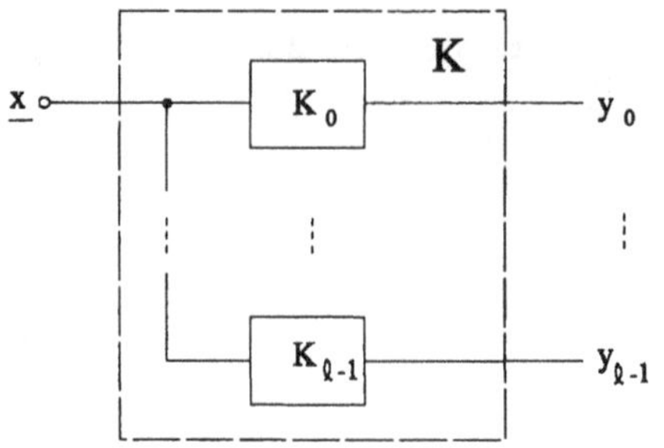

Bild 4.1.2 Kombinatorische Schaltung K mit ℓ Ausgängen.

Die Schaltfunktionen der kombinatorischen Schaltungen $K_0, \ldots, K_{\ell-1}$ werden mit $f_0, \ldots, f_{\ell-1}$ bezeichnet:

$$y_\lambda = f_\lambda(\underline{x}), \qquad \lambda \in \{0,\ldots,\ell-1\}. \tag{4.1.13}$$

Zu jeder Eingangsbelegung $\underline{x}_\varepsilon$ gehört also eine Ausgangsbelegung,

$$\underline{y}_\varepsilon = (y_{\varepsilon,0},\ldots,y_{\varepsilon,\lambda},\ldots,y_{\varepsilon,\ell-1}) = (f_0(\underline{x}_\varepsilon),\ldots,f_\lambda(\underline{x}_\varepsilon),\ldots,f_{\ell-1}(\underline{x}_\varepsilon)) \tag{4.1.14}$$

welche wir in Form eines Zeilenvektors mit ℓ-Elementen anordnen.
Betrachten wir nun wieder alle e möglichen Eingangsbelegungen, so erhalten wir (wie soeben beschrieben) für jede dieser Eingangsbelegungen $\underline{x}_\varepsilon$ einen Zeilenvektor $\underline{y}_\varepsilon$. Insgesamt erhält man also e Zeilenvektoren $\underline{y}_0,\ldots,\underline{y}_\varepsilon,\ldots,\underline{y}_{e-1}$, welche wir zu einer Matrix $\underline{Y}^f$

$$\underline{Y}^f = \begin{bmatrix} \underline{y}_0 \\ | \\ \underline{y}_\varepsilon \\ | \\ \underline{y}_{e-1} \end{bmatrix} = \begin{bmatrix} y_{0,0} & \ldots & y_{0,\lambda} & \ldots & y_{0,\ell-1} \\ | & & & & | \\ y_{\varepsilon,0} & \ldots & y_{\varepsilon,\lambda} & \ldots & y_{\varepsilon,\ell-1} \\ | & & & & | \\ y_{e-1,0} & \ldots & y_{e-1,\lambda} & \ldots & y_{e-1,\ell-1} \end{bmatrix} \tag{4.1.15}$$

$$= \left[y_{\varepsilon,\lambda} \right] \; , \; \begin{matrix} \varepsilon = 0,\ldots,e-1 \\ \lambda = 0,\ldots,\ell-1 \end{matrix} \tag{4.1.16}$$

anordnen.
Die Matrix tritt hier also an die Stelle des Spaltenvektors in (4.1.8) und entspricht nicht etwa der Matrix $\underline{Y}$ (4.1.11 bis 4.1.12). Die betrachtete kombinatorische Schaltung K ist durch die Matrix $\underline{Y}^f$ eindeutig bestimmt. Umgekehrt entspricht jeder 0-1-Matrix mit e Zeilen und ℓ Spalten genau einer kombinatorischen Schaltung mit k Eingängen und ℓ Ausgängen.

Da es $2^{2^k} = 2^e$ Matrizen gibt, gibt es also auch genausoviele kombinatorische Schaltungen K mit k Eingängen und ℓ Ausgängen. Sie entstehen aus allen Kombinationen der kombinatorischen Schaltungen $K_0,\ldots,K_\lambda,\ldots,K_{\ell-1}$.

Da es $a = 2^{2^k} = 2^e$ verschiedene kombinatorische Schaltungen mit k Eingängen und einem Ausgang gibt, können also insgesamt a^ℓ solche Kombinationen und also genau a^ℓ kombinatorische Schaltungen K gebildet werden. Daraus ergibt sich ferner, daß es sinnvoll ist, sich auf die Betrachtung von kombinatorischen Schaltungen mit höchstens a Ausgängen zu beschränken.
Besitzt eine kombinatorische Schaltung mit k Eingängen mehr als a Ausgänge, so gibt es offenbar stets mindestens zwei "äquivalente" Ausgänge $y_\alpha = f_\alpha(\underline{x})$ und $y_{\alpha'} = f_{\alpha'}(\underline{x})$, d. h. $f_\alpha(\underline{x}) = f_{\alpha'}(\underline{x})$ für alle möglichen Eingangsbelegungen $\underline{x}$. Wir setzen daher im folgenden stets $\ell \leq a$ voraus.
Im Unterschied zu einer sequentiellen Schaltung, die in nachfolgenden Abschnitten dieses Buches behandelt wird, realisiert die kombinatorische Schaltung eindeutig die definierte Funktion $y = f(\underline{x})$, ohne daß dabei interne Schaltungszustände, die bei sequentiellen Schaltungen durch Signalrückführungen gezielt erzeugt werden, einen Einfluß haben. Die kombinatorische Schaltung besitzt also keinerlei interne Speicher. Im Bild 4.1.3 ist eine solche Schaltung mit der Wahrheitsstabelle und den zeitlich willkürlich determinierten Signalverläufen dargestellt, die dieses Verhalten veranschaulicht.

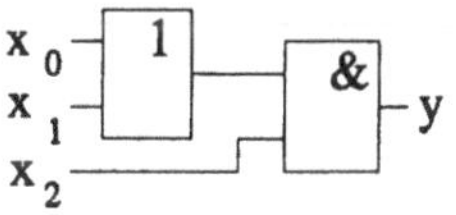

$y = f(x) = (x_1+x_0)x_2$

ε	x_2	x_1	x_0	y_ε
0	0	0	0	0
1	0	0	1	0
2	0	1	0	0
3	0	1	1	0
4	1	0	0	0
5	1	0	1	1
6	1	1	0	1
7	1	1	1	1

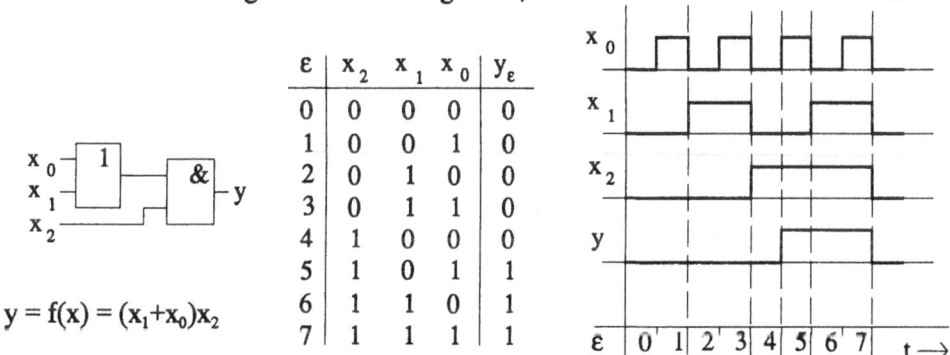

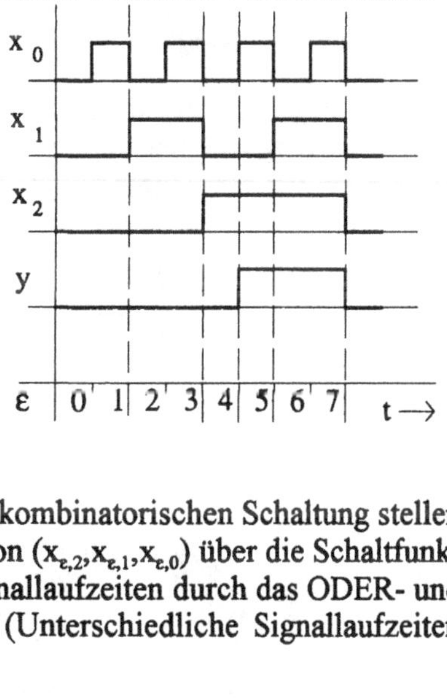

Bild 4.1.3 Beispiel für eine kombinatorische Schaltung

Die Funktionswerte "0" und "1" am Ausgang y der kombinatorischen Schaltung stellen sich für jede an den Eingängen angelegte Kombination $(x_{\varepsilon,2}, x_{\varepsilon,1}, x_{\varepsilon,0})$ über die Schaltfunktion $y = f(\underline{x})$ sofort eindeutig ein, wenn man die Signallaufzeiten durch das ODER- und UND-Element zunächst ideal mit Null annimmt. (Unterschiedliche Signallaufzeiten können zu Fehlern am Ausgang y führen!)

4.2 Boolesche Basisfunktionen für eine Eingangsvariable

Für eine kombinatorische Schaltung sollen die Eingangsvariablen $x \in X = \{0,1\}$ und die Ausgangsvariablen $y \in Y = \{0,1\}$ sein. Diese Eingangs- bzw. Ausgangsvariablen lassen sich jeweils in einem Binärraum B_2^k darstellen, wobei B_2 - die Menge der Symbole "0" und "1" und k - die Anzahl der Eingangsvariablen x sind.
Für eine Eingangsvariable x_0 existiert mit $k = 1$ ein eindimensionaler Binärraum B_2^1.

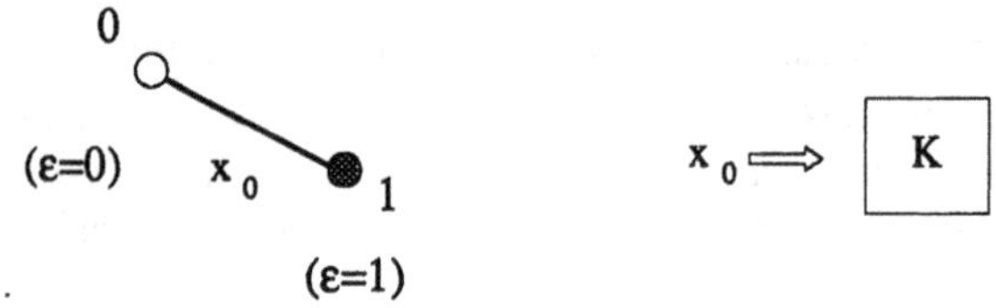

Bild 4.2.1 Eingangsraum B_2^1 für eine Variable x_0

Jeder der beiden Endpunkte für x_0 im Bild 4.2.1 stellt eine Eingangsbelegung für die kombinatorische Schaltung dar und zwar für $\varepsilon = 0 : x_0 = 0$ und für $\varepsilon = 1 : x_0 = 1$.
Es existieren $e = 2^k = 2^1 = 2$ Eingangsbelegungen mit dem laufenden Index $\varepsilon = 0,1$:

$$x_0 = \begin{bmatrix} x_{\varepsilon,0} \end{bmatrix} = \begin{bmatrix} x_{0,0} \\ x_{1,0} \end{bmatrix} = \begin{bmatrix} 0 \\ 1 \end{bmatrix} \Longrightarrow \boxed{K}$$

Bild 4.2.2 Eingangsbelegungen für eine Variable x_0

Da jeder Eingangsbelegung $x_{\varepsilon,0}$ zwei Ausgangsbelegungen mit "0" und "1" zugeordnet werden können, ergeben sich mit $B_2^1 \cdot B_2^1 = B_2^2$ insgesamt $a = 2^e = 2^2 = 4$ Ausgangsbelegungen mit dem laufenden Index $\alpha = 0,1,2,3$ für eine Eingangsvariable x_0:

$$\begin{bmatrix} x_{\varepsilon,0} \end{bmatrix} = \begin{bmatrix} x_{0,0} \\ x_{1,0} \end{bmatrix} = \begin{bmatrix} 0 \\ 1 \end{bmatrix} \Longrightarrow \boxed{K} \Longrightarrow$$

$$\Longrightarrow \begin{bmatrix} y_{\varepsilon,\alpha} \end{bmatrix} = \begin{bmatrix} y_{0,0} & y_{0,1} & y_{0,2} & y_{0,3} \\ y_{1,0} & y_{1,1} & y_{1,2} & y_{1,3} \end{bmatrix} = \begin{bmatrix} 0 & 1 & 0 & 1 \\ 0 & 0 & 1 & 1 \end{bmatrix}$$

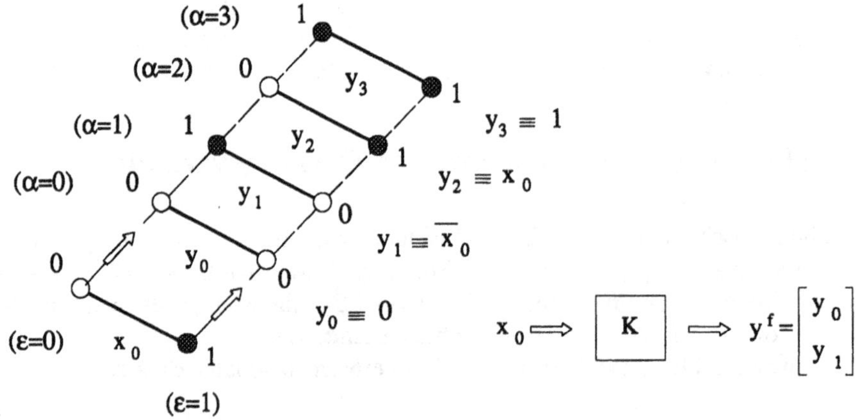

Bild 4.2.3 Ein- und Ausgangsbelegungen für eine kombinatorische Schaltung mit einer Variablen x_0

In (4.2.1) sind die Wahrheitstabellen aller kombinatorischen Schaltungen mit einer Eingangsvariablen x_0 und einer Ausgangsvariablen y dargestellt:

ε	x_0	y_0	y_1	y_2	y_3
0	0	0	1	0	1
1	1	0	0	1	1

(4.2.1)

Aus den Wahrheitsstabellen ist ersichtlich, daß

$$\begin{aligned} &y_0 \equiv 0 \quad \text{(konstant 0)} \\ &y_1 = \overline{x}_0 \quad \text{(identisch "}x_0\text{ negiert")} \\ &y_2 = x_0 \quad \text{(identisch "}x_0\text{") und} \\ &y_3 \equiv 1 \quad \text{(konstant 1)} \end{aligned} \tag{4.2.2}$$

sind.
Stellt man sich in (4.2.1) eine Symmetrielinie (gestrichelt) zwischen den ersten beiden Funktionen und den anderen beiden vor, so ist zu erkennen, daß die Funktionen links bzw. rechts dieser Symmetrielinie durch Spiegeln bei gleichzeitiger Komplementbildung ineinander überführbar sind:

$$\overline{y}_0 = y_3 \quad \text{und} \quad \overline{y}_1 = y_2. \tag{4.2.3}$$

4.3 Boolesche Basisfunktionen für zwei Eingangsvariable

Für eine kombinatorische Schaltung sollen die Eingangsvariablen $x \in X = \{0,1\}$ und die Ausgangsvariablen $y \in Y = \{0,1\}$ sein. Diese Eingangs- bzw. Ausgangsvariablen lassen sich jeweils in einem Binärraum B_2^k darstellen, wobei B_2 - die Menge der Symbole "0" und "1" und k - die max. Anzahl der Eingangsvariablen x sind. Für zwei Eingangsvariable x_1 und x_0 existiert mit $k = 2$ ein zweidimensionaler Binärraum B_2^2:

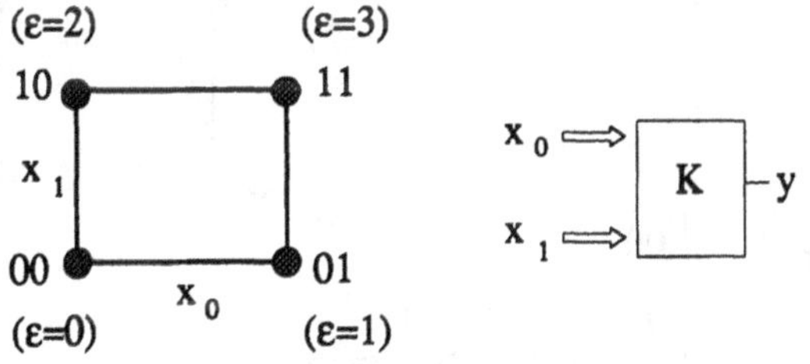

Bild 4.3.1 Eingangsraum B_2^2 für zwei Variable x_1 und x_0

Jeder der vier Eckpunkte für x_1x_0 im Bild 4.3.1 stellt eine Eingangsbelegung für die kombinatorische Schaltung dar und zwar für

$$\begin{aligned} \varepsilon = 0: &\quad x_1 = 0, x_0 = 0 \\ \varepsilon = 1: &\quad x_1 = 0, x_0 = 1 \\ \varepsilon = 2: &\quad x_1 = 1, x_0 = 0 \\ \varepsilon = 3: &\quad x_1 = 1, x_0 = 1. \end{aligned}$$

Es existieren also

$$e = 2^k = 2^2 = 4$$

Eingangsbelegungen mit dem laufenden Index $\varepsilon = 0,1,2,3$:

$$\underline{X} = \begin{bmatrix} \underline{x}_0 \\ \underline{x}_1 \\ \underline{x}_2 \\ \underline{x}_3 \end{bmatrix} = \begin{bmatrix} x_{\varepsilon,\kappa} \end{bmatrix} = \begin{bmatrix} x_{0,1} & x_{0,0} \\ x_{1,1} & x_{1,0} \\ x_{2,1} & x_{2,0} \\ x_{3,1} & x_{3,0} \end{bmatrix} = \begin{bmatrix} 0 & 0 \\ 0 & 1 \\ 1 & 0 \\ 1 & 1 \end{bmatrix} \Longrightarrow \boxed{K} - y$$

Bild 4.3.2 Eingangsbelegungen für zwei Variable x_1 und x_0

Bei fest gewählter kombinatorischer Schaltung K entspricht jede Eingangsbelegung $(x_{\varepsilon,1}, x_{\varepsilon,0})$ genau einem Ausgangspunkt $y_\varepsilon \in \{0,1\}$, also ergeben sich mit $B_2^{\,2} \cdot B_2^{\,2} = B_2^{\,4}$ insgesamt $a = 2^e = 2^4 = 16$ mögliche Ausgangsfunktionen mit dem laufenden Index $\alpha = 0,1,\ldots,15$ für zwei Eingangsvariable x_1 und x_0:

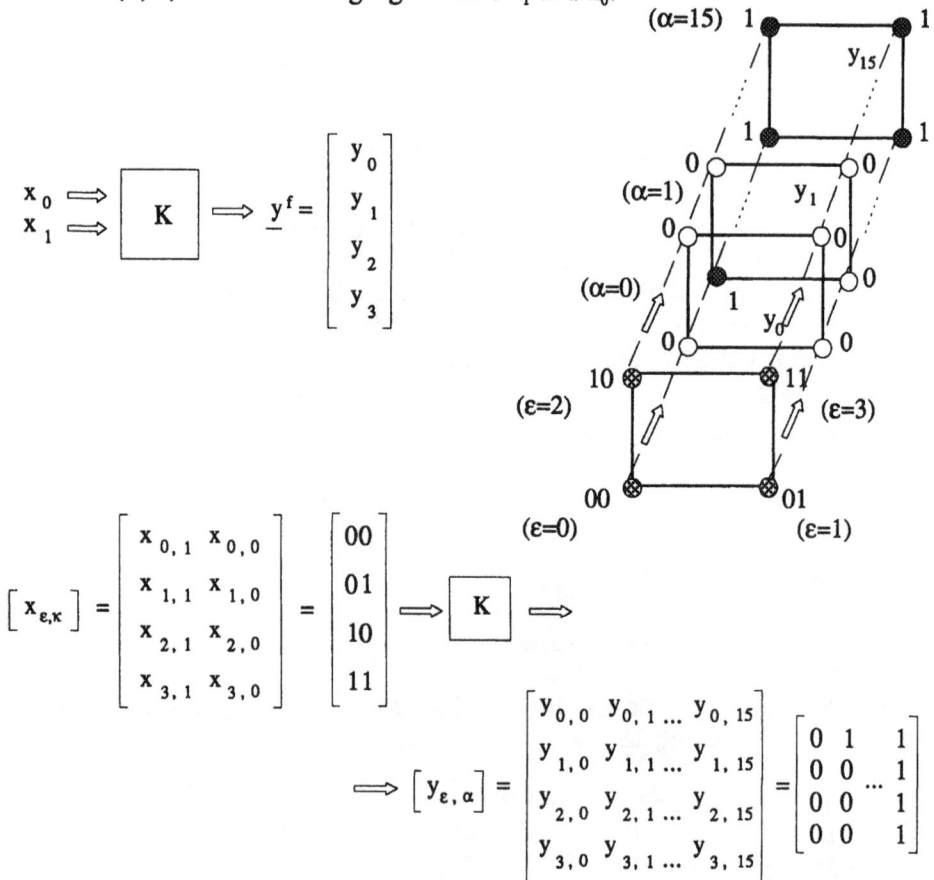

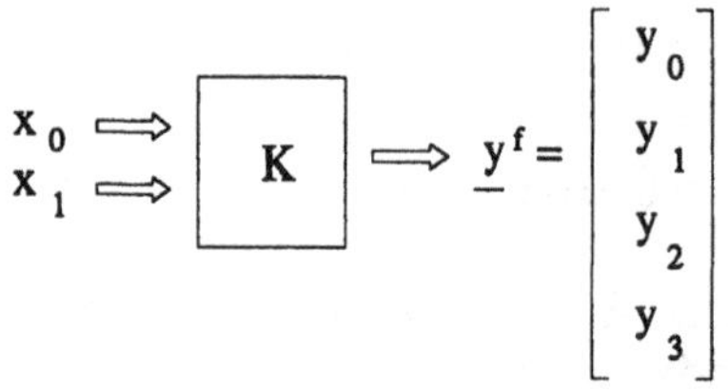

$$x_0 \Longrightarrow,\ x_1 \Longrightarrow \boxed{K} \Longrightarrow \underline{y}^f = \begin{bmatrix} y_0 \\ y_1 \\ y_2 \\ y_3 \end{bmatrix}$$

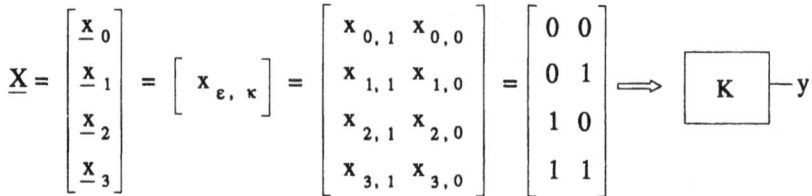

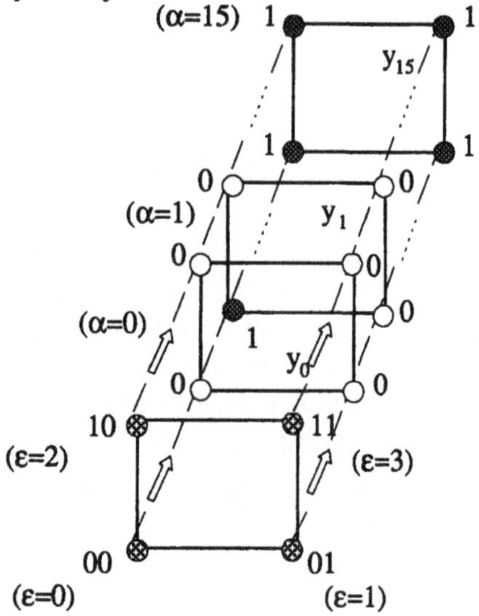

$$\begin{bmatrix} x_{\varepsilon,\kappa} \end{bmatrix} = \begin{bmatrix} x_{0,1} & x_{0,0} \\ x_{1,1} & x_{1,0} \\ x_{2,1} & x_{2,0} \\ x_{3,1} & x_{3,0} \end{bmatrix} = \begin{bmatrix} 00 \\ 01 \\ 10 \\ 11 \end{bmatrix} \Longrightarrow \boxed{K} \Longrightarrow$$

$$\Longrightarrow \begin{bmatrix} y_{\varepsilon,\alpha} \end{bmatrix} = \begin{bmatrix} y_{0,0} & y_{0,1} \ldots & y_{0,15} \\ y_{1,0} & y_{1,1} \ldots & y_{1,15} \\ y_{2,0} & y_{2,1} \ldots & y_{2,15} \\ y_{3,0} & y_{3,1} \ldots & y_{3,15} \end{bmatrix} = \begin{bmatrix} 0 & 1 & & 1 \\ 0 & 0 & \cdots & 1 \\ 0 & 0 & & 1 \\ 0 & 0 & & 1 \end{bmatrix}$$

Bild 4.3.3 Eingangsbelegungen und Ausgangsfunktionen für zwei Variable x_1 und x_0 einer kombinatorischen Schaltung K mit einem Ausgang y

Da jeder möglichen Ausgangsfunktion y_α genau eine kombinatorische Schaltung K entspricht, existieren $a = 2^e$ kombinatorische Schaltungen. Für den Fall zweier Eingangsvariablen gibt es also 16 kombinatorische Schaltungen, die in der folgenden Tabelle 4.3.1 dargestellt sind.

ε	3210	Schaltfunktion	Verhaltensbeschreibung	Operationssymbole	Schaltzeichen neuere
x_0	1010				
x_1	1100				
α 0	0000	$y_0 = 0$	konst. 0		
↓ 1	0001	$y_1 = \overline{x_1 + x_0}$	NOR	$x_1 \downarrow x_0$	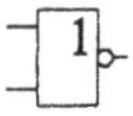
2	0010	$y_2 = \bar{x}_1 x_0$	Inhibition	$x_1 \nleftarrow x_0$ $x_1 \not\subset x_0$	
3	0011	$y_3 = \bar{x}_1$	Negation		
4	0100	$y_4 = x_1 \bar{x}_0$	Inhibition	$x_1 \nrightarrow x_0$ $x_1 \not\supset x_0$	
5	0101	$y_5 = \bar{x}_0$	Negation	$\bar{x}, /x, x', \neg x$	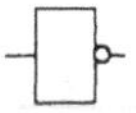
6	0110	$y_6 = \bar{x}_1 x_0 + x_1 \bar{x}_0$	Antivalenz	$\not\sim, \oplus, \nleftrightarrow$	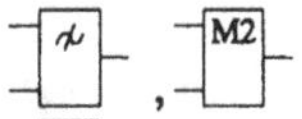
7	0111	$y_7 = \overline{x_1 \cdot x_0}$	NAND	x_1 / x_0	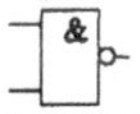
8	1000	$y_8 = x_1 \cdot x_0$	AND, UND Konjunktion	$\&, \cdot, \wedge$	
9	1001	$y_9 = \bar{x}_1 \bar{x}_0 + x_1 \cdot x_0$	Äquivalenz	$\sim, =, \longleftrightarrow, \ddagger$	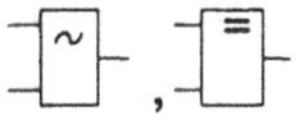
10	1010	$y_{10} = x_0$	Identität		
11	1011	$y_{11} = \bar{x}_1 + x_0$	Implikation	$x_1 \rightarrow x_0$ $x_1 \supset x_0$	
12	1100	$y_{12} = x_1$	Identität		
13	1101	$y_{13} = x_1 + \bar{x}_0$	Implikation	$x_1 \leftarrow x_0$ $x_1 \subset x_0$	
14	1110	$y_{14} = x_1 + x_0$	OR, ODER Disjunktion	$+, \vee$	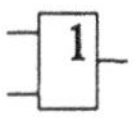
15	1111	$y_{15} = 1$	konst.1		

Tabelle 4.3.1/1 Schaltfunktionen für zwei Variable x_1 und x_0

ε / x_0 / x_1	3210 / 1010 / 1100	Schaltfunktion	Verhaltensbeschreibung	Schaltzeichen ältere	USA	DIN 40900
α 0	0000	$y_0 = 0$	konst. 0			
↓ 1	0001	$y_1 = \overline{x_1 + x_0}$	NOR	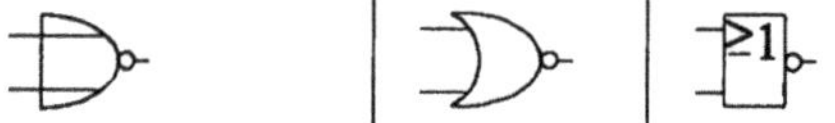		
2	0010	$y_2 = \overline{x}_1 x_0$	Inhibition			
3	0011	$y_3 = \overline{x}_1$	Negation			
4	0100	$y_4 = x_1 \overline{x}_0$	Inhibition			
5	0101	$y_5 = \overline{x}_0$	Negation	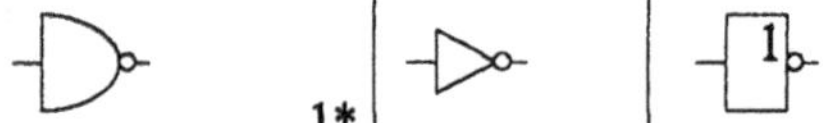		
6	0110	$y_6 = \overline{x}_1 x_0 + x_1 \overline{x}_0$	Antivalenz	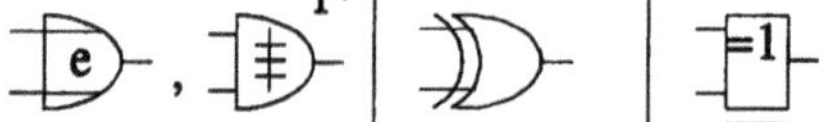 1*		
7	0111	$y_7 = \overline{x_1 \cdot x_0}$	NAND	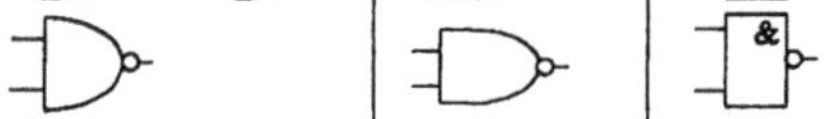		
8	1000	$y_8 = x_1 \cdot x_0$	AND, UND Konjunktion	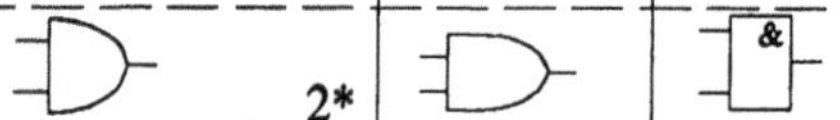		
9	1001	$y_9 = \overline{x}_1 \overline{x}_0 + x_1 \cdot x_0$	Äquivalenz	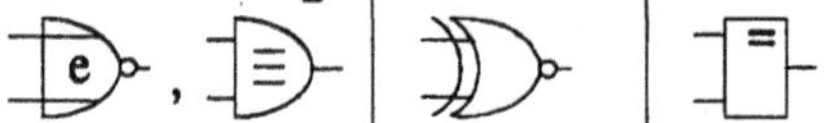 2*		
10	1010	$y_{10} = x_0$	Identität			
11	1011	$y_{11} = \overline{x}_1 + x_0$	Implikation			
12	1100	$y_{12} = x_1$	Identität			
13	1101	$y_{13} = x_1 + \overline{x}_0$	Implikation			
14	1110	$y_{14} = x_1 + x_0$	OR, ODER Disjunktion	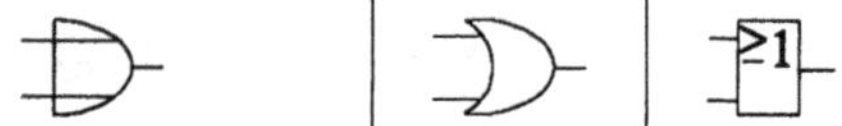		
15	1111	$y_{15} = 1$	konst.1			

1* auch: 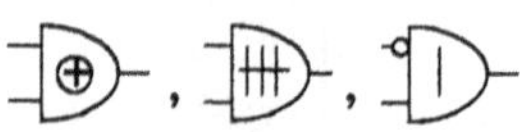

2* auch: 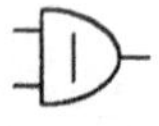

Tabelle 4.3.1/2 Schaltfunktionen für zwei Variable x_1 und x_0

Stellt man sich in Tabelle 4.3.1 eine Symmetrielinie (gestrichelt) zwischen den oberen acht Funktionen y_0 bis y_7 und den unteren acht Funktionen y_8 bis y_{15} vor, so ist zu erkennen, daß für zwei Eingangsvariable die eine Gruppe durch Spiegeln um diese Symmetrielinie bei gleichzeitiger Komplementbildung in die jeweils andere überführt werden kann, d.h. z. B.: $\overline{y}_7 = y_8$, $\overline{y}_5 = y_{10}$ usw.
Im folgenden sollen einige Basisfunktionen aus Tabelle 4.3.1, die nicht trivial sind, ausführlicher spezifiziert werden.

1. NOR-Funktion:
Diese Funktion ist genau dann "1", wenn beide Eingangsvariablen "0" sind. Eine in der Eingangsbelegung ($x_{e,1}$, $x_{e,0}$) beteiligte "1" initialisiert bereits den Ausgangswert "0".

2. INHIBITION
INHIBITION heißt Verriegelung, z. B. $y_2 = \overline{x}_1 x_0$ mit dem Symbol $x_0 \nrightarrow x_1$ besitzt die Eigenschaft, daß für $x_1 = 1$ die Verriegelung von x_0 mit einer konstanten "0" am Ausgang wirksam ist. Für $x_1 = 0$ hingegen ist der Ausgang gleich x_0.

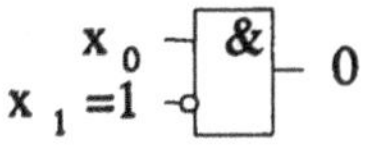

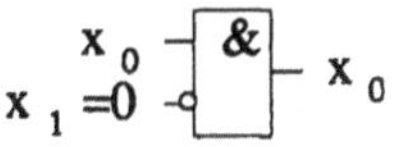

3. ANTIVALENZ
Die ANTIVALENZ-Funktion $x_1 \not+ x_0$ ist genau dann "1", wenn eine von beiden Eingangsvariablen "1" ist. Damit ist diese Operation gleich der binären Addition und wird deshalb auch als Addition-modulo-2 (M2) bezeichnet.
In der Literatur ist für diese Operation mit zwei Eingangsvariablen auch die Bezeichnung Exklusiv-ODER (1 und nur 1) anzutreffen mit folgendem Schaltzeichen:

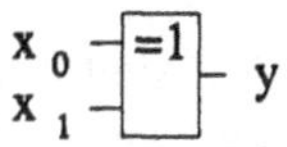

Exklusiv-ODER bedeutet "Ausschließliches ODER", d. h. der Funktionswert ist nur für den Fall gleich "1", wenn die Anzahl der "1"-Variablen in den Eingangsbelegungen gleich der im Symbol "=1" des Schaltzeichens angegebenen Zahl (hier 1) ist. Sind keine Eingangsvariablen gleich "1" oder mehr als eine Eingangsvariable gleich "1", so ist der Funktionswert "0" (siehe auch Tabelle 4.4.1 und 4.4.2).

4. NAND-Funktion
Diese Funktion ist genau dann "0", wenn beide Eingangsvariablen "1" sind. Eine in der Eingangsbelegung ($x_{e,1}$, $x_{e,0}$) beteiligte "0" sorgt bereits für den Ausgangswert "1".

5. ÄQUIVALENZ
Die ÄQUIVALENZ-Funktion $x_1 \sim x_0$ ist genau dann "0", wenn eine von beiden Eingangsvariablen "0" ist.

6. IMPLIKATION
Die IMPLIKATIONS-Funktion $y_{11} = \overline{x}_1 + x_0$ ist genau dann "0", wenn x_1 die Variable x_0 impliziert ($x_1 \rightarrow x_0$), d. h. x_1 muß größer x_0 sein, was mit $x_1 = 1$ und $x_0 = 0$ auch gegeben ist.

Die Booleschen Basisfunktionen für zwei oder mehr Variablen werden von Schaltungen realisiert, für die symbolisch die Schaltzeichen nach Tabelle 4.3.1 stehen. Diese Schaltungen nennt man auch Gatter bzw. im englischen "Gate", was soviel wie "Tor", "Pforte", "Weg" bedeutet. Ein Gatter kann mehrere Eingänge aufweisen, aber nur einen Ausgang. Die "Tor"-Funktion solcher Gatter kann man mit Beschaltungen wie im Bild 4.3.4 illustrieren und damit diese Bezeichnung begründen. Durch die Beschaltung eines Gattereinganges mit "1" bzw. "0" ist seine "Tor"-Funktion so festgelegt, daß die Variable x negiert bzw. nicht negiert "durchgeschaltet" wird oder aber keine Durchschaltung der Variablen x erfolgt.

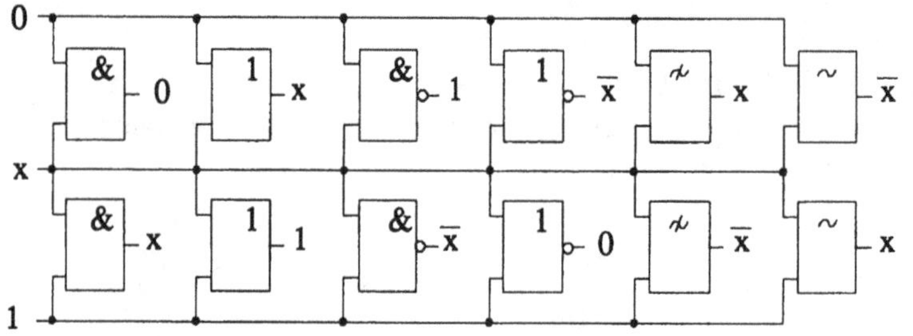

Bild 4.3.4 Darstellung der "Tor"-Funktion von Gattern mit zwei Eingängen

4.4 Boolesche Funktionen für k > 2 Eingangsvariable

Für mehr als zwei Eingangsvariable $k > 2$ sind die im Abschnitt 4.3 behandelten Booleschen Basisfunktionen entsprechend zu erweitern. Zunächst werden die Eingangsräume für kombinatorische Schaltungen für drei und vier Eingangsvariable bestimmt: Für drei Eingangsvariable x_2, x_1 und x_0 existiert mit $k = 3$ ein dreidimensionaler Binärraum B_2^3, die Anzahl der Ein- bzw. Ausgangsbelegungen sind entsprechend (4.1.6) und (4.1.8)

$$e = 2^k = 8 \quad \text{und} \quad a = 2^e = 256.$$

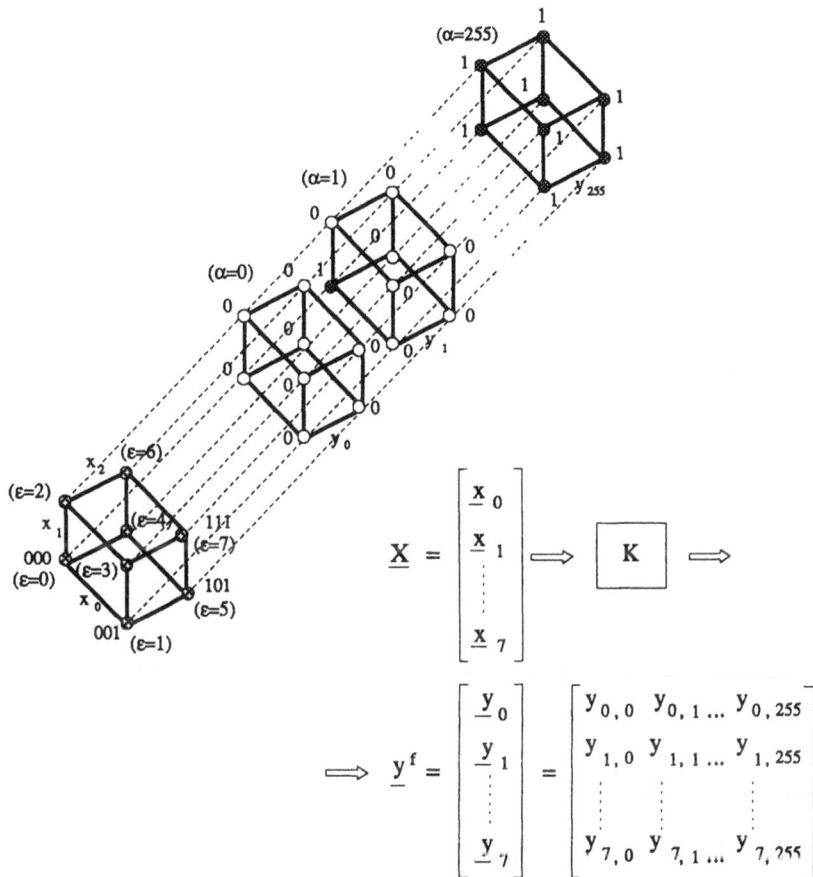

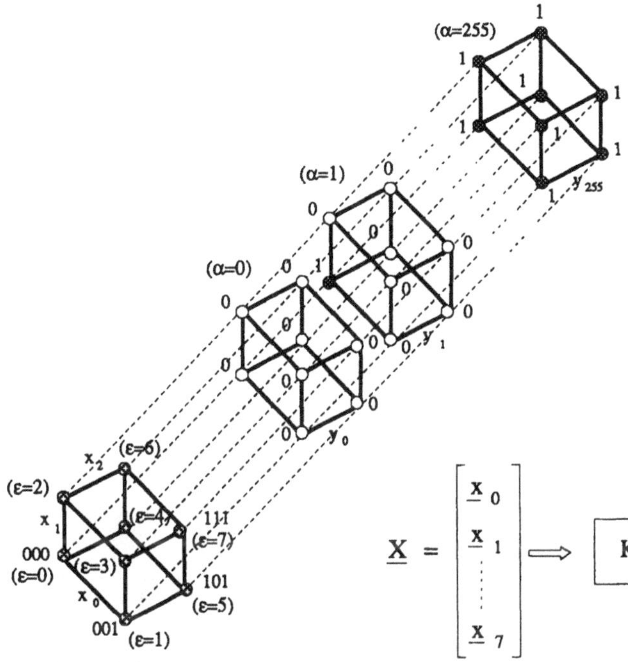

$$\underline{X} = \begin{bmatrix} \underline{x}_0 \\ \underline{x}_1 \\ \vdots \\ \underline{x}_7 \end{bmatrix} \Longrightarrow \boxed{K} \Longrightarrow$$

$$\Longrightarrow \underline{y}^f = \begin{bmatrix} \underline{y}_0 \\ \underline{y}_1 \\ \vdots \\ \underline{y}_7 \end{bmatrix} = \begin{bmatrix} y_{0,0} & y_{0,1} \ldots & y_{0,255} \\ y_{1,0} & y_{1,1} \ldots & y_{1,255} \\ \vdots & \vdots & \vdots \\ y_{7,0} & y_{7,1} \ldots & y_{7,255} \end{bmatrix}$$

Bild 4.4.1 Ein- und Ausgangsbelegungen für eine kombinatorische Schaltung mit drei Variablen

Noch drastischer steigt die Anzahl der theoretisch möglichen Ausgangsfunktionen y_α für vier Eingangsvariable. Es existieren hier für $e = 2^k = 16$ Eingangsbelegungen insgesamt $a = 2^e = 65536$ Ausgangsfunktionen.

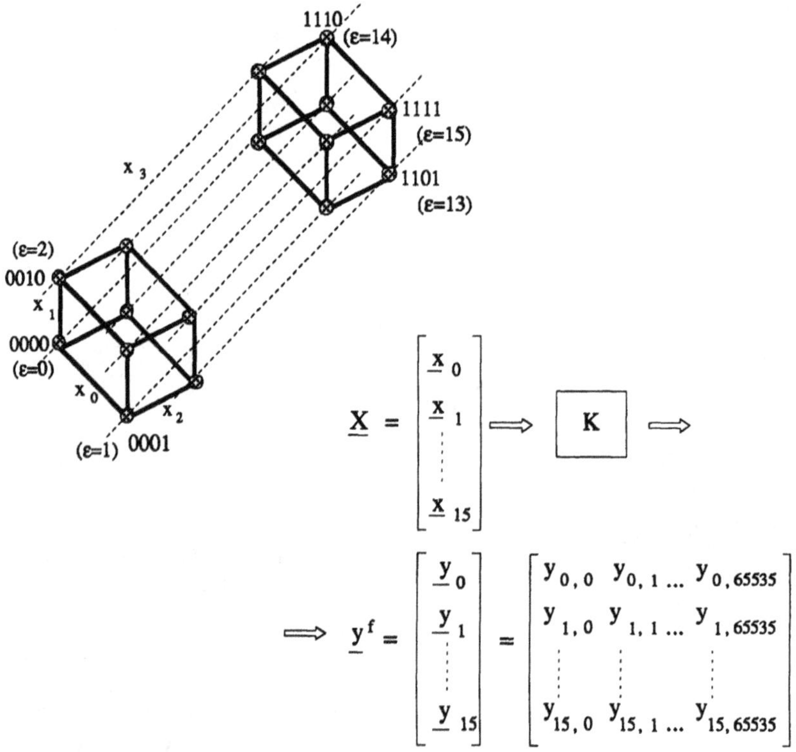

Bild 4.4.2 Ein- und Ausgangsbelegungen für vier Variablen

Weiter definieren wir die interessierenden Booleschen Funktionen für beliebig viele Eingangsvariable $x_{k-1},\ldots,x_\kappa,\ldots,x_0$ und führen dabei geeignete symbolische Abkürzungen für die auszuführenden logischen Operationen ein:

ODER-Funktion

$$\sum_{\kappa=0}^{k-1} x_\kappa = x_{k-1} + x_{k-2} + \ldots + x_\kappa + \ldots + x_1 + x_0. \tag{4.4.1}$$

Die k-stellige ODER-Funktion ist genau dann “1”, wenn mindestens eine der Eingangsvariablen gleich “1” ist.

Das Symbol $\sum$ steht für die dis unktive Verknüpfungsvorschrift von Termen.

NOR-Funktion

$$\overline{\sum_{\kappa=0}^{k-1}} x_\kappa = \overline{x_{k-1} + x_{k-2} + \ldots + x_\kappa + \ldots + x_1 + x_0} \tag{4.4.2}$$

Die k-stellige NOR-Funktion ist genau dann “1”, wenn alle Eingangsvariablen gleich “0” sind. Bereits eine Eingangsvariable mit dem Wert “1” bewirkt, daß die NOR-Funktion “0” ist.

UND-Funktion

$$\prod_{\kappa=0}^{k-1} x_\kappa = x_{k-1} \cdot x_{k-2} \cdot \ldots \cdot x_\kappa \cdot \ldots x_1 \cdot x_0. \tag{4.4.3}$$

Die k-stellige UND-Funktion ist genau dann “1”, wenn alle Eingangsvariablen gleich “1” sind.

Das Symbol $\prod$ steht für die konjunktive Verknüpfungsvorschrift von Termen.

NAND-Funktion

$$\overline{\prod_{\kappa=0}^{k-1}} x_\kappa = \overline{x_{k-1} \cdot x_{k-2} \cdot \ldots \cdot x_\kappa \cdot \ldots \cdot x_1 \cdot x_0}. \tag{4.4.4}$$

Die k-stellige NAND-Funktion ist genau dann “0”, wenn alle Eingangsvariablen “1” sind. Bereits eine Eingangsvariable mit dem Wert “0” bewirkt, daß die NAND-Funktion “1” ist.

ANTIVALENZ

$$\bigoplus_{\kappa=0}^{k-1} x_\kappa = x_{k-1} \oplus x_{k-2} \oplus \ldots \oplus x_\kappa \oplus \ldots \oplus x_1 \oplus x_0. \tag{4.4.5}$$

Die k-stellige ANTIVALENZ-Funktion ist genau dann “1”, wenn die Anzahl der Variablen, die in der Eingangsbelegung $\underline{x}_\kappa$ gleich “1” sind, ungerade ist.

Das Symbol $\bigoplus$ steht für die antivalente Verknüpfungsvorschrift von Termen.

ÄQUIVALENZ

$$\bigodot_{\kappa=0}^{k-1} x_\kappa = x_{k-1} \sim x_{k-2} \sim \ldots \sim x_\kappa \sim \ldots \sim x_1 \sim x_0. \tag{4.4.6}$$

Die k-stellige ÄQUIVALENZ-Funktion ist genau dann “0”, wenn die Anzahl der Variablen, die in der Eingangsbelegung $\underline{x}_\kappa$ gleich “0” sind, ungerade ist.

Das Symbol $\bigodot$ steht für die äquivalente Verknüpfungsvorschrift von Termen.

Außerdem gilt:

$$\bigoplus_{\kappa=0}^{k-1} x_\kappa = \bigodot_{\kappa=0}^{k-1} x_\kappa \qquad \text{für k-ungerade}$$

und

$$\overline{\bigoplus_{\kappa=0}^{k-1}} x_\kappa = \bigodot_{\kappa=0}^{k-1} x_\kappa \qquad \text{für k-gerade.}$$

Die folgende Tabelle 4.4.1 stellt die Ein- und Ausgangsbelegungen für zwei und drei Eingangsvariable x_k für ausgewählte Boolesche Funktionen gegenüber, die in mehr oder weniger enger Beziehung zueinander stehen.

						Exklusiv-Oder				ANTIVALENZ		ÄQUIVALENZ	
ε	x_2	x_1	x_0	ODER		1 und nur 1		2 und nur 2		Addition M2			
0	0	0	0	0	0	0	0	0	0	0	0	0	1
1	0	0	1	1	1	1	1	0	0	1	1	1	0
2	0	1	0	1	1	1	1	0	0	1	1	1	0
3	0	1	1	1	1	0	0	1	1	0	0	0	1
4	1	0	0	1		1		0		1		1	
5	1	0	1	1		0		1		0		0	
6	1	1	0	1		0		1		0		0	
7	1	1	1	1		0		0		1		1	
				1	≥1	=1		=2		=1	≁ M2	=	~

Tabelle 4.4.1 Gegenüberstellung wichtiger Boolescher Funktionen für zwei und drei Eingangsvariable

Die Gegenüberstellung in Tabelle 4.4.1 enthält auch hier (vgl. Tabelle 4.3.1) nochmals einen Überblick über die älteren und neueren Schaltzeichen für die relevanten Schaltfunktionen. Es ist notwendig, daß die Boolesche Funktion "Exklusiv-ODER" immer mit der Präzisierung "1 und nur 1" oder "2 und nur 2" usw. ergänzt wird, denn erst damit ist eindeutig festgelegt, welche Anzahl der "1"- Variablen in den Eingangsbelegungen zum Funktionswert "1" führt. Exklusiv-ODER und ANTIVALENZ werden häufig als einander identische Boolesche Funktionen angesehen. Das sind sie aber nur für zwei Eingangsvariable und mit der Präzisierung "Exklusiv-ODER-1 und nur 1".
Es gibt hierzu andere Definitionsvorschläge (DIN 40900), in denen ein (m aus k)-Element verwendet wird, dessen Ausgang nur dann 1 ist, wenn sich von den insgesamt k Eingängen m im "1"-Zustand befinden.
Als Exklusiv-ODER wird hier nur ein Element mit zwei Eingängen und m = 1 bezeichnet (Tabelle 4.4.2). In diesem Fall ist dann ohne zusätzliche Vereinbarungen ein Exklusiv-ODER immer gleich einem ANTIVALENZ-Element und zwar für zwei Eingangsvariable.

ε	x_2	x_1	x_0	Exlusiv-ODER m=1	(m aus k) -Element z.B. m=2		(m und nur m)
0	0	0	0	0	0	0	
1	0	0	1	1	0	0	
2	0	1	0	1	0	0	m>2
3	0	1	1	0	1	1	k>3
4	1	0	0		0		
5	1	0	1		1		
6	1	1	0		1		
7	1	1	1		0		

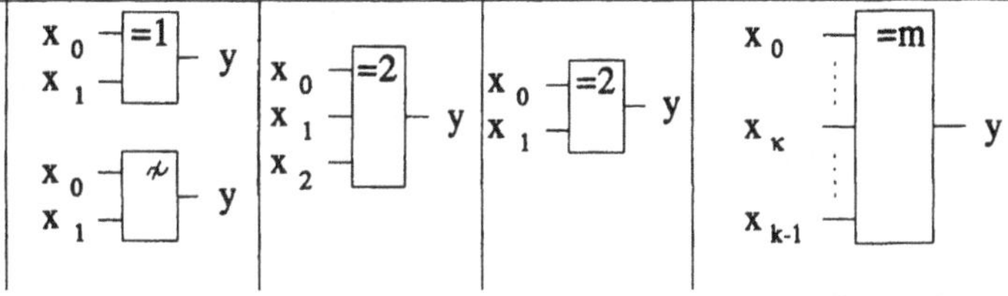

Tabelle 4.4.2 Wahrheitstabelle für Exklusiv-ODER und (m aus k)-Elemente nach Definition (DIN 40900)

Weitere Eigenschaften von ANTIVALENZ- und ÄQUIVALENZ-Funktionen für k-Variable sind für k = 2 (stellvertretend für eine gerade Anzahl von Eingangsvariablen) und für k = 3 (stellvertretend für eine ungerade Anzahl von Eingangsvariablen) z. B. folgende:

<u>für k = 2 - Variable:</u>

$x \sim 0 = \bar{x}$ $\qquad$ $x \nsim 0 = x$ $\qquad$ (4.4.7)

$x \sim 1 = x$ $\qquad$ $x \nsim 1 = \bar{x}$ $\qquad$ (4.4.8)

$x \sim x = 1$ $\qquad$ $x \nsim x = 0$ $\qquad$ (4.4.9)

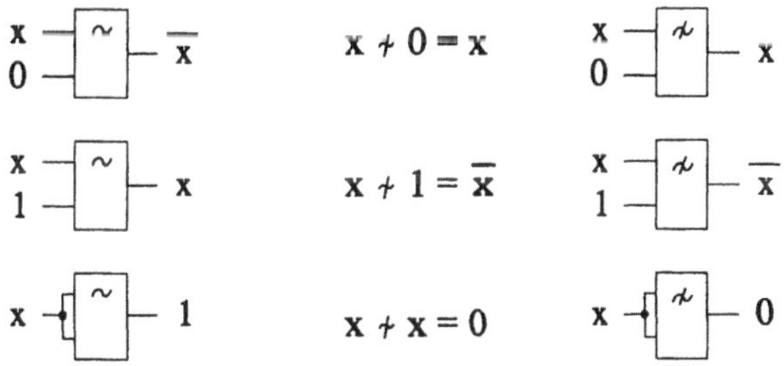

$\bar{x}_1 \sim \bar{x}_0 = x_1 \sim x_0 = \overline{x_1 \nsim x_0} = \overline{\bar{x}_1 \nsim \bar{x}_0}$

$\bar{x}_1 \nsim \bar{x}_0 = x_1 \nsim x_0 = \overline{x_1 \sim x_0} = \overline{\bar{x}_1 \sim \bar{x}_0}$ $\qquad$ (4.4.10)

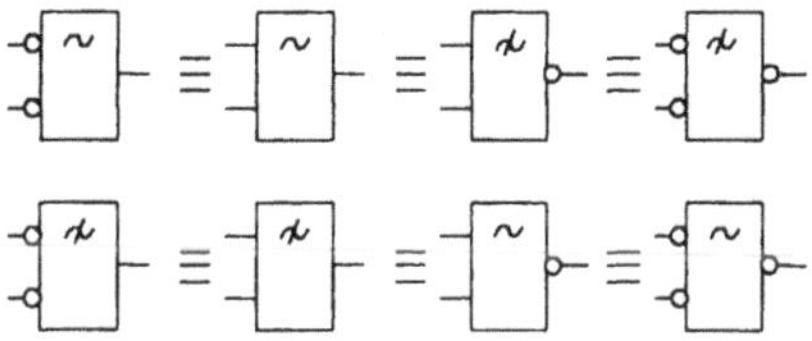

Für eine gerade Anzahl von Eingangsvariablen ist die ÄQUIVALENZ-Funktion das Komplement zur ANTIVALENZ-Funktion.

$x_1 \sim x_0 = \bar{x}_1 \not\sim x_0 = x_1 \not\sim \bar{x}_0$ 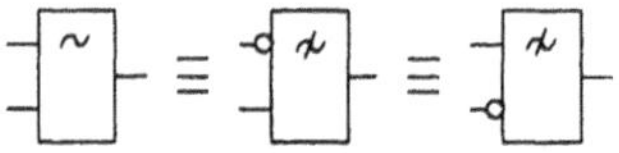 (4.4.11)

$x_1 \not\sim x_0 = \bar{x}_1 \sim x_0 = x_1 \sim \bar{x}_0$ 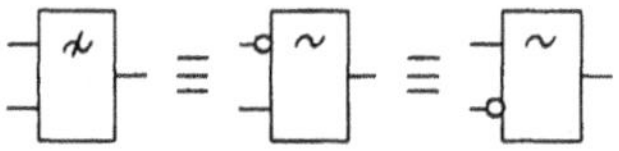 (4.4.12)

$x_1 \sim x_0 = \overline{\bar{x}_1 \sim x_0} = \overline{x_1 \sim \bar{x}_0}$ 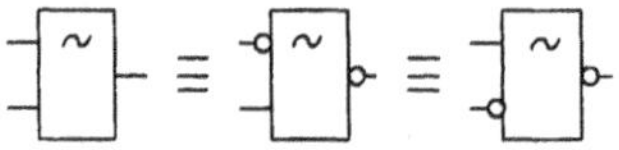 (4.4.13)

$x_1 \not\sim x_0 = \overline{\bar{x}_1 \not\sim x_0} = \overline{x_1 \not\sim \bar{x}_0}$ 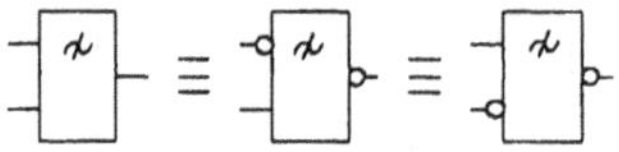 (4.4.14)

<u>für k = 3 - Variable:</u>

$x \sim x \sim x = x \not\sim x \not\sim x = x$ (4.4.15)

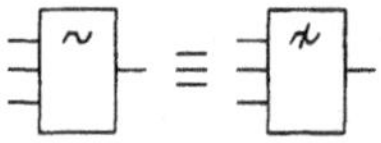

$x_2 \sim x_1 \sim x_0 = x_2 \not\sim x_1 \not\sim x_0$ (4.4.16)

Für eine ungerade Anzahl Eingangsvariable ist die ÄQUIVALENZ-Funktion gleich der ANTIVALENZ-Funktion.

Beweis für (4.4.16):

$$x_2 \sim x_1 \sim x_0 = x_2 \not\sim x_1 \not\sim x_0,$$
$$x_2 \sim x_1 \sim x_0 = \overline{x_2 \not\sim x_1} \sim x_0 = \bar{a} \sim x_0 = a \not\sim 1 \sim x_0 =$$
$$= a \sim x_0 \not\sim 1 = a \sim \bar{x}_0 = a \not\sim x_0$$
$$= x_2 \not\sim x_1 \not\sim x_0.$$

Die 3-Variablen-Verknüpfung kann für die ÄQUIVALENZ und ANTIVALENZ in jeweils zwei aufeinanderfolgende 2-Variablen-Verknüpfungen umgewandelt werden:

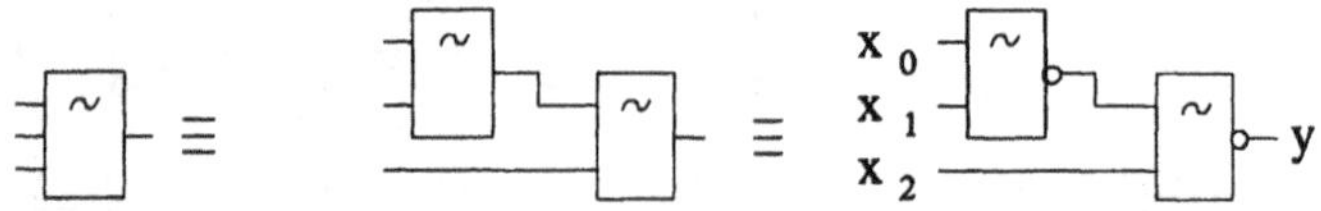

$y = \overline{\overline{x_1 \sim x_0} \sim x_2} = (x_1 \sim x_0) \not\sim \bar{x}_2 = x_1 \not\sim x_0 \not\sim x_2 = x_1 \sim x_0 \sim x_2$ (4.4.17)

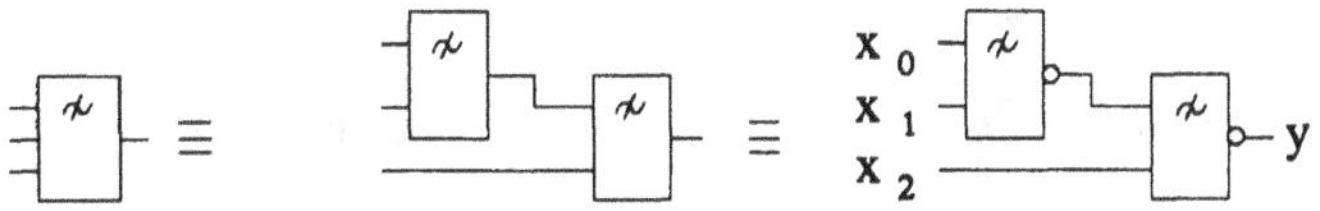

(4.4.18)

$$y = \overline{\overline{x_1 \not+ x_0} \not+ x_2} = (x_1 \not+ x_0) \sim \overline{x}_2 =$$
$$= x_1 \sim x_0 \sim x_2 = x_1 \not+ x_0 \not+ x_2.$$

$$\overline{x}_2 \sim x_1 \sim x_0 = \overline{x_2 \sim x_1 \sim x_0} = \overline{x}_2 \not+ x_1 \not+ x_0 = \overline{x_2 \not+ x_1 \not+ x_0} = \overline{x}_2 \not+ \overline{x}_1 \not+ \overline{x}_0 \qquad (4.4.19)$$
$$x_2 \sim \overline{x}_1 \sim x_0 = \overline{x_2 \sim x_1 \sim x_0} = x_2 \not+ \overline{x}_1 \not+ x_0 = \overline{x_2 \not+ x_1 \not+ x_0} = x_2 \not+ \overline{x}_1 \not+ \overline{x}_0$$
$$x_2 \sim x_1 \sim \overline{x}_0 = \overline{x_2 \sim x_1 \sim x_0} = x_2 \not+ x_1 \not+ \overline{x}_0 = \overline{x_2 \not+ x_1 \not+ x_0}$$

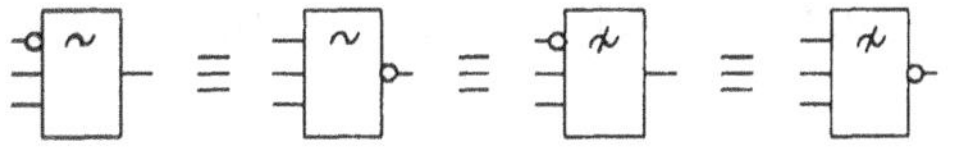

$$\overline{x}_2 \sim \overline{x}_1 \sim x_0 = x_2 \sim x_1 \sim x_0 = \overline{x}_2 \not+ \overline{x}_1 \not+ x_0 = x_2 \not+ x_1 \not+ x_0$$
$$\overline{x}_2 \sim x_1 \sim \overline{x}_0 = x_2 \sim x_1 \sim x_0 = \overline{x}_2 \not+ x_1 \not+ \overline{x}_0 = x_2 \not+ x_1 \not+ x_0$$
$$x_2 \sim \overline{x}_1 \sim \overline{x}_0 = x_2 \sim x_1 \sim x_0 = x_2 \not+ \overline{x}_1 \not+ \overline{x}_0 = x_2 \not+ x_1 \not+ x_0$$

(4.4.20)

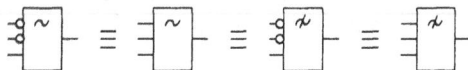

Eine wichtige Eigenschaft der ANTIVALENZ- und ÄQUIVALENZ-Funktionen besteht auch darin, daß sie umkehrbar sind, d. h.

$y = x_1 \not+ x_0$	und	$y = x_1 \sim x_0$	
$x_1 = y \not+ x_0$		$x_1 = y \sim x_0$	(4.4.21)
$x_0 = x_1 \not+ y$		$x_0 = x_1 \sim y.$	

Diese Umkehrbarkeit gilt für eine beliebige Anzahl von Variablen. Für die Umwandlung einer ODER- in eine ANTIVALENZ-Verknüpfung gilt die Vorschrift:

$$x_1 + x_0 = x_0 \not+ x_1 \not+ x_1 x_0. \qquad (4.4.22)$$

Der einfacheren Schreibweise wegen werden im weiteren die bisher eingeführten Vektorunterstriche unter den Variablen, Vektoren, Buchstaben und Alphabeten weggelassen, z. B. aus f(x̲) wird f(x). Nur in solchen Fällen, in denen Unterstriche zur eindeutigen Darstellung von Beziehungen erforderlich sind, werden diese auch weiterhin verwendet.

5 Gesetze und Regeln der Schaltalgebra

5.1 Inversionssatz (de Morgansches Theorem, de Morgansche Regel)

Der Inversionssatz (andere übliche Bezeichnungen und Schreibweisen sind in der Überschrift eingeklammert) beinhaltet die folgenden beiden Beziehungen:

$$\overline{x_1 \cdot x_0} = \overline{x}_1 + \overline{x}_0 \tag{5.1.1}$$

und

$$\overline{x_1 + x_0} = \overline{x}_1 \cdot \overline{x}_0. \tag{5.1.2}$$

Für k-Variable, die ausschließlich UND- bzw. ODER-verknüpft sind, gilt entsprechend:

$$\overline{\prod_{\kappa=0}^{k-1} x_\kappa} = \sum_{\kappa=0}^{k-1} \overline{x}_\kappa \tag{5.1.3}$$

und

$$\overline{\sum_{\kappa=0}^{k-1} x_\kappa} = \prod_{\kappa=0}^{k-1} \overline{x}_\kappa. \tag{5.1.4}$$

Berücksichtigt man alle in einer Schaltfunktion vorkommenden möglichen Variablen, Operationssymbole und die Konstanten 1 bzw. 0, so läßt sich der Inversionssatz in folgender Form darstellen:

$$\overline{f(x_\kappa, \overline{x}_\kappa, \cdot, +, 1, 0)} = f(\overline{x}_\kappa, x_\kappa, +, \cdot, 0, 1). \tag{5.1.5}$$

Invertiert bzw. negiert wird also durch Umwandlung der

- Variablen x_κ in negierte Variable $\overline{x}_\kappa$,
- negierten Variablen $\overline{x}_\kappa$ in nicht negierte Variable x_κ,
- Operationssymbole "·" in "+",
- Operationssymbole "+" in "·",
- Konstanten "1" in "0",
- Konstanten "0" in "1".

Die Negation der Variablen, Operationssymbole und Konstanten ist nur dann auszuführen, wenn die Anzahl der auf sie zutreffenden Überstreichungen ungerade ist. In der negierten Funktion kommen nur noch Überstreichungen der einzelnen Variablen x_κ vor. Aus realisierungstechnischen Gründen strebt man auch Überstreichungen über mehrere, durch Operationssymbole verknüpfte Variablen, gezielt an. Besteht z. B. die Forderung, eine Funktion

$$f(x) = x_2 + x_1 x_0$$

in einer zweistufigen NAND-Logik zu realisieren, so überstreicht man f(x) zunächst zweimal. Die Funktion wird dadurch inhaltlich nicht verändert.

$$f(x) = x_2 + x_1x_0 = \overline{\overline{x_2+x_1x_0}} = \overline{\overline{x_2}\cdot\overline{x_1x_0}} \tag{5.1.6}$$

Die anschließende Negation führt man so aus, daß die dabei zu bildenden Terme den unmittelbaren Einsatz von NAND-Gattern ermöglichen.

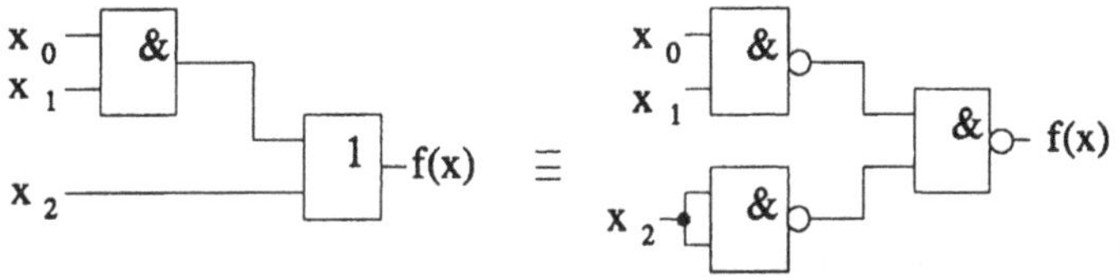

Bild 5.1.1 Realisierung einer Schaltfunktion ausschließlich mit NAND-Gattern

Der erste Überstrich in (5.1.6) dient der Bildung des NAND-Termes $\overline{x_1\cdot x_0}$, der zweite der NAND-Verknüpfung von $\overline{x}_2$ und $\overline{x_1\cdot x_0}$.
Zu beachten ist, daß sowohl beim Negieren von Funktionen durch sukzessive Umwandlung aller auftretenden Variablen, Symbole und Konstanten, als auch bei einer stufenweisen termbezogenen Konvertierung die gemeinsam überstrichenen und die konjunktiv verknüpften Terme unbedingt einzuklammern sind.
Die folgenden zwei Beispiele zeigen die Negation für eine Schaltfunktion f(x) zum einen variablen- und operationssymbolorientiert (5.1.7) und zum anderen die termorientierte Invertierung (5.1.8):

$$\begin{aligned} f(x) &= \overline{\overline{x_8+x_7} \quad + \quad x_3\cdot\overline{x_2} \quad \cdot \quad \overline{\overline{\overline{x_5+x_4} \quad \cdot \quad \overline{\overline{x_3}}\cdot(x_1+x_0)}}} \\ & \qquad\qquad\quad \uparrow \quad \uparrow\uparrow \qquad \uparrow \quad \uparrow\uparrow\uparrow \qquad\qquad \uparrow\ \uparrow\uparrow\uparrow \\ & (\qquad\quad) \qquad (\qquad\quad) \quad [(\qquad\quad) \qquad (\qquad\qquad\quad)] \\ f(x) &= (x_8+x_7) \quad\cdot\quad (\overline{x}_3+x_2) \;+\; [(\overline{x}_5\cdot\overline{x}_4) \quad\cdot\quad (x_3 + (\overline{x}_1\cdot\overline{x}_0))\,] \\ &= (x_8+x_7) \quad\cdot\quad (\overline{x}_3+x_2) \;+\; \overline{x}_5\cdot\overline{x}_4 \quad\cdot\quad (x_3 + \overline{x}_1\cdot\overline{x}_0). \end{aligned} \tag{5.1.7}$$

Die Pfeile unterhalb der Variablen und Symbole deuten auf das Erfordernis der auszuführenden Negation an diesen Stellen wegen der ungeradzahligen Überstriche hin. Die Klammern sind bei gemeinsam überstrichenen und konjunktiv verknüpften Variablen bzw. Termen zu setzen.

$$\begin{aligned} f(x) &= \overline{\overline{x_8+x_7} + x_3\cdot\overline{x_2}\cdot\overline{\overline{\overline{x_5+x_4}\cdot\overline{\overline{x_3}}\cdot(x_1+x_0)}}} \\ &= (x_8+x_7)\cdot\overline{x_3\cdot\overline{x_2}} + [\overline{x_5+x_4}\cdot\overline{\overline{x_3}\,(x_1+x_0)}\,] \\ &= (x_8+x_7)\cdot(\overline{x}_3+x_2) + [\overline{x}_5\cdot\overline{x}_4\cdot(x_3+\overline{x}_1\cdot\overline{x}_0)] \\ &= (x_8+x_7)\cdot(\overline{x}_3+x_2) + \overline{x}_5\cdot\overline{x}_4\cdot(x_3+\overline{x}_1\cdot\overline{x}_0). \end{aligned} \tag{5.1.8}$$

Unterläßt man das Einklammern der konjunktiv verknüpften Variablen und Terme sowie der gemeinsam überstrichenen Terme aus welchen Gründen auch immer, so kann dies zu Fehlern führen.
Ein weiteres Beispiel zeigt die Auswirkungen infolge des Auslassens beispielsweise nur einer Klammer:

$$f(x) = \overline{x}_1 \cdot (\overline{x}_2+x_0) + \overline{x_1\overline{x}_0+\overline{\overline{x}_2 x_1}} \qquad (5.1.9)$$

$$(\qquad\qquad)\;[\qquad(\qquad)]$$

$$\overline{f(x)} \neq x_1 + x_2\,\overline{x}_0 \cdot\; [x_1\overline{x}_0+(\overline{x}_2+\overline{x}_1)]$$
$$\overline{f(x)} \neq x_1 + x_2 x_1\overline{x}_0 + x_2\overline{x}_1\overline{x}_0 \qquad (5.1.10)$$
$$\overline{f(x)} \neq x_1 + x_2\overline{x}_0 \cdot (x_1+\overline{x}_1)$$
$$\overline{f(x)} \neq x_1 + x_2\overline{x}_0.$$

Das Ergebnis der Invertierung ist fehlerbehaftet, da die linke Klammer (unterhalb f(x) dargestellt) um die ersten beiden, konjunktiv verknüpften Terme bei Ausführen der Negation irrtümlich nicht gesetzt wurde.
Die fehlerfreie Invertierung für f(x) sieht dagegen wie folgt aus:

$$\overline{f(x)} = \overline{\overline{x}_1 \cdot (\overline{x}_2+x_0) + \overline{x_1\overline{x}_0+\overline{\overline{x}_2 x_1}}} \qquad (5.1.11)$$
$$\overline{f(x)} = (x_1+x_2\overline{x}_0) \cdot [x_1\overline{x}_0+(\overline{x}_2+\overline{x}_1)]$$
$$\overline{f(x)} = x_1\overline{x}_0 + \overline{x}_2 x_1 + x_2 x_1\overline{x}_0 + x_2\overline{x}_1\overline{x}_0$$
$$\overline{f(x)} = x_1\overline{x}_0\,(1+x_2) + \overline{x}_2 x_1 + x_2\overline{x}_1\overline{x}_0 \qquad (5.1.12)$$
$$\overline{f(x)} = x_1\overline{x}_0 + \overline{x}_2 x_1 + x_2\overline{x}_1\overline{x}_0.$$

Die Wahrheitstabelle für die Funktionen (5.1.9), (5.1.10) und (5.1.12) belegen diese oben getroffenen Aussagen.

ε	x_2	x_1	x_0	f(x) (5.1.9)	$\overline{f(x)}$ (5.1.10)	$\overline{f(x)}$ (5.1.12)
0	0	0	0	1	0	0
1	0	0	1	1	0	0
2	0	1	0	0	1	1
3	0	1	1	0	1	1
4	1	0	0	0	1	1
5	1	0	1	1	0	0
6	1	1	0	0	1	1
7	1	1	1	1	1 !	0

Tabelle 5.1.1 Wahrheitsstabelle zur Verifikation der Invertierung von f(x) (5.1.9)

Mit dem Inversionssatz ist es möglich, das Dualitätsprinzip der Schaltalgebra unmittelbar auf die Realisierung von logischen Verknüpfungen anzuwenden. Dualität ist im allgemeinen die Eigenschaft der UND- und ODER-Operation, die deren wechselseitigen Austausch in den Beziehungen (2.1) bis (2.4), wie z. B.

$$x_1 + x_0 = x_0 + x_1 \tag{2.1.a}$$
$$x_1 \cdot x_0 = x_0 \cdot x_1 \tag{2.1.b}$$

gestattet unter Beibehaltung der Gültigkeit jeder einzelnen dieser Beziehungen. Besteht aber prinzipiell aus schaltungstechnischen Gründen die Notwendigkeit der Anwendung einer ODER - anstelle einer UND-Operation und umgekehrt - so ergibt sich unter Beachtung der Inversionsvorschriften auch hier eine Dualität, die sich z. B. für die ausgewählten vier Basisbeziehungen wie folgt gestaltet:

$$y_0 = x_1 + x_0 = \overline{\overline{x_1 + x_0}} = \overline{\bar{x}_1 \cdot \bar{x}_0} \tag{5.1.13}$$
$$y_1 = \overline{x_1 + x_0} = \bar{x}_1 \cdot \bar{x}_0 \tag{5.1.14}$$
$$y_2 = x_1 \cdot x_0 = \overline{\overline{x_1 \cdot x_0}} = \overline{\bar{x}_1 + \bar{x}_0} \tag{5.1.15}$$
$$y_3 = \overline{x_1 \cdot x_0} = \bar{x}_1 + \bar{x}_0. \tag{5.1.16}$$

Eine abschließende Gegenüberstellung der Schaltzeichen für die Beziehungen (5.1.13) bis (5.1.16) vervollständigt die Aussagen zur Dualität zwischen ODER- und UND-Operationen.

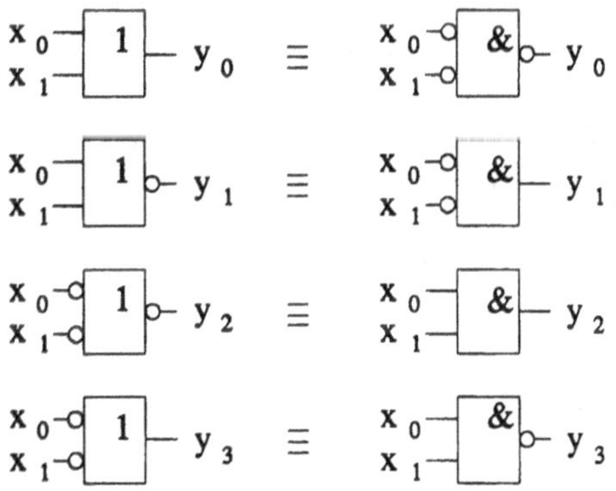

Bild 5.1.2 Dualität zwischen ODER- und UND-Operation für zwei Variable

5.2 Einsetzungsregel

Zwei äquivalente Schaltfunktionen sollen den gleichen Term T(x) enthalten:

$$f_0(x_{k-1},..,x_\kappa,T(x),..,x_0) = f_1(x_{k-1},..,x_\kappa,T(x),..,x_0). \tag{5.2.1}$$

Man kann in $f_0(x)$ und $f_1(x)$ jeweils anstelle des Terms T(x) einen neuen, beliebigen Term

$T_1(x)$ einsetzen. Dabei entstehen zwei neue Schaltfunktionen $\varphi_0(x)$ und $\varphi_1(x)$, die einander auch äquivalent sind:

$$\varphi_0(x_{k-1},..,x_\kappa,T_1(x),..,x_0) = \varphi_1(x_{k-1},..,x_\kappa,T_1(x),..,x_0). \qquad (5.2.2)$$

Beispiel: Gegeben sind

$$f_0(x) = \overline{x}_2\overline{x}_1 + \overline{x}_1x_0 + \overline{x}_0 \quad \text{und}$$
$$f_1(x) = \overline{x}_1 + \overline{x}_0.$$

Anstelle des Terms $\overline{x}_1$ wird in beiden Funktionen z. B. der neue Term $\overline{x_3 \cdot x_0}$ eingesetzt:

$$\varphi_0(x) = \overline{x_3 \cdot x_0} \cdot \overline{x}_2 + \overline{x_3 \cdot x_0} \cdot x_0 + \overline{x}_0 \qquad (5.2.3)$$
$$\varphi_1(x) = \overline{x_3 \cdot x_0} + \overline{x}_0. \qquad (5.2.4)$$

Im allgemeinen sind der Term T(x) und der neue Term $T_1(x)$, der in f(x) eingesetzt wird, einander nicht gleich, d.h. $f_\lambda(x) \neq \varphi_\lambda(x)$.
Ist aber $T_1(x) = T(x)$, so läßt sich die folgende Ersetzbarkeitsregel formulieren.

5.3 Ersetzbarkeitsregel

Eine Schaltfunktion f(x) soll einen Term T(x) enthalten:

$$f(x) = f(x_{k-1},...,x_\kappa,T(x),...,x_0). \qquad (5.3.1)$$

Man kann in f(x) den Term T(x) durch einen ihm äquivalenten Term $T_1(x) = T(x)$ ersetzen. Dabei entsteht eine in der Form neue Funktion $\varphi(x)$, die äquivalent der Ausgangsfunktion f(x) ist:

$$f(x_{k-1},...,x_\kappa,T(x),...,x_0) = \varphi(x_{k-1},...,x_\kappa,T_1(x),...,x_0). \qquad (5.3.2)$$

Beispiel: Gegeben ist

$$f(x) = \overline{x}_2\overline{x}_1 + \overline{x}_1x_0 + \overline{x}_0. \qquad (5.3.3)$$

Der Term $\overline{x}_1x_0$ wird durch den ihm äquivalenten
Term $\overline{x_1 + \overline{x}_0}$ ersetzt:

$$\varphi(x) = \overline{x}_2\overline{x}_1 + \overline{x_1 + \overline{x}_0} + \overline{x}_0 = f(x). \qquad (5.3.4)$$

5.4 Absorptionsgesetze, Kürzungsregeln

Häufig in der Praxis anzutreffenden Absorptionsgesetze und Kürzungsregeln sind folgende:

$x_1 + x_1x_0 = x_1$	$x_1 \cdot (x_1 + x_0) = x_1$	(5.4.1)
$x_1 + x_1\overline{x}_0 = x_1$	$x_1 \cdot (x_1 + \overline{x}_0) = x_1$	(5.4.2)
$\overline{x}_1 + \overline{x}_1x_0 = \overline{x}_1$	$\overline{x}_1 \cdot (\overline{x}_1 + x_0) = \overline{x}_1$	(5.4.3)
$\overline{x}_1 + \overline{x}_1\overline{x}_0 = \overline{x}_1$	$\overline{x}_1 \cdot (\overline{x}_1 + \overline{x}_0) = \overline{x}_1$	(5.4.4)
$x_1 + \overline{x}_1x_0 = x_1 + x_0$	$x_1 \cdot (\overline{x}_1 + x_0) = x_1 \cdot x_0$	(5.4.5)
$x_1 + \overline{x}_1\overline{x}_0 = x_1 + \overline{x}_0$	$x_1 \cdot (\overline{x}_1 + \overline{x}_0) = x_1 \cdot \overline{x}_0$	(5.4.6)
$\overline{x}_1 + x_1x_0 = \overline{x}_1 + x_0$	$\overline{x}_1 \cdot (x_1 + x_0) = \overline{x}_1 \cdot x_0$	(5.4.7)
$\overline{x}_1 + x_1\overline{x}_0 = \overline{x}_1 + \overline{x}_0$	$\overline{x}_1 \cdot (x_1 + \overline{x}_0) = \overline{x}_1 \cdot \overline{x}_0$	(5.4.8)
$x_1x_0 + x_1\,\overline{x}_0 = x_1\ (x_1+x_0) \cdot (x_1+\overline{x}_0) = x_1$		(5.4.9)
$x_1x_0 + \overline{x}_1x_0 = x_0\ (x_1+x_0) \cdot (\overline{x}_1 + x_0) = x_0$		(5.4.10)

5.5 Expansionsgesetze

5.5.1 Multiplikation mit "1"

Mit $x + \overline{x} = 1$ (Tabelle 2.1) kann man einen Term T(x) erweitern:

$$T(x) = T(x)\cdot 1 = T(x)\cdot(x + \overline{x}). \tag{5.5.1}$$

Beispiel: Eine gegebene Schaltfunktion (vorzugsweise ODER-verknüpfte Terme-DNF)

$$f(x) = x_2x_1 + \overline{x}_1x_0 \tag{5.5.2}$$

soll so erweitert werden, daß jeder ihrer Terme alle beteiligten Variablen x_2, x_1 und x_0 enthält:

$$f(x) = x_2\cdot x_1\cdot(x_0+\overline{x}_0)+(x_2+\overline{x}_2)\cdot \overline{x}_1x_0, \tag{5.5.3}$$
$$f(x) = x_2x_1x_0 + x_2x_1\overline{x}_0 + x_2\overline{x}_1x_0 + \overline{x}_2\overline{x}_1x_0. \tag{5.5.4}$$

5.5.2 Addition mit "0"

Mit $x\overline{x} = 0$ (Tabelle 2.1) kann man einen Term T(x) erweitern:

$$T(x) = T(x) + 0 = T(x) + x\overline{x}. \tag{5.5.5}$$

Beispiel: Eine gegebene Schaltfunktion (vorzugsweise UND-verknüpfte Terme-KNF)

$$f(x) = (x_2+x_1) \cdot (\overline{x}_1+x_0) \tag{5.5.6}$$

soll so erweitert werden, daß jeder ihrer Terme alle beteiligten Variablen x_2, x_1 und x_0 enthält:

$$f(x) = (x_2+x_1+x_0\overline{x}_0) \cdot (x_2\overline{x}_2+\overline{x}_1+x_0), \tag{5.5.7}$$
$$f(x) = (x_2+x_1+x_0) \cdot (x_2+x_1+\overline{x}_0) \cdot (x_2+\overline{x}_1+x_0) \cdot (\overline{x}_2+\overline{x}_1+x_0). \tag{5.5.8}$$

5.5.3 Ausmultiplizieren

$$(x_2+x_1)x_0 = x_2x_0 + x_1x_0. \tag{5.5.9}$$

5.5.4 Ausaddieren

$$x_2x_1 + x_0 = (x_2+x_0)\cdot(x_1+x_0). \tag{5.5.10}$$

$$\begin{aligned}(x_2+x_0)\cdot(x_1+x_0) &= x_2x_1 + x_2x_0 + x_1x_0 + x_0x_0 \\ &= x_2x_1 + x_0(x_2+x_1+1) \\ &= x_2x_1 + x_0.\end{aligned}$$

5.5.5 Shannon-Theorem für eine Eingangsvariable

$$\begin{aligned}f(\underline{x}) = f(x_{k-1},\ldots,x_\kappa,\ldots,x_2,x_1,x_0) &= x_0\cdot f(x_{k-1},\ldots,x_\kappa,\ldots,x_2,x_1,1) + \\ &+ \overline{x}_0\cdot f(x_{k-1},\ldots,x_\kappa,\ldots,x_2,x_1,0) = \\ &= x_1\cdot f(x_{k-1},\ldots,x_\kappa,\ldots,x_2,1,x_0) + \\ &+ \overline{x}_1\cdot f(x_{k-1},\ldots,x_\kappa,\ldots,x_2,0,x_0) = \\ &= \ldots \\ &= x_{k-1}\cdot f(1,\ldots,x_\kappa,\ldots,x_2,x_1,x_0) + \\ &+ \overline{x}_{k-1}\cdot f(0,\ldots,x_\kappa,\ldots,x_2,x_1,x_0).\end{aligned} \tag{5.5.11}$$

Anwendungsbeispiel siehe Bild 10.5
Shannon-Theorem für k-Eingangsvariable siehe (6.1.8) und (6.2.8).

6 Normalformen Boolescher Funktionen

Für jede Boolesche Funktion lassen sich unterschiedliche Normalformen finden, die ineinander überführt werden können. Verbreitet sind die disjunktive, konjunktive, NOR-, NAND- und antivalente Normalform.

6.1 Disjunktive Normalform (DNF), Kanonische DNF (KDNF)

Die DNF ist eine Disjunktion von Termen, die aus konjunktiv verknüpften Variablen bzw. deren Komplement besteht. Für eine Schaltfunktion f(x) mit drei Variablen x_2, x_1, x_0 kann die DNF z. B. aus drei Termen bestehen:

$$f(x) = \overline{x}_2 x_1 + x_2 x_1 x_0 + \overline{x}_1 \overline{x}_0. \qquad (6.1.1)$$

Sind in einem Term alle in der Schaltfunktion f(x) vorkommenden Variablen $x_{k-1},\dots,x_\kappa,\dots,x_0$ in negierter oder nicht negierter Form konjunktiv verknüpft, so bezeichnet man diese als Minterme [1] m_ε oder auch als Elementarkonjunktionen.

[1] Die Bezeichnung "Minterm m_ε" kann man so interpretieren, daß nur für eine der möglichen $e = 2^k$ Eingangsbelegungen, nämlich für die mit dem Index ε, m_ε den Wert "1" annimmt. Für die restlichen 2^k-1 Eingangsbelegungen ist m_ε gleich "0"(minimale Anzahl "1"en).

Eine DNF, die ausschließlich Minterme m_ε disjunktiv verknüpft, heißt kanonische disjunktive Normalform (KDNF). Die DNF (6.1.1) kann man z. B. mit dem Expansionsgesetz "Multiplikation mit 1" (5.5.1) in eine KDNF umformen.

$$f(x) = \overline{x}_2 x_1 + x_2 x_1 x_0 + \overline{x}_1 \overline{x}_0 \qquad (6.1.1)$$

$$f(x) = \overline{x}_2 x_1 (x_0 + \overline{x}_0) + x_2 x_1 x_0 + (x_2 + \overline{x}_2) \overline{x}_1 \overline{x}_0 \qquad (6.1.2)$$

$$f(x) = \overline{x}_2 x_1 x_0 + \overline{x}_2 x_1 \overline{x}_0 + x_2 x_1 x_0 + x_2 \overline{x}_1 \overline{x}_0 + \overline{x}_2 \overline{x}_1 \overline{x}_0. \qquad (6.1.3)$$

Die KDNF (6.1.3) enthält fünf Minterme m_ε. Insgesamt sind für eine KDNF mit k-Eingangsvariablen 2^k mögliche Minterme definiert. Die Minterme m_ε sind den $e = 2^k$ Eingangsbelegungen einer Schaltfunktion fest zugeordnet. Ist die Variable x_κ in der Eingangsbelegung x_ε gleich "0", geht sie negiert in den Minterm m_ε ein. Ist die Variable x_κ in der Eingangsbelegung x_ε gleich "1", geht sie nicht negiert in den Minterm m_ε ein. Bestandteil einer KDNF sind nur diejenigen Minterme $m_\varepsilon = x_{\varepsilon,k-1} \cdot \ldots \cdot x_{\varepsilon,\kappa} \cdot \ldots \cdot x_{\varepsilon,0}$, für die $y_\varepsilon = f(x_{\varepsilon,k-1},\dots,x_{\varepsilon,\kappa},\dots,x_{\varepsilon,0}) = 1$ ist. Diese Zusammenhänge lassen sich übersichtlich aus der folgenden Wahrheitstabelle ableiten.

ε	x_2	x_1	x_0	Minterme m_ε	Ausgangsbelegungen $y_\varepsilon = f(x_{\varepsilon,2}, x_{\varepsilon,1}, x_{\varepsilon,0})$
0	0	0	0	$m_0 = \overline{x}_2 \overline{x}_1 \overline{x}_0$	1
1	0	0	1	$m_1 = \overline{x}_2 \overline{x}_1 x_0$	0
2	0	1	0	$m_2 = \overline{x}_2 x_1 \overline{x}_0$	1
3	0	1	1	$m_3 = \overline{x}_2 x_1 x_0$	1
4	1	0	0	$m_4 = x_2 \overline{x}_1 \overline{x}_0$	1
5	1	0	1	$m_5 = x_2 \overline{x}_1 x_0$	0
6	1	1	0	$m_6 = x_2 x_1 \overline{x}_0$	0
7	1	1	1	$m_7 = x_2 x_1 x_0$	1

Tabelle 6.1.1 Wahrheitstabelle für die Schaltfunktion f(x) (6.1.1)

Die KDNF für f(x) läßt sich aus der Tabelle 6.1.1 wie folgt aufschreiben:

$$f(x) = f(0,0,0) \cdot m_0 + f(0,0,1) \cdot m_1 + \ldots + f(1,1,1) \cdot m_7. \qquad (6.1.4)$$

Die Funktionswerte $y_\varepsilon = f(x_\varepsilon) = f(x_{\varepsilon,2}, x_{\varepsilon,1}, x_{\varepsilon,0})$ sind die Ausgangsbelegungen der Schaltfunktion $y = f(x)$, die mit den relevanten Mintermen m_ε konjunktiv zu verknüpfen sind und mit ihrem Wert "1" oder "0" darüber entscheiden, welche der Minterme m_ε Bestandteile der KDNF von f(x) sind bzw. welche es nicht sind. Für die Beispielfunktion (6.1.3) ergibt sich damit:

$$f(x) = m_0 + m_2 + m_3 + m_4 + m_7, \qquad (6.1.5)$$

oder allgemein

$$f(x) = \sum_{\varepsilon=0}^{e-1} f(x_{\varepsilon,k-1}, \ldots, x_{\varepsilon,\kappa}, \ldots, x_{\varepsilon,0}) \cdot m_\varepsilon = \sum_{\varepsilon=0}^{e-1} y_\varepsilon \cdot m_\varepsilon. \qquad (6.1.6)$$

Unter Verwendung dieses Symbols $\sum$ (formell: Summe, Disjunktion) kann man eine weitere verkürzte Schreibweise für eine KDNF definieren, in der nur noch die Indexe ε der beteiligten Minterme m_ε berücksichtigt werden:

$$f(x) = \sum_{\varepsilon=0}^{e-1} 0, 2, 3, 4, 7. \qquad (6.1.7)$$

Die Vorschrift (6.1.6) stellt das Expansionstheorem für die Ermittlung einer KDNF aus einer beliebig gegebenen Schaltfunktion f(x) dar. Seine ausführliche Schreibweise ist:

$$f(x) = \sum_{\varepsilon=0}^{e-1} y_\varepsilon \cdot m_\varepsilon = \quad f(x_\varepsilon) \cdot m_\varepsilon =$$

$$= \sum_{\varepsilon=0}^{e-1} f(x_{\varepsilon,k-1}, \ldots, x_{\varepsilon,\kappa}, \ldots, x_{\varepsilon,1}, x_{\varepsilon,0}) \cdot m_\varepsilon =$$

$$= f(0,\ldots,0,\ldots,0,0) \cdot (\overline{x}_{k-1} \cdot \ldots \cdot \overline{x}_\kappa \cdot \ldots \cdot \overline{x}_1 \cdot \overline{x}_0) +$$

$$+ f(0,...,0,...,0,1)\cdot(\overline{x}_{k-1}\cdot...\cdot\overline{x}_{\kappa}\cdot...\cdot\overline{x}_1\cdot x_0) +$$
$$|$$
$$+ f(1,...,1,...,1,1)\cdot(x_{k-1}\cdot...\cdot x_{\kappa}\cdot...\cdot x_1\cdot x_0)\ . \tag{6.1.8}$$

Ist eine Schaltfunktion f(x) mit k-Variablen gegeben, so ist für jede der $e = 2^k$ möglichen Eingangsbelegungen x_ε die Ausgangsbelegung $y_\varepsilon = f(x_\varepsilon)$ zu ermitteln. Ist $y_\varepsilon = 1$, so wird der Minterm m_ε Bestandteil der KDNF, anderenfalls nicht.

Gegeben sei z. B. $f(x) = x_2\overline{x}_1 + x_1\overline{x}_0$:

ε	x_2	x_1	x_0	y_ε	m_ε
0	0	0	0	0	
1	0	0	1	0	
2	0	1	0	1	$\overline{x}_2 x_1 \overline{x}_0$
3	0	1	1	0	
4	1	0	0	1	$x_2 \overline{x}_1 \overline{x}_0$
5	1	0	1	1	$x_2 \overline{x}_1 x_0$
6	1	1	0	1	$x_2 x_1 \overline{x}_0$
7	1	1	1	0	

KDNF: $f(x) = \overline{x}_2x_1\overline{x}_0 + x_2\overline{x}_1\overline{x}_0 + x_2\overline{x}_1x_0 + x_2x_1\overline{x}_0.$

6.2 Konjunktive Normalform (KNF), Kanonische KNF (KKNF)

Die KNF ist eine Konjunktion von Termen, die aus disjunktiv verknüpften Variablen bzw. deren Komplement bestehen. Für eine Schaltfunktion f(x) mit drei Variablen x_2, x_1, x_0 kann die KNF z. B. aus zwei Termen bestehen:

$$f(x) = (x_1+\overline{x}_0)\cdot(\overline{x}_2+\overline{x}_1+x_0). \tag{6.2.1}$$

Sind in einem Term alle in der Schaltfunktion f(x) vorkommenden Variablen $x_{k-1},...,x_\kappa,...,x_0$ in negierter oder nicht negierter Form disjunktiv verknüpft, so bezeichnet man diese als Maxterme [1)] M_ε oder auch als Elementardisjunktionen.

1) Die Bezeichnung "Maxterm M_ε" kann man so interpretieren, daß nur für eine der möglichen $e = 2^k$ Eingangsbelegungen, nämlich für die mit dem Index ε, M_ε den Wert "0" annimmt. Für die restlichen 2^k-1 Eingangsbelegungen ist M_ε gleich "1" (maximale Anzahl "1"en).

Eine KNF, die ausschließlich Maxterme M_ε konjunktiv verknüpft, heißt kanonische konjunktive Normalform (KKNF). Die KNF (6.2.1) kann man z. B. mit dem Expansionsgesetz "Addition mit "0" (5.5.5) in eine KKNF umwandeln:

$$f(x) = (x_1+\overline{x}_0)\cdot(\overline{x}_2+\overline{x}_1+x_0) \tag{6.2.1}$$

$$f(x) = (x_2\overline{x}_2+x_1+\overline{x}_0)\cdot(\overline{x}_2+\overline{x}_1+x_0) \tag{6.2.2}$$

$$f(x) = (x_2+x_1+\overline{x}_0)\cdot(\overline{x}_2+x_1+\overline{x}_0)\cdot(\overline{x}_2+\overline{x}_1+x_0). \tag{6.2.3}$$

Die KKNF (6.2.3) enthält drei Maxterme M_ε. Insgesamt sind für eine KKNF mit k-Eingangsvariablen 2^k mögliche Maxterme definiert.
Die Maxterme M_ε sind den $e = 2^k$ Eingangsbelegungen einer Schaltfunktion fest zugeordnet. Ist die Variable x_κ in der Eingangsbelegung x_ε gleich "1", geht sie negiert in den Maxterm M_ε ein, ist die Variable x_κ in der Eingangsbelegung x_ε gleich "0", geht sie nicht negiert in den Maxterm M_ε ein.
Bestandteil einer KKNF sind nur diejenigen Maxterme M_ε, für die $y_\varepsilon = f(x_{\varepsilon,k-1},\ldots,x_{\varepsilon,\kappa},\ldots,x_{\varepsilon,0}) = 0$ ist. Diese Zusammenhänge lassen sich übersichtlich aus der folgenden Wahrheitstabelle ableiten:

ε	x_2	x_1	x_0	Maxterme M_ε	Ausgangsbelegungen $y_\varepsilon = f(x_{\varepsilon,2}, x_{\varepsilon,1}, x_{\varepsilon,0})$
0	0	0	0	$M_0 = x_2+x_1+x_0$	1
1	0	0	1	$M_1 = x_2+x_1+\overline{x}_0$	0
2	0	1	0	$M_2 = x_2+\overline{x}_1+x_0$	1
3	0	1	1	$M_3 = x_2+\overline{x}_1+\overline{x}_0$	1
4	1	0	0	$M_4 = \overline{x}_2+x_1+x_0$	1
5	1	0	1	$M_5 = \overline{x}_2+x_1+\overline{x}_0$	0
6	1	1	0	$M_6 = \overline{x}_2+\overline{x}_1+x_0$	0
7	1	1	1	$M_7 = \overline{x}_2+\overline{x}_1+\overline{x}_0$	1

Tabelle 6.2.1 Wahrheitstabelle für die Schaltfunktion f(x) (6.2.1)

Die KKNF für f(x) läßt sich aus der Tabelle 6.2.1 wie folgt aufschreiben:

$$f(x) = [f(0,0,0)+M_0]\cdot[f(0,0,1)+M_1]\cdot\ldots\cdot[f(1,1,1)+M_7]. \tag{6.2.4}$$

Die Funktionswerte $y_\varepsilon = f(x_\varepsilon) = f(x_{\varepsilon,2},x_{\varepsilon,1},x_{\varepsilon,0})$ sind die Ausgangsbelegungen der Schaltfunktion f(x), die mit den relevanten Maxtermen M_ε disjunktiv zu verknüpfen sind und mit ihrem Wert "1" oder "0" darüber entscheiden, welche der Maxterme M_ε Bestandteile der KDNF von f(x) sind bzw. welche es nicht sind. Für die Beispielfunktion (6.2.3) ergibt sich damit:

$$f(x) = M_1 \cdot M_5 \cdot M_6, \tag{6.2.5}$$

oder allgemein

$$f(x) = \prod_{\varepsilon=0}^{e-1} [f(x_{\varepsilon,k-1},\ldots,x_{\varepsilon,\kappa},\ldots,x_{\varepsilon,0}) + M_\varepsilon]. \tag{6.2.6}$$

Unter Verwendung dieses Symbols $\prod$ (formell: Produkt, Konjunktion) kann man eine weitere verkürzte Schreibweise für eine KKNF definieren, in der nur noch die Indexe ε der beteiligten Maxterme M_ε berücksichtigt werden:

$$f(x) = \prod 1, 5, 6. \tag{6.2.7}$$

Die Vorschrift (6.2.6) stellt das Expansionstheorem für die Ermittlung einer KKNF aus einer beliebig gegebenen Schaltfunktion f(x) dar.
Seine ausführliche Schreibweise ist:

$$\begin{aligned} f(x) &= \prod_{\varepsilon=0}^{e-1} [y_\varepsilon + M_\varepsilon] = \prod_{\varepsilon=0}^{e-1} [f(x_\varepsilon) + M_\varepsilon] = \\ &= \prod_{\varepsilon=0}^{e-1} [f(x_{\varepsilon,k-1},\ldots,x_{\varepsilon,\kappa},\ldots,x_{\varepsilon,1},x_{\varepsilon,0}) + M_\varepsilon] = \\ &= [f(0,\ldots,0,\ldots,0,0)+x_{k-1}+\ldots+x_\kappa+\ldots+x_1+x_0] \cdot \\ &\cdot [f(0,\ldots,0,\ldots,0,1)+x_{k-1}+\ldots+x_\kappa+\ldots+x_1+\overline{x}_0] \cdot \\ &\quad | \\ &\cdot [f(1,\ldots,1,\ldots,1,1)+\overline{x}_{k-1}+\ldots+\overline{x}_\kappa+\ldots+\overline{x}_1+\overline{x}_0]. \end{aligned} \tag{6.2.8}$$

Ist eine Schaltfunktion mit k Variablen gegeben, so ist für jede der $e = 2^k$ möglichen Eingangsbelegungen x_ε die Ausgangsbelegung $y_\varepsilon = f(x_\varepsilon)$ zu ermitteln. Ist $y_\varepsilon = 0$, so wird der Maxterm M_ε Bestandteil der KKNF, anderenfalls nicht.

Gegeben sei z. B. $f(x) = x_2\overline{x}_1 + x_1\overline{x}_0$:

ε	x_2	x_1	x_0	y_ε	M_ε
0	0	0	0	0	$x_2+x_1+x_0$
1	0	0	1	0	$x_2+x_1+\overline{x}_0$
2	0	1	0	1	
3	0	1	1	0	$x_2+\overline{x}_1+\overline{x}_0$
4	1	0	0	1	
5	1	0	1	1	
6	1	1	0	1	
7	1	1	1	0	$\overline{x}_2+\overline{x}_1+\overline{x}_0$

KKNF: $f(x)=(x_2+x_1+x_0)\cdot(x_2+x_1+\overline{x}_0)\cdot(x_2+\overline{x}_1+\overline{x}_0)\cdot(\overline{x}_2+\overline{x}_1+\overline{x}_0)$

6.3 Zusammenhänge zwischen KDNF und KKNF

Jede Schaltfunktion f(x) läßt sich in Form ihrer KDNF und KKNF darstellen. Beide sind ineinander überführbar. Ist die Schaltfunktion f(x) z. B. in ihrer KDNF gegeben, so läßt sich die ihr äquivalente KKNF sofort formell aufschreiben und umgekehrt. Eine dafür relevante Vorschrift wird am folgenden Beispiel verdeutlicht.

Gegeben sei eine Schaltfunktion f(x) mit drei Variablen ($k = 3,\ e = 2^k = 8$) als KDNF:

$$f(x) = m_0 + m_1 + m_4 + m_7. \tag{6.3.1}$$

Für f(x) stellen wir die Wahrheitstabelle für die laufenden Indexe $0 \le \varepsilon \le e\text{-}1$ der Eingangsbelegungen x_ε dar.
Die Tabelle 6.3.1 enthält alle Minterme m_ε, Maxterme M_ε und die Ausgangsbelegungen y_ε als Funktionswerte "0" und "1" für f(x).

				Minterme	Maxterme	Ausgangsbelegungen
ε	x_2	x_1	x_0	m_ε	M_ε	$y_\varepsilon = f(x_{\varepsilon,2}, x_{\varepsilon,1}, x_{\varepsilon,0})$
0	0	0	0	$m_0 = \bar{x}_2 \bar{x}_1 \bar{x}_0$	$M_0 = x_2 + x_1 + x_0$	1
1	0	0	1	$m_1 = \bar{x}_2 \bar{x}_1 x_0$	$M_1 = x_2 + x_1 + \bar{x}_0$	1
2	0	1	0	$m_2 = \bar{x}_2 x_1 \bar{x}_0$	$M_2 = x_2 + \bar{x}_1 + x_0$	0
3	0	1	1	$m_3 = \bar{x}_2 x_1 x_0$	$M_3 = x_2 + \bar{x}_1 + \bar{x}_0$	0
4	1	0	0	$m_4 = x_2 \bar{x}_1 \bar{x}_0$	$M_4 = \bar{x}_2 + x_1 + x_0$	1
5	1	0	1	$m_5 = x_2 \bar{x}_1 x_0$	$M_5 = \bar{x}_2 + x_1 + \bar{x}_0$	0
6	1	1	0	$m_6 = x_2 x_1 \bar{x}_0$	$M_6 = \bar{x}_2 + \bar{x}_1 + x_0$	0
7	1	1	1	$m_7 = x_2 x_1 x_0$	$M_7 = \bar{x}_2 + \bar{x}_1 + \bar{x}_0$	1

Tabelle 6.3.1 Wahrheitstabelle für die Funktion f(x) (6.3.1)

Gemäß (6.1.6) ist die KDNF einer Schaltfunktion f(x) gleich der Disjunktion derjenigen Minterme m_ε, für die $y_\varepsilon = 1$ ist.
Gemäß (6.2.6) ist die KKNF einer Schaltfunktion f(x) gleich der Konjunktion derjenigen Maxterme M_ε, für die $y_\varepsilon = 0$ ist. Damit kann man die Äquivalenz der beiden kanonischen Normalformen wie folgt aufschreiben:

$$f(x) = \sum_{\varepsilon=0}^{e-1} f(x_{\varepsilon,k-1},\ldots,x_{\varepsilon,\kappa},\ldots,x_{\varepsilon,0}) \cdot m_\varepsilon =$$

$$= \prod_{\varepsilon=0}^{e-1} [f(x_{\varepsilon,k-1},\ldots,x_{\varepsilon,\kappa},\ldots,x_{\varepsilon,0}) + M_\varepsilon]. \tag{6.3.2}$$

Für die Beispielfunktion f(x) (6.3.1) erhält man

$$f(x) = m_0 + m_1 + m_4 + m_7 = M_2 \cdot M_3 \cdot M_5 \cdot M_6, \tag{6.3.3}$$

oder verkürzt geschrieben:

$$f(x) = \sum 0,1,4,7 = \prod 2,3,5,6. \tag{6.3.4}$$

1. Zusammenhang
Die KDNF (KKNF) einer als KKNF (KDNF) gegebenen Funktion f(x) mit k-Variablen läßt sich als disjunktive (konjunktive) Verknüpfung aller Minterme m_ε (Maxterme M_ε) mit denjenigen Indexen ε aufschreiben, die in der gegebenen KKNF (KDNF) nicht enthalten sind (Komplementmenge der Indexe ε). Dabei ist $0 \le \varepsilon \le e-1$, für $e = 2^k$.

2. Zusammenhang
Aus Tabelle 6.3.1 ist u. a. auch ersichtlich, daß immer gilt:

$$\overline{m}_\varepsilon = M_\varepsilon \quad \text{und} \quad \overline{M}_\varepsilon = m_\varepsilon.$$

3. Zusammenhang
Die KDNF (KKNF) einer Schaltfunktion f(x) ist gleich dem Komplement der KKNF (KDNF) der Funktion $\overline{f(x)}$.
Gegeben sei eine Schaltfunktion f(x) in Form ihrer KDNF für drei Variable (k=3):

$$f(x) = m_0 + m_1 + m_4 + m_7. \tag{6.3.1}$$

Das Komplement von f(x) ist

$$\overline{f(x)} = \overline{m_0 + m_1 + m_4 + m_7} = M_0 \cdot M_1 \cdot M_4 \cdot M_7 \tag{6.3.5}$$

oder

$$\overline{f(x)} = \overline{\sum 0,1,4,7} = \prod 0,1,4,7. \tag{6.3.6}$$

Es gilt also:

$$f(x) = \sum 0,1,4,7 = \overline{\prod 0,1,4,7} = \prod 2,3,5,6 \tag{6.3.7}$$

$$\overline{f(x)} = \prod 0,1,4,7 = \overline{\sum 0,1,4,7} = \sum 2,3,5,6. \tag{6.3.8}$$

6.4 NAND-Normalformen (NAND-NF)

Die NAND-NF ist für den Schaltungstechniker deshalb von Interesse, da mit NAND-Gattern jede beliebige kombinatorische Schaltung realisierbar ist. Die NAND-NF einer Booleschen Funktion f(x) enthält ausschließlich NAND-verknüpfte Terme.
Ein Term T ist eine NAND-NF, wenn T die Form $\overline{T_{\ell-1} \cdot \ldots \cdot T_0}$ besitzt, wobei T_λ ($\lambda \in \{0,\ldots,\ell-1\}$) entweder Variablen x_κ, negierte Variablen $\overline{x}_\kappa$ oder selbst NAND-NF sind.
Die NAND-NF kann man durch Mehrfachanwendung des Inversionssatzes (5.1) sowohl aus einer (K)DNF, als auch aus einer (K)KNF bilden. Zu diesem Zweck ist eine (K)DNF zweimal zu invertieren (überstreichen), eine (K)KNF hingegen viermal:

(K)DNF $f_D(x)$	(K)KNF $f_K(x)$
⇓	⇓
zweimalige	viermalige
Überstreichung $\overline{\overline{f_D(x)}}$	Überstreichung $\overline{\overline{\overline{\overline{f_K(x)}}}}$
⇓	⇓
Umwandlung in eine D-NAND-NF	Umwandlung in eine K-NAND-NF

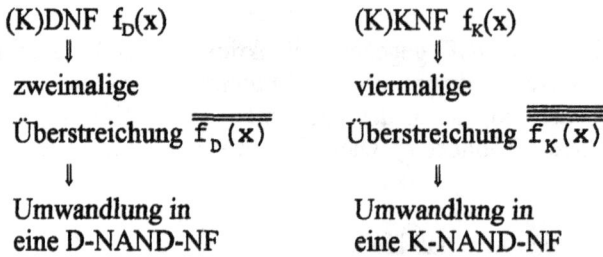

Bild 6.4.1 Umwandlungsvorschrift für eine (K)DNF und eine (K)KNF in eine NAND-NF

6.4.1 Bildung einer NAND-NF aus einer (K)DNF

Gegeben sei

$$f_D(x) = \bar{x}_2 x_1 + x_2 x_1 x_0 + \bar{x}_1 \bar{x}_0. \tag{6.1.1}$$

Zweimaliges Überstreichen

$$f(x) = \overline{\overline{\bar{x}_2 x_1 + x_2 x_1 x_0 + \bar{x}_1 \bar{x}_0}} \tag{6.4.1}$$

und gezieltes Umwandeln in NAND-Terme ergibt:

$$f(x) = \overline{\overline{\bar{x}_2 x_1} \cdot \overline{x_2 x_1 x_0} \cdot \overline{\bar{x}_1 \bar{x}_0}}. \tag{6.4.2}$$

In der NAND-NF f(x) (6.4.2) sind alle Variablen x_κ und ihre Komplemente $\bar{x}_\kappa$ NAND-verknüpft, ebenso die daraus resultierenden NAND-Terme ihrerseits. Beide Schaltfunktionen $f_D(x)$ (6.1.1) und f(x) (6.4.2) sind äquivalent. Ihre schaltungstechnische Realisierung ist, wie im Bild 6.4.2 gezeigt, unterschiedlich.

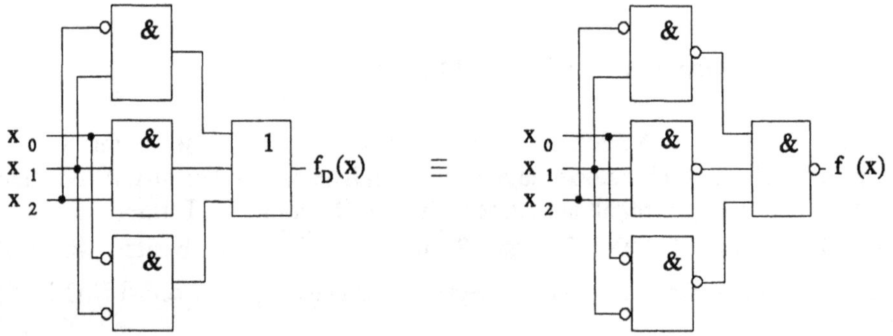

DNF NAND-NF

Bild 6.4.2 DNF und NAND-NF einer Schaltfunktion $f_D(x)$ (6.1.1)

6.4.2 Bildung einer K-NAND-NF

Gegeben sei:

$$f_K(x) = (x_1+\overline{x}_0)\cdot(\overline{x}_2+\overline{x}_1+x_0). \tag{6.2.1}$$

Viermaliges Überstreichen

$$f(x) = \overline{\overline{\overline{\overline{(x_1+\overline{x}_0)\cdot(\overline{x}_2+\overline{x}_1+x_0)}}}} \tag{6.4.3}$$

und gezieltes Umwandeln in NAND-Terme ergibt

$$f(x) = \overline{\overline{\overline{\overline{x}_1\cdot x_0+x_2\cdot x_1\cdot \overline{x}_0}}}, \tag{6.4.4}$$

$$f(x) = \overline{\overline{\overline{\overline{x}_1\cdot x_0} \cdot \overline{x_2\cdot x_1\cdot \overline{x}_0}}}. \tag{6.4.5}$$

In der NAND-NF f(x) (6.4.5) sind alle Variablen x_κ und ihre Komplemente $\overline{x}_\kappa$ NAND-verknüpft, ebenso die daraus resultierenden NAND-Terme ihrerseits. Jede NAND-NF enthält eine zusätzliche Überstreichung, die für die NAND-Struktur der Normalfunktion eigentlich nicht benötigt würde. Sie ist aber für die Erhaltung der Äquivalenz zur Ursprungsfunktion $f_K(x)$ erforderlich. Die schaltungstechnische Realisierung der von $f_K(x)$ (6.2.1) und ihre NAND-NF f(x) (6.4.5) zeigt Bild 6.4.3.

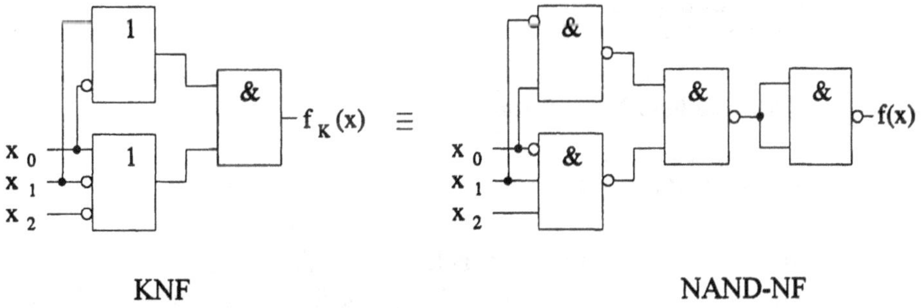

Bild 6.4.3 KNF- und NAND-NF einer Schaltfunktion $f_K(x)$ (6.2.1)

6.5 NOR-Normalformen (NOR-NF)

Die NOR-NF ist für den Schaltungstechniker deshalb von Interesse, da mit NOR-Gattern jede beliebige kombinatorische Schaltung realisierbar ist. Die NOR-NF einer Schaltfunktion f(x) enthält ausschließlich NOR-verknüpfte Terme.

Ein Term T ist eine NOR-NF, wenn T die Form $\overline{T_{\ell-1}+...+T_0}$ besitzt, wobei T_λ ($\lambda \in \{0,...,\ell-1\}$) entweder Variablen x_κ, negierte Variablen $\overline{x}_\kappa$ oder selbst NOR-NF sind. Die NOR-NF kann man durch Mehrfachanwendung des Inversionssatzes (5.1) sowohl aus einer (K)KNF als auch aus einer (K)DNF bilden. Zu diesem Zweck ist eine (K)KNF zweimal zu überstreichen, eine (K)DNF hingegen viermal:

(K)KNF $f_K(x)$	(K)DNF $f_D(x)$
⇓	⇓
zweimalige	viermalige
Überstreichung $\overline{\overline{f_K(x)}}$	Überstreichung $\overline{\overline{\overline{\overline{f_D(x)}}}}$
⇓	⇓
Umwandlung in eine K-NOR-NF	Umwandlung in eine D-NOR-NF

Bild 6.5.1 Umwandlungsvorschrift für eine (K)KNF und eine (K)DNF in eine NOR-NF

Die im Bild 6.5.1 dargestellten Vorschriften zur Bildung der NOR-NF kann man mit Hilfe der bereits in den Abschnitten (6.1) und (6.2) verwendeten Booleschen Funktionen KNF (6.2.1) und DNF (6.1.1) demonstrieren.

6.5.1 Bildung einer NOR-NF aus einer (K)KNF

Gegeben sei:

$$f_K(x) = (x_1+\overline{x}_0)\cdot(\overline{x}_2+\overline{x}_1+x_0). \tag{6.2.1}$$

Zweimaliges Überstreichen

$$f(x) = \overline{\overline{(x_1+\overline{x}_0)\cdot(\overline{x}_2+\overline{x}_1+x_0)}} \tag{6.5.1}$$

und gezieltes Umwandeln in NOR-Terme ergibt

$$f(x) = \overline{\overline{x_1+\overline{x}_0} + \overline{\overline{x}_2+\overline{x}_1+x_0}}. \tag{6.5.2}$$

In der NOR-NF f(x) (6.5.2) sind alle Variablen x_κ und ihre Komplemente $\overline{x}_\kappa$ NOR-verknüpft, ebenso die daraus resultierenden NOR-Terme ihrerseits. Beide Schaltfunktionen $f_K(x)$ (6.2.1) und f(x) (6.5.2) sind äquivalent. Ihre schaltungstechnische Realisierung ist wie im Bild 6.5.2 gezeigt, unterschiedlich.

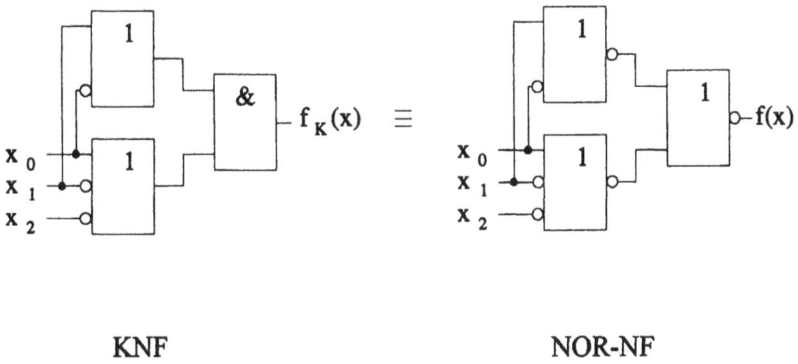

Bild 6.5.2 KNF und NOR-NF einer Schaltfunktion $f_K(x)$ (6.2.1)

6.5.2 Bildung einer NOR-NF aus einer (K)DNF

Gegeben sei:

$$f_D(x) = \bar{x}_2 x_1 + x_2 x_1 x_0 + \bar{x}_1 \bar{x}_0. \tag{6.1.1}$$

Viermaliges Überstreichen

$$f(x) = \overline{\overline{\overline{\overline{\bar{x}_2 x_1 + x_2 x_1 x_0 + \bar{x}_1 \bar{x}_0}}}} \tag{6.5.3}$$

und gezieltes Umwandeln in NOR - Terme ergibt

$$f(x) = \overline{\overline{(x_2+\bar{x}_1)\cdot(\bar{x}_2+\bar{x}_1+\bar{x}_0)\cdot(x_1+x_0)}}\,, \tag{6.5.4}$$

$$f(x) = \overline{\overline{\overline{x_2+\bar{x}_1} + \overline{\bar{x}_2+\bar{x}_1+\bar{x}_0} + \overline{x_1+x_0}}}. \tag{6.5.5}$$

In der NOR-NF f(x) (6.5.5) sind alle Variablen x_κ und ihre Komplemente $\bar{x}_\kappa$ NOR-verknüpft, ebenso die daraus resultierenden NOR-Terme ihrerseits. Beide Schaltfunktionen $f_D(x)$ (6.1.1) und f(x) (6.5.5) sind äquivalent. Ihre schaltungstechnische Realisierung ist, wie im Bild 6.5.3 gezeigt, unterschiedlich.

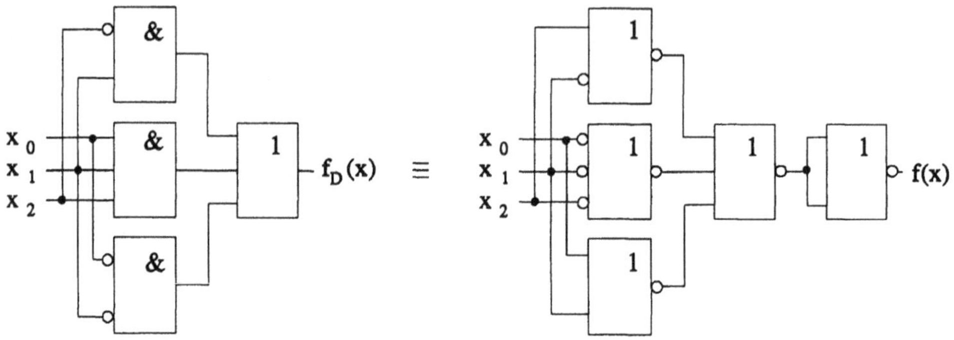

DNF NOR-NF

Bild 6.5.3 DNF und NOR-NF einer Schaltfunktion $f_D(x)$ (6.1.1)

6.6 Antivalente Normalform (ANF)

Die ANF einer Schaltfunktion f(x) ist eine antivalente Verknüpfung von Termen, welche entweder 1, eine einzelne Variable x_κ oder eine Konjunktion von zwei oder mehreren Variablen x_κ ($\kappa \in \{0,...,k-1\}$) sind. Es sei hervorgehoben, daß eine ANF nur die Variablen x_κ selbst, die Konstante 1, nicht aber die Negation $\overline{x}_\kappa$ der Variablen x_κ enthält.
Eine ANF für f(x) kann z. B. wie folgt dargestellt sein:

$$f(x) = 1 \oplus x_0 \oplus x_2x_1 \oplus x_2x_1x_0. \qquad (6.6.1)$$

Die maximale Anzahl der in einer ANF zu verknüpfenden Terme einer Schaltfunktion f(x) mit k-Variablen ist 2^k.
Die Algebra, die ausschließlich mit den Operationen ANTIVALENZ und KONJUNKTION auskommt, wird auch als Shegalkinsche Algebra bezeichnet.
Die Antivalenten Normalformen sind deshalb auch als "Shegalkin-Polynome" bekannt. Für den Schaltungstechniker sind sie von Interesse, da sie u. a. für die Synthese von Fehlerkennungs- und -korrekturschaltungen sowie für die Analyse des dynamischen Verhaltens von kombinatorischen Schaltungen gute Voraussetzungen bieten.

6.6.1 ANF für eine Variable

Für die ANF einer Variablen x_0 existieren zwei Terme, nämlich die Variable x_0 selbst und 1. Die theoretisch möglichen $2^2 = 4$ Verknüpfungen dieser beiden Terme sind in der folgenden Tabelle zusammengefaßt. Es existiert eine ANF.

α_1	α_0	$f(x) = \alpha_1 x_0 \nsim \alpha_0 1$	
0	0	0	
0	1	1	
1	0	x_0	
1	1	$x_0 \nsim 1$	ANF

(6.6.2)

Tabelle 6.6.1 ANF für eine Variable x_0

6.6.2 ANF für zwei Variable

Für die ANF zweier Variabler x_1 und x_0 existieren vier Terme, nämlich die zwei Variablen, ihre konjunktive Verknüpfung x_1x_0 und das Element 1. 16 Kombinationen dieser Terme sind möglich. Damit lassen sich insgesamt elf ANF bilden.

α_3	α_2	α_1	α_0	$f(x) = \alpha_3 x_1 x_0 \nsim \alpha_2 x_1 \nsim \alpha_1 x_0 \nsim \alpha_0 1$	
0	0	0	0	0	
0	0	0	1	1	
0	0	1	0	x_0	
0	0	1	1	$x_0 \nsim 1$	ANF
0	1	0	0	x_1	
0	1	0	1	$x_1 \nsim 1$	ANF
0	1	1	0	$x_1 \nsim x_0$	ANF
0	1	1	1	$x_1 \nsim x_0 \nsim 1$	ANF
1	0	0	0	$x_1 x_0$	
1	0	0	1	$x_1 x_0 \nsim 1$	ANF
1	0	1	0	$x_1 x_0 \nsim x_0$	ANF
1	0	1	1	$x_1 x_0 \nsim x_0 \nsim 1$	ANF
1	1	0	0	$x_1 x_0 \nsim x_1$	ANF
1	1	0	1	$x_1 x_0 \nsim x_1 \nsim 1$	ANF
1	1	1	0	$x_1 x_0 \nsim x_1 \nsim x_0$	ANF
1	1	1	1	$x_1 x_0 \nsim x_1 \nsim x_0 \nsim 1$	ANF

Tabelle 6.6.2 ANF für zwei Variable x_1 und x_0

6.6.3 ANF für k-Variable

Die ANF läßt sich aus der KDNF bzw. der KKNF ableiten. Die KDNF einer Schaltfunktion f(x) kann man nach (6.1.6) wie folgt darstellen:

$$f(x) = \sum_{\varepsilon=0}^{e-1} f(x_{\varepsilon,k-1},\ldots,x_{\varepsilon,\kappa},\ldots,x_{\varepsilon,0})\cdot m_\varepsilon. \tag{6.1.6}$$

Ausführlich ergibt sich:

$$
\begin{aligned}
f(x) \;=\; & f(0,\ldots,0,\ldots,0,0)\cdot \overline{x}_{k-1}\cdot\ldots\cdot \overline{x}_{\kappa}\cdot\ldots\cdot \overline{x}_1 \cdot \overline{x}_0 + \\
+\; & f(0,\ldots,0,\ldots,0,1)\cdot \overline{x}_{k-1}\cdot\ldots\cdot \overline{x}_{\kappa}\cdot\ldots\cdot \overline{x}_1 \cdot x_0 + \\
\mid\; & \\
+\; & f(1,\ldots,1,\ldots 1,1)\cdot x_{k-1}\cdot\ldots\cdot x_{\kappa}\cdot\ldots\cdot x_1 \cdot x_0.
\end{aligned}
\tag{6.6.4}
$$

Daraus läßt sich die ANF für f(x) aufschreiben unter Berücksichtigung dessen, daß die "+"-Operation durch die "$\not+$"-Operation ersetzt werden kann, weil für jede Eingangsbelegung x_ε immer höchstens nur ein Summand $f(x_\varepsilon)\cdot m_\varepsilon$ in (6.6.4) "1" werden kann. Die negierten Variablen x_κ substituiert man mit $\overline{x}_\kappa = 1 \not+ x_\kappa$:

$$
\begin{aligned}
f(x) \;=\; & f(0,\ldots,0,\ldots 0,0)\cdot(1\not+x_{k-1})\cdot\ldots\cdot(1\not+x_\kappa)\cdot\ldots\cdot(1\not+x_1)\cdot(1\not+x_0)\not+ \\
\not+\; & f(0,\ldots,0,\ldots 0,1)\cdot(1\not+x_{k-1})\cdot\ldots\cdot(1\not+x_\kappa)\cdot\ldots\cdot(1\not+x_1)\cdot x_0 \quad \not+ \\
\mid\; & \\
\not+\; & f(1,\ldots,1,\ldots 1,1)\cdot x_{k-1}\cdot\ldots\cdot x_\kappa\cdot\ldots\cdot x_1\cdot x_0.
\end{aligned}
\tag{6.6.5}
$$

Das Auflösen der Klammern mit dem Einführen von Faktoren a, die aus y_ε der KDNF bzw. KKNF noch zu ermitteln sind, führt schließlich zur endgültigen allgemeinen Form der ANF:

$$
\begin{aligned}
f(x) = a \not+ & \\
& \not+ a_0 x_0 \not+ a_1 x_1 \not+ a_2 x_2 \not+ a_3 x_3 \not+ \ldots\ldots\ldots\ldots \not+ a_{k-1} x_{k-1} \not+ \\
& \qquad \not+ a_{01} x_0 x_1 \not+ a_{02} x_0 x_2 \not+ a_{03} x_0 x_3 \not+ \ldots\ldots\ldots\ldots \not+ a_{0(k-1)} x_0 x_{k-1} \not+ \\
& \qquad\qquad \not+ a_{12} x_1 x_2 \not+ a_{13} x_1 x_3 \not+ \ldots\ldots\ldots\ldots \not+ a_{1(k-1)} x_1 \cdot x_{k-1} \not+ \\
& \qquad\qquad\qquad \mid \\
& \qquad\qquad\qquad \ldots\ldots \not+ a_{(k-2)(k-1)} \cdot x_{k-2} \cdot x_{k-1} \not+ \\
& \qquad\qquad\qquad \mid \\
& \qquad\qquad\qquad \ldots \not+ a_{012\cdots(k-1)} x_0 x_1 x_2 \ldots x_{k-1}.
\end{aligned}
\tag{6.6.6}
$$

Ermitteln wir nun die Beziehung der Koeffizienten a in (6.6.6) zu den Faktoren der KDNF und KKNF. Für eine Variable x_0 ist die ANF aus (6.6.6):

$$f(x) = a \not+ a_0 x_0. \tag{6.6.7}$$

Die KDNF und KKNF für x_0 lauten:

ε	x_0	y_ε
0	0	y_0
1	1	y_1

$$f(x) = y_0 \overline{x}_0 + y_1 x_0 \tag{6.6.8}$$

$$f(x) = [y_0 + x_0]\cdot[y_1 + \overline{x}_0]. \tag{6.6.9}$$

Die KKNF (6.6.9) kann man in die Form der KDNF (6.6.8) überführen:

$$\begin{aligned} f(x) = [y_0+x_0]\cdot[y_1+\bar{x}_0] \quad &= y_0y_1 + y_0\bar{x}_0 + y_1x_0 + x_0\bar{x}_0 = \\ &= y_0\bar{x}_0 + y_0y_1\cdot(\bar{x}_0+x_0) + y_1x_0 = \\ &= y_0\bar{x}_0 + y_0y_1\bar{x}_0 + y_0y_1x_0 + y_1x_0 = \\ &= y_0\bar{x}_0 + y_1x_0. \end{aligned}$$

Also sind durch Koeffizientenvergleich zwischen (6.6.8) und (6.6.7) die Funktion a und y_ε in Beziehung zu bringen:

$$f(x) = y_0\,\bar{x}_0 + y_1x_0 \qquad = a \not+ a_0x_0 = \tag{6.6.10}$$

$$\begin{aligned} &= a\cdot(\bar{a}_0+\bar{x}_0) + \bar{a}a_0x_0 = \\ &= a\bar{a}_0 + a\,\bar{x}_0 + \bar{a}a_0x_0 = \\ &= a\bar{a}_0\cdot(\bar{x}_0+x_0) + a\bar{x}_0 + \bar{a}a_0x_0 = \\ &= a\bar{a}_0\bar{x}_0 + a\,\bar{x}_0 + a\bar{a}_0x_0 + \bar{a}a_0x_0 = \end{aligned}$$

$$f(x) = y_0\bar{x}_0 + y_1x_0 \qquad = a\bar{x}_0 + (a \not+ a_0)x_0. \tag{6.6.11}$$

Aus (6.6.11): $y_0 = a$, (6.6.12) → $a = y_0$, (6.6.14)
$y_1 = a \not+ a_0$, (6.6.13) → $a_0 = a \not+ y_1 = y_0 \not+ y_1$. (6.6.15)

Diese Beziehungen (6.6.12 bis 6.6.15) zwischen a und y_ε lassen sich für eine Variable mit Hilfe einer Koeffizientenmatrix M_1 darstellen. M_1 ist im weiteren eine Basis für die Ermittlung der Koeffizienten für k Variable:

$$\begin{pmatrix} a \\ a_0 \end{pmatrix} = \begin{pmatrix} 1\,0 \\ 1\,1 \end{pmatrix} \otimes \begin{pmatrix} y_0 \\ y_1 \end{pmatrix} = M_1 \otimes \begin{pmatrix} y_0 \\ y_1 \end{pmatrix} \tag{6.6.16}$$

Aus (6.6.16) ergeben sich die Beziehungen (6.6.12 bis 6.6.15):

$$\begin{aligned} a \;&= 1\cdot y_0 \not+ 0\cdot y_1 = y_0 \\ a_0 \;&= 1\cdot y_0 \not+ 1\cdot y_1 = y_0 \not+ y_1, \end{aligned}$$

das Symbol $\otimes$ schreibt dabei die ANTIVALENZ-Verknüpfung der Teilprodukte vor, die bei der Matrizenmultiplikation entstehen, M_1 steht als Beziehungsmatrix für eine Variable x_0 zwischen a und y_ε.
Für zwei Variable lassen sich die Faktorbeziehungen zwischen a und y_ε erweitern:

$$\begin{pmatrix} a \\ a_0 \\ a_1 \\ a_{01} \end{pmatrix} = \begin{pmatrix} M_1 & 0 \\ M_1 & M_1 \end{pmatrix} \otimes \begin{pmatrix} y_0 \\ y_1 \\ y_2 \\ y_3 \end{pmatrix} = \begin{pmatrix} 1\,0\,0\,0 \\ 1\,1\,0\,0 \\ 1\,0\,1\,0 \\ 1\,1\,1\,1 \end{pmatrix} \otimes \begin{pmatrix} y_0 \\ y_1 \\ y_2 \\ y_3 \end{pmatrix} \tag{6.6.17}$$

Aus (6.6.17) folgt:

$$
\begin{aligned}
a &= y_0 \\
a_0 &= y_0 \not+ y_1 \\
a_1 &= y_0 \not+ y_2 \\
a_{01} &= y_0 \not+ y_1 \not+ y_2 \not+ y_3,
\end{aligned}
\qquad (6.6.18)
$$

und

$$
\begin{aligned}
y_0 &= a \\
y_1 &= y_0 \not+ a_0 = a \not+ a_0 \\
y_2 &= y_0 \not+ a_1 = a \not+ a_1 \\
y_3 &= y_0 \not+ y_1 \not+ y_2 + a_{01} = a \not+ a_0 \not+ a_1 \not+ a_{01}.
\end{aligned}
\qquad (6.6.19)
$$

Diese Vorgehensweise zur Ermittlung der Koeffizientenbeziehungen läßt sich beliebig auf k-Variable erweitern.
An einer Beispielfunktion f(x) wird die Umwandlung ihrer KDNF und KKNF in eine ANF gezeigt.

ε	x_2	x_1	x_0	y_ε	m_ε	M_ε		
0	0	0	0	0		$M_0 = x_2 + x_1 + x_0$	$f(x) =$	$f(x) = [y_0 \nsim M_0]\cdot$
1	0	0	1	1	$m_1 = \overline{x}_2 \overline{x}_1 x_0$		$y_1 \cdot m_1 \nsim$	
2	0	1	0	1	$m_2 = \overline{x}_2 x_1 \overline{x}_0$		$\nsim\ y_2 \cdot m_2 \nsim$	
3	0	1	1	0		$M_3 = x_2 + \overline{x}_1 + \overline{x}_0$		$\cdot\, [y_3 \nsim M_3]\cdot$
4	1	0	0	1	$m_4 = x_2 \overline{x}_1 \overline{x}_0$		$\nsim\ y_4 \cdot m_4 \nsim$	
5	1	0	1	1	$m_5 = x_2 \overline{x}_1 x_0$		$\nsim\ y_5 \cdot m_5 \nsim$	
6	1	1	0	0		$M_6 = \overline{x}_2 + \overline{x}_1 + x_0$		$\cdot\, [y_6 \nsim M_6]\cdot$
7	1	1	1	0		$M_7 = \overline{x}_2 + \overline{x}_1 + \overline{x}_0$		$\cdot\, [y_7 \nsim M_7]$

Tabelle 6.6.3 Wahrheitstabelle für eine Beispielfunktion f(x)

KDNF:

$$
\begin{aligned}
f(x) &= y_1 \cdot m_1 + y_2 \cdot m_2 + y_4 \cdot m_4 + y_5 \cdot m_5 \\
&= m_1 + m_2 + m_4 + m_5 \\
&= \overline{x}_2 \overline{x}_1 x_0 + \overline{x}_2 x_1 \overline{x}_0 + x_2 \overline{x}_1 \overline{x}_0 + x_2 \overline{x}_1 x_0.
\end{aligned}
$$

ANF aus KDNF:

$$
\begin{aligned}
f(x) &= y_1 \cdot m_1 \not+ y_2 \cdot m_2 \not+ y_4 \cdot m_4 \not+ y_5 \cdot m_5 \\
&= \overline{x}_2 \overline{x}_1 x_0 \not+ \overline{x}_2 x_1 \overline{x}_0 \not+ x_2 \overline{x}_1 \overline{x}_0 \not+ x_2 \overline{x}_1 x_0 \\
&= (x_2 \not+ 1)(x_1 \not+ 1) x_0 \not+ (x_2 \not+ 1) x_1 (x_0 \not+ 1) \not+ x_2 (x_1 \not+ 1)(x_0 \not+ 1) \\
&\not+ x_2 (x_1 \not+ 1) x_0 \\
&= x_2 x_1 x_0 \not+ x_2 x_0 \not+ x_1 x_0 \not+ x_0 \not+ x_2 x_1 x_0 \not+ x_2 x_1 \not+ x_1 x_0 \not+ x_1 \not+ \\
&\not+ x_2 x_1 x_0 \not+ x_2 x_1 \not+ x_2 x_0 \not+ x_2 \not+ x_2 x_1 x_0 \not+ x_2 x_0
\end{aligned}
$$

mit (4.4.9):

$$= x_0 \oplus x_1 \oplus x_2 \oplus x_2x_0.$$

KKNF:

$$\begin{aligned} f(x) &= [y_0+M_0]\cdot[y_3+M_3]\cdot[y_6+M_6]\cdot[y_7+M_7] \\ &= M_0 \cdot M_3 \cdot M_6 \cdot M_7 \\ &= (x_2+x_1+x_0)\cdot(x_2+\overline{x}_1+\overline{x}_0)\cdot(\overline{x}_2+\overline{x}_1+x_0)\cdot(\overline{x}_2+\overline{x}_1+\overline{x}_0). \end{aligned}$$

ANF aus KKNF:

$$\begin{aligned} f(x) &= [y_0\oplus M_0]\cdot[y_3\oplus M_3]\cdot[y_6\oplus M_6]\cdot[y_7\oplus M_7] \\ &= M_0 \cdot M_3 \cdot M_6 \cdot M_7 \end{aligned}$$

mit (4.4.22):

$$\begin{aligned} &= (x_0\oplus x_1\oplus x_2\oplus x_1x_0\oplus x_2x_0\oplus x_2x_1\oplus x_2x_1x_0)^{1)}\cdot \\ &\cdot(1\oplus x_1x_0\oplus x_2x_1x_0)\cdot(1\oplus x_2x_1\oplus x_2x_1x_0)\cdot(1\oplus x_2x_1x_0) \\ &= x_0 \oplus x_1 \oplus x_2 \oplus x_2x_0 \end{aligned}$$

[1] $M_0 = x_2 + x_1 + x_0 = (x_2\oplus x_1\oplus x_2x_1)\oplus x_0\oplus(x_2\oplus x_1\oplus x_2x_1)x_0$
$= x_2\oplus x_1\oplus x_2x_1\oplus x_0\oplus x_2x_0\oplus x_1x_0\oplus x_2x_1x_0.$

Zusammengefaßt aus Abschnitt 4.2 und 4.3 sind die erforderlichen Umrechnungsbeziehnungen für KDNF, KKNF und ANF:

$$\begin{aligned} x \oplus \overline{x} &= 1 \\ x \oplus x &= 0 \\ x_1 + x_0 &= x_1 \oplus x_0 \oplus x_1x_0 \\ x \oplus 1 &= \overline{x} \\ x \oplus 0 &= x \\ x_1 \oplus x_0 &= x_1\overline{x}_0 + \overline{x}_1x_0 \\ x_1 \oplus x_0 &= (x_1+x_0)\cdot(\overline{x}_1+\overline{x}_0). \end{aligned} \qquad (6.6.20)$$

Analog lassen sich die Umrechnungsbeziehungen für KDNF, KKNF und einer äquivalenten Normalform angeben, die mit den Operationen ÄQUIVALENZ und DISJUNKTION ebenfalls eine spezielle Algebra darstellt, aber in der praktischen Schaltungstechnik nicht so verbreitet wie die ANF ist:

$$\begin{aligned} x \sim \overline{x} &= 0 \\ x \sim x &= 1 \\ x_1 \cdot x_0 &= x_1 \sim x_0 \sim (x_1 + x_0) \\ x \sim 1 &= x \\ x \sim 0 &= \overline{x} \\ x_1 \sim x_0 &= \overline{x}_1 \overline{x}_0 + x_1 x_0 \\ x_1 \sim x_0 &= (\overline{x}_1 + x_0) \cdot (x_1 + \overline{x}_0). \end{aligned} \tag{6.6.21}$$

7 Darstellung Boolescher Funktionen

Es existiert eine große Vielfalt von Darstellungsmöglichkeiten für Boolesche Funktionen. Ihre Anwendung richtet sich nach dem Charakter der Schaltungssynthese bzw. -analyse. Einige häufig vorkommende Darstellungen sollen am Beispiel der Funktion f(x) (7.1.1) vorgestellt und erläutert werden.

7.1 Boolescher Ausdruck

Die Schaltfunktion f(x) wird z. B. als DNF aufgeschrieben:

$$\text{DNF:} \quad f(x) = x_2\overline{x}_1 + \overline{x}_1 x_0 + \overline{x}_2 x_1 \overline{x}_0. \tag{7.1.1}$$

7.2 Wahrheitstabelle

Hier stellt man die Eingangsbelegungen $(x_{\varepsilon,k-1},\ldots,x_{\varepsilon,\kappa},\ldots,x_{\varepsilon,0})$ einer Schaltfunktion f(x) dar, sowie die zugeordneten Funktionswerte in Form der Ausgangsbelegungen $y_\varepsilon = f(x_{\varepsilon,k-1},\ldots,x_{\varepsilon,\kappa},\ldots,x_{\varepsilon,0})$.

ε	x_2	x_1	x_0	y_ε
0	0	0	0	0
1	0	0	1	1
2	0	1	0	1
3	0	1	1	0
4	1	0	0	1
5	1	0	1	1
6	1	1	0	0
7	1	1	1	0

(7.2.1)

7.3 Karnaugh-Plan

Der Karnaugh-Plan (K-Plan) ist eine graphische Darstellung der Schaltfunktion f(x). Die Felder des K-Planes stellen mit einer festzulegenden Anordnung der beteiligten Variablen die laufenden Eingangsbelegungen x_ε dar. In diese trägt man die Ausgangsbelegungen y_ε für die gegebene Schaltfunktion f(x) ein, z. B.:

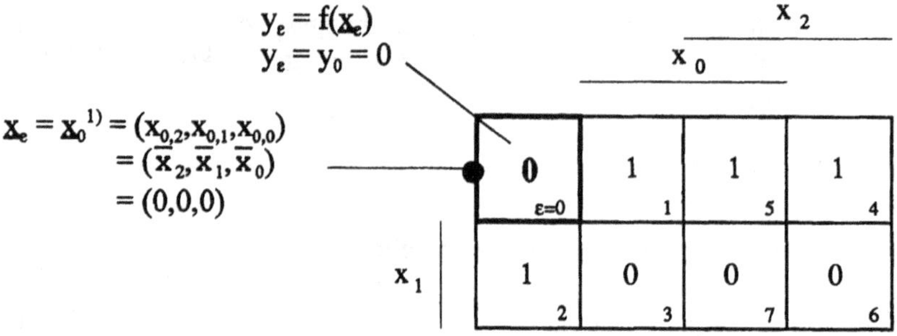

(7.3.1)

1) Der Unterstrich wurde hier zur Unterscheidung der Eingangsbelegung $\underline{x}_0$ und der Variablen x_0 nochmals verwendet (siehe S. 25)

7.4 Graph

Ein Graph besteht aus Knoten und Kanten. Die Knoten sind den beteiligten Eingangsbelegungen der Schaltfunktion f(x) zugeordnet. Sie enthalten die Ausgangsbelegungen y_ε der Schaltfunktion f(x) für jede Belegung x_ε. Die Kanten verbinden immer Knoten, die bezüglich ihrer Belegung die Hamming-Distanz [2] 1 haben, d. h. die sich in einer Stelle unterscheiden.

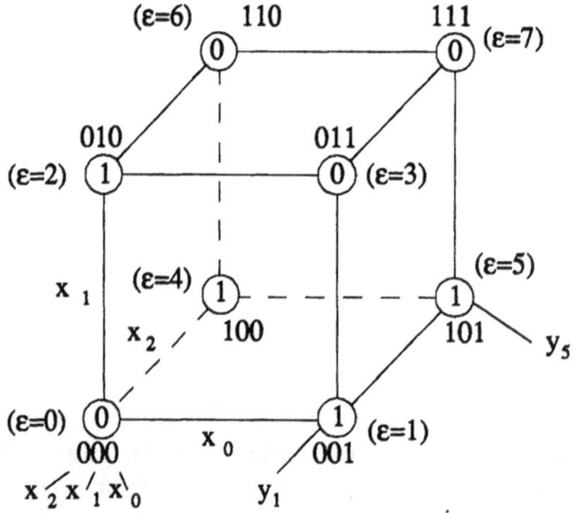

ε	x_2	x_1	x_0	y_ε
0	0	0	0	0
1	0	0	1	1
2	0	1	0	1
3	0	1	1	0
4	1	0	0	1
5	1	0	1	1
6	1	1	0	0
7	1	1	1	0

(7.4.1)

2) Die Hamming-Distanz zweier Eingangsbelegungen (oder allgemein zweier 0-1-Vektoren gleicher Dimension) ist die Anzahl derjenigen Eingangsvariablen (Komponenten), in welchen sich diese unterscheiden.

7.5 Schaltung auf Gatter-Niveau

Eine Schaltfunktion läßt sich z. B. in einer sogenannten krausen Logik (direktes gatterbezogenes Abbild der gegebenen Terme von f(x)) realisieren:

$$f(x) = x_2\bar{x}_1 + \bar{x}_1x_0 + \bar{x}_2x_1\bar{x}_0$$

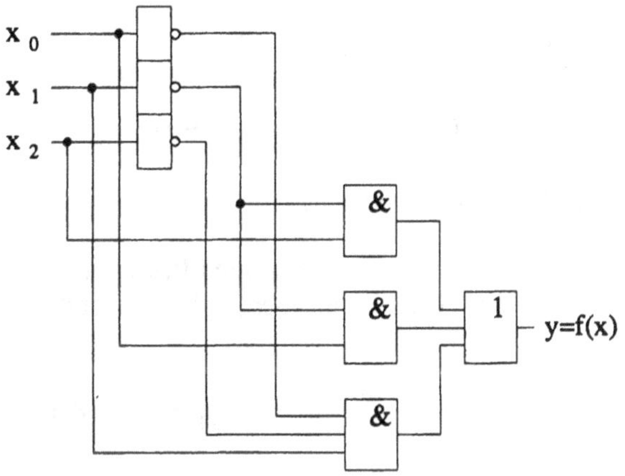

(7.5.1)

7.6 Schaltung als Kontaktrealisierung

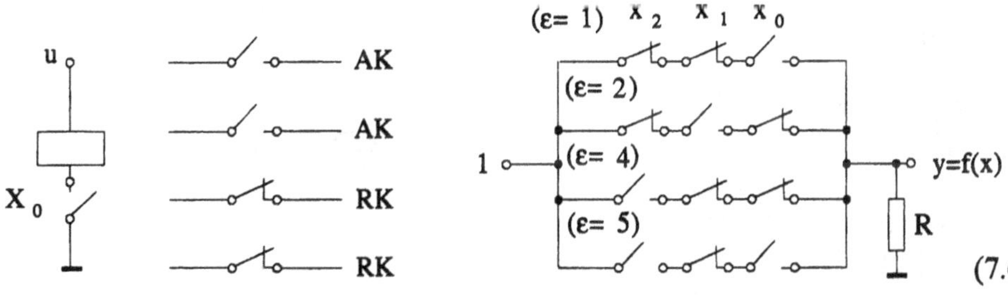

(7.6.1)

$$y = \bar{x}_2\bar{x}_1x_0 + \bar{x}_2x_1\bar{x}_0 + x_2\bar{x}_1\bar{x}_0 + x_2\bar{x}_1x_0$$
$$= x_2\bar{x}_1 + \bar{x}_1x_0 + \bar{x}_2x_1\bar{x}_0$$

Dieser Kontaktplan ist für die Beispielfunktion f(x) (7.1.1) als KDNF dargestellt. Das Relais wird dabei als "stromlos" angenommen, d. h. der X_0-Kontakt ist geöffnet. Für jede Variable x_κ gibt es ein solches Relais, das jeweils mit der erforderlichen Anzahl von Schließern (AK) und Öffnern (RK) versehen sein muß. Ist im gegebenen Beispiel kein Relais unter Strom, entspricht dies der Eingangsbelegung $\underline{x}_\varepsilon = 0$ ($x_2 = x_1 = x_0 = 0$). Damit gibt es im Kontaktplan keinen geschlossenen Signalpfad zwischen der "1" am Eingang und dem Ausgang y. $y_0 = 0$ wird durch den Widerstand R gewährleistet. Für $\varepsilon = 1$ z. B. schließen die AK von x_0, demzufolge wird $y_1 = 1$ usw.

7.7 Realisierung in positiver und negativer Logik

Man unterscheidet logische Pegel mit High-H und Low-L (auch Hoch-H und Tief-T üblich) Spannungspegel, wie z. B: +U, 0, -U und logische Zustände 0 und 1 als bereits definierte neutrale Elemente der Booleschen Algebra. Die Zuordnung dieser drei Begriffskategorien kann wie folgt geschehen.

H	+U	0	1
L	0	-U	0

positive Logik

oder

H	+U	0	0
L	0	-U	1

negative Logik

(7.7.1)

Tabelle 7.7.1 Definition der Begriffe positive und negativ Logik

Um die Notwendigkeit einer Zuordnung von logischen Pegeln und Spannungspegeln zu den logischen Zuständen 0 und 1 zu begründen, wird folgende einfache Schaltung analysiert:

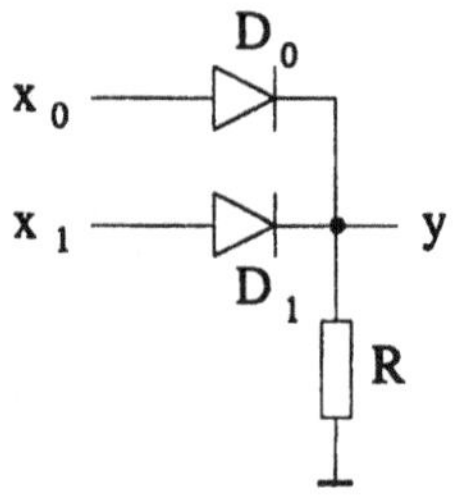

logische Pegel:

x_1	x_0	y
L	L	L
L	H	H
H	L	H
H	H	H

(7.7.2)

positive Logik ergibt:

H→1, L→0

x_1	x_0	y
0	0	0
0	1	1
1	0	1
1	1	1

$y = x_1 + x_0$, ODER-Funktion

(7.7.3)

negative Logik ergibt:

H→0, L→1

x_1	x_0	y
1	1	1
1	0	0
0	1	0
0	0	0

$y = x_1 \cdot x_0$, UND-Funktion

(7.7.4)

Für den Anwender von Bauelementen ist es also unbedingt ratsam, die Kataloge der

Halbleiterhersteller unter Beachtung solcher Zuordnungen (7.7.1) zu nutzen, falls logische Pegel H und L zur Anwendung kommen.

7.8 Boolesche Funktionen mit der Ausgangsmenge (0,1,d)

Es kommt vor, daß bestimmte Eingangsbelegungen $\underline{x}_\varepsilon$ aus der Menge $e = 2^k$ in einer Schaltung nicht auftreten, oder es kann auch gleichgültig sein, welchen Wert 0 oder 1 die Ausgangsfunktion $y = f(x)$ bei einer bestimmten Eingangsbelegung $\underline{x}_\varepsilon$ annimmt. In beiden Fällen spricht man von einem unbestimmten Zustand am Ausgang der Schaltung und bezeichnet ihn mit "d" (von don't care - unbestimmt). "d" eröffnet zusätzliche Freiheitsgrade für die Minimierung von Schaltfunktionen. Vergleicht man z. B. die folgenden beiden Wahrheitstabellen ohne und mit don't care, so erkennt man die Kostenreduzierung, die sich für $f_1(x)$ dank $f_4 = f_5 = d$ ergibt:

ε	x_2	x_1	x_0	$f_0(x)$	
0	0	0	0	1	$\bar{x}_2\bar{x}_1$
1	0	0	1	1	$\bar{x}_2\bar{x}_1$
2	0	1	0	0	
3	0	1	1	0	
4	1	0	0	0	
5	1	0	1	0	
6	1	1	0	0	
7	1	1	1	1	$x_2x_1x_0$

ε	x_2	x_1	x_0	$f_1(x)$	
0	0	0	0	1	$\bar{x}_1$
1	0	0	1	1	$\bar{x}_1$
2	0	1	0	0	
3	0	1	1	0	
4	1	0	0	d	$\bar{x}_1$
5	1	0	1	d	$\bar{x}_1$, x_2x_0
6	1	1	0	0	
7	1	1	1	1	x_2x_0

$$y_0 = f_0(x) = \bar{x}_2\bar{x}_1 + x_2x_1x_0 \qquad\qquad y_1 = f_1(x) = \bar{x}_1 + x_2x_0 \qquad (7.8.1)$$

Zur Blockbildung[1)] wurden hier die "d" mit "1" angenommen. Faßt man Blöcke zur KNF aus Nullen zusammen, so können dann die "d" vereinbarungsgemäß als "0" interpretiert werden, falls sie zur Bildung von Blöcken beitragen können.

Die logischen Operationen mit 0, 1 und d ergeben sich für einige ausgewählte Beispiele wie folgt:

UND	0	1	d
0	0	0	0
1	0	1	d
d	0	d	d

ODER	0	1	d
0	0	1	d
1	1	1	1
d	d	1	d

NEG	
0	1
1	0
d	d

NAND	0	1	d
0	1	1	1
1	1	0	d
d	1	d	d

NOR	0	1	d
0	1	0	d
1	0	0	0
d	d	0	d

(7.8.2)

1) siehe Abschnitt 8.2.3

In der Schaltalgebra kommt auch eine fünfwertige Logik mit einem unbestimmten dynamischen Zustand "u" zur Anwendung, der aber nicht im Sinne der Erzeugung von Freiheitsgraden für die Schaltungsminimierung gedacht ist. "u" charakterisiert die ausgangsseitige Verhaltensweise von logischen Gattern bei gleichzeitigem Auftreten von positiven ↑ und negativen ↓ Flanken an deren Eingängen. Für die NAND- und NOR-Verknüpfung z. B. sind die logischen Operationen wie folgt aufzuschreiben:

NAND	0	1	⇑	⇓	u
0	1	1	1	1	1
1	1	0	⇓	⇑	u
⇑	1	⇓	⇓	u	u
⇓	1	⇑	u	⇑	u
u	1	u	u	u	u

NOR	0	1	⇑	⇓	u
0	1	0	⇓	⇑	u
1	0	0	0	0	0
⇑	⇓	0	⇓	u	u
⇓	⇑	0	u	⇑	u
u	u	0	u	u	u

(7.8.3)

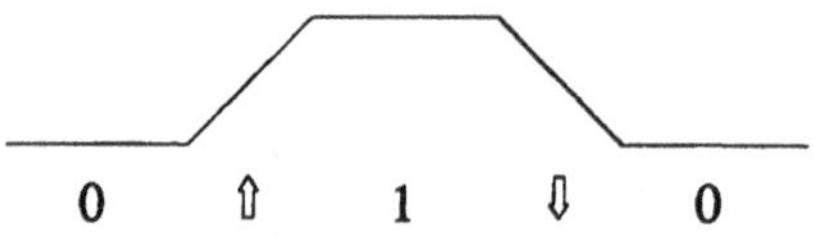

7.9 Boolesche Funktionen mit der Eingangsmenge (0,1,-)

Das Symbol "-" in einer Eingangsbelegung $\underline{x}_e = (x_{e,k-1},\ldots,x_{e,\kappa},\ldots,x_{e,0})$ repräsentiert immer beide alternativen Belegungen 0 und 1 für die relevante Variable x_κ, für die "-" steht:

ε	x_1	x_0
0.2	–	0

→

ε	x_1	x_0
0	0	0
2	1	0

(7.9.1)

Stellt man diese Beziehungen für zwei Variable x_1 und x_0 vollständig dar, so ergibt sich folgende Wahrheitstabelle mit dem zugeordneten Graph:

ε	x_1	x_0
0,2	–	0
1,3	–	1
0,1	0	–
2,3	1	–

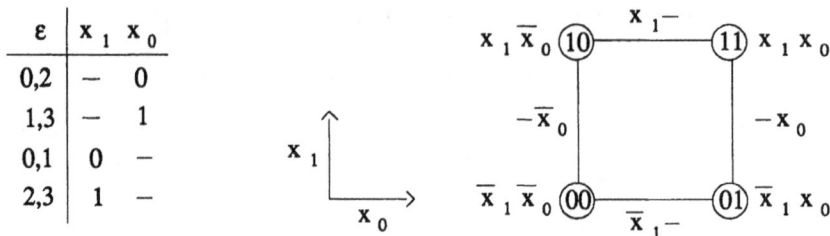

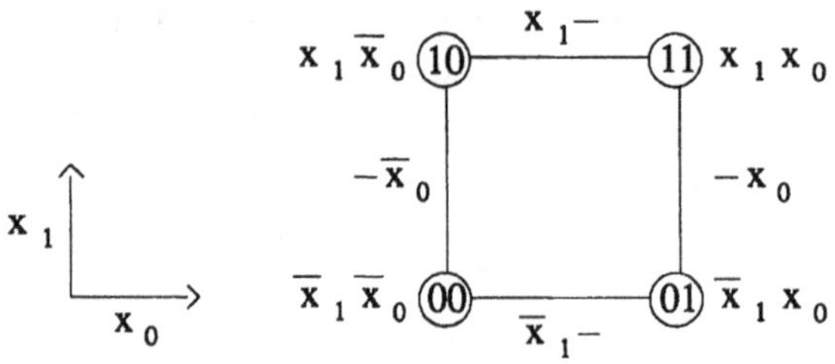

(7.9.2)

Das Symbol "-" ist also die Vorschrift für die Vereinigung zweier mit der Hamming-Distanz 1 benachbarter Belegungen $\underline{x}_e$ bei Eliminierung derjenigen Variablen, die ihren Wert in diesen beiden Belegungen ändert, z. B.:

$$x_1\overline{x}_0 + \overline{x}_1\overline{x}_0 = \overline{x}_0. \tag{7.9.3}$$

Für drei Variable x_2, x_1, x_0 ergeben sich folgende Kombinationen mit einem Symbol "-" pro Eingangsbelegung $\underline{x}_e$:

ε	x_2	x_1	x_0
0,4	-	0	0
1,5	-	0	1
2,6	-	1	0
3,7	-	1	1
0,2	0	-	0
1,3	0	-	1
4,6	1	-	0
5,7	1	-	1
0,1	0	0	-
2,3	0	1	-
4,5	1	0	-
6,7	1	1	-

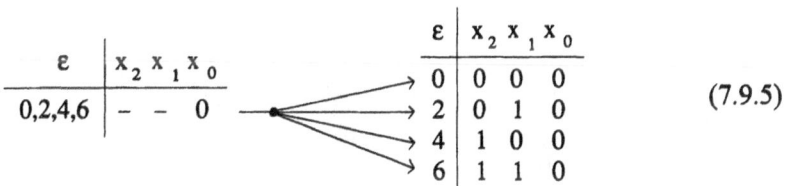

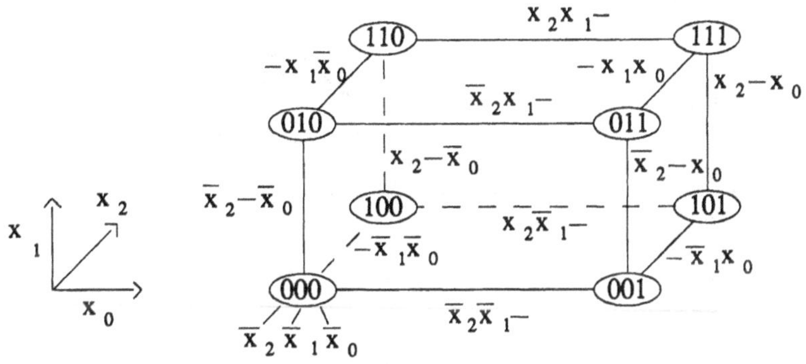

(7.9.4)

Auch hier ist zu erkennen, daß die Knoten alle beteiligten Eingangsbelegungen darstellen. Ein Symbol "-" vereinigt jeweils zwei benachbarte Belegungen (Knoten) zu einem sogenannten Zweierblock (zu einer Zweiergruppe) bei Eliminierung einer Variablen. Der Term des Zweierblocks steht im Graph an der Kante zwischen den beiden vereinigten Knoten. Der in diesem Term enthaltene "-" repräsentiert die eliminierte Variable.

Diese Beziehungen lassen sich auf zwei Symbole "-" pro Eingangsbelegung erweitern. Beide "-" stehen dann für vier mögliche Kombinationen der eliminierten Variablen, z. B. :

ε	x_2	x_1	x_0
0,2,4,6	-	-	0

ε	x_2	x_1	x_0
0	0	0	0
2	0	1	0
4	1	0	0
6	1	1	0

(7.9.5)

Damit werden vier benachbarte Belegungen (Knoten) zu einem Viererblock zusammengefaßt bei Eliminierung von 2 Variablen. Der resultierende Term repräsentiert im Graph eine Fläche, wie die folgende Darstellung zeigt:

ε	x_2	x_1	x_0
0,2,4,6	–	–	0
1,3,5,7	–	–	1
0,1,4,5	–	0	–
2,3,6,7	–	1	–
0,1,2,3	0	–	–
4,5,6,7	1	–	–

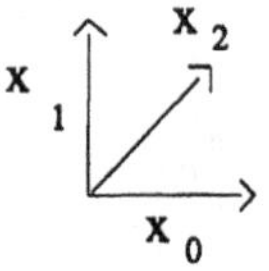

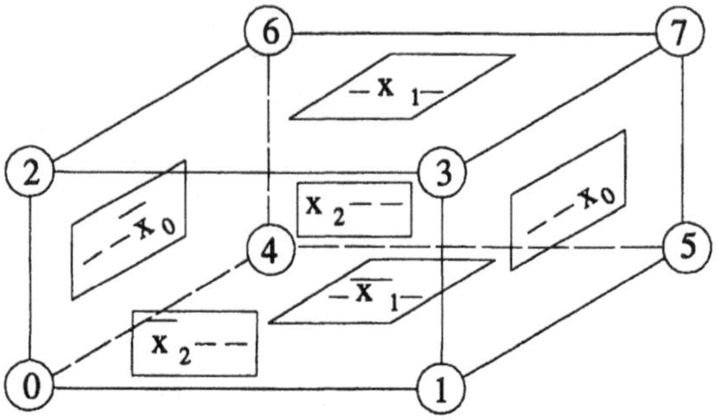

(7.9.6)

8 Minimierung Boolescher Funktionen

Eine Minimierung Boolescher Funktionen verfolgt im allgemeinen das Ziel, alle in der Funktion redundanten Variablen und Terme zu eliminieren, um für die Schaltung ein Kostenminimum zu realisieren.
Spezielle Minimierungsverfahren oder -vorschriften zielen aber auch auf praktische Lösungen ab, die nicht "um jeden Preis" das Aufwandsminimum zum Ergebnis haben.
Als wesentliche Verfahrensweisen zum Minimieren von Schaltfunktionen werden hier behandelt:

* die Anwendung der Theoreme und Gesetze der Schaltalgebra,
* die Erstellung des Karnaugh-Planes mit anschließender Blockbildung und
* die Nutzung des tabellarischen Verfahrens nach Quine/ Mc Cluskey.

Ergebnis dieser drei Verfahren ist immer eine zweistufige Schaltungsstruktur, die beispielsweise auch in den weitverbreiteten Programmierbaren Logik-Bausteinen (PLD) Verwendung findet.

8.1 Minimierung mit Theoremen und Gesetzen der Schaltalgebra

Zur Anwendung kommen hier vorwiegend die Absorptionsgesetze und Kürzungsregeln (5.4.1) bis (5.4.10), die Basisoperationen in Tabelle 2.1 sowie die Expansionsgesetze (5.5.1), (5.5.5), (5.5.9) und (5.5.10).

Beispiel:

$$f(x)= \underline{\overline{x}_2\overline{x}_1} + x_2\overline{x}_1\overline{x}_0 + \overline{x}_2 x_0 + x_2 x_1 x_0$$

mit $x_1 = x_1 + x_1\overline{x}_0$ (5.4.2):

$$f(x)= \overline{x}_2\overline{x}_1 + \overline{x}_2\overline{x}_1\overline{x}_0 + x_2\overline{x}_1\overline{x}_0 + \overline{x}_2 x_0 + x_2 x_1 x_0$$

$$f(x)= \overline{x}_2\overline{x}_1 + (\overline{x}_2 + x_2)\overline{x}_1\overline{x}_0 + \overline{x}_2 x_0 + x_2 x_1 x_0$$

mit $x + \overline{x} = 1$:

$$f(x)= \overline{x}_2\overline{x}_1 + \overline{x}_1\overline{x}_0 + \overline{x}_2 x_0 + x_2 x_1 x_0$$

mit T(x)·1 = T(x) (5.5.1)

$$f(x)= \bar{x}_2\bar{x}_1 + \bar{x}_1\bar{x}_0 + \bar{x}_2(x_1 + \bar{x}_1)x_0 + x_2x_1x_0$$

$$f(x)= \bar{x}_2\bar{x}_1 + \bar{x}_1\bar{x}_0 + \bar{x}_2\bar{x}_1x_0 + \bar{x}_2x_1x_0 + x_2x_1x_0$$

$$f(x)= \bar{x}_2\bar{x}_1(1 + x_0) + \bar{x}_1\bar{x}_0 + (\bar{x}_2 + x_2)x_1x_0$$

$$f(x)= \bar{x}_2\bar{x}_1 + \bar{x}_1\bar{x}_0 + x_1x_0$$

Die erfolgreiche Anwendung dieser Gesetze und Regeln hängt von den Intuitionen und der Erfahrung des Ausführenden ab.
Zu erkennen ist, daß der Minimierung von Schaltfunktionen häufig die Anwendung von Expansionsgesetzen vorausgeht. Erst danach sind Absorptionsgesetze und Kürzungsregeln effektiv anwendbar.
Häufig wird deshalb vor der Minimierung zunächst die Kanonische Form der Schaltfunktion erstellt. Diese Vorgehensweise nutzen die Verfahren nach Karnaugh und Quine/Mc Cluskey.

8.2 Minimierung mit dem Karnaugh-Plan

8.2.1 Karnaugh-Plan (K-Plan)

Der Karnaugh-Plan ist eine geometrische Anordnung von Feldern, die alle $e = 2^k$ - Eingangsvariablen repräsentieren und in die alle Ausgangsbelegungen $y_\varepsilon = \{0,1,d\}$ der Schaltfunktion f(x) eingetragen werden. Wesentlich ist, daß horizontal und vertikal benachbarte Felder des K-Planes immer die Hamming-Distanz 1[1] haben, sich also in nur einer Stelle der Belegungen $\underline{x}_\varepsilon$ unterscheiden:

$\underline{x}_\varepsilon = \underline{x}_0$[2] $= (x_{0,1}, x_{0,0})$
$= (\bar{x}_1, \bar{x}_0)$
$= (0,0)$

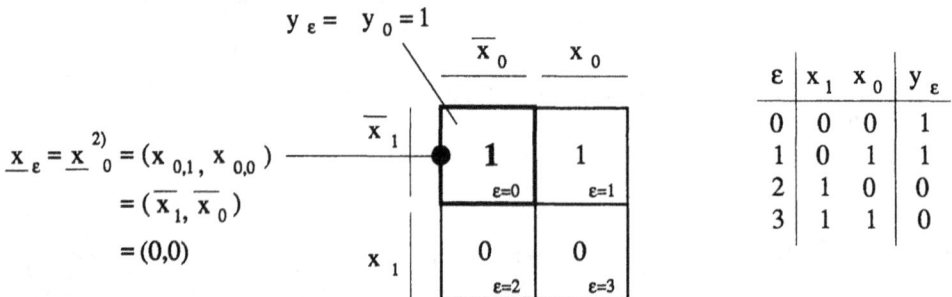

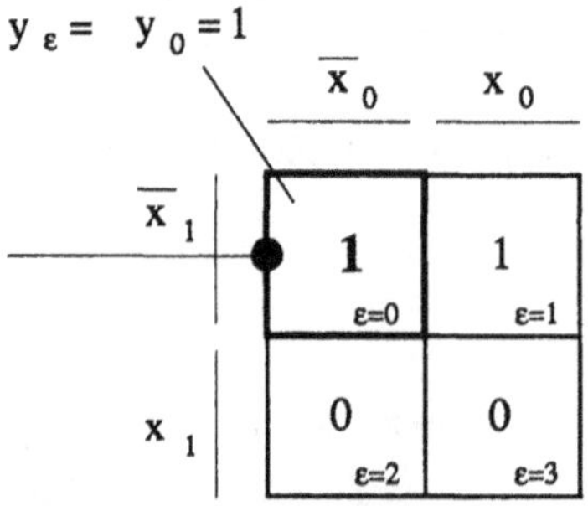

ε	x_1	x_0	y_ε
0	0	0	1
1	0	1	1
2	1	0	0
3	1	1	0

[1] siehe Abschnitt 7.4 Graph

[2] Der Unterstrich wurde hier ausnahmsweise zur Unterscheidung der Eingangsbelegung $\underline{x}_0$ und der Variablen x_0 nochmals verwendet (siehe S. 25)

Damit ermöglicht man die Bildung von Blöcken, d. h. ein Zusammenfassen von Einsen (DNF) bzw. Nullen (KNF) benachbarter Felder bei Eliminierung derjenigen Variablen x_κ, die dabei ihren Wert ändern. Diese Blockbildung erfolgt auf der Basis der Absorp-tionsgesetze (5.4.1 bis 5.4.10):

$$x_1 x_0 + x_1 \overline{x}_0 = x_1 \qquad \text{für die DNF}$$

und

$$(x_1+x_0)\cdot(x_1+\overline{x}_0) = x_1 \qquad \text{für die KNF.}$$

Wie strukturiert man den K-Plan sinnvoll?
Da die Hamming-Distanz der Belegungen horizontal und vertikal benachbarter Felder im K-Plan gleich 1 ist, bietet sich der Gray-Kode, der genau diese Eigenschaft aufweist, als Vorschrift zur Erstellung der K-Pläne für eine beliebige Variablenzahl k an. Damit erreicht man außerdem den Vorteil, daß ein K-Plan für k-Variable unveränderter Bestandteil des K-Planes für (k + 1)-Variable ist. Das Aufstellen und Arbeiten mit solchen aufwärts bzw. abwärts kompatiblen K-Plänen ist übersichtlich und ermöglicht u. a. auch praktikable Algorithmen für ihre rechnerunterstützte Auswertung (Blockbildung). Die folgende Tabelle 8.2.1 verdeutlicht diese Zusammenhänge.

| | 2^3 | 2^2 | 2^1 | 2^0 |
ε	x_3	x_2	x_1	x_0
0	0	0	0	0
1	0	0	0	1
3	0	0	1	1
2	0	0	1	0
6	0	1	1	0
7	0	1	1	1
5	0	1	0	1
4	0	1	0	0
12	1	1	0	0
13	1	1	0	1
15	1	1	1	1
14	1	1	1	0
10	1	0	1	0
11	1	0	1	1
9	1	0	0	1
8	1	0	0	0

Spiegelungen (links): +1 (x_0), +2 (x_1), +4 (x_2), +8 (x_3), +2 (x_1), −4 (x_2), −2 (x_1)

k=1: +1 X_0

ε=0	1

k=2: +1 X_0 , +2 X_1

	0	1
	2	3

k=3: +4 X_2 , +1 X_0 , +2 X_1

0	1	5	4
2	3	7	6

k=4: +4 X_2 , +1 X_0 , +2 , +8 X_1 , X_3

0	1	5	4
2	3	7	6
10	11	15	14
8	9	13	12

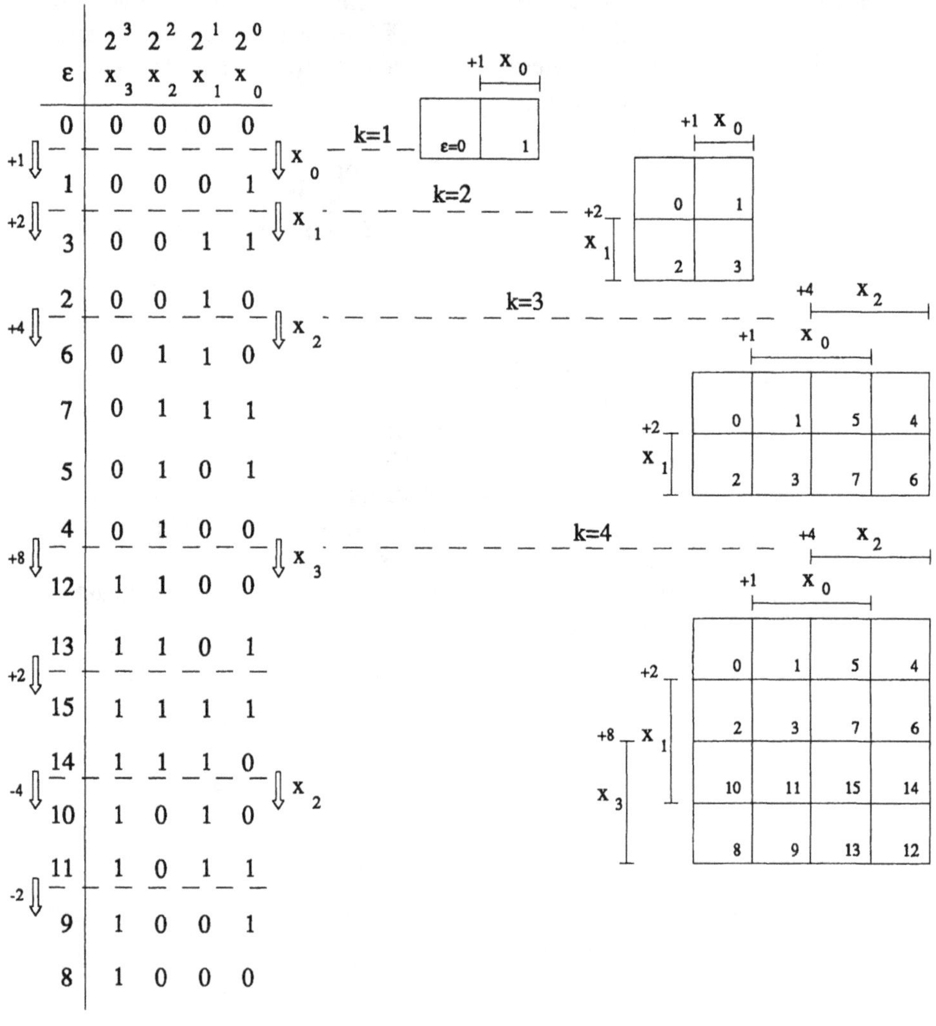

Tabelle 8.2.1 Bildungsvorschrift für die K-Pläne nach dem Gray-Kode

Der Gray-Kode ist in diesem Beispiel vierstellig. Ausgangspunkt ist das Kodewort 0, das gleich der Eingangsbelegung $\underline{x}_e = 0$ für k = 4 Variable ist. Die niederwertige Stelle, die für x_0 steht, wird um 1 erhöht. Damit sind die beiden Felder im K-Plan für eine Variable definiert. Die beiden ersten Kodewörter werden nun um die für x_1 gedachte Symmetrielinie gespiegelt bei Änderung der für x_1 stehenden Stellen von 0 auf 1. Dezimal erhöhen sich damit die Kodewörter jeweils um $2^1 = 2$. Wir erhalten den K-Plan für zwei Variable. Die vier ersten Kodewörter werden dann um die für x_2 gedachte Symmetrielinie gespiegelt bei Erhöhung der für x_2 stehenden Stellen von 0 auf 1. Dezimal erhöhen sich damit die Kodewörter jeweils um $2^2 = 4$. Wir erhalten den K-Plan für drei Variable usw. Auf diese Weise entstehen für eine beliebige Anzahl von Variablen übersichtliche und symmetrische K-Pläne, in denen die Felder durch Spiegelung um die für x_κ stehenden

Symmetrieachsen einander eindeutig zugeordnet sind.
Die K-Pläne für geringere Variablenzahlen gehen unverändert in die K-Pläne mit höheren Variablenzahlen ein. Die Struktur der nach dieser Vorschrift gebildeten K-Pläne für k = 5 und k = 6 Variable ist dem Bild 8.2.1 zu entnehmen. K-Pläne für mehr als 6 Variable werden für die Auswertung “per Hand” unübersichtlich. Es empfiehlt sich dann die rechnerunterstützte Nutzung von Minimierungsprogrammen.

k = 5

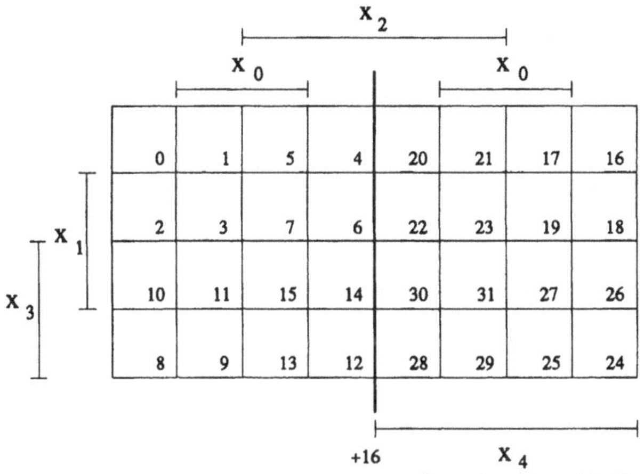

k = 6

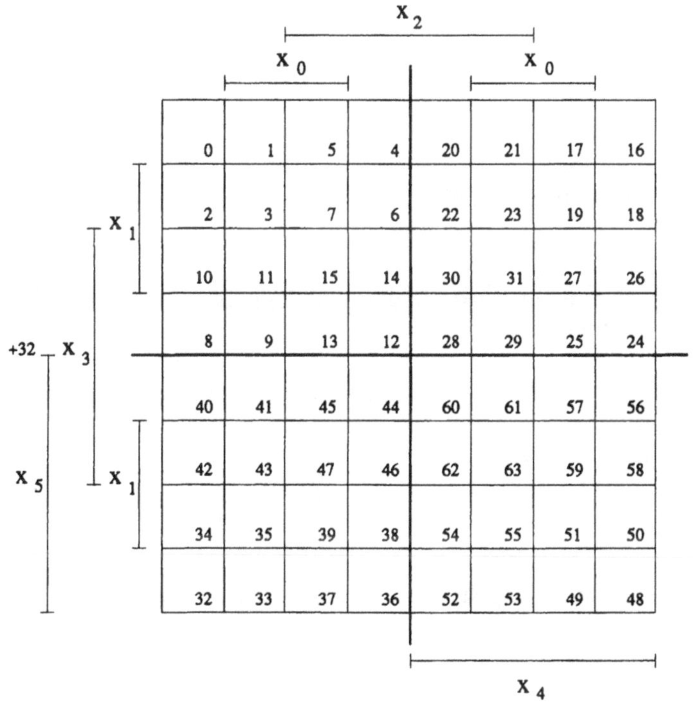

Bild 8.2.1 K-Pläne für fünf und sechs Variable x_κ

8.2.2 Eintragung von Schaltfunktionen in den K-Plan

Zum Zwecke der Minimierung ist die Schaltfunktion f(x) in den K-Plan einzutragen. Dies kann in Abhängigkeit von der Form, in der sie gegeben ist, auf folgende unterschiedliche Weise geschehen.

* Boolescher Ausdruck, Wahrheitstabelle

Gegeben sei der Boolesche Ausdruck

$$f(x) = (x_2 \not+ x_1) \sim (\overline{x}_1 \not+ x_0) \tag{8.2.2.1}$$

Für die beteiligten Variablen erstellt man die Wahrheitstabelle, indem man für jede Belegung $\underline{x}_\varepsilon$ den Funktionswert $y_\varepsilon = f(x_{\varepsilon,2}, x_{\varepsilon,1}, x_{\varepsilon,0})$ ermittelt:

ε	x_2	x_1	x_0	y_ε	z.B. f(x)= ...
0	0	0	0	0	$=(0 \not+ 0) \sim (1 \not+ 0) = 0 \sim 1 = 0$
1	0	0	1	1	
2	0	1	0	0	
3	0	1	1	1	$=(0 \not+ 1) \sim (0 \not+ 1) = 1 \sim 1 = 1$
4	1	0	0	1	
5	1	0	1	0	
6	1	1	0	1	
7	1	1	1	0	$=(1 \not+ 1) \sim (0 \not+ 1) = 0 \sim 1 = 0$

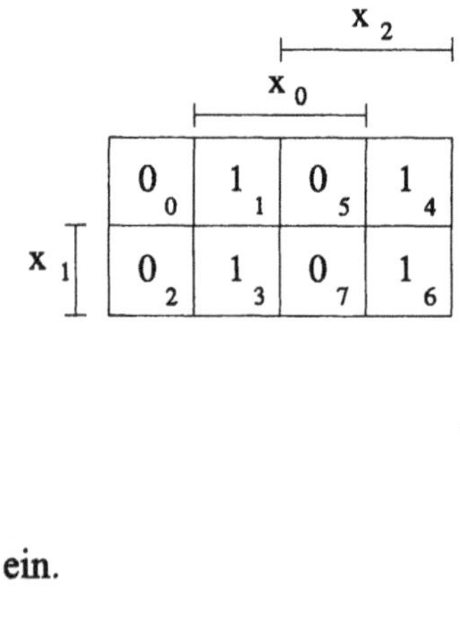

Die Werte für y_ε trägt man in die Felder ε des K-Planes ein.

* Boolescher Ausdruck, unmittelbares Eintragen in den K-Plan über die Minterme m_ε

Gegeben sei die Funktion

$$f(x) = x_3 x_1 \overline{x}_0 + x_2 x_0 + x_3 \overline{x}_1 \overline{x}_0 . \tag{8.2.2.2}$$

Nach (7.9) kann man schreiben

$$f(x) = x_3 - x_1 \overline{x}_0 + -x_2 - x_0 + x_3 - \overline{x}_1 \overline{x}_0 . \tag{8.2.2.3}$$

Daraus ergeben sich die Minterme m_ε und damit die in den K-Plan einzutragenden Funktionswerte y_ε:

$x_3 - x_1\bar{x}_0$		$-x_2 - x_0$		$x_3 - \bar{x}_1\bar{x}_0$	
m_{14}	$x_3x_2x_1\bar{x}_0$	m_{15}	$x_3x_2x_1x_0$	m_{12}	$x_3x_2\bar{x}_1\bar{x}_0$
m_{10}	$x_3\bar{x}_2x_1\bar{x}_0$	m_{13}	$x_3x_2\bar{x}_1x_0$	m_8	$x_3\bar{x}_2\bar{x}_1\bar{x}_0$
		m_7	$\bar{x}_3x_2x_1x_0$		
		m_5	$\bar{x}_3x_2\bar{x}_1x_0$		

(8.2.2.4)

Die Felder des K-Planes mit den Indexen ε, die identisch mit denen der beteiligten Minterme m_ε in (8.2.2.4) sind, werden mit “1” belegt:

(8.2.2.5)

		x_0	x_0, x_2	x_2
			1_5	
x_1			1_7	
x_1, x_3	1_{10}		1_{15}	1_{14}
x_3	1_8		1_{13}	1_{12}

*** Boolescher Ausdruck, unmittelbares Eintragen aller Belegungen in den K-Plan**

$$f(x) = (x_2 + x_1) \sim (\bar{x}_1 + x_0) = A \sim B$$

		x_0	x_0, x_2	x_2
	000 101 0	000 110 1	101 110 0	101 101 1
x_1	011 000 0	011 011 1	110 011 0	110 000 1

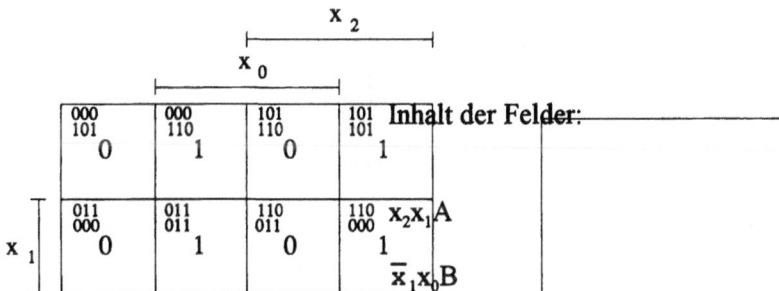

Inhalt der Felder:

x_2x_1 A

$\bar{x}_1x_0$ B

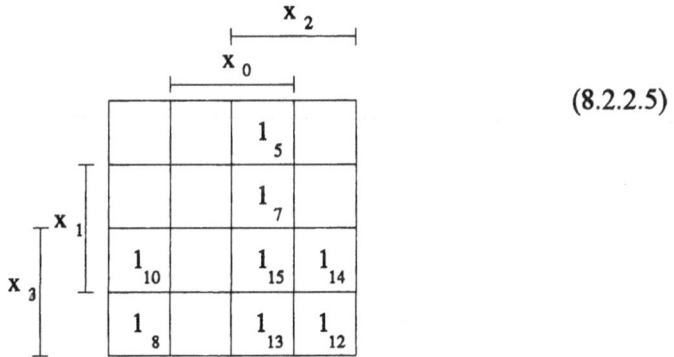

*** Boolescher Ausdruck, stufenweises Eintragen von Teilfunktionen in den K-Plan**

$f(x) = (x_2 \not+ x_1) \sim (\overline{x}_1 \not+ x_0)$
$f(x) = \quad A \sim B$

$A = x_2 \not+ x_1$ $\qquad\qquad$ $B = \overline{x}_1 \not+ x_0$

x_2 (Spalten 3–4), x_1 (Zeile 2):

0	0	1	1
1	1	0	0

⟹

x_0 (Spalten 2–3), x_1 (Zeile 2):

1	0	0	1
0	1	1	0

⟹

$f(x) = A \sim B$

x_2 (Spalten 3–4), x_0 (Spalten 2–3), x_1 (Zeile 2):

0	1	0	1
0	1	0	1

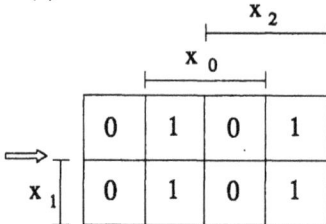

* <u>Boolescher Ausdruck, stufenweises Eintragen der beteiligten Variablen in den K-Plan</u>

$$f(x) = (x_2 \not\sim x_1) \sim (\overline{x}_1 \not\sim x_0)$$

x_2: (Spalten 3–4: x_2)

	0	0	1	1
x_1	0	0	1	1

⟹ x_1:

	0	0	0	0
x_1	1	1	1	1

⟹ $x_2 \not\sim x_1$: (Spalten 3–4: x_2)

	0	0	1	1
x_1	1	1	0	0

$\overline{x}_1$:

	1	1	1	1
x_1	0	0	0	0

⟹ x_0: (Spalten 2–3: x_0)

	0	1	1	0
x_1	0	1	1	0

⟹ $\overline{x}_1 \not\sim x_0$: (Spalten 2–3: x_0)

	1	0	0	1
x_1	0	1	1	0

⟹ $f(x)$: (Spalten 3–4: x_2; Spalten 2–3: x_0)

	0	1	0	1
x_1	0	1	0	1

<u>* Schaltung, stufenweises Eintragen von Teilfunktionen in den K-Plan</u>

Gegeben:

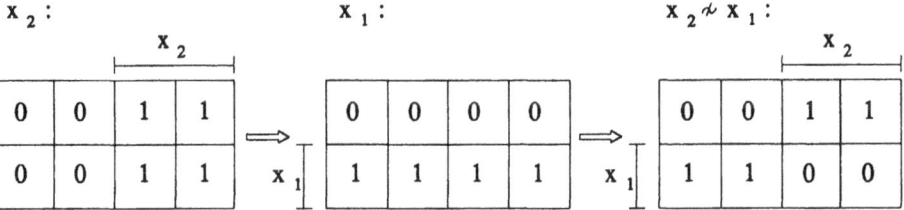

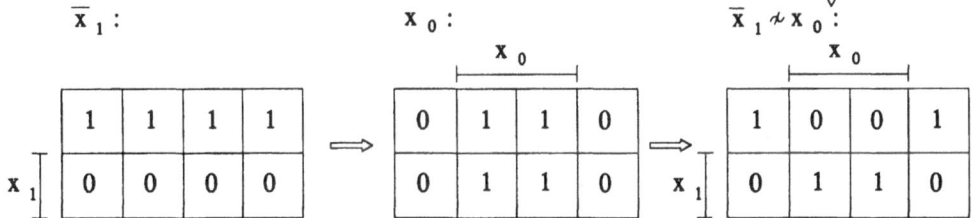

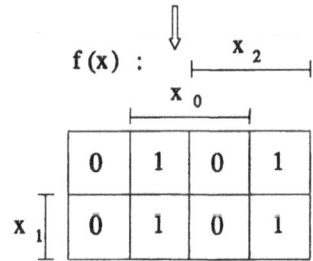

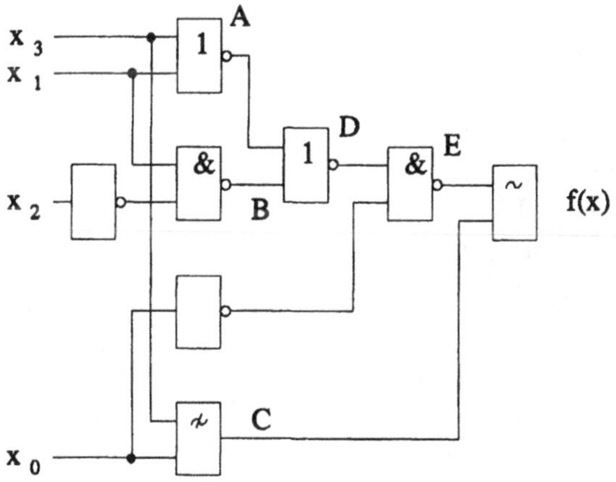

Ausführlich:

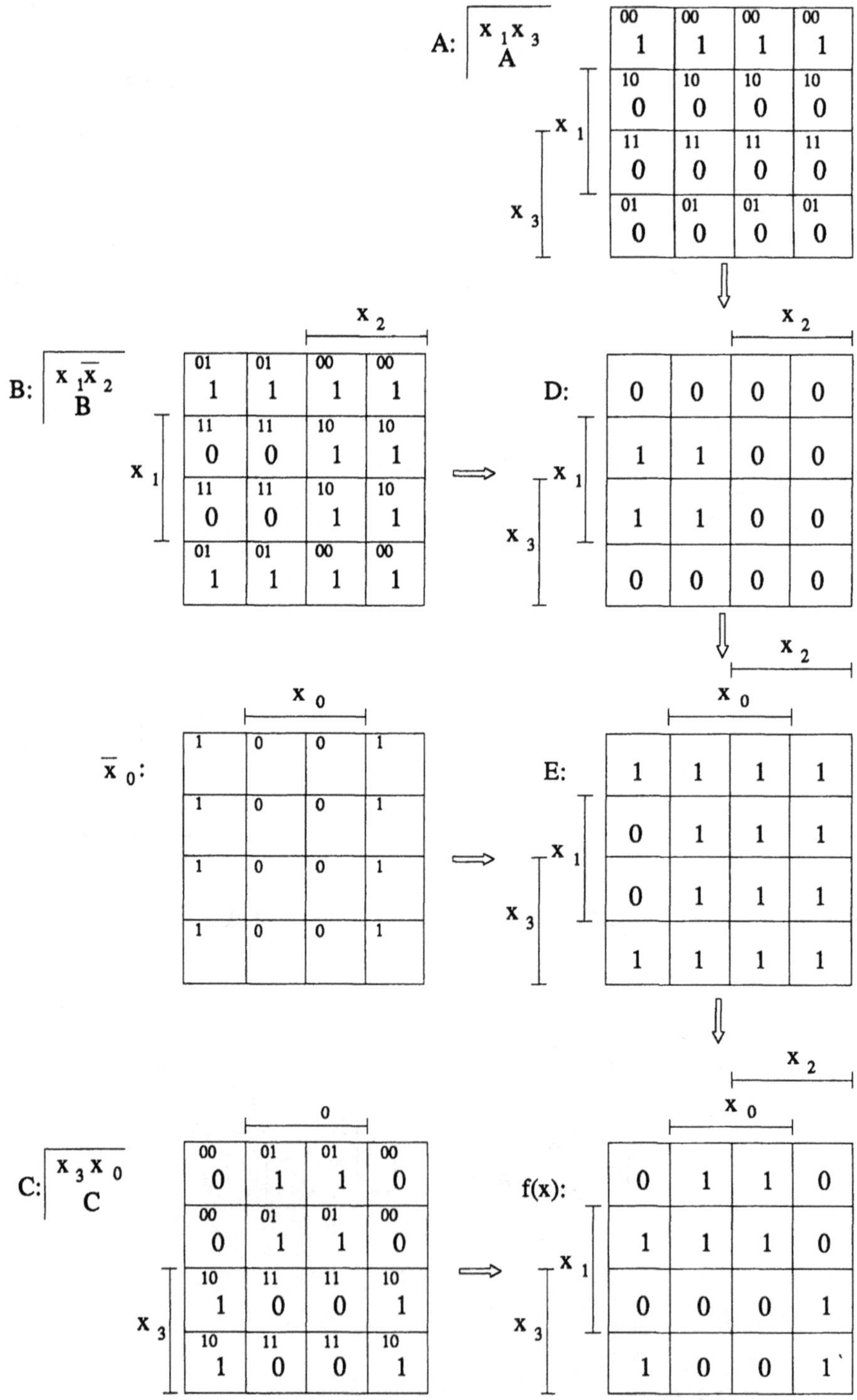

Kurzform:

x_2

x_2

x_0

D:

A B			
D			

11	11	11	11
0	0	0	0
00	00	01	01
1	1	0	0
00	00	01	01
1	1	0	0
01	01	01	01
0	0	0	0

x_1

x_3

f(x):

E C	
f(x)	

10	11	11	10
0	1	1	0
00	11	11	10
1	1	1	0
01	10	10	11
0	0	0	1
11	10	10	11
1	0	0	1

x_1

x_3

8.2.3 Minimierungsvorschriften für den K-Plan

Ist die zu minimierende Schaltfunktion f(x) mit ihren Ausgangsbelegungen $y_e =$ {0,1,d} in den K-Plan eingetragen, erfolgt die Blockbildung, d. h. das Zusammenfassen von Feldern mit dem Ziel der Eliminierung redundanter Variabler x_κ. Zunächst muß man sich entscheiden, ob eine minimierte DNF durch Blockbildung der mit "1" belegten Felder oder eine KNF durch Blockbildung der mit "0" belegten Felder gewünscht wird. Die "d"-Felder werden mit "1" ("0") angenommen, wenn sie einen Beitrag zur Block-bildung für eine DNF (KNF) liefern können.
Unabhängig von der gewünschten minimierten Normalform der Schaltfunktion steht fest, daß die jeweils zu bildende Blockgröße $B = 2^\kappa$ ist , wobei κ die Anzahl der durch die Bildung des Blockes B eliminierten Variablen ist.
Also

ein Zweierblock $B = 2 = 2^1$ eliminiert eine Variable,
ein Viererblock $B = 4 = 2^2$ eliminiert zwei Variable,
ein Achterblock $B = 8 = 2^3$ eliminiert drei Variable, usw.

Des weiteren muß man bestrebt sein, möglichst **eine minimale Anzahl von Blöcken**, aber **maximal große Blöcke** zu bilden. Redundante Terme sind zu vermeiden. Ein Feld kann Bestandteil mehrerer Blöcke sein.

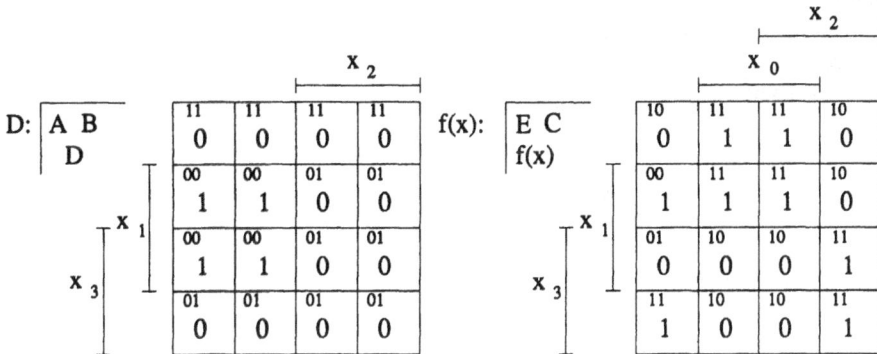

Auslesen einer minimierten DNF aus dem K-Plan

Ein möglicher Auslese-Algorithmus prüft die Felder des K-Planes, beginnend mit $\varepsilon = 0$ auf "1"-Belegungen. Im Beispiel der Tabelle 8.2.2 enthält als erstes das Feld $\varepsilon = 1$ eine "1". Im Anschluß wird dieses Feld $\varepsilon = 1$ um die für die Variablen x_0, x_1 und x_2 stehenden Symmetrieachsen gespiegelt, um zunächst Zweierblöcke aufzufinden.

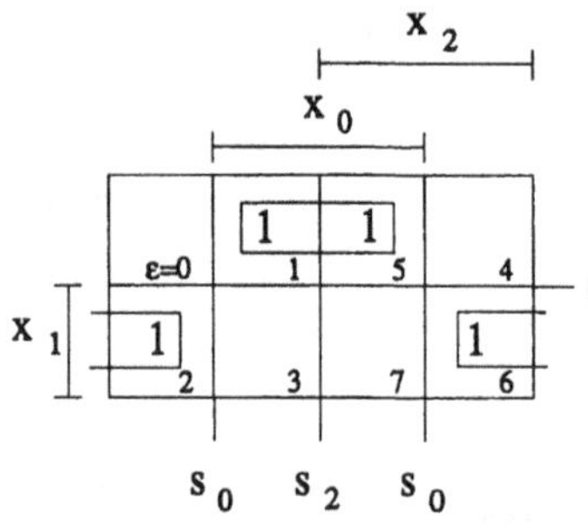

$$f(x) = \overline{x}_2\overline{x}_1x_0 + \overline{x}_2x_1\overline{x}_0 + x_2\overline{x}_1x_0 + x_2x_1\overline{x}_0$$

Tabelle 8.2.2 Beispiel einer K-Plan-Belegung

Die Spiegelung um $S_0(+1)$ entfällt, da das zu einem Feld mit niedrigerem $\varepsilon(=0)$ führt. Die Spiegelung um $S_1(+2)$ ermittelt eine "0" im Feld $\varepsilon = 3$, also ist keine Zweierblockbildung möglich. Die Spiegelung um $S_2(+4)$ ermittelt eine "1" im Feld $\varepsilon = 5$, dies ergibt den Zweierblock $B_{1,5} = \overline{x}_1 \cdot x_0$. ε erhöht man weiter bis zum nächsten "1"-Feld $\varepsilon = 2$.
Die Spiegelung um $S_0(+1)$ ermittelt eine "0" im Feld $\varepsilon = 3$. Die Spiegelung S_1 entfällt, da sie zu einem Feld mit kleinerem ε (=0) als $\varepsilon = 2$ führt. Die Spiegelung um S_2 ermittelt eine "1" im Feld $\varepsilon = 6$, dies ergibt den Zweierblock $B_{2,6} = x_1 \cdot \overline{x}_0$.
Damit sind alle möglichen Zweierblöcke ermittelt. Diese Zweierblöcke werden nun daraufhin untersucht, ob sie durch Spiegeln zu Viererblöcken vereinigt werden können. Dies ist hier nicht der Fall. Das Ergebnis der Minimierung dieser DNF ist also

$$f(x) = \overline{x}_1x_0 + x_1\overline{x}_0.$$

Weitere Beispiele für die Minimierung einer DNF mit k ≥ 3 Variablen

ε	x_2	x_1	x_0	f(x)
1	0	0	1	1
2	0	1	0	1
5	1	0	1	1
6	1	1	0	1
7	1	1	1	1

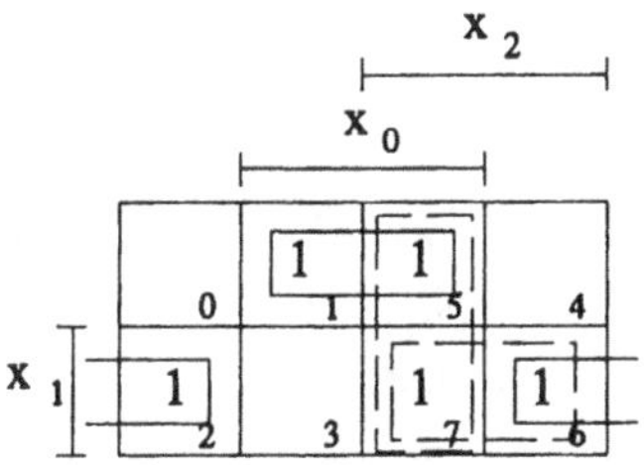

	x_2	x_1	x_0
$B_{1,5}$	–	0	1
$B_{2,6}$	–	1	0
$B_{5,7}$	1	–	1

	x_2	x_1	x_0
$B_{1,5}$	–	0	1
$B_{2,6}$	–	1	0
$B_{6,7}$	1	1	–

$$f(x) = \overline{x}_1 x_0 + x_1 \overline{x}_0 + x_2 x_0 = \overline{x}_1 x_0 + x_1 \overline{x}_0 + x_2 x_1 \qquad (8.2.3.1)$$

ε	x_2	x_1	x_0	f(x)
1	0	0	1	1
2	0	1	0	1
5	1	0	1	1
6	1	1	0	1
7	1	1	1	d

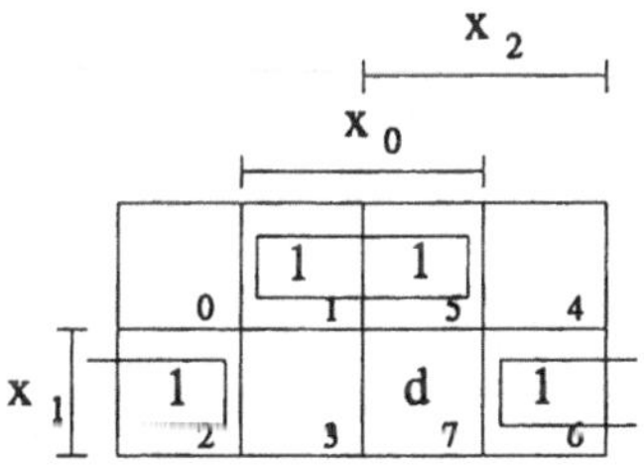

	x_2	x_1	x_0
$B_{1,5}$	–	0	1
$B_{2,6}$	–	1	0

$$f(x) = \overline{x}_1 x_0 + x_1 \overline{x}_0 \qquad (8.2.3.2)$$

ε	x_2	x_1	x_0	f(x)
1	0	0	1	1
2	0	1	0	1
5	1	0	1	d
6	1	1	0	1

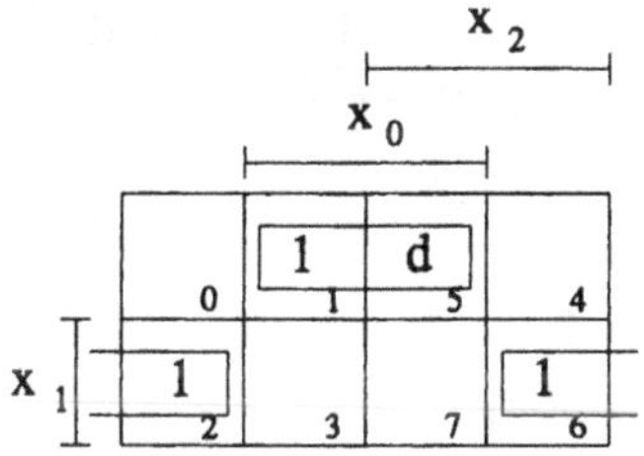

	x_2	x_1	x_0
$B_{1,5}$	–	0	1
$B_{2,6}$	–	1	0

$$f(x) = \overline{x}_1 x_0 + x_1 \overline{x}_0 \qquad (8.2.3.3)$$

ε	$x_2\, x_1\, x_0$	f(x)
1	0 0 1	1
5	1 0 1	1
6	1 1 0	1
7	1 1 1	1

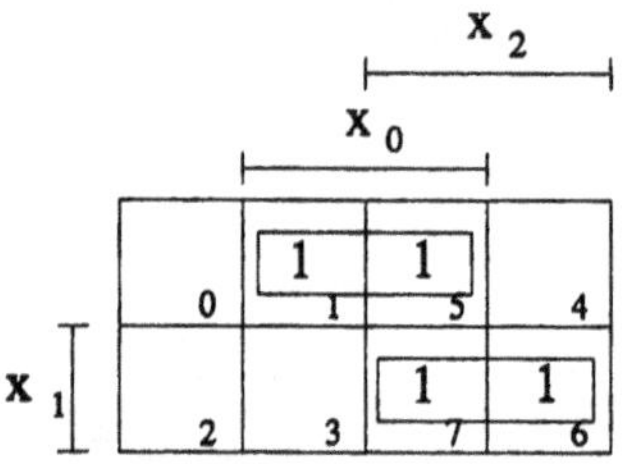

	$x_2\, x_1\, x_0$
$B_{1,5}$	– 0 1
$B_{6,7}$	1 1 –

$B_{5,7}$ redundant! $f(x)=\bar{x}_1x_0+x_2x_1$ (8.2.3.4)

ε	$x_2\, x_1\, x_0$	f(x)
0	0 0 0	1
2	0 1 0	1
4	1 0 0	1
6	1 1 0	1

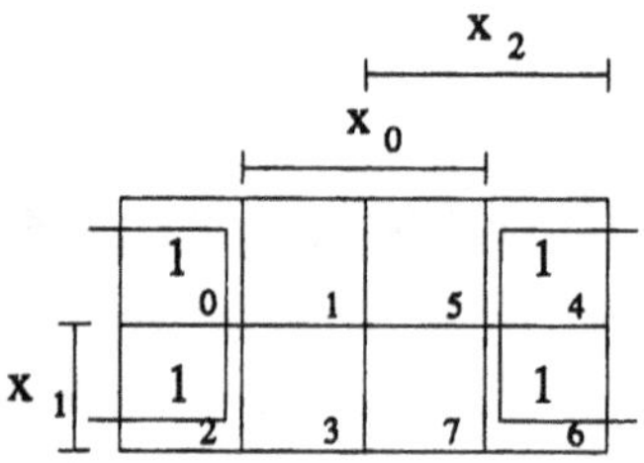

	$x_2\, x_1\, x_0$
$B_{0,2,4,6}$	– – 0

$f(x) = \bar{x}_0$ (8.2.3.5)

ε	$x_2\, x_1\, x_0$	f(x)
0	0 0 0	1
2	0 1 0	1
4	1 0 0	d
5	1 0 1	d
6	1 1 0	d
7	1 1 1	d

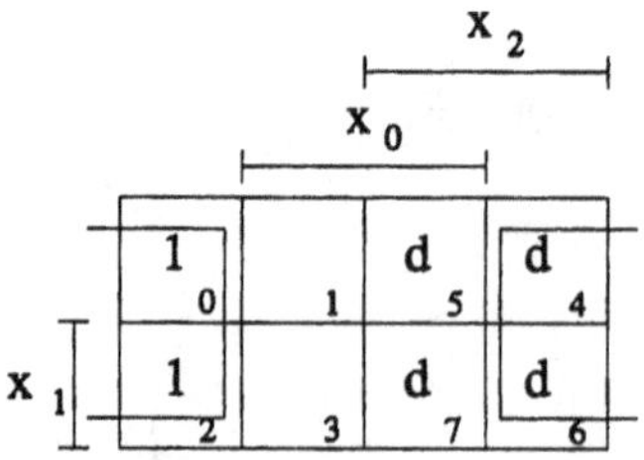

	$x_2\, x_1\, x_0$
$B_{0,2,4,6}$	– – 0

$f(x) = \bar{x}_0$ (8.2.3.6)

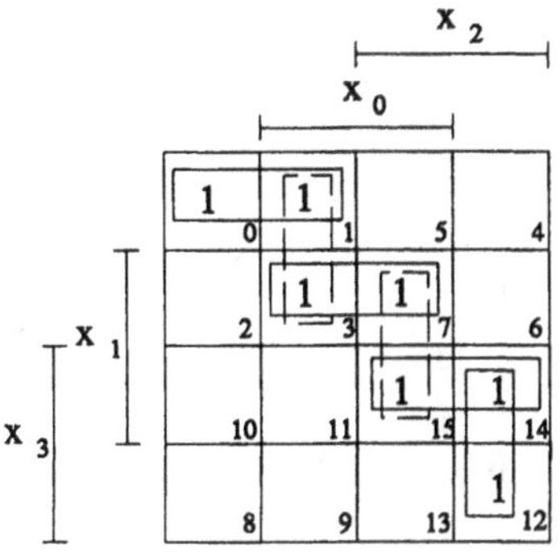

	x_3	x_2	x_1	x_0
$B_{0,1}$	0	0	0	–
$B_{3,7}$	0	–	1	1
$B_{14,15}$	1	1	1	–
$B_{12,14}$	1	1	–	0

oder

	x_3	x_2	x_1	x_0
$B_{0,1}$	0	0	0	–
$B_{1,3}$	0	0	–	1
$B_{7,15}$	–	1	1	1
$B_{12,14}$	1	1	–	0

$$f(x)=\overline{x}_3\overline{x}_2\overline{x}_1+\overline{x}_3x_1x_0+x_3x_2x_1+x_3x_2\overline{x}_0 \qquad f(x)=\overline{x}_3\overline{x}_2\overline{x}_1+\overline{x}_3\overline{x}_2x_0+x_2x_1x_0+x_3x_2\overline{x}_0 \tag{8.2.3.7}$$

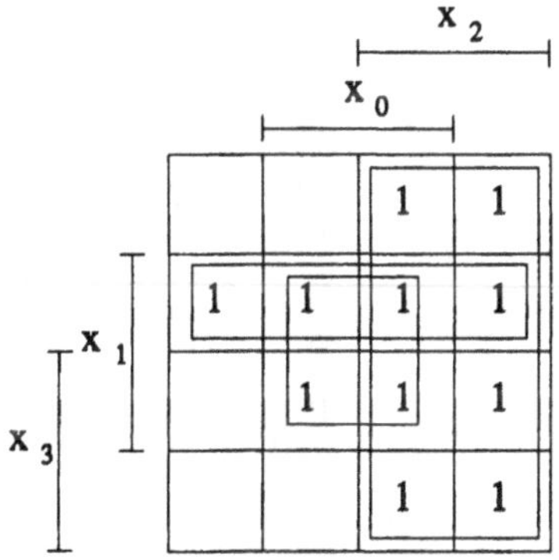

	x_3	x_2	x_1	x_0
$B_{4\,\ldots\,13}$	–	1	–	–
$B_{3,7,11,15}$	–	–	1	1
$B_{2,3,6,7}$	0	–	1	–

$$f(x) = x_2 + x_1x_0 + \overline{x}_3x_1 \tag{8.2.3.8}$$

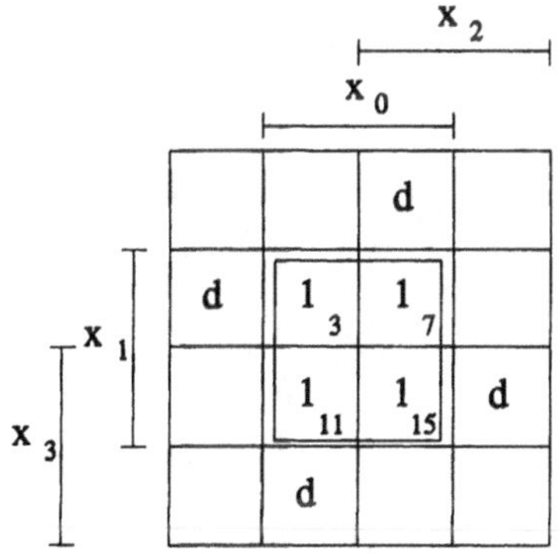

	x_3	x_2	x_1	x_0
$B_{3,7,11,15}$	–	–	1	1

$$f(x) = x_1x_0 \tag{8.2.3.9}$$

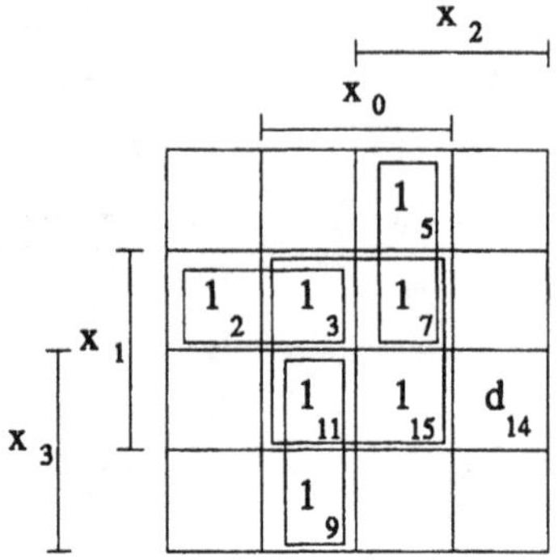

	x_3	x_2	x_1	x_0
$B_{3,7,11,15}$	–	–	1	1
$B_{2,3}$	0	0	1	–
$B_{9,11}$	1	0	–	1
$B_{5,7}$	0	1	–	1

$$f(x)=x_1x_0+\overline{x}_3\overline{x}_2x_1+x_3\overline{x}_2x_0+\overline{x}_3x_2x_0 \qquad (8.2.3.10)$$

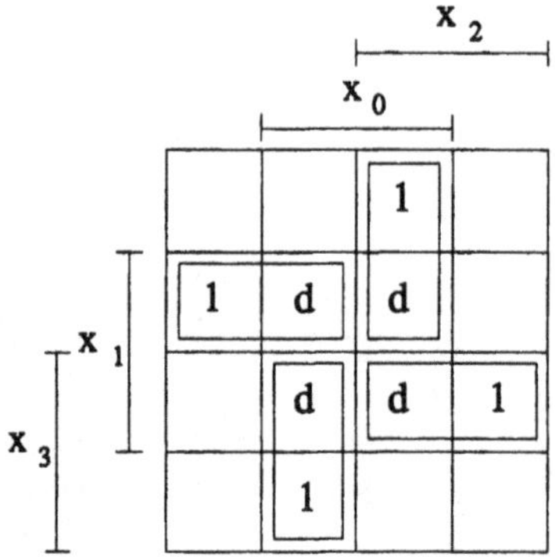

	x_3	x_2	x_1	x_0
$B_{2,3}$	0	0	1	–
$B_{9,11}$	1	0	–	1
$B_{14,15}$	1	1	1	–
$B_{5,7}$	0	1	–	1

$$f(x)=\overline{x}_3\overline{x}_2x_1+x_3\overline{x}_2x_0+x_3x_2x_1+\overline{x}_3x_2x_0 \qquad (8.2.3.11)$$

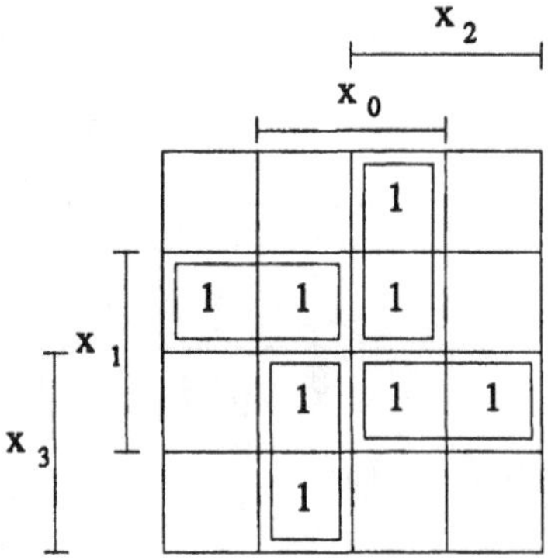

	x_3	x_2	x_1	x_0
$B_{2,3}$	0	0	1	–
$B_{9,11}$	1	0	–	1
$B_{14,15}$	1	1	1	–
$B_{5,7}$	0	1	–	1

$$f(x)=\overline{x}_3\overline{x}_2x_1+x_3\overline{x}_2x_0+x_3x_2x_1+\overline{x}_3x_2x_0 \qquad (8.2.3.12)$$

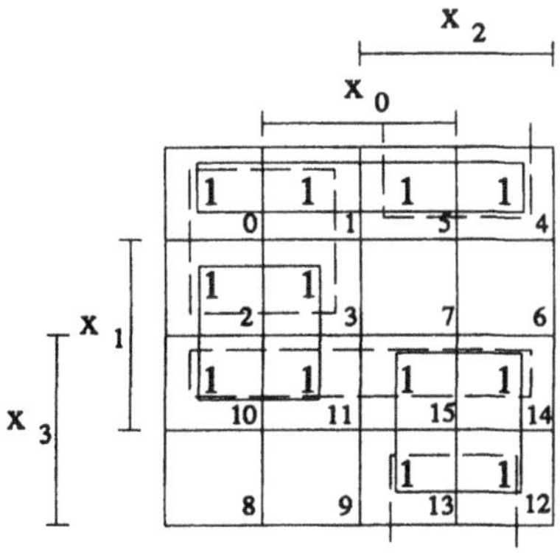

	x_3	x_2	x_1	x_0
$B_{0,1,2,3}$	0	0	–	–
$B_{10,11,14,15}$	1	–	1	–
$B_{4,5,12,13}$	–	1	0	–

$$f(x)= \bar{x}_3\bar{x}_2+x_3x_1+x_2\bar{x}_1$$

oder

	x_3	x_2	x_1	x_0
$B_{0,1,4,5}$	0	–	0	–
$B_{2,3,10,11}$	–	0	1	–
$B_{12,13,14,15}$	1	1	–	–

$$f(x) = \bar{x}_3\bar{x}_1+\bar{x}_2x_1+x_3x_2$$

(8.2.3.13)

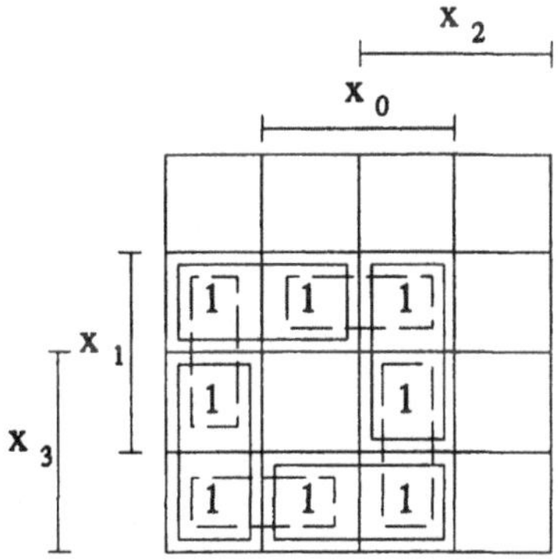

	x_3	x_2	x_1	x_0
$B_{3,7}$	0	–	1	1
$B_{2,10}$	–	0	1	0
$B_{8,9}$	1	0	0	–
$B_{13,15}$	1	1	–	1

$$f(x)= \bar{x}_3x_1x_0+\bar{x}_2x_1\bar{x}_0+x_3\bar{x}_2\bar{x}_1+x_3x_2x_0$$

oder

	x_3	x_2	x_1	x_0
$B_{2,3}$	0	0	1	–
$B_{7,15}$	–	1	1	1
$B_{9,13}$	1	–	0	1
$B_{8,10}$	1	0	–	0

$$f(x)= \bar{x}_3\bar{x}_2x_1+x_2x_1x_0+x_3\bar{x}_1x_0+x_3\bar{x}_2\bar{x}_0$$

(8.2.3.14)

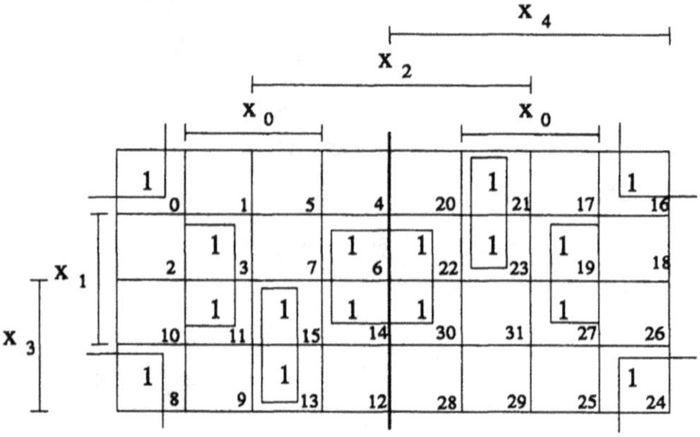

	x_4	x_3	x_2	x_1	x_0
$B_{0,8,16,24}$	–	–	0	0	0
$B_{3,11,19,27}$	–	–	0	1	1
$B_{6,14,22,30}$	–	–	1	1	0
$B_{13,15}$	0	1	1	–	1
$B_{21,23}$	1	0	1	–	1

$$f(x) = \bar{x}_2\bar{x}_1\bar{x}_0 + \bar{x}_2 x_1 x_0 + x_2 x_1 \bar{x}_0 + \bar{x}_4 x_3 x_2 x_0 + x_4 \bar{x}_3 x_2 x_0 \qquad (8.2.3.15)$$

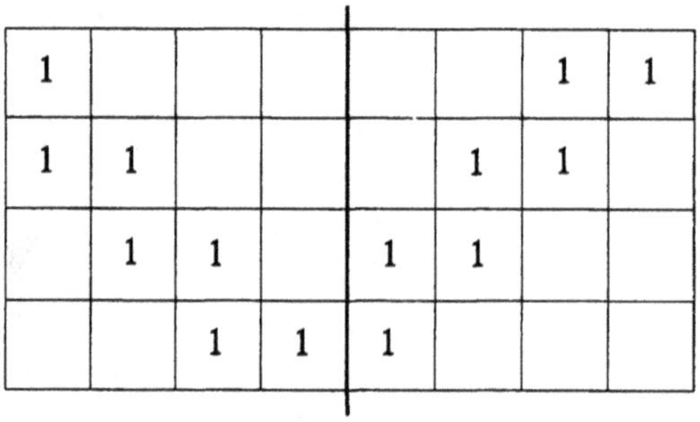

Vier folgende Lösungswege

⇓

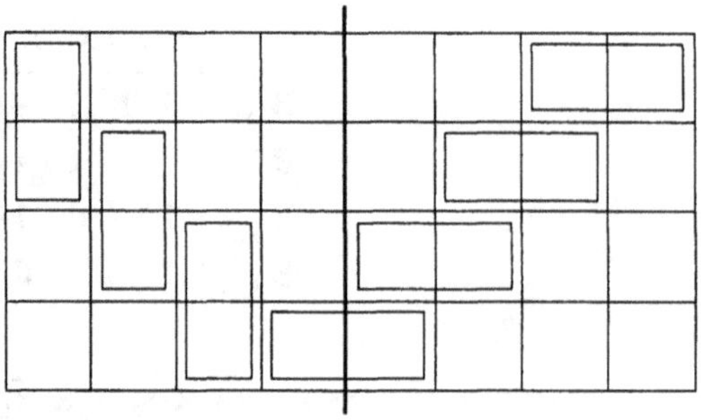

	x_4	x_3	x_2	x_1	x_0
$B_{0,2}$	0	0	0	–	0
$B_{3,11}$	0	–	0	1	1
$B_{13,15}$	0	1	1	–	1
$B_{12,28}$	–	1	1	0	0
$B_{30,31}$	1	1	1	1	–
$B_{19,23}$	1	0	–	1	1
$B_{16,17}$	1	0	0	0	–

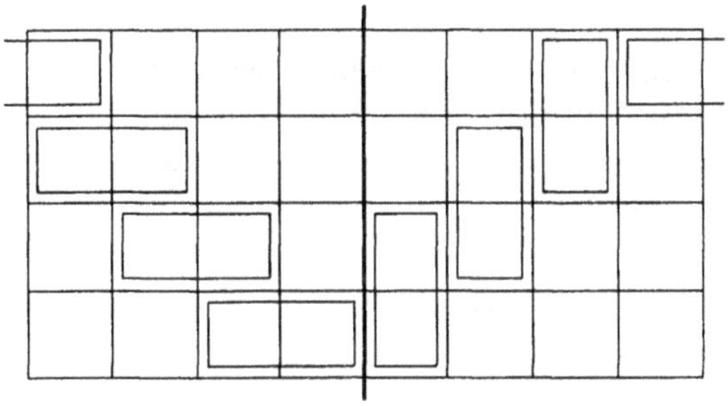

	x_4	x_3	x_2	x_1	x_0
$B_{0,16}$	–	0	0	0	0
$B_{2,3}$	0	0	0	1	–
$B_{11,15}$	0	1	–	1	1
$B_{12,13}$	0	1	1	0	–
$B_{28,30}$	1	1	1	–	0
$B_{23,31}$	1	–	1	1	1
$B_{17,19}$	1	0	0	–	1

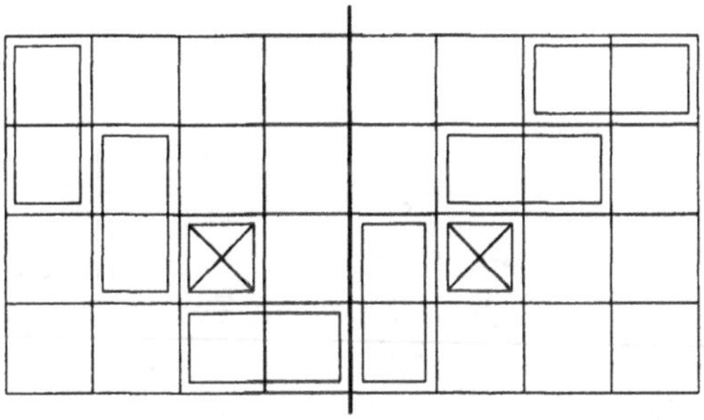

	x_4	x_3	x_2	x_1	x_0
$B_{0,2}$	0	0	0	–	0
$B_{3,11}$	0	–	0	1	1
$B_{15,31}$	–	1	1	1	1
$B_{12,13}$	0	1	1	0	–
$B_{28,30}$	1	1	1	–	0
$B_{19,23}$	1	0	–	1	1
$B_{16,17}$	1	0	0	0	–

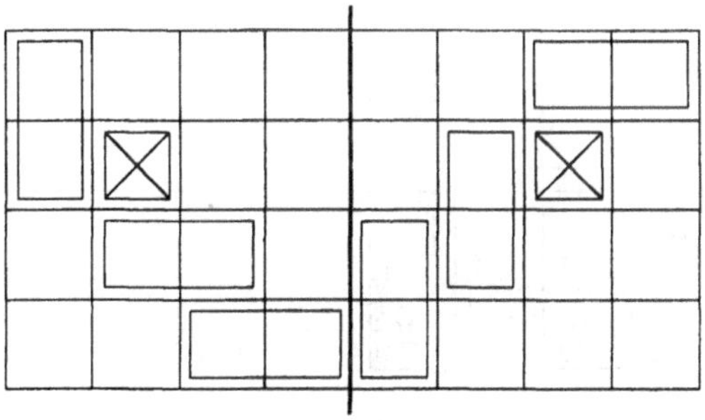

	x_4	x_3	x_2	x_1	x_0
$B_{0,2}$	0	0	0	–	0
$B_{3,19}$	–	0	0	1	1
$B_{11,15}$	0	1	–	1	1
$B_{12,13}$	0	1	1	0	–
$B_{28,30}$	1	1	1	–	0
$B_{23,31}$	1	–	1	1	1
$B_{16,17}$	1	0	0	0	–

(8.2.3.16)

Auslesen einer minimierten KNF aus dem K-Plan

Der Algorithmus für die Minimierung einer KNF ist der gleiche, wie der für eine DNF bereits beschriebene. Anstelle der "Einsen" werden hier allerdings die mit "0" belegten Felder sowie diejenigen "don't care" berücksichtigt, die sich mit d = 0 vorteilhaft in einen Block einbinden lassen. Im folgenden Beispiel

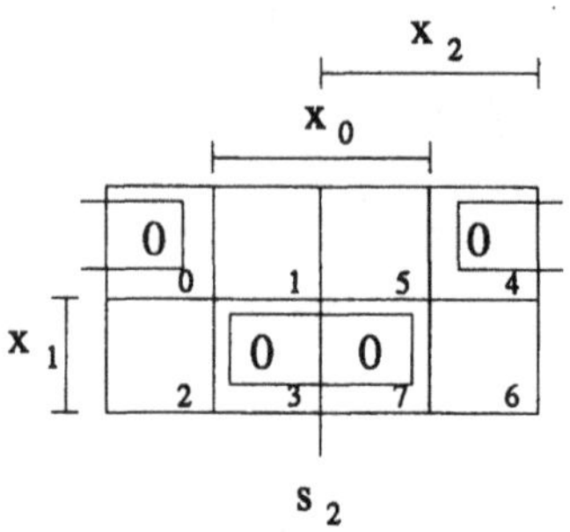

Tabelle 8.2.3 Beispiel einer K-Plan-Belegung

ist $\varepsilon = 0$ das erste Feld mit einer "0"-Belegung. Seine Spiegelung um S_2 führt zum Feld $\varepsilon = 4$. Eine Zweierblockbildung $B_{0,4} = x_1 + x_0$ ist möglich. Der zweite Zweierblock ist $B_{3,7} = \overline{x}_1 + \overline{x}_0$. Diese beiden Zweierblöcke können durch Spiegelung nicht zu einem Vierblock zusammengefaßt werden. Damit ist das Ergebnis der Minimierung einer KNF

$$f(x) = (x_1+x_0)\cdot(\overline{x}_1+\overline{x}_0).$$

Weitere Beispiele für die Minimierung einer KNF mit 3 Variablen

ε	x_2 x_1 x_0	f(x)
0	0 0 0	0
3	0 1 1	0
4	1 0 0	0
6	1 1 0	0
7	1 1 1	0

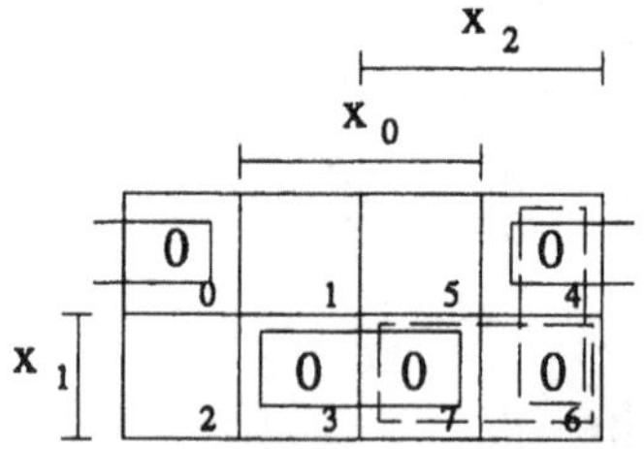

	x_2	x_1	x_0
$B_{0,4}$	–	0	0
$B_{3,7}$	–	1	1
$B_{4,6}$	1	–	0

oder

$$f(x) = \prod 0,3,4,6,7 = (x_1+x_0)(\overline{x}_1+\overline{x}_0)(\overline{x}_2+x_0) = \\ =(x_1+x_0)(\overline{x}_1+\overline{x}_0)(\overline{x}_2+\overline{x}_1)$$

	x_2	x_1	x_0
$B_{0,4}$	–	0	0
$B_{3,7}$	–	1	1
$B_{6,7}$	1	1	–

(8.2.3.17)

ε	$x_2\ x_1\ x_0$	f(x)
0	0 0 0	0
3	0 1 1	0
4	1 0 0	0
6	1 1 0	d
7	1 1 1	0

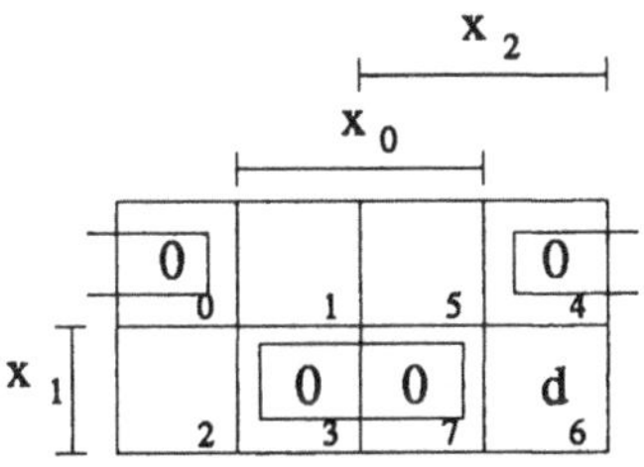

	x_2	x_1	x_0
$B_{0,4}$	–	0	0
$B_{3,7}$	–	1	1

$$f(x) = (x_1+x_0)(\overline{x}_1+\overline{x}_0)$$

(8.2.3.18)

ε	$x_2\ x_1\ x_0$	f(x)
0	0 0 0	0
3	0 1 1	0
4	1 0 0	d
7	1 1 1	0

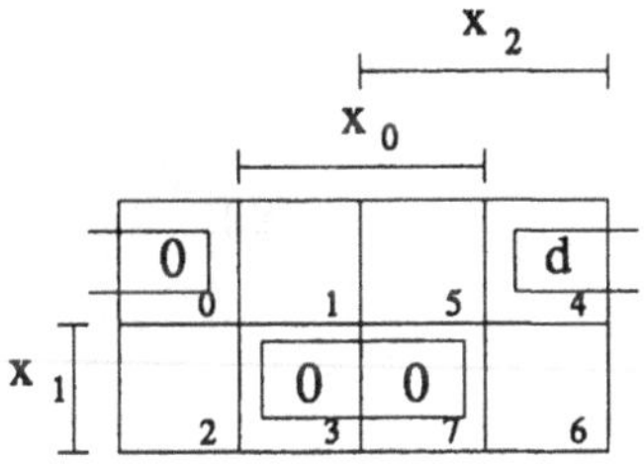

	x_2	x_1	x_0
$B_{0,4}$	–	0	0
$B_{3,7}$	–	1	1

$$f(x) = (x_1+x_0)(\overline{x}_1+\overline{x}_0)$$

(8.2.3.19)

ε	$x_2\ x_1\ x_0$	f(x)
0	0 0 0	0
2	0 1 0	0
3	0 1 1	0
4	1 0 0	0

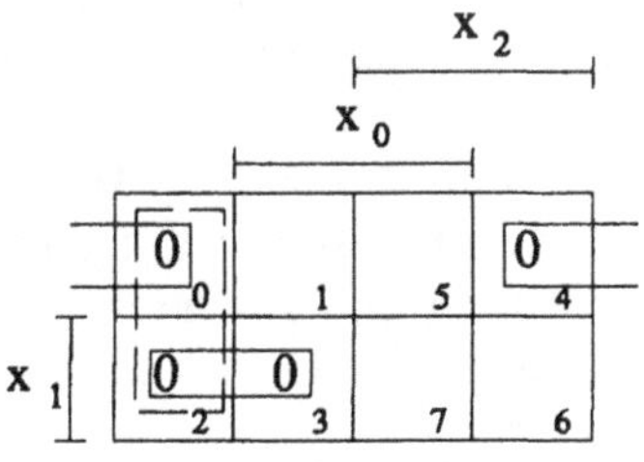

	x_2	x_1	x_0
$B_{0,4}$	–	0	0
$B_{2,3}$	0	1	–

$$f(x) = (x_1+x_0)(x_2+\overline{x}_1)$$

$B_{0,2}$ redundant!

(8.2.3.20)

ε	x_2	x_1	x_0	f(x)
1	0	0	1	0
3	0	1	1	0
4	1	0	0	d
5	1	0	1	0
6	1	1	0	d
7	1	1	1	0

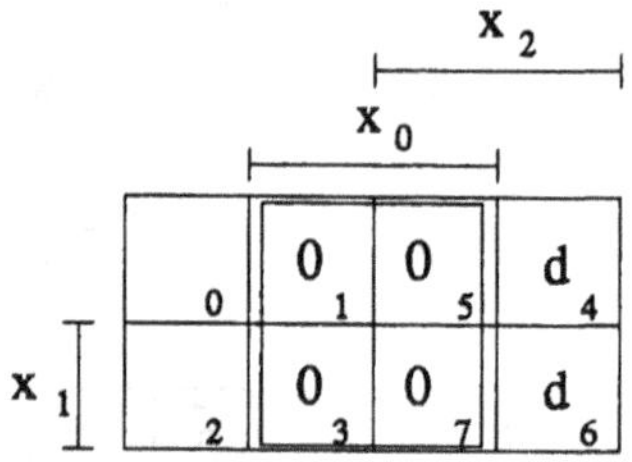

	x_2	x_1	x_0
$B_{1,3,5,7}$	–	–	1

$$f(x) = \overline{x}_0 \tag{8.2.3.21}$$

ε	x_2	x_1	x_0	f(x)
1	0	0	1	0
3	0	1	1	0
4	1	0	0	d
5	1	0	1	d
6	1	1	0	d
7	1	1	1	d

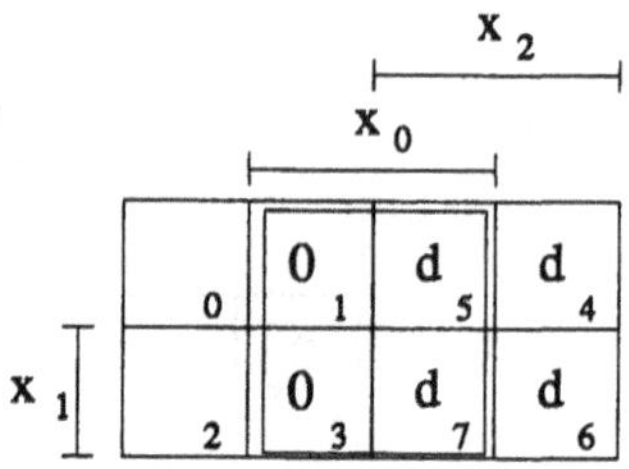

	x_2	x_1	x_0
$B_{1,3,5,7}$	–	–	1

$$f(x) = \overline{x}_0 \tag{8.2.3.22}$$

Aus den Beispielen zur Ermittlung von minimierten Normalformen f(x) mit dem K-Plan ist ersichtlich, daß der Erfolg dieses Verfahrens auch vom Ausführenden abhängt.
Die Praxis zeigt, daß nicht immer der größte zu bildende Block erkannt wird oder don't care nicht effektiv in die Blockbildung einbezogen werden oder auch nicht alle möglichen Lösungen, die minimale Funktionen darstellen, aufgeschrieben werden.
Eine Möglichkeit, die Minimierung mit dem K-Plan zu objektivieren, ist die zusätzliche Anwendung des sogenannten Tafelauswahlverfahrens.
Dieses Verfahren wird im Abschnitt 8.4 erläutert. Es beseitigt redundante Terme und separiert alle möglichen gleichwertigen Lösungen für die minimalen Schaltfunktionen.

<u>Minimierung einer DNF unter dem Gesichtspunkt ihrer vorgegebenen logischen Verknüpfung mit weiteren Schaltfunktionen</u>

Gegeben seien z. B. zwei Schaltfunktionen $y_0 = f_0(\underline{x})$ und $y_1 = f_1(\underline{x})$ in ihrer DNF:

$$y_0 = f_0(\underline{x}) = \overline{x}_4\overline{x}_3x_1 + x_2x_1\overline{x}_0 + x_4\overline{x}_2\overline{x}_0 + \overline{x}_4x_2x_1$$
$$y_1 = f_1(\underline{x}) = x_4x_0 + x_2x_1 + \overline{x}_4\overline{x}_3\overline{x}_2.$$

Beide sollen über ein UND-Gatter zu $y = f(\underline{x}) = f_0(\underline{x}) \cdot f_1(\underline{x})$ verknüpft werden.

Unter diesem Gesichtspunkt ist $y_0 = f_0(\underline{x})$ zu minimieren. Dafür werden beide Schaltfunktionen y_0 und y_1 zunächst in Karnaugh-Pläne eingetragen:

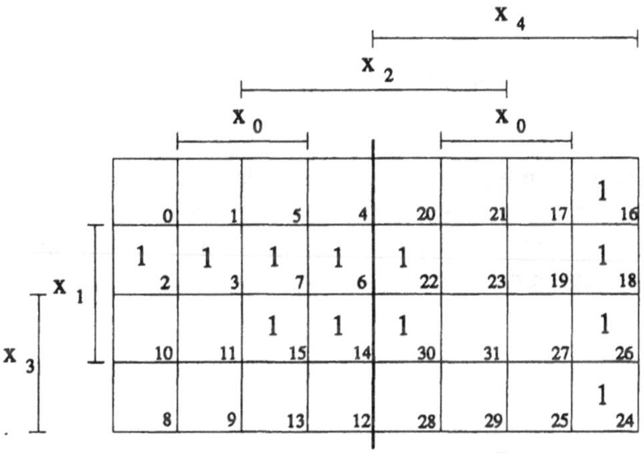

$y_0 = f_0(\underline{x}) = \overline{x}_4\overline{x}_3x_1 + x_2x_1\overline{x}_0 +$
$+ x_4\overline{x}_2\overline{x}_0 + \overline{x}_4x_2x_1$

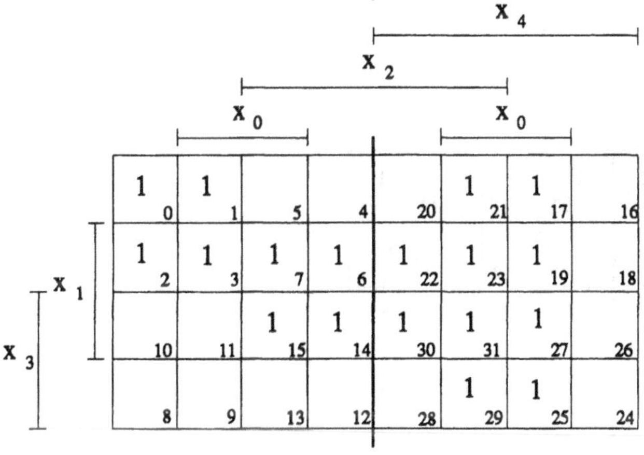

$y_1 = f_1(\underline{x}) = x_4x_0 + x_2x_1 + \overline{x}_4\overline{x}_3\overline{x}_2$

Die gewünschte UND-Verknüpfung dieser beiden Funktionen y_0 und y erhält man schematisch, z. B. durch gedankliches Übereinanderlegen der beiden dargestellten K-Pläne. Damit sind sofort diejenigen Felder zu erkennen, die in beiden K-Plänen mit "1" belegt sind. Sie repräsentieren die Ausgangsfunktion $y = f(\underline{x})$.

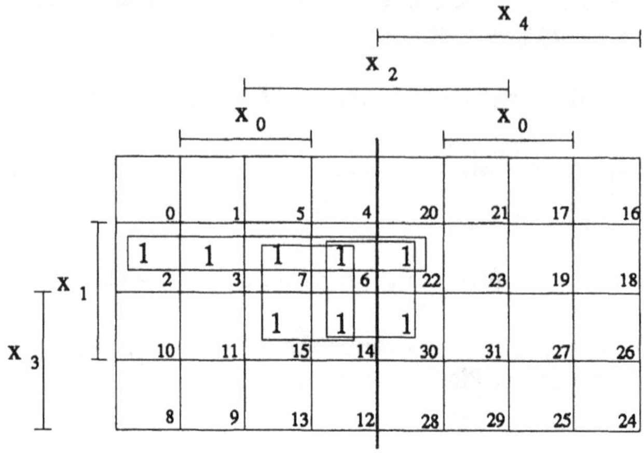

$$y = f(\underline{x}) = f_0(\underline{x}) \cdot f_1(\underline{x}) = \overline{x}_4\overline{x}_3x_1 + \overline{x}_4x_2x_1 + x_2x_1\overline{x}_0$$

Zunächst stellen wir fest, daß die im K-Plan für $y = f(\underline{x})$ mit "1" belegten Felder notwendiger Bestandteil der zu minimierenden Funktion $y_0 = f(\underline{x})$ sind. Weiterhin ist zu bemerken, daß wegen der zu realisierenden UND-Verknüpfung von y_0 und y diejenigen Ausgangsbelegungen $f_0(\underline{x}_e) = d$ gesetzt werden können, für die die Ausgangsbelegungen $f_1(\underline{x}_e) = 0$ sind.

Damit ergibt sich für $y_0 = f_0(\underline{x})$ folgender K-Plan:

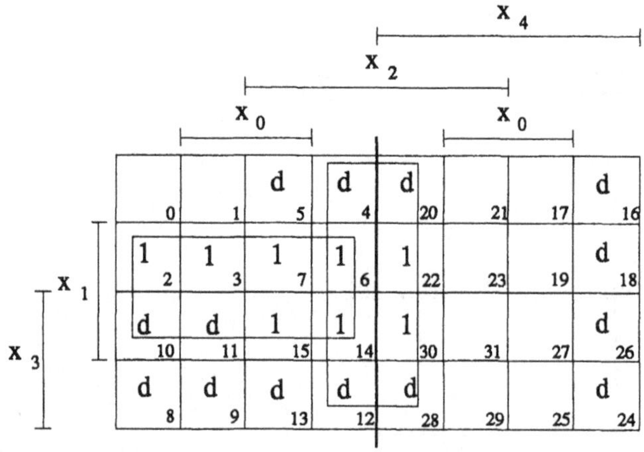

Aus diesem K-Plan läßt sich die minimale $f_0(\underline{x})$ ermitteln:

$$f_0(\underline{x})_{min} = \overline{x}_4x_1 + x_2\overline{x}_0.$$

8.3 Minimierung nach Quine / Mc Cluskey (QMC)

8.3.1 Grundlagen des QMC-Minimierungsverfahrens

Diese Minimierung von Schaltfunktionen beruht auf einem tabellarischen Verfahren. Zugrunde liegen, ebenso wie bei der Anwendung des K-Planes (8.2) die Absorptionsgesetze (5.4.9)

$x_1x_0 + x_1\overline{x}_0 = x_1$ für die DNF

und $(x_1+x_0)(x_1+\overline{x}_0) = x_1$ für die KNF.

In einer Tabelle werden die Terme der zu minimierenden Schaltfunktion so in Gruppen angeordnet, daß ihre Zusammenfassung zu Blöcken $B = 2^\kappa$ übersichtlich erfolgen kann. Die Schaltfunktion sollte dabei möglichst in ihrer DNF oder KNF vorliegen.
Zum erstmaligen Aneignen dieses Verfahrens nach Quine / Mc Cluskey ist es zweckmäßig, die Schaltfunktion in ihrer KDNF bzw. KKNF aufzuschreiben. Das ist deshalb vorteilhaft, da die tabellarische Anordnung der Terme in Gruppen nach der Anzahl der in diesem Term enthaltenen negierten bzw. nicht negierten Variablen erfolgt, also alle relevanten Min- bzw. Maxterme der Schaltfunktion berücksichtigt werden müssen.
Die Terme benachbarter Gruppen untersucht man dann daraufhin, ob sie sich voneinander durch Änderung nur einer Variablen unterscheiden, d. h. ob die Hamming-Distanz 1 auftritt. Ist dies der Fall, kann die Blockbildung $B = 2^\kappa$ bei Eliminierung der dabei ihren Wert ändernden Variablen x_κ erfolgen, wie dies bereits in Abschnitt 8.2.3 für den K-Plan erläutert wurde.
Um das Minimierungsverfahren nach QMC anwenderfreundlich zu gestalten, werden in die Tabellen zur Blockbildung nicht die Minterme m_ε bzw. die Maxterme M_ε eingetragen, sondern ihre modifizierte Form. Zur Minimierung einer (K)DNF werden dabei die nicht negierten Variablen x_κ der Minterme m_ε durch eine "1", die negierten Variablen $\overline{x}_\kappa$ durch eine "0" ersetzt, also für k = 3 erhält man z. B.:

$$m_3 = \overline{x}_2x_1x_0 \implies \text{modifizierter } m_3 : 0\ 1\ 1. \qquad (8.3.1.1)$$

Zur Minimierung einer (K)KNF werden die nicht negierten Variablen x_κ der Maxterme M_ε durch eine "0", die negierten Variablen $\overline{x}_\kappa$ durch eine "1" ersetzt, also für k = 3 erhält man z. B.:

$$M_3 = x_2 + \overline{x}_1 + \overline{x}_0 \implies \text{modifizierter } M_3\text{: } 0\ 1\ 1. \qquad (8.3.1.2)$$

In den Tabellen des QMC-Minimierungsverfahrens sind also die Binärwörter derjenigen Eingangsbelegungen $\underline{x}_\varepsilon$ gruppenweise nach der Anzahl der in ihnen enthaltenen "1"en angeordnet, für die $y_\varepsilon = f(x)$ in ihrer KDNF "1" und in ihrer KKNF "0" ist. Das Erstellen dieser Tabellen für das Minimierungsverfahren nach Quine / Mc Cluskey wird im folgenden Abschnitt an Beispielen verdeutlicht.

8.3.2 Erstellen der Tabellen für das QMC-Verfahren

In Abhängigkeit von der Form, in der die zu minimierende Schaltfunktion y = f(x) gegeben ist, lassen sich die QMC-Tabellen auf unterschiedliche Weise aufstellen.

<u>* Boolescher Ausdruck, Wahrheitstabelle</u>

Gegeben sei der Boolesche Ausdruck

$$f(x) = (x_2 + x_1) \sim (\overline{x}_1 + x_0) \qquad (8.2.2.1)$$

als Beispiel für eine Schaltfunktion aus dem Abschnitt 8.2.2. Die dort bereits ermittelte Wahrheitstabelle wird mit den relevanten Mintermen m_ε, den Maxtermen M_ε und ihren modifizierten Formen ergänzt.

ε	x_2	x_1	x_0	y_ε	m_ε	modifizierter m_ε	M_ε	modifizierter M_ε
0	0	0	0	0			$M_0 = x_2+x_1+x_0$	0 0 0
1	0	0	1	1	$m_1 = \overline{x}_2\,\overline{x}_1\,x_0$	0 0 1		
2	0	1	0	0			$M_2 = x_2+\overline{x}_1+x_0$	0 1 0
3	0	1	1	1	$m_3 = \overline{x}_2\,x_1\,x_0$	0 1 1		
4	1	0	0	1	$m_4 = x_2\,\overline{x}_1\,\overline{x}_0$	1 0 0		
5	1	0	1	0			$M_5 = \overline{x}_2+x_1+\overline{x}_0$	1 0 1
6	1	1	0	1	$m_6 = x_2\,x_1\,\overline{x}_0$	1 1 0		
7	1	1	1	0			$M_7 = \overline{x}_2+\overline{x}_1+\overline{x}_0$	1 1 1

Tabelle 8.3.1 Wahrheitstabelle mit den modifizierten Min- und Maxtermen für die Schaltfunktion nach (8.2.2.1)

Die QMC-Tabellen lassen sich mit den in 8.3.1 getroffenen Aussagen unmittelbar aus der Tabelle 8.3.1 aufstellen:

QMC-Tabelle

DNF-Minimierung ($y_\varepsilon = 1$) KNF-Minimierung ($y_\varepsilon = 0$)

ε	x_2	x_1	x_0
1	0	0	1
4	1	0	0
3	0	1	1
6	1	1	0

gruppenweise Anordnung der ε nach Anzahl der "1"en

ε	x_2	x_1	x_0
0	0	0	0
2	0	1	0
5	1	0	1
7	1	1	1

(8.3.2.1)

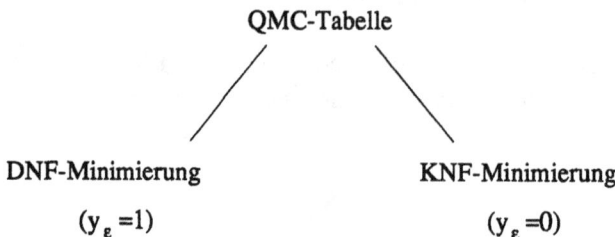

* Boolescher Ausdruck, DNF

Gegeben sei die Funktion

$$f(x) = x_3 x_1 \overline{x}_0 + x_2 x_0 + x_3 \overline{x}_1 \overline{x}_0. \tag{8.2.2.2}$$

Nach (7.9) lassen sich durch die folgenden Korrelationen

$$\begin{aligned} x_3 x_1 \overline{x}_0 &\Longrightarrow 1 - 1\ 0 \\ x_2 x_0 &\Longrightarrow - 1 - 1 \\ x_3 \overline{x}_1 \overline{x}_0 &\Longrightarrow 1 - 0\ 0 \end{aligned} \tag{8.2.2.3}$$

aller Eingangsbelegungen ermitteln, für die f(x) gleich "1" ist. Daraus ergeben sich die modifizierten Minterme mod.m_ε:

	modifizierte m_ε $x_3\ x_2\ x_1\ x_0$	
1 – 1 0	1 0 1 0	ε=10
	1 1 1 0	ε=14
– 1 – 1	0 1 0 1	ε=5
	0 1 1 1	ε=7
	1 1 0 1	ε=13
	1 1 1 1	ε=15
1 – 0 0	1 0 0 0	ε=8
	1 1 0 0	ε=12

(8.3.2.2)

Die gruppenweise Anordnung der mod.m_ε kann nun in der QMC-Tabelle nach der Anzahl der in ihnen enthaltenen "1"en realisiert werden:

ε	x_3	x_2	x_1	x_0
8	1	0	0	0
5	0	1	0	1
10	1	0	1	0
12	1	1	0	0
7	0	1	1	1
13	1	1	0	1
14	1	1	1	0
15	1	1	1	1

(8.3.2.3)

* <u>Boolescher Ausdruck, KNF</u>

Gegeben sei die Funktion

$$f(x) = (x_2+x_1+\overline{x}_0)(\overline{x}_2+x_1+\overline{x}_0)(x_3+\overline{x}_1+x_0)(\overline{x}_3+x_2+\overline{x}_0). \tag{8.3.2.4}$$

Nach (7.9) lassen sich durch die folgenden Korrelationen

$$\begin{aligned} x_2+x_1+\overline{x}_0 &\Longrightarrow -\ 0\ 0\ 1 \\ \overline{x}_2+x_1+\overline{x}_0 &\Longrightarrow -\ 1\ 0\ 1 \\ x_3+\overline{x}_1+x_0 &\Longrightarrow 0\ -\ 1\ 0 \\ \overline{x}_3+x_2+\overline{x}_0 &\Longrightarrow 1\ 0\ -\ 1 \end{aligned} \tag{8.3.2.5}$$

alle Eingangsbelegungen ermitteln, für die f(x) gleich null ist. Daraus ergeben sich die modifizierten Maxterme mod.M_ε:

	modifizierte M_ε x_3 x_2 x_1 x_0	
− 0 0 1	0 0 0 1	ε=1
	1 0 0 1	ε=9
− 1 0 1	0 1 0 1	ε=5
	1 1 0 1	ε=13
0 − 1 0	0 0 1 0	ε=2
	0 1 1 0	ε=6
1 0 − 1	1 0 0 1	ε=9
	1 0 1 0	ε=11

(8.3.2.6)

Die gruppenweise Anordnung der mod.M_ε kann nun in der QMC-Tabelle nach der Anzahl der in ihnen enthaltenen "1"en realisiert werden:

ε	x_3	x_2	x_1	x_0
1	0	0	0	1
2	0	0	1	0
5	0	1	0	1
6	0	1	1	0
9	1	0	0	1
11	1	0	1	1
13	1	1	0	1

(8.3.2.7)

8.3.3 Minimierungsvorschriften für das QMC-Verfahren

Minimierung einer DNF

Gegeben sei die Schaltfunktion

$$f(x) = x_3x_1\overline{x}_0 + x_2x_0 + x_3\overline{x}_1\overline{x}_0. \qquad (8.2.2.2)$$

Die QMC-Tabelle für diese Funktion wurde bereits in 8.3.2 ermittelt mit

ε	x_3	x_2	x_1	x_0
8	1	0	0	0
5	0	1	0	1
10	1	0	1	0
12	1	1	0	0
7	0	1	1	1
13	1	1	0	1
14	1	1	1	0
15	1	1	1	1

(8.3.2.3)

Diese QMC-Tabelle (8.3.2.3) enthält insgesamt vier Gruppen, die erste mit dem modifzierten Minterm mod.m_8 (eine 1), die zweite mit mod.m_5, m_{10} und m_{12} (zwei "1"en) usw. Diese modifizierten Minterme in den beteiligten benachbarten Gruppen werden nun zunächst daraufhin untersucht, ob es Pärchen gibt, die sich in einer Stelle unterscheiden. Ist dies der Fall, läßt sich pro Pärchen ein Zweierblock bilden, der diejenige Variable x_κ eliminiert, in deren Spalte sich die modifizierten Minterme voneinander unterscheiden (Hamming-Distanz 1), also nach der Vorschrift

$$x_1x_0 + x_1\overline{x}_0 = x_1.$$

Die eliminierte Variable wird in Übereinstimmung mit den Ausführungen in 7.9 mit einem "-" gekennzeichnet. Die Ergebnisse der Zweierblockbildung trägt man in eine neue Tabelle ein. Es ist zweckmäßig, dabei die an der Blockbildung beteiligten ε zu kennzeichnen. Unbedingt notwendig ist diese Kennzeichnung der an der Blockbildung beteiligten mod.$m_ε$ in der Ursprungstabelle (z.B. mit einem Häkchen ✓), da evtl. an der Blockbildung nichtbeteiligte mod.$m_ε$ sogenannte "Singles" sind, die als solche Bestandteil der minimierten DNF bleiben und beim Aufschreiben der minimierten DNF nach Beendigung des QMC-Verfahrens nicht vergessen werden dürfen.

Ausgangsfunktion

ε	x_3	x_2	x_1	x_0	
8	1	0	0	0	✓ ✓
5	0	1	0	1	✓ ✓
10	1	0	1	0	✓ ✓
12	1	1	0	0	✓ ✓ ✓
7	0	1	1	1	✓ ✓
13	1	1	0	1	✓ ✓ ✓
14	1	1	1	0	✓ ✓ ✓
15	1	1	1	1	✓ ✓ ✓

Zweierblöcke

ε	x_3	x_2	x_1	x_0
8,10	1	0	–	0
8,12	1	–	0	0
5,7	0	1	–	1
5,13	–	1	0	1
10,14	1	–	1	0
12,13	1	1	0	–
12,14	1	1	–	0
7,15	–	1	1	1
13,15	1	1	–	1
14,15	1	1	1	–

(8.3.3.1)

Aus der rechten QMC-Tabelle (8.3.3.1) ist ersichtlich, daß insgesamt 10 Zweierblöcke gebildet werden konnten. Da in der linken QMC-Tabelle (8.3.3.1) alle mod.$m_ε$ mindestens einmal abgehakt sind, bleibt von dort kein Single zu berücksichtigen.
Der nächste Schritt im QMC-Verfahren ist die Viererblockbildung, falls sie realisierbar ist. Dazu prüft man die Nachbarschaftsbeziehungen in den neu entstandenen Gruppen der Zweierblock-Tabelle.
Es ist hilfreich zu berücksichtigen, daß zu Viererblöcken nur diejenigen Zweierblöcke benachbarter Gruppen gepaart werden können, die in der gleichen Spalte einen "-" aufweisen. Dies ist eine notwendige, aber nicht hinreichende Bedingung.

Zweierblöcke

ε	x_3	x_2	x_1	x_0	
8,10	1	0	–	0	✓
8,12	1	–	0	0	✓
5,7	0	1	–	1	✓
5,13	–	1	0	1	✓
10,14	1	–	1	0	✓
12,13	1	1	0	–	✓
12,14	1	1	–	0	✓ ✓
7,15	–	1	1	1	✓
13,15	1	1	–	1	✓ ✓
14,15	1	1	1	–	✓

Viererblöcke

ε	x_3	x_2	x_1	x_0
8,10,12,14	1	–	–	0
8,12,10,14	1	–	–	0
5,13,7,15	–	1	–	1
5,7,13,15	–	1	–	1
12,14,13,15	1	1	–	–
12,13,14,15	1	1	–	–

(8.3.3.2)

Die 10 Zweierblöcke sind alle in die gebildeten 3 Viererblöcke einbezogen und erscheinen damit nicht als eigenständige Terme in der minimierten DNF (8.3.3.4).
Aus der rechten QMC-Tabelle (8.3.3.2) sind die Viererblöcke zu ermitteln. Da sie in modifizierter Form (0 anstelle $\overline{x}$ und 1 anstelle x) vorliegen, sind sie in ihre Variablenform zurückzuwandeln:

	mod. Blöcke				
ε	x_3	x_2	x_1	x_0	Primimplikanten
8,10,12,14	1	–	–	0	$x_3\overline{x}_0$
5,7,13,15	–	1	–	1	$x_2 x_0$
12,13,14,15	1	1	–	–	$x_3 x_2$

(8.3.3.3)

Das Ergebnis des QMC-Minimierungsverfahrens sind immer sogenannte Primimplikanten. Primimplikanten sind Terme, die nicht mehr weiter zu vereinfachen sind. Die minimierte DNF ergibt sich aus der disjunktiven Verknüpfung aller im Verfahren ermittelten Primimplikanten:

$$f(x) = x_3\overline{x}_0 + x_2x_0 + x_3x_2. \qquad (8.3.3.4)$$

Minimierung einer KNF

Gegeben sei die Schaltfunktion

$$f(x) = (x_2+x_1+\overline{x}_0)(\overline{x}_2+x_1+\overline{x}_0)(x_3+\overline{x}_1+x_0)(\overline{x}_3+x_2+\overline{x}_0). \qquad (8.3.2.4)$$

Die QMC-Tabelle für diese Funktion wurde bereits in 8.3.2 ermittelt mit

ε	x_3	x_2	x_1	x_0
1	0	0	0	1
2	0	0	1	0
5	0	1	0	1
6	0	1	1	0
9	1	0	0	1
11	1	0	1	1
13	1	1	0	1

(8.3.2.7)

Die QMC-Tabelle (8.3.2.7) enthält insgesamt drei Gruppen, die erste mit den modifizierten Maxtermen mod.M_1, M_2 (eine 1), die zweite mit mod.M_5, M_6 und M_9 (zwei "1"en) usw.
Die Ermittlung der Blöcke und damit die Eliminierung der Variable x_κ geschieht auf die gleiche Weise, wie dies für die DNF-Minimierung unter diesem Punkt 8.3.3 bereits beschrieben wurde.

ε	x_3	x_2	x_1	x_0	
1	0	0	0	1	✓✓
2	0	0	1	0	✓
5	0	1	0	1	✓✓
6	0	1	1	0	✓
9	1	0	0	1	✓✓✓
11	1	0	1	1	✓
13	1	1	0	1	✓✓

Zweierblöcke

ε	x_3	x_2	x_1	x_0	
1,5	0	–	0	1	✓
1,9	–	0	0	1	✓
2,6	0	–	1	0	
5,13	–	1	0	1	✓
9,11	1	0	–	1	
9,13	1	–	0	1	✓

Vierervblöcke

ε	x_3	x_2	x_1	x_0
1,5,9,13	–	–	0	1
1,9,5,13	–	–	0	1

(8.3.3.5)

Aus den beiden rechten QMC-Tabellen in (8.3.3.5) sind zwei nicht abgehakte Zweierblöcke und ein Viererblock zu ermitteln. Da sie in modifizierter Form (0 anstelle x und 1 anstelle $\overline{x}$) vorliegen, sind sie in ihre Variablenform zurückzuwandeln:

ε	mod. Blöcke x_3	x_2	x_1	x_0	Primimplikanten
2,6	0	–	1	0	$x_3+\overline{x}_1+x_0$
9,11	1	0	–	1	$\overline{x}_3+x_2+\overline{x}_0$
1,5,9,13	–	–	0	1	$x_1+\overline{x}_0$

(8.3.3.6)

Das Ergebnis des QMC-Minimierungsverfahrens sind auch hier Primimplikanten. Die minimierte KNF ergibt sich aus der konjunktiven Verknüpfung aller im Verfahren ermittelten Primimplikanten:

$$f(x) = (x_1+\overline{x}_0)(x_3+\overline{x}_1+x_0)(\overline{x}_3+x_2+\overline{x}_0). \qquad (8.3.3.7)$$

8.4 Ermittlung minimaler Schaltfunktionen nach dem Tafelaus - wahlverfahren

8.4.1 Primimplikanten und Kernprimimplikanten

Das Tafelauswahlverfahren ermöglicht die Ermittlung der Minimalformen von Schaltfunktionen f(x) als DNF bzw. KNF. Im Ergebnis des Minimierungsverfahrens nach Quine / Mc Cluskey erhält man eine minimierte Form der Schaltfunktion f(x) als disjunktiv verknüpfte Primimplikanten p_D bzw. konjunktiv verknüpfte Primimplikanten p_K in Abhängigkeit davon, ob eine minimierte DNF bzw. KNF die Zielfunktion ist.
Häufig kommt es dabei vor, daß nicht alle mit dem QMC-Verfahren ermittelten Primimplikanten p_D bzw. p_K Bestandteil der minimalen Form einer Schaltfunktion sein müssen, d. h. einige können sich als redundant erweisen. Die sorgfältige Minimierung mit dem Karnaugh-Plan hingegen liefert unmittelbar die Minimalform bzw. die Minimalformen einer Schaltfunktion f(x), da redundante Primimplikanten optisch zu erkennen und damit zu vermeiden sind. Das QMC-Verfahren hingegen liefert zunächst alle möglichen Primimplikanten als Ergebnis der Minimierung, unabhängig davon, ob diese für die endgültigen minimalen Schaltfunktionen erforderlich sind oder nicht.
Gegeben sei die Schaltfunktion

$$f(x) = \sum_{k=3} 0,2,3,5,7. \qquad (8.4.1.1)$$

Die Minimierung von f(x) mit dem K-Plan liefert zwei Lösungen:

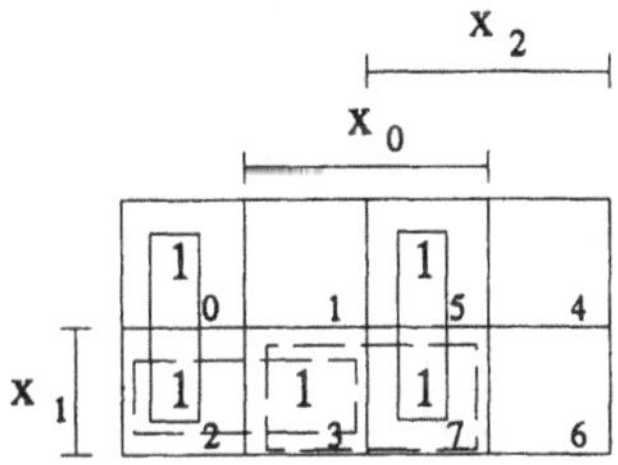

$$f(x) = \overline{x}_2\overline{x}_0 + x_2x_0 + \overline{x}_2x_1 \qquad (8.4.1.2)$$
$$= \overline{x}_2\overline{x}_0 + x_2x_0 + x_1x_0 \qquad (8.4.1.3)$$

Die Zweierblöcke $B_{0,2}$ und $B_{5,7}$ gehen als Bestandteil in beide minimalen Formen (8.4.1.2 und 8.4.1.3) für f(x) ein. $B_{0,2}$ und $B_{5,7}$ sind Primimplikanten p_D, die den Kern der Lösungen bilden. Man bezeichnet sie deshalb als Kernprimimplikanten p_{DK}.
Ein Kernprimimplikant impliziert mindestens einen Term der Schaltfunktion, der von keinem weiteren anderen Primimplikanten impliziert wird.
Die Einbeziehung der 1 für die Belegung $x_e = 3$ hingegen kann auf zweierlei Weise erfolgen, entweder über den Zweierblock $B_{2,3}$ oder den Zweierblock $B_{3,7}$. Damit ergeben sich die beiden minimalen Formen (8.4.1.2 und 8.4.1.3) für f(x). Wendet man zur Minimierung der Schaltfunktion f(x) nach (8.4.1.1) hingegen das QMC-Verfahren an, so ist das Ergebnis die ODER-Verknüpfung aller vier Primimplikanten in Form der vier Zweierblöcke

$$f(x) = B_{0,2} + B_{5,7} + B_{2,3} + B_{3,7}, \qquad (8.4.1.4)$$
$$f(x) = \overline{x}_2\overline{x}_0 + x_2x_0 + \overline{x}_2x_1 + x_1x_0. \qquad (8.4.1.5)$$

Die minimale Form für f(x) läßt sich nach einer QMC-Minimierung prinzipiell mit dem Tafelauswahlverfahren ermitteln. Dieses Verfahren wird für die DNF und KNF getrennt behandelt.

8.4.2 Tafelauswahlverfahren für eine DNF

Gegeben sei für drei Variable (k = 3)

$$f(x) = \sum 0,2,3,5,7. \tag{8.4.1.1}$$

Die Minimierung von f(x) nach QMC ergibt

ε	x_2	x_1	x_0	
0	0	0	0	✓
2	0	1	0	✓ ✓
3	0	1	1	✓ ✓
5	1	0	1	✓
7	1	1	1	✓ ✓

ε	x_2	x_1	x_0
0,2	0	–	0
2,3	0	1	–
3,7	–	1	1
5,7	1	–	1

$$f(x) = \overline{x}_2\overline{x}_0 + \overline{x}_2 x_1 + x_1 x_0 + x_2 x_0. \tag{8.4.2.1}$$

Um die minimalen Formen für f(x) zu ermitteln, benötigt man zunächst die Kernprimimplikanten p_{DK}. Primimplikanten, wie z. B. auch die vier in (8.4.2.1), sind Terme, die sich nicht weiter vereinfachen lassen. Diese vier Primimplikanten implizieren in ihrer Gesamtheit alle Minterme m_ε der Schaltfunktion f(x), die in (8.4.1.1) mit ihren Indexen ε gegeben sind. So wird z. B. der Minterm $m_0 = \overline{x}_2\overline{x}_1\overline{x}_0$ vom Primimplikanten $p_D = \overline{x}_2\overline{x}_0$ impliziert, da

$$\begin{aligned} m_0 + p_D &= \overline{x}_2\overline{x}_1\overline{x}_0 + \overline{x}_2\overline{x}_0 = \\ = p_D \cdot q_D + p_D &= \overline{x}_2 q_D \overline{x}_0 + \overline{x}_2\overline{x}_0 = \overline{x}_2\overline{x}_0(q_D+1) = \overline{x}_2\overline{x}_0 \end{aligned}$$

ist, wobei mit q_D die UND-Verknüpfung derjenigen im Minimierungsverfahren eliminierten Variablen in m_ε bezeichnet sind (hier $\overline{x}_1$), um die sich m_ε vom Primimplikanten p_D unterscheidet.

Wird einer der beteiligten Minterme m_ε nur von einem einzigen Primimplikanten p_D impliziert, so ist letzterer ein Kernprimimplikant p_{DK} und damit notwendigerweise Bestandteil der minimalen Schaltfunktion.

Im Tafelauswahlverfahren werden alle beteiligten Minterme m_ε und die mit dem QMC-Verfahren ermittelten Primimplikanten p_D in einer Tafel gegenübergestellt. Auf diese Weise lassen sich die Implikationsbeziehungen, nämlich welcher Primimplikant welche Minterme impliziert, anschaulich kennzeichnen und die minimierten Schaltfunktionen exakt ermitteln. Für das hier behandelte Beispiel ergibt sich folgendes Bild:

ε	m_ε \ p_D	p_{D0} $\overline{x}_2\overline{x}_0$	p_{D1} $\overline{x}_2 x_1$	p_{D2} $x_1 x_0$	p_{D3} $x_2 x_0$
0	$\overline{x}_2\overline{x}_1\overline{x}_0$	⊗ p_{DK0}			
2	$\overline{x}_2 x_1\overline{x}_0$	×	×		
3	$\overline{x}_2 x_1 x_0$		×	×	
5	$x_2\overline{x}_1 x_0$				⊗ p_{DK3}
7	$x_2 x_1 x_0$			×	×

(8.4.2.2)

In Tafel (8.4.2.2) werden die Minterme m_0 und m_5 jeweils nur von einem Primimplikanten und zwar von $p_{D0} = \overline{x}_2\overline{x}_0$ bzw. $p_{D3} = x_2x_0$ impliziert. Dies ist durch einen Kreis um die Kreuzungspunkte gekennzeichnet. p_{D0} und p_{D3} sind also Kernprimimplikanten $p_{D0} = p_{DK0}$ und $p_{D3} = p_{DK3}$. p_{DK0} impliziert neben m_0 auch noch m_2, und p_{DK3} impliziert neben m_5 auch noch m_7. Also muß die minimale Schaltfunktion neben p_{DK0} und p_{DK3} noch durch einen Primimplikanten ergänzt werden, der m_3 impliziert. Dafür kommen p_{D1} oder p_{D2} in Frage. Es existieren zwei Lösungen für die minimale Schaltfunktion f(x):

$$f(x) = p_{DK0} + p_{DK3} + p_{D1} = \overline{x}_2\overline{x}_0 + x_2x_0 + \overline{x}_2x_1$$

$$f(x) = p_{DK0} + p_{DK3} + p_{D2} = \overline{x}_2\overline{x}_0 + x_2x_0 + x_1x_0. \qquad (8.4.2.3)$$

Für die Darstellung der Tafeln z. B. in (8.4.2.2) bietet sich eine bequemere verkürzte Form an, in der man anstelle der Minterme m_ε nur die Indexe ε und anstelle der Primimplikanten p_D nur die Indexgruppen aus den QMC-Tabellen schreibt, die bei der Blockbildung $B = 2^\kappa$ entstehen. Für das Beispiel in (8.4.2.1) ergibt sich

ε	x_2	x_1	x_0	
0	0	0	0	✓
2	0	1	0	✓ ✓
3	0	1	1	✓ ✓
5	1	0	1	✓
7	1	1	1	✓ ✓

ε	x_2	x_1	x_0
0,2	0	–	0
2,3	0	1	–
3,7	–	1	1
5,7	1	–	1

ε	0 2	2 3	3 7	5 7
0	⊗			
2	×	×		
3		×	×	
5				⊗
7			×	×

(8.4.2.4)

$$f(x) = B_{0,2} + B_{5,7} + B_{2,3} = \overline{x}_2\overline{x}_0 + x_2x_0 + \overline{x}_2x_1$$

$$f(x) = B_{0,2} + B_{5,7} + B_{3,7} = \overline{x}_2\overline{x}_0 + x_2x_0 + x_1x_0\,. \qquad (8.4.2.5)$$

Weitere Beispiele für die Minimierung einer DNF nach QMC mit anschließendem Tafelauswahlverfahren

Beispiel 1:

Gegeben sei die KDNF für k = 4 Variable

$$f(x) = \sum 0,1,2,3,4,5,10,11,12,13,14,15. \tag{8.4.2.6}$$

Ermittlung der Primimplikanten p_D:

ε	x_3	x_2	x_1	x_0	
0	0	0	0	0	✓ ✓ ✓
1	0	0	0	1	✓ ✓ ✓
2	0	0	1	0	✓ ✓ ✓
4	0	1	0	0	✓ ✓ ✓
3	0	0	1	1	✓ ✓ ✓
5	0	1	0	1	✓ ✓ ✓
10	1	0	1	0	✓ ✓ ✓
12	1	1	0	0	✓ ✓ ✓
11	1	0	1	1	✓ ✓ ✓
13	1	1	0	1	✓ ✓ ✓
14	1	1	1	0	✓ ✓ ✓
15	1	1	1	1	✓ ✓ ✓

ε	x_3	x_2	x_1	x_0	
0,1	0	0	0	–	✓ ✓
0,2	0	0	–	0	✓
0,4	0	–	0	0	✓
1,3	0	0	–	1	✓
1,5	0	–	0	1	✓
2,3	0	0	1	–	✓ ✓
2,10	–	0	1	0	✓
4,5	0	1	0	–	✓ ✓
4,12	–	1	0	0	✓
3,11	–	0	1	1	✓
5,13	–	1	0	1	✓
10,11	1	0	1	–	✓ ✓
10,14	1	–	1	0	✓
12,13	1	1	0	–	✓ ✓
12,14	1	1	–	0	✓
11,15	1	–	1	1	✓
13,15	1	1	–	1	✓
14,15	1	1	1	–	✓ ✓

	x_3	x_2	x_1	x_0	
0,1,2,3	0	0	–	–	p_{D0}
0,1,4,5	0	–	0	–	p_{D1}
0,2,1,3	0	0	–	–	
0,4,1,5	0	–	0	–	
2,3,10,11	–	0	1	–	p_{D2}
2,10,3,11	–	0	1	–	
4,5,12,13	–	1	0	–	p_{D3}
4,12,5,13	–	1	0	–	
10,14,11,15	1	–	1	–	p_{D4}
12,14,13,15	1	1	–	–	p_{D5}
10,11,14,15	1	–	1	–	
12,13,14,15	1	1	–	–	

(8.4.2.7)

Minimierte DNF:

$$f(x) = p_{D0} + p_{D1} + p_{D2} + p_{D3} + p_{D4} + p_{D5}\,. \tag{8.4.2.8}$$

Tafelauswahlverfahren:

ε \ $p_{D..}$	p_{D0} 0 1 2 3	p_{D1} 0 1 4 5	p_{D2} 2 3 10 11	p_{D3} 4 5 12 13	p_{D4} 10 11 14 15	p_{D5} 12 13 14 15
0	×	×				
1	×	×				
2	×		×			
3	×		×			
4		×		×		
5		×		×		
10			×		×	
11			×		×	
12				×		×
13				×		×
14					×	×
15					×	×

(8.4.2.9)

Kernprimimplikanten sind hier nicht vorhanden. Es gibt zwei Lösungen für die minimale DNF, die sich aus je drei Primimplikanten zusammensetzen:

$$f(x) = p_{D0} + p_{D3} + p_{D4} = \bar{x}_3\bar{x}_2 + x_2\bar{x}_1 + x_3x_1$$

$$f(x) = p_{D1} + p_{D2} + p_{D5} = \bar{x}_3\bar{x}_1 + \bar{x}_2x_1 + x_3x_2. \tag{8.4.2.10}$$

<u>Beispiel 2:</u>

Gegeben sei die KDNF f(x) für k = 4 Variable in der Form

$$f(x) = \sum_{\varepsilon \in E,D} m_\varepsilon, \qquad E = \{2,5,9,14\},\ D = \{3,7,11,15\} \tag{8.4.2.11}$$

E ist die Menge (E für eins) der Indexe ε, für die $y_\varepsilon = f(x_{\varepsilon,3}, x_{\varepsilon,2}, x_{\varepsilon,1}, x_{\varepsilon,0}) = 1$ (siehe Tabelle 6.1.1) ist und D (D für don't care) ist die Menge der Indexe ε, für die $y_\varepsilon = f(x_{\varepsilon,3},x_{\varepsilon,2},x_{\varepsilon,1},x_{\varepsilon,0}) = d$ ist. Da bei der Minimierung solcher Funktionen mit unbestimmten Ausgangswerten d nach Quine/Mc Cluskey im Gegensatz zum Karnaugh-Verfahren nicht sofort zu überblicken ist, in welcher Weise diese don't care-Menge D in die Blockbildung zweckmäßig einbezogen werden kann, setzt man für die Minimierung einer DNF zunächst alle d = 1. Die eventuell dabei entstehende Redundanz wird mit dem abschließenden Tafelauswahlverfahren eliminiert.

Ermittlung der Primimplikanten für f(x) nach (8.4.2.11):

ε	x_3	x_2	x_1	x_0	
2	0	0	1	0	✓
3	0	0	1	1	✓ ✓ ✓
5	0	1	0	1	✓
9	1	0	0	1	✓
7	0	1	1	1	✓ ✓ ✓
11	1	0	1	1	✓ ✓ ✓
14	1	1	1	0	✓
15	1	1	1	1	✓ ✓ ✓

ε	x_3	x_2	x_1	x_0	
2,3	0	0	1	–	p_{D0}
3,7	0	–	1	1	✓
3,11	–	0	1	1	✓
5,7	0	1	–	1	p_{D1}
9,11	1	0	–	1	p_{D2}
7,15	–	1	1	1	✓
11,15	1	–	1	1	✓
14,15	1	1	1	–	p_{D3}

(8.4.2.12)

ε	x_3	x_2	x_1	x_0	
3,7,11,15	–	–	1	1	p_{D4}
3,11,7,15	–	–	1	1	

Minimierte DNF:

$$f(x) = p_{D0} + p_{D1} + p_{D2} + p_{D3} + p_{D4} \tag{8.4.2.13}$$

Tafelauswahlverfahren:

In die linke Spalte der Tafel sind immer nur diejenigen Minterme m_ε bzw. die für sie stehenden modifizierten Minterme bzw. ihre Indexe ε einzutragen, die Bestandteil der Menge E der zu minimierenden Funktion sind. Damit werden alle redundanten Blöcke, die evtl. infolge der Einbeziehung von don't care entstanden sind, eliminiert.

ε \ $p_{D..}$	p_{D0} 2, 3	p_{D1} 5, 7	p_{D2} 9, 11	p_{D3} 14, 15	p_{D4} 3, 7, 11, 15
2	⊗				
5		⊗			
9			⊗		
14				⊗	

(8.4.2.14)

p_{D0} bis p_{D3} sind Kernprimimplikanten p_{DK}. Der Primimplikant p_{D4} ist ein aus "d" - Ausgangswerten gebildeter Viererblock, der zur Implikation von Mintermen m_ε der E - Menge (8.4.2.11) nicht benötigt wird.
Die minimale DNF ist also:

$$f(x) = p_{D0} + p_{D1} + p_{D2} + p_{D3}$$

$$f(x) = \overline{x}_3\overline{x}_2x_1 + \overline{x}_3x_2x_0 + x_3\overline{x}_2x_0 + x_3x_2x_1. \qquad (8.4.2.15)$$

Beispiel 3:

Gegeben sei die KDNF f(x) für k = 4 Variable mit einer Menge D unbestimmter Ausgangswerte d (don't care)

$$f(x) = \sum_{\varepsilon \in E, D} m_\varepsilon, \qquad E = \{0,4,11,12\},\ D = \{7,8,10,13\} \qquad (8.4.2.16)$$

ε	x_3	x_2	x_1	x_0	
0	0	0	0	0	✓ ✓
4	0	1	0	0	✓ ✓
8	1	0	0	0	✓ ✓ ✓
10	1	0	1	0	✓ ✓
12	1	1	0	0	✓ ✓ ✓
7	0	1	1	1	p_{D0}
11	1	0	1	1	✓
13	1	1	0	1	✓

ε	x_3	x_2	x_1	x_0	
0,4	0	–	0	0	✓
0,8	–	0	0	0	✓
4,12	–	1	0	0	✓
8,10	1	0	–	0	p_{D1}
8,12	1	–	0	0	✓
10,11	1	0	1	–	p_{D2}
12,13	1	1	0	–	p_{D3}

ε	x_3	x_2	x_1	x_0	
0,4,8,12	–	–	0	0	p_{D4}
0,8,4,12	–	–	0	0	

(8.4.2.17)

Bereits hier ist zu erkennen, daß der zunächst mit "1" angenommene "d"-Ausgangswert für $\varepsilon = 7$ kein Bestandteil der minimierten DNF sein wird, da er nicht in die Blockbildung einbezogen wurde. Man müßte dieses Single $\varepsilon = 7$ als Primimplikant p_{D0} also nicht weiter bis zum Tafelauswahlverfahren mitführen. Trotzdem soll an diesem Beispiel gezeigt werden, daß mit dem Tafelauswahlverfahren auch solche redundanten Singles ermittelt werden, falls sie in der QMC-Tabelle nicht bereits als solche erkannt werden. In diesem Fall ist also die minimierte DNF:

$$f(x) = p_{D0} + p_{D1} + p_{D2} + p_{D3} + p_{D4}. \qquad (8.4.2.18)$$

Tafelauswahlverfahren:

ε \ p_D	p_{D0}	p_{D1}	p_{D2}	p_{D3}	p_{D4}
	7	8, 10	10, 11	12, 13	0, 4, 8, 12
0					⊗ p_{DK4}
4					⊗ p_{DK4}
11			⊗ p_{DK2}		
12				×	×

(8.4.2.19)

Das Ergebnis ist:

$$f(x) = p_{D4} + p_{D2}$$

$$f(x) = \overline{x}_1\overline{x}_0 + x_3\overline{x}_2x_1. \qquad (8.4.2.20)$$

Der Kernprimimplikant p_{DK4} impliziert die Minterme m_0, m_4 und m_{12}, der Kernprimimplikant p_{DK2} impliziert m_{11}. Für p_{D0} und p_{D1} existiert keine Bezugsbasis in Form relevanter Minterme. p_{D3} impliziert m_{12}, ist aber redundant, da m_{12} von p_{DK4} bereits abgedeckt ist.

8.4.3 Tafelauswahlverfahren für eine KNF

Gegeben sei für vier Variable (k = 4)

$$f(x) = \prod 5,10,12,13,14. \qquad (8.4.3.1)$$

Die Minimierung von f(x) nach QMC ergibt:

ε	x_3	x_2	x_1	x_0	
5	0	1	0	1	✓
10	1	0	1	0	✓
12	1	1	0	0	✓ ✓
13	1	1	0	1	✓ ✓
14	1	1	1	0	✓ ✓

ε	x_3	x_2	x_1	x_0
5,13	–	1	0	1
10,14	1	–	1	0
12,13	1	1	0	–
12,14	1	1	–	0

(8.4.3.2)

$$f(x) = (\overline{x}_2+x_1+\overline{x}_0)(\overline{x}_3+\overline{x}_1+x_0)(\overline{x}_3+\overline{x}_2+x_1)(\overline{x}_3+\overline{x}_2+x_0).$$

Um die minimalen Formen für f(x) zu ermitteln, benötigt man aus den Primimplikanten p_K zunächst die Kernprimimplikanten p_{KK}. Die vier Primimplikanten p_K in (8.4.3.2) implizieren in ihrer Gesamtheit alle Maxterme M_ε der Schaltfunktion f(x), die in (8.4.3.1) mit den Indexen ε gegeben sind.

So wird z.B. der Maxterm $M_5 = x_3 + \overline{x}_2 + x_1 + \overline{x}_0$ vom Primimplikanten $p_K = \overline{x}_2 + x_1 + \overline{x}_0$ impliziert, da

$$
\begin{aligned}
M_5 \cdot p_K &= (x_3+\overline{x}_2+x_1+\overline{x}_0)(\overline{x}_2+x_1+\overline{x}_0) = \\
= (q_K+p_K) \cdot p_K &= (q_k+\overline{x}_2+x_1+\overline{x}_0)(\overline{x}_2+x_1+\overline{x}_0) = \\
&= q_K(\overline{x}_2+x_1+\overline{x}_0)+(\overline{x}_2+x_1+\overline{x}_0) = \\
&= (q_K+1)(\overline{x}_2+x_1+\overline{x}_0) = \overline{x}_2+x_1+\overline{x}_0
\end{aligned}
\qquad (8.4.3.3)
$$

ist, wobei mit q_K die ODER - Verknüpfung derjenigen im Minimierungsverfahren eliminierten Variablen in M_ε bezeichnet sind (hier x_3), um die sich M_ε vom Primimplikanten p_K unterscheidet.
Wird einer der beteiligten Maxterme M_ε nur von einem einzigen Primimplikanten p_K impliziert, so ist letzterer ein Kernprimimplikant p_{KK} und damit notwendigerweise Bestandteil der minimalen Schaltfunktionen.
Im Tafelauswahlverfahren werden alle beteiligten Maxterme M_ε und die mit dem QMC-Verfahren ermittelten Primimplikanten p_K in einer Tafel gegenübergestellt. Auf diese Weise lassen sich die Implikationsbeziehungen, nämlich welcher Primimplikant welche Maxterme impliziert, anschaulich kennzeichnen und die minimalen Schaltfunktionen exakt ermitteln. Für das hier behandelte Beispiel ergibt sich folgendes Bild:

ε	M_ε \ $p_{K\ldots}$	p_{K0} $(\overline{x}_2+x_1+\overline{x}_0)$	p_{K1} $(\overline{x}_3+\overline{x}_1+x_0)$	p_{K2} $(\overline{x}_3+\overline{x}_2+x_1)$	p_{K3} $(\overline{x}_3+\overline{x}_2+x_0)$
5	$x_3+\overline{x}_2+x_1+\overline{x}_0$	⊗ p_{KK0}			
10	$\overline{x}_3+x_2+\overline{x}_1+x_0$		⊗ p_{KK1}		
12	$\overline{x}_3+\overline{x}_2+x_1+x_0$			×	×
13	$\overline{x}_3+\overline{x}_2+x_1+\overline{x}_0$	×		×	
14	$\overline{x}_3+\overline{x}_2+\overline{x}_1+x_0$		×		×

(8.4.3.4)

In Tafel (8.4.3.4) werden die Maxterme M_5 und M_{10} jeweils nur von einem einzigen Primimplikanten und zwar von $p_{K0} = \overline{x}_2 + x_1 + \overline{x}_0$ bzw. $p_{K1} = \overline{x}_3 + \overline{x}_1 + x_0$ impliziert. Dies ist durch einen Kreis um die Kreuzungspunkte gekennzeichnet. p_{K0} und p_{K1} sind also Kernprimimplikanten $p_{K0} = p_{KK0}$, und $p_{K1} = p_{KK1}$ · p_{KK0} impliziert neben M_5 auch M_{13}, und p_{KK1} impliziert neben M_{10} auch M_{14}. Also muß die minimale Schaltfunktion neben p_{KK0} und p_{KK1} noch durch einen Primimplikanten ergänzt werden, der M_{12} impliziert. Dafür kommen p_{K2} oder p_{K3} in Frage und damit zwei Lösungen für die minimale Schaltfunktion f(x):

$$f(x) = p_{KK0} \cdot p_{KK1} \cdot p_{K2} = (\overline{x}_2+x_1+\overline{x}_0)(\overline{x}_3+\overline{x}_1+x_0)(\overline{x}_3+\overline{x}_2+x_1)$$

$$f(x) = p_{KK0} \cdot p_{KK1} \cdot p_{K3} = (\overline{x}_2+x_1+\overline{x}_0)(\overline{x}_3+\overline{x}_1+x_0)(\overline{x}_3+\overline{x}_2+x_0). \qquad (8.4.3.5)$$

Für die Darstellung der Tafeln z. B. in (8.4.3.4) bietet sich eine bequemere verkürzte Form an, in der man anstelle der Maxterme M_ε nur die Indexe ε und anstelle der Primimplikanten p_K nur die Indexgruppen aus den QMC-Tabellen schreibt, die bei der Blockbildung $B = 2^\kappa$ entstehen.
Für das Beispiel in (8.4.3.2) ergibt sich:

ε	x_3	x_2	x_1	x_0	
5	0	1	0	1	✓
10	1	0	1	0	✓
12	1	1	0	0	✓ ✓
13	1	1	0	1	✓ ✓
14	1	1	1	0	✓ ✓

ε	x_3	x_2	x_1	x_0
5,13	–	1	0	1
10,14	1	–	1	0
12,13	1	1	0	–
12,14	1	1	–	0

ε	5 13	10 14	12 13	12 14
5	⊗			
10		⊗		
12			×	×
13	×		×	
14		×		×

(8.4.3.6)

$$f(x) = B_{5,13} \cdot B_{10,14} \cdot B_{12,13} = (\overline{x}_2+x_1+\overline{x}_0)(\overline{x}_3+\overline{x}_1+x_0)(\overline{x}_3+\overline{x}_2+x_1)$$

(8.4.3.7)

$$f(x) = B_{5,13} \cdot B_{10,14} \cdot B_{12,14} = (\overline{x}_2+x_1+\overline{x}_0)(\overline{x}_3+\overline{x}_1+x_0)(\overline{x}_3+\overline{x}_2+x_0).$$

Weitere Beispiele für die Minimierung einer KNF nach QMC mit anschließendem Tafelauswahlverfahren

Beispiel 1:

Gegeben sei die KKNF für k = 4 Variable

$$f(x) = \prod 0,1,3,7,8,9,11,12,15 \qquad (8.4.3.8)$$

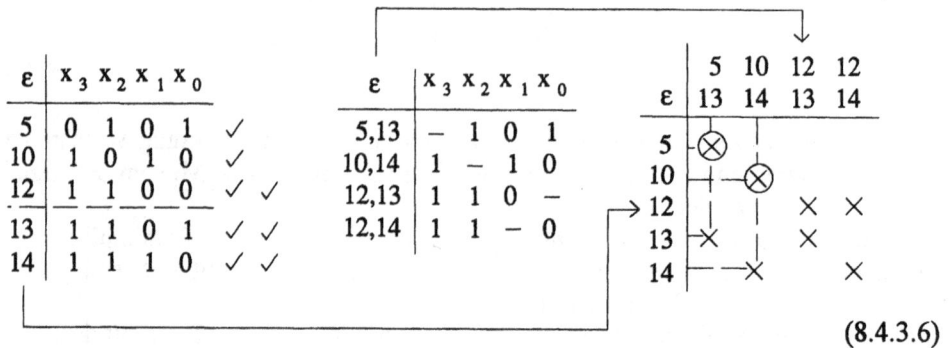

Ermittlung der Primimplikanten p_K:

ε	x_3	x_2	x_1	x_0	
0	0	0	0	0	✓ ✓
1	0	0	0	1	✓ ✓ ✓
8	1	0	0	0	✓ ✓ ✓
3	0	0	1	1	✓ ✓ ✓
9	1	0	0	1	✓ ✓ ✓
12	1	1	0	0	✓
7	0	1	1	1	✓ ✓
11	1	0	1	1	✓ ✓ ✓
15	1	1	1	1	✓ ✓

ε	x_3	x_2	x_1	x_0	
0,1	0	0	0	–	✓
0,8	–	0	0	0	✓
1,3	0	0	–	1	✓
1,9	–	0	0	1	✓ ✓
8,9	1	0	0	–	✓
8,12	1	–	0	0	p_{K0}
3,7	0	–	1	1	✓
3,11	–	0	1	1	✓ ✓
9,11	1	0	–	1	✓
7,15	–	1	1	1	✓
11,15	1	–	1	1	✓

ε	x_3	x_2	x_1	x_0	
0,1,8,9	–	0	0	–	
0,8,1,9	–	0	0	–	p_{K1}
1,3,9,11	–	0	–	1	
1,9,3,11	–	0	–	1	p_{K2}
3,7,11,15	–	–	1	1	
3,11,7,15	–	–	1	1	p_{K3}

(8.4.3.9)

In der QMC-Tabelle der Zweierblöcke bleibt als Primimplikant $B_{8,12} = p_{K0}$, in der Viererblock - Tabelle gibt es drei Primimplikanten

$$B_{0,1,8,9} = p_{K1},$$
$$B_{1,3,9,11} = p_{K2}$$
und $$B_{3,7,11,15} = p_{K3}.$$

Die minimierte KNF ist:

$$\begin{aligned} f(x) &= p_{K0} \cdot p_{K1} \cdot p_{K2} \cdot p_{K3} \\ &= (\overline{x}_3+x_1+x_0)(x_2+x_1)(x_2+\overline{x}_0)(\overline{x}_1+\overline{x}_0). \end{aligned} \tag{8.4.3.10}$$

Tafelauswahlverfahren:

p... / ε	p_{K0}	p_{K1}	p_{K2}	p_{K3}
		0	1	3
		1	3	7
	8	8	9	11
	12	9	11	15
0		⊗		
1		×	×	
3			×	×
7				⊗
8	×	×		
9		×	×	
11			×	×
12	⊗			
15				⊗

p_{K0}, p_{K1} und p_{K3} werden als Kernprimimplikanten p_{KK0}, p_{KK1} und p_{KK3} für die minimale KNF benötigt. p_{K2} entfällt als redundant.

Die minimale KNF ist:

$$f(x) = p_{KK0} \cdot p_{KK1} \cdot p_{KK3} = (\bar{x}_3+x_1+x_0)(x_2+x_1)(\bar{x}_1+\bar{x}_0) \qquad (8.4.3.11)$$

Beispiel 2:

Gegeben sei die KKNF für k = 4 Variable in der Form

$$f(x) = \prod_{\varepsilon \in N,D} M_\varepsilon, \quad N = \{0,3,7,8,11,12,15\}, \quad D = \{1,6,9,13,14\} \qquad (8.4.3.12)$$

N ist die Menge (N für Null) der Indexe ε, für die $y_\varepsilon = f(x_{\varepsilon,3}, x_{\varepsilon,2}, x_{\varepsilon,1}, x_{\varepsilon,0}) = 0$ (siehe Tabelle 6.2.1) ist, und D (D für don't care) ist die Menge der Indexe ε, für die $y_\varepsilon = f(x_{\varepsilon,3}, x_{\varepsilon,2}, x_{\varepsilon,1}, x_{\varepsilon,0}) = d$ ist. Für die Ermittlung der Primimplikanten p_K setzt man zunächst alle $y_\varepsilon = d = 0$, um eine mögliche Einbeziehung der d in die zu bildenden Blöcke zu gewährleisten. Eventuell dabei entstehende Redundanz wird mit dem abschließenden Tafelauswahlverfahren eliminiert.

ε	x_3	x_2	x_1	x_0	
0	0	0	0	0	✓ ✓
1	0	0	0	1	✓ ✓ ✓
8	1	0	0	0	✓ ✓ ✓
3	0	0	1	1	✓ ✓ ✓
6	0	1	1	0	✓ ✓
9	1	0	0	1	✓ ✓ ✓ ✓
12	1	1	0	0	✓ ✓ ✓
7	0	1	1	1	✓ ✓ ✓
11	1	0	1	1	✓ ✓ ✓
13	1	1	0	1	✓ ✓ ✓
14	1	1	1	0	✓ ✓ ✓
15	1	1	1	1	✓ ✓ ✓ ✓

ε	x_3	x_2	x_1	x_0	
0,1	0	0	0	–	✓
0,8	–	0	0	0	✓
1,3	0	0	–	1	✓
1,9	–	0	0	1	✓ ✓
8,9	1	0	0	–	✓ ✓
8,12	1	–	0	0	✓
3,7	0	–	1	1	✓
3,11	–	0	1	1	✓ ✓
6,7	0	1	1	–	✓
6,14	–	1	1	0	✓
9,11	1	0	–	1	✓ ✓
9,13	1	–	0	1	✓ ✓
12,13	1	1	0	–	✓ ✓
12,14	1	1	–	0	✓
7,15	–	1	1	1	✓ ✓
11,15	1	–	1	1	✓ ✓
13,15	1	1	–	1	✓ ✓
14,15	1	1	1	–	✓ ✓

ε	x_3	x_2	x_1	x_0	
0,1,8,9	–	0	0	–	p_{K0}
0,8,1,9	–	0	0	–	
1,3,9,11	–	0	–	1	p_{K1}
1,9,3,11	–	0	–	1	
8,9,12,13	1	–	0	–	p_{K2}
8,12,9,13	1	–	0	–	
3,7,11,15	–	–	1	1	p_{K3}
3,11,7,15	–	–	1	1	
6,7,14,15	–	1	1	–	p_{K4}
6,14,7,15	–	1	1	–	
9,11,13,15	1	–	–	1	p_{K5}
9,13,11,15	1	–	–	1	
12,13,14,15	1	1	–	–	p_{K6}
12,14,13,15	1	1	–	–	

(8.4.3.13)

Die minimierte KNF ist

$$f(x) = p_{K0} \cdot p_{K1} \cdot \ldots \cdot p_{K6}. \qquad (8.4.3.14)$$

Tafelauswahlverfahren:

ε \ $p_{...}$	p_{K0}	p_{K1}	p_{K2}	p_{K3}	p_{K4}	p_{K5}	p_{K6}
	0 1 8 9	1 3 9 11	8 9 12 13	3 7 11 15	6 7 14 15	9 11 13 15	12 13 14 15
0	⊗						
3		×		×			
7				×	×		
8	×		×				
11		×		×			
12			×				×
15				×	×	×	×

(8.4.3.15)

p_{K0} ist Kernprimimplikant p_{KK0}. Zweckmäßig ist p_{K3} einzubeziehen, da er vier Maxterme impliziert. M_{12} wird von p_{K2} und p_{K6} impliziert, also existieren zwei minimale KNF:

$$f(x) = p_{KK0} \cdot p_{K3} \cdot p_{K2} = (x_2+x_1)(\overline{x}_1+\overline{x}_0)(\overline{x}_3+x_1).$$

$$f(x) = p_{KK0} \cdot p_{K3} \cdot p_{K6} = (x_2+x_1)(\overline{x}_1+\overline{x}_0)(\overline{x}_3+\overline{x}_2). \qquad (8.4.3.16)$$

Die ebenfalls aus der Tafel (8.4.3.15) ableitbaren minimierten KNF

$$f(x) = p_{KK0} \cdot p_{K1} \cdot p_{K4} \cdot p_{K6}$$

und

$$f(x) = p_{KK0} \cdot p_{K1} \cdot p_{K4} \cdot p_{K2}$$

sind offensichtlich nicht minimal.

9 Kombinatorische Schaltungen - Begriffsbestimmung

In Übereinstimmung mit den im Abschnitt 4.1 gegebenen Definitionen ist eine kombinatorische Schaltung die Instrumentierung der Schaltfunktion $y = f(\underline{x})$.
Die Eingangsvariablen $x_{k-1},\ldots,x_\kappa,\ldots,x_0$ lassen sich als Eingangsbelegungen $\underline{x}_\varepsilon = (x_{\varepsilon,k-1},\ldots,x_{\varepsilon,\kappa},\ldots,x_{\varepsilon,0})$ der kombinatorischen Schaltung zu folgender Matrix anordnen:

$$\underline{X} = \begin{matrix} \underline{x}_0 \\ | \\ \underline{x}_\varepsilon \\ | \\ \underline{x}_{e-1,} \end{matrix} = \begin{bmatrix} x_{0,k-1} & \ldots & x_{0,\kappa} & \ldots & x_{0,0} \\ | & & | & & | \\ x_{\varepsilon,k-1} & \ldots & x_{\varepsilon,\kappa} & \ldots & x_{\varepsilon,0} \\ | & & | & & | \\ x_{e-1,k-1} & \ldots & x_{e-1,\kappa} & \ldots & x_{e-1,0} \end{bmatrix}$$

k - max. Anzahl der Eingangsvariablen x_κ
$\kappa = 0,\ldots,(k-1)$
$e = 2^k$ - max. Anzahl der Eingangsbelegungen $\underline{x}_\varepsilon$
$\varepsilon = 0,\ldots,(e-1)$.

Für jede Eingangsbelegung $\underline{x}_\varepsilon$ ergibt sich an jedem der ℓ-Ausgänge einer kombinatorischen Schaltung eine Ausgangsbelegung y_ε entsprechend der Schaltfunktion $y_\varepsilon = f_\lambda(\underline{x}_\varepsilon)$, wobei $\lambda = 0,\ldots,(\ell-1)$ ist.

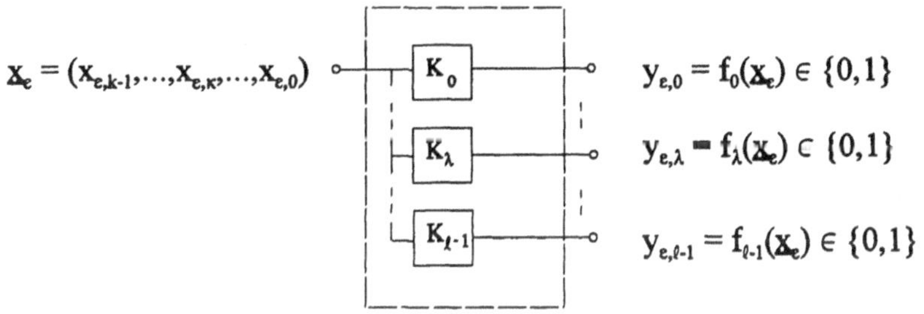

Bild 9.1 Eingangs- und Ausgangsbelegungen an einer kombinatorischen Schaltung mit k-Eingängen und ℓ-Ausgängen

Für jeden der ℓ-Ausgänge einer kombinatorischen Schaltung lassen sich $a = 2^\ell$ Ausgangsfunktionen definieren in Form der folgenden Matrix:

$$\underline{Y} = \left[\, \underline{y}_0 \cdots \underline{y}_\alpha \cdots \underline{y}_{a-1} \right] = \begin{bmatrix} y_{0,0} & \ldots & y_{0,\alpha} & \ldots & y_{0,a-1} \\ | & & | & & | \\ y_{\varepsilon,0} & \ldots & y_{\varepsilon,\alpha} & \ldots & y_{\varepsilon,a-1} \\ | & & | & & | \\ y_{e-1,0} & \ldots & y_{e-1,\alpha} & \ldots & y_{e-1,a-1} \end{bmatrix}$$

$a = 2^\ell$ - max. Anzahl der Ausgangsfunktionen pro Ausgang λ
$\lambda = 0,\ldots,(\ell-1)$.

Weitere damit im Zusammenhang stehende Begriffe sind in Abschnitt 4 erläutert. Kombinatorische Schaltungen enthalten im Unterschied zu sequentiellen keinerlei interne Rückführungen und besitzen damit kein Speicherverhalten. Jeder Eingangsbelegung entspricht eine über y = f(x)[1)] zugeordnete Ausgangsbelegung, die sich unter Berücksichtigung der internen Signallaufzeiten der Kombinatorik sofort nach Wirksamwerden der Eingangsbelegungen am Ausgang einstellt.
Zur schaltungstechnischen Realisierung von Booleschen Funktionen muß zunächst eine Zuordnung der logischen Symbole "0" und "1" zu Spannungspegeln H (High) und L (Low) oder H (Hoch) und T (Tief) oder +U und -U (Speisespannung, Signalspannung) erfolgen. Im Abschnitt 7.7 wurden bereits die damit in unmittelbarem Zusammenhang stehenden Begriffe einer positiven bzw. negativen Logik erläutert. Die Synthese kombinatorischer Schaltungen erfolgt in der Mehrzahl aller Fälle auf Gatterniveau. Dazu werden sogenannte Basissysteme genutzt, die später noch beschrieben werden. Aber auch schaltungstechnische Realisierungen auf Relais- und Kontakte-Basis sind z. B. in speziellen Bereichen der Kommunikations- und Steuerungstechnik verbreitet.

1) Der einfachen Schreibweise wegen werden im weiteren die Vektorunterstriche unter den Variablen weggelassen, z.B. anstelle von f($\underline{x}$) wird f(x) verwendet.

10 Kontaktrealisierungen kombinatorischer Schaltungen

Vereinbarungsgemäß werden mechanische Kontakte von Relais, Schützen u. a. elektromechanischen Baugruppen (falls nicht anders vereinbart) im Ruhezustand, im sogenannten stromlosen Zustand der Wicklungen der Relais und Schütze dargestellt.

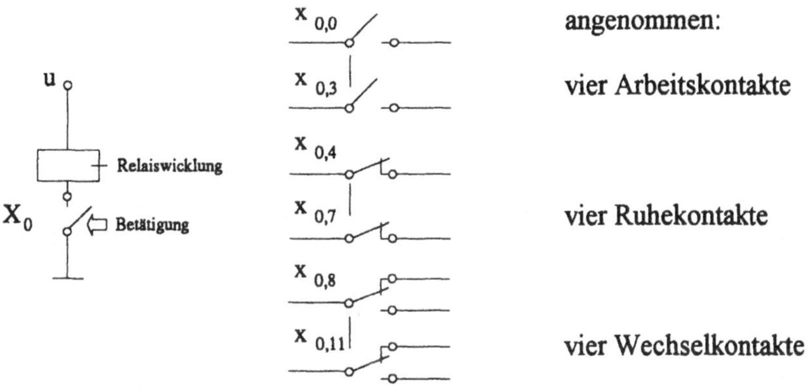

Bild 10.1 Darstellung von Relais und möglicher Kontaktsätze

Wird der Schalter oder Kontakt X_0 im Bild 10.1 auf geeignete Weise betätigt, fließt Strom durch die Wicklung, z. B. des Relais. Dabei schließen dessen Arbeitskontakte $x_{0,0}$ bis $x_{0,3}$, die Ruhekontakte $x_{0,4}$ bis $x_{0,7}$ öffnen und die Wechselkontakte $x_{0,8}$ bis $x_{0,11}$ schalten um.
Mit diesen Festlegungen ist eine Zuordnung mechanischer Kontakte zu den negierten $\overline{x}_\kappa$ und nicht negierten x_κ Variablen einer Booleschen Funktion gegeben.
In einem Stromlaufplan mit mechanischen Kontakten entspricht der Arbeitskontakt einer nichtnegierten Variablen, der Ruhekontakt einer negierten Variablen.

Kontakt	Variable	log. Symbol
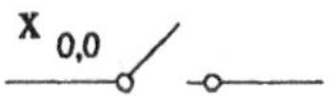	$x_{0,0}$	1
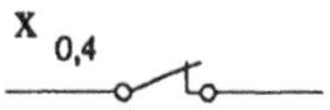	$\overline{x}_{0,4}$	0

Bild 10.2 Zuordnung Kontakt - Variable - logisches Symbol

Stromlaufpläne mit mechanischen Kontakten stellt man der Einfachheit bzw. Übersichtlichkeit wegen häufig auch als sogenannte Logikpläne dar, in denen die Kontakte durch die Variablen ersetzt werden.

Stromlaufplan	log. Verknüpfung	Logikplan

 $\qquad$ $x_{0,0} \cdot \overline{x}_{0,4}$ $\qquad$

$x_{0,0} + \overline{x}_{0,4}$

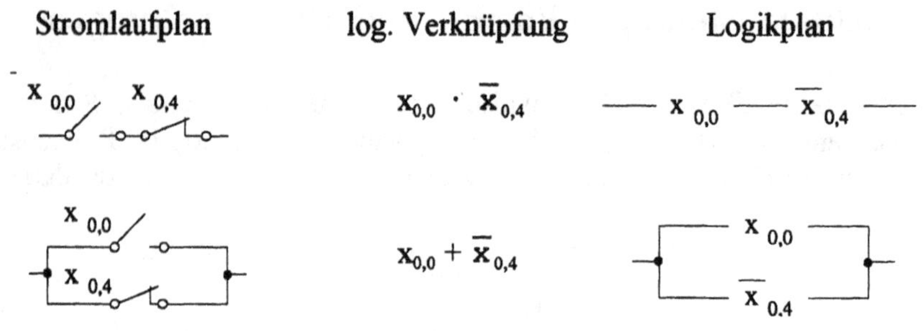

Bild 10.3 Darstellung von logischen Verknüpfungen als Stromlaufplan und Logikplan

Die Darstellung z. B. einer ÄQUIVALENZ-Funktion für zwei Variable als Stromlaufplan und Logikplan mit mechanischen Kontakten ergibt sich demnach wie folgt.

$$\text{KDNF: } y = f(x) = \overline{x}_1 \, \overline{x}_0 + x_1 x_0$$

ε	x_1	x_0	$x_1 \sim x_0$
0	0	0	1
1	0	1	0
2	1	0	0
3	1	1	1

Wahrheitstabelle

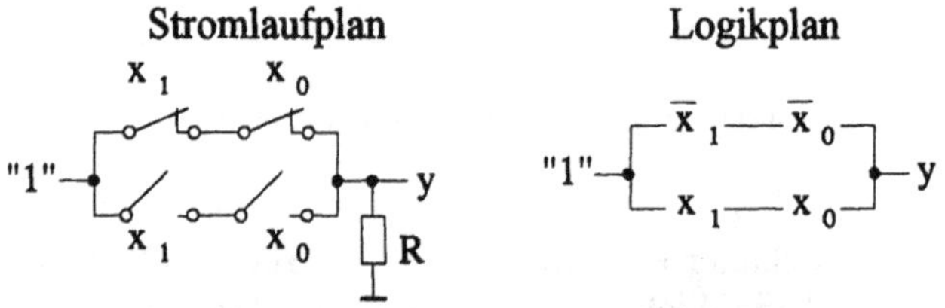

Stromlaufplan $\qquad\qquad$ Logikplan

 $\qquad$$$\text{KKNF: } y = f(x) = (x_1 + \overline{x}_0)(\overline{x}_1 + x_0)$$

Stromlaufplan $\qquad\qquad\qquad\qquad$ Logikplan

 $\qquad$

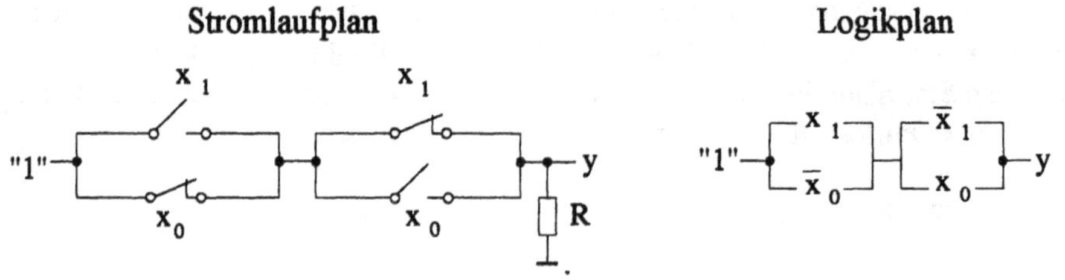

Bild 10.4　Darstellung einer ÄQUIVALENZ-Funktion (k = 2) als Stromlaufplan und Logikplan (KDNF und KKNF)

Wechsel- bzw. Umschaltkontakte setzt man u. a. dann zweckmäßig ein, wenn z. B. in Schaltfunktionen Variable zu separieren sind.

Beispiel:

Gegeben sei die Schaltfunktion

$$f(x) = \overline{x}_2 x_1 + x_0. \tag{10.1}$$

Die Variable x_2 soll herausgelöst und mittels Wechselkontakt im Stromlaufplan dargestellt werden.

$$f(x) = \overline{x}_2 x_1 + x_0 \;=\; \overline{x}_2 x_1 + x_0(\overline{x}_2 + x_2) = \overline{x}_2(x_1 + x_0) + x_2 x_0$$

bzw. mit dem Shannon-Theorem (5.5.11) ergibt sich sofort

$$\begin{aligned} f(x) = \overline{x}_2 x_1 + x_0 \;&=\; x_2\,(0 \cdot x_1 + x_0) + \overline{x}_2(1 \cdot x_1 + x_0) \\ &=\; x_2 \cdot x_0 + \overline{x}_2\,(x_1 + x_0). \end{aligned}$$

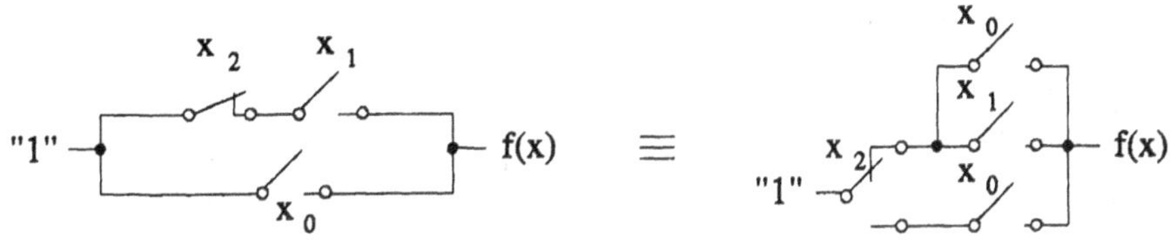

Bild 10.5 Schaltungsrealisierung mit Wechselkontakt

Für die Schaltfunktion

$$f(x) = \overline{x}_3\overline{x}_1 x_0 + x_3(x_2 + \overline{x}_0) + x_1\overline{x}_0 \tag{10.2}$$

ist der Stromlaufplan und Logikplan als Kontaktrealisierung zu entwerfen.

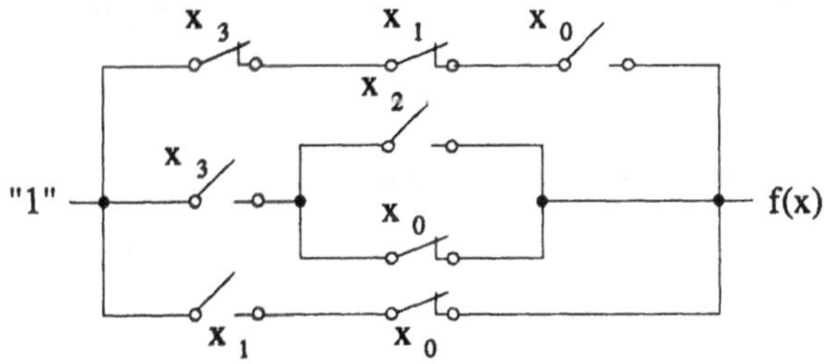

Bild 10.6 Kontaktrealisierung der Schaltfunktion (10.2) als Stromlaufplan

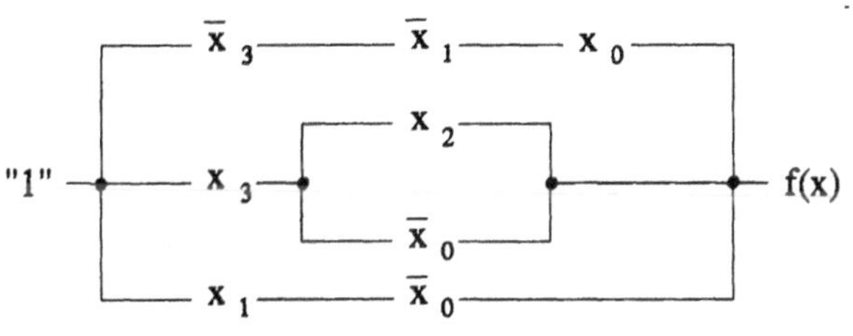

Bild 10.7 Logikplan der Schaltfunktion (10.2) für eine Kontaktrealisierung

Der strukturelle Aufbau einer KDNF und KKNF ist mittels Kontaktrealisierung sehr anschaulich darstellbar, z. B. für die Schaltfunktion:

$$f(x) = \sum 1,2,4,7 \qquad \text{für } k = 3 \tag{10.3}$$

ε	x_2	x_1	x_0	f(x)
0	0	0	0	0
1	0	0	1	1
2	0	1	0	1
3	0	1	1	0
4	1	0	0	1
5	1	0	1	0
6	1	1	0	0
7	1	1	1	1

Wahrheitstabelle

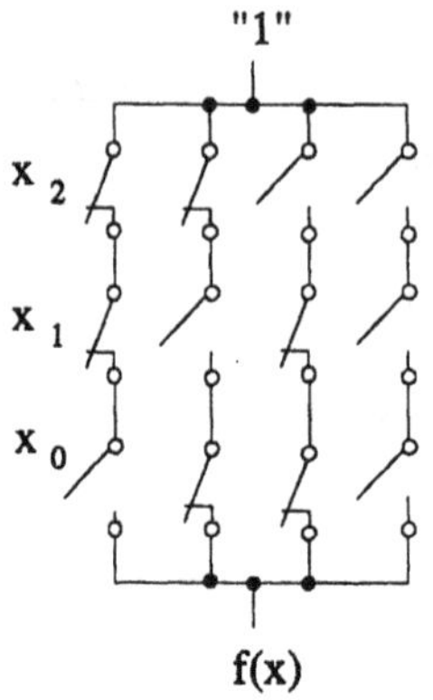

KDNF

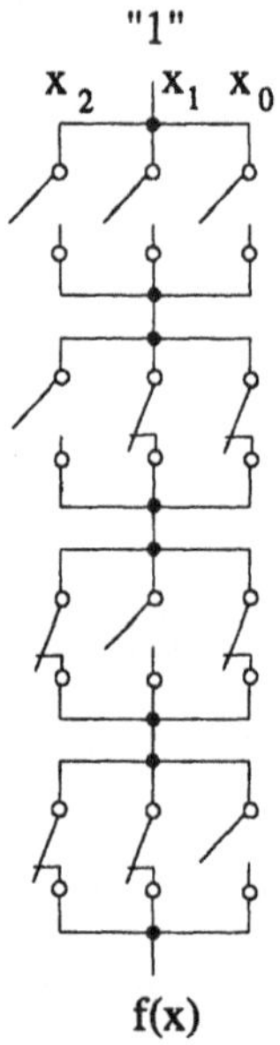

KKNF

Bild 10.8 Kontaktrealisierung der Schaltfunktion (10.3) als KDNF und KKNF

11 Realisierung kombinatorischer Schaltungen in "krauser" Logik

Eine Schaltfunktion f(x) läßt sich durch unmittelbares Überführen ihrer Terme ohne jegliche Umwandlungs- oder ordnende Strukturierungsmaßnahmen in eine Gatterschaltung umsetzen. Eine, auf diese Weise entworfene Schaltung, nennt man "krause" oder auch "wilde" Logik.
Gegeben sei z. B. die Schaltfunktion

$$f(x) = x_2\overline{x}_1 + x_3(\overline{x}_2+x_0)(x_1+\overline{x}_0) + \overline{x}_3. \tag{11.1}$$

Als krause Logik realisiert, ergibt sich für (11.1) folgende Gatterschaltung.

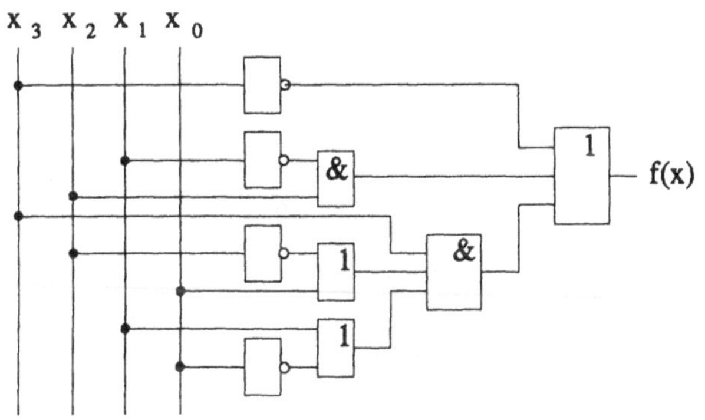

Bild 11.1 Realisierung der Schaltfunktion (11.1) in "krauser" Logik

Für die praktische Schaltungstechnik sind solche Strukturen kaum geeignet, weder für ihre diskrete Realisierung mit Standard-IC[1)]-Familien, noch für ihre Umsetzung als integrierte Gesamtschaltung. Schaltungen mit diskreten Standard-IC konzipiert man häufig mit sogenannten Basissystemen, die aus wenigen Typen (NAND, NOR, UND, NEGATOR etc.) von Grundelementen und/oder aus höher integrierten komplexen IC bestehen, während integrierte Schaltungen technologiespezifische Strukturen aufweisen, die denen der krausen Logik nicht entsprechen.

[1)] - Integrated Circuit - Integrierte Schaltung

12 Basissysteme für die Realisierung kombinatorischer Schaltungen

Jede kombinatorische Schaltung läßt sich mit den folgenden vier Basissystemen logischer Grundschaltungen realisieren:

UND und NEGATOR bzw. NAND

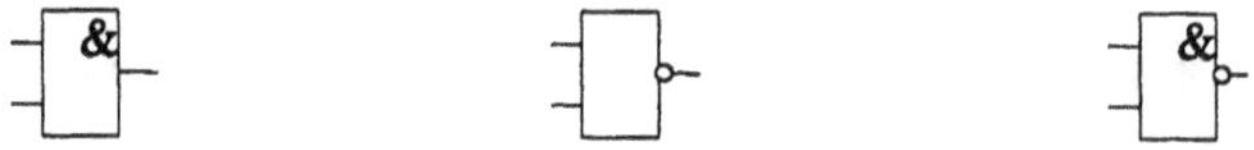

(12.1)

ODER und NEGATOR bzw. NOR

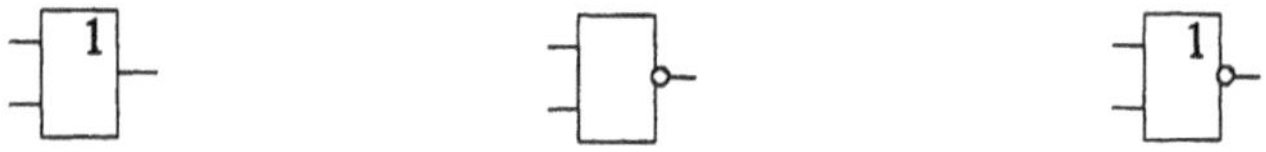

(12.2)

ANTIVALENZ-Gatter und UND

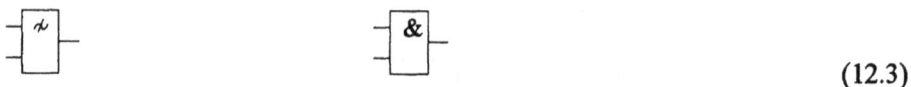

(12.3)

ÄQUIVALENZ-Gatter und ODER

(12.4)

Diese Möglichkeiten ergeben sich aus der Dualität zwischen UND- und ODER-Schaltung, die in Verbindung mit dem de Morganschen Inversionssatz (Abschnitt 5.1) anhand der Beziehungen (5.1.13 bis 5.1.16) bereits dargestellt wurde.
Tabelle 12.1 enthält eine Erweiterung dieser Dualitäts-Beziehungen zur Synthese der o.g. Basissysteme aus unterschiedlichen Gattertypen.

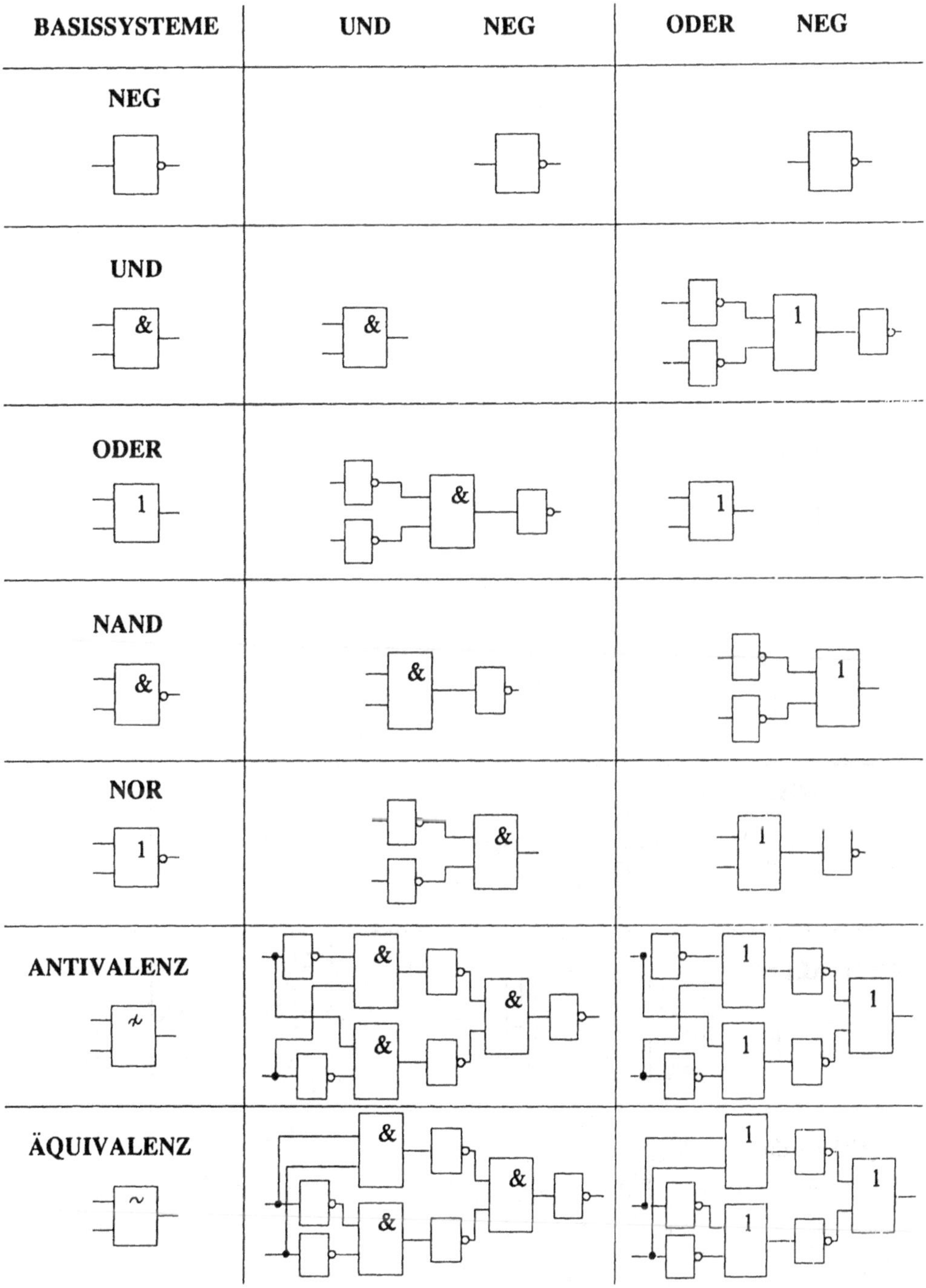

Tabelle 12.1/1 Duale Schaltungen zur Synthese von Basissystemen

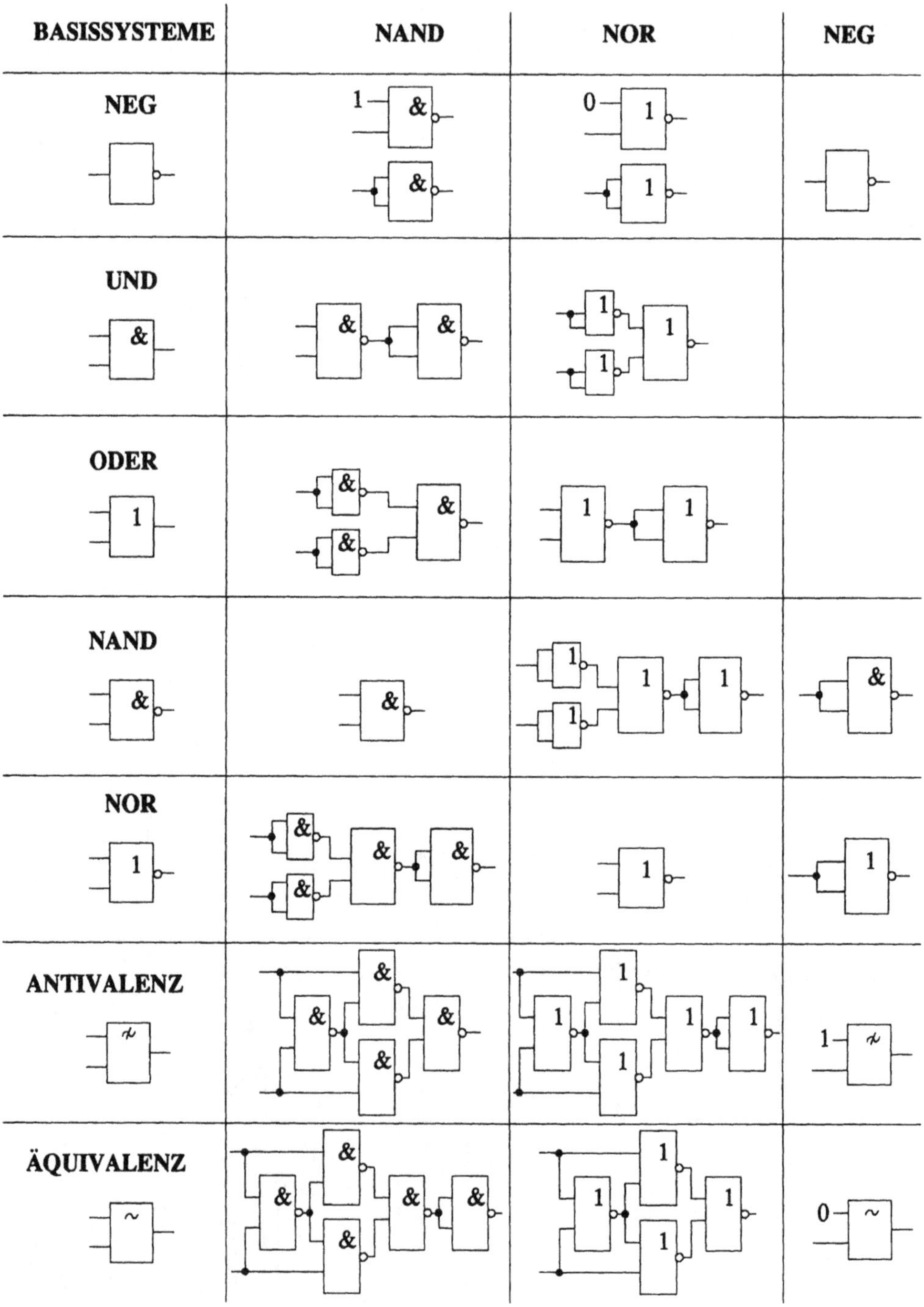

Tabelle 12.1/2 Duale Schaltungen zur Synthese von Basissystemen

13 Zweistufige Realisierungen kombinatorischer Schaltungen

Ausgangspunkt für zweistufige Realisierungen von Schaltungen über ihre unmittelbare Umsetzung in Kombinationen von UND- und ODER-Gattern sind die DNF bzw. die KNF der Schaltfunktion f(x). Die dafür auch erforderlichen negierten Eingangsvariablen $\overline{x}_\kappa$ erzeugt man über Negatoren, die, genau genommen, zu dreistufigen Schaltungsrealisierungen führen. Da aber nicht jeder Signalweg vom Eingang zum Ausgang zwangsläufig solche Negatoren enthält und in komplexen Schaltungen negierte Variablen häufig an den Ausgängen vorgelagerter Schaltungen bereitgestellt werden können, bezieht man die Negationen definitionsmäßig nicht in die Stufenzahl mit ein.
Die Synthese von kombinatorischen Schaltungen mit den Basissystemen ANTIVALENZ/UND bzw. ÄQUIVALENZ/ODER erfordert die KDNF bzw. KKNF als Ausgangsform der Schaltfunktion f(x).
Für die nachfolgend dargestellten unterschiedlichen zweistufigen Realisierungsmöglichkeiten kombinatorischer Schaltungen soll die Beispielfunktion y = f(x) im Bild 13.1 verwendet werden.

ε	$x_2\ x_1\ x_0$	f(x)
0	0 0 0	0
1	0 0 1	1
2	0 1 0	1
3	0 1 1	0
4	1 0 0	1
5	1 0 1	0
6	1 1 0	1
7	1 1 1	1

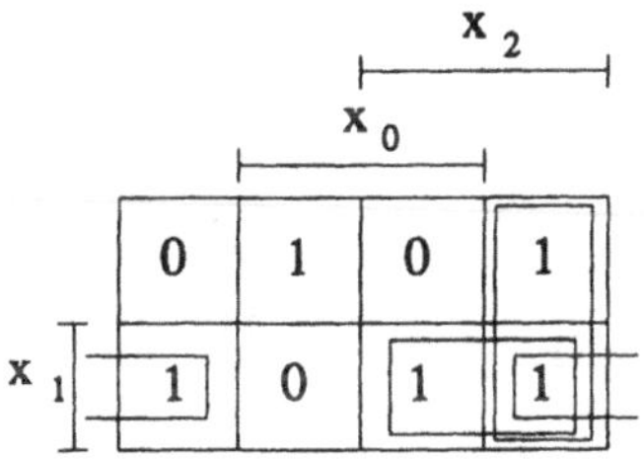

DNF: $f(x) = x_2\overline{x}_0 + x_2x_1 + x_1\overline{x}_0 + \overline{x}_2\overline{x}_1x_0$ (13.1)

KDNF: $f(x) = \overline{x}_2\overline{x}_1x_0 + \overline{x}_2x_1\overline{x}_0 + x_2\overline{x}_1\overline{x}_0 + x_2x_1\overline{x}_0 + x_2x_1x_0$ (13.2)

KNF = KKNF: $f(x) = (x_2+x_1+x_0)(\overline{x}_2+x_1+\overline{x}_0)(x_2+\overline{x}_1+\overline{x}_0)$ (13.3)

Bild 13.1 Beispielfunktion f(x) für die zweistufigen Realisierungsmöglichkeiten kombinatorischer Schaltungen

13.1 Realisierung einer DNF als UND/ODER-Schaltung

$$f(x) = x_2\overline{x}_0 + x_2x_1 + x_1\overline{x}_0 + \overline{x}_2\overline{x}_1x_0 \qquad (13.1)$$

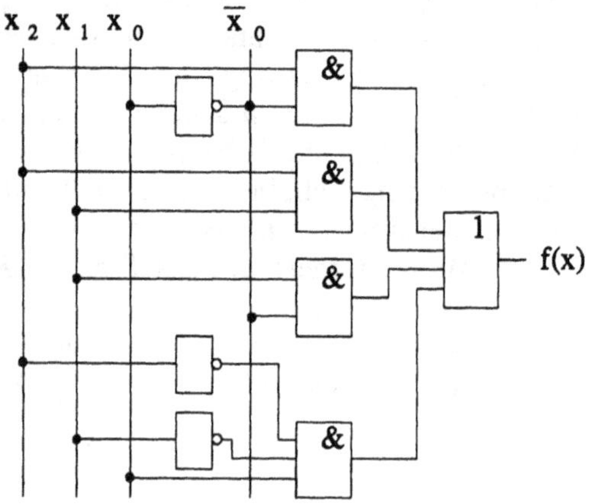

(13.1.1)

13.2 Realisierung einer KNF als ODER/UND-Schaltung

$$f(x) = (x_2+x_1+x_0)(\overline{x}_2+x_1+\overline{x}_0)(x_2+\overline{x}_1+\overline{x}_0) \qquad (13.3)$$

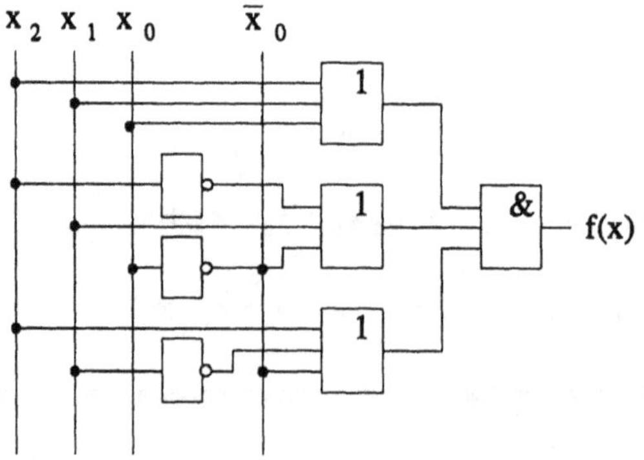

(13.2.1)

13.3 Realisierung einer DNF und KNF mit dem Basissystem UND/NEG bzw. NAND

$$y = x_2\overline{x}_0 + x_2x_1 + x_1\overline{x}_0 + \overline{x}_2\overline{x}_1x_0 \qquad (13.1)$$

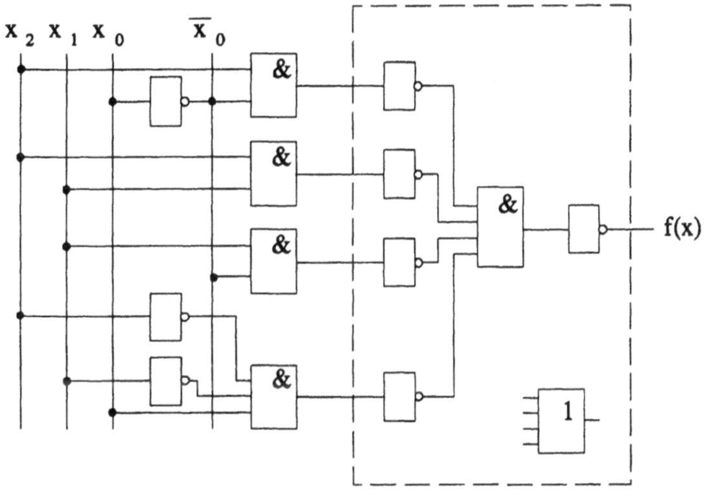

(13.3.1)

NAND-Realisierung nach Abschnitt 6.4, Bild 6.4.1 - DNF

$$y = x_2\overline{x}_0 + x_2x_1 + x_1\overline{x}_0 + \overline{x}_2\overline{x}_1x_0 \qquad (13.1)$$

$$y = \overline{\overline{x_2\overline{x}_0 + x_2x_1 + x_1\overline{x}_0 + \overline{x}_2\overline{x}_1x_0}} \qquad (13.3.2)$$

$$y = \overline{\overline{x_2\overline{x}_0} \cdot \overline{x_2x_1} \cdot \overline{x_1\overline{x}_0} \cdot \overline{\overline{x}_2\overline{x}_1x_0}} \qquad (13.3.3)$$

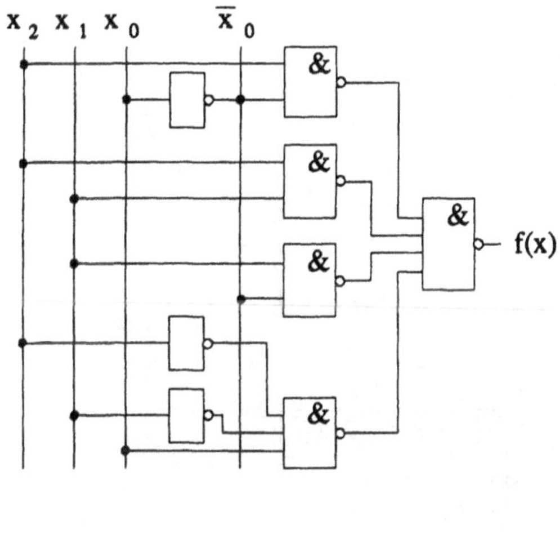

(13.3.4)

NAND-Realisierung nach Abschnitt 6.4, Bild 6.4.1 - KNF

$$y = (x_2+x_1+x_0)(\overline{x}_2+x_1+\overline{x}_0)(x_2+\overline{x}_1+\overline{x}_0) \quad (13.3)$$

$$y = \overline{\overline{(x_2+x_1+x_0)\,(\overline{x}_2+x_1+\overline{x}_0)\,(x_2+\overline{x}_1+\overline{x}_0)}} \quad (13.3.5)$$

$$y = \overline{\overline{\overline{x}_2\overline{x}_1\overline{x}_0+x_2\overline{x}_1x_0+\overline{x}_2x_1x_0}} \quad (13.3.6)$$

$$y = \overline{\overline{\overline{\overline{x}_2\overline{x}_1\overline{x}_0} \cdot \overline{x_2\overline{x}_1x_0} \cdot \overline{\overline{x}_2x_1x_0}}} \quad (13.3.7)$$

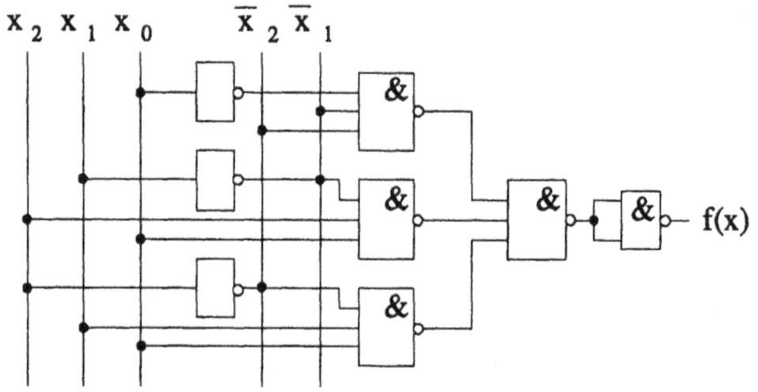

(13.3.8)

13.4 Realisierung einer KNF und DNF mit dem Basissystem ODER/NEG bzw. NOR

$$y = (x_2+x_1+x_0)(\overline{x}_2+x_1+\overline{x}_0)(x_2+\overline{x}_1+\overline{x}_0) \quad (13.3)$$

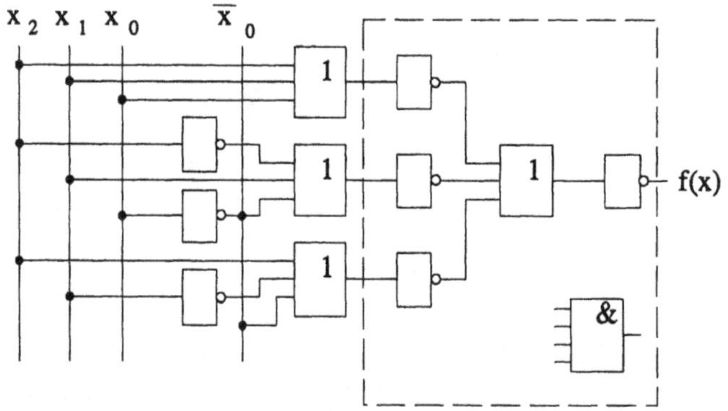

(13.4.1)

NOR-Realisierung nach Abschnitt 6.5, Bild 6.5.1 - KNF

$$y = (x_2+x_1+x_0)(\overline{x}_2+x_1+\overline{x}_0)(x_2+\overline{x}_1+\overline{x}_0) \quad (13.3)$$

$$y = \overline{\overline{(x_2+x_1+x_0)\,(\overline{x}_2+x_1+\overline{x}_0)\,(x_2+\overline{x}_1+\overline{x}_0)}} \quad (13.4.2)$$

$$y = \overline{\overline{x_2+x_1+x_0}+\overline{\overline{x}_2+x_1+\overline{x}_0}+\overline{x_2+\overline{x}_1+\overline{x}_0}} \quad (13.4.3)$$

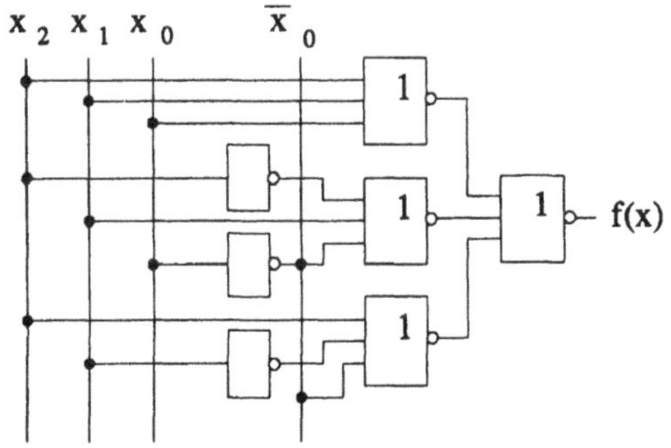

(13.4.4)

NOR-Realisierung nach Abschnitt 6.5, Bild 6.5.1 - DNF

$$y = x_2\bar{x}_0 + x_2x_1 + x_1\bar{x}_0 + \bar{x}_2\bar{x}_1x_0 \qquad (13.1)$$

$$y = \overline{\overline{x_2\bar{x}_0 + x_2x_1 + x_1\bar{x}_0 + \bar{x}_2\bar{x}_1x_0}} \qquad (13.4.5)$$

$$y = \overline{\overline{(\bar{x}_2 + x_0)\,(\bar{x}_2 + \bar{x}_1)\,(\bar{x}_1 + x_0)\,(x_2 + x_1 + \bar{x}_0)}} \qquad (13.4.6)$$

$$y = \overline{\overline{\bar{x}_2 + x_0} + \overline{\bar{x}_2 + \bar{x}_1} + \overline{\bar{x}_1 + x_0} + \overline{x_2 + x_1 + \bar{x}_0}} \qquad (13.4.7)$$

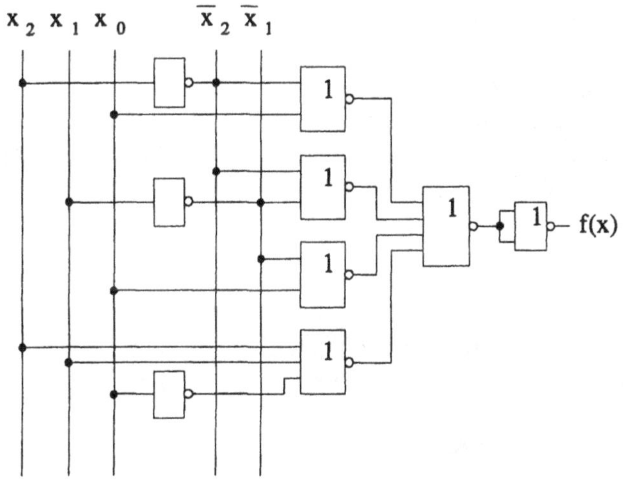

(13.4.8)

13.5 Realisierung einer KDNF mit dem Basissystem ANTIVALENZ /UND

Ausgangspunkt für die Umsetzung einer KDNF in dieses Basissystem ist das Expansionstheorem (6.1.8) nach Abschnitt 6.1:

$$
\begin{aligned}
f(x) &= \sum_{\varepsilon=0}^{e-1} f(x_{\varepsilon,k-1},\dots,x_{\varepsilon,\kappa},\dots,x_{\varepsilon,1},x_{\varepsilon,0})\cdot m_\varepsilon = \\
&= f(0,\dots,0,\dots,0,0)(\overline{x}_{k-1}\cdot\dots\cdot\overline{x}_\kappa\cdot\dots\cdot\overline{x}_1\cdot\overline{x}_0)+ \\
&\quad + f(0,\dots,0,\dots,0,1)(\overline{x}_{k-1}\cdot\dots\cdot\overline{x}_\kappa\cdot\dots\cdot\overline{x}_1\cdot x_0)+ \\
&\quad | \\
&\quad + f(1,\dots,1,..1,1)(x_{k-1}\cdot\dots\cdot x_\kappa\cdot\dots\cdot x_1\cdot x_0).
\end{aligned} \tag{6.1.8}
$$

In (6.1.8) lassen sich ersetzen:

$$
\begin{aligned}
\overline{x}_{k-1} &= 1 \not+ x_{k-1}, \\
\overline{x}_\kappa &= 1 \not+ x_\kappa \text{ usw.}
\end{aligned} \tag{13.5.1}
$$

Des weiteren gilt:

$$
f(x) = \sum_{\varepsilon=0}^{e-1} f(\underline{x}_\varepsilon)\cdot m_\varepsilon = f(\underline{x}_{e-1})m_{e-1} + \dots + f(\underline{x}_\varepsilon)m_\varepsilon + \dots + f(\underline{x}_0)m_0 \tag{13.5.2}
$$

$$
= f(\underline{x}_{e-1})m_{e-1} \not+ \dots \not+ f(\underline{x}_\varepsilon)m_\varepsilon \not+ \dots \not+ f(\underline{x}_0)m_0, \tag{13.5.3}
$$

d. h. die ODER-Verknüpfungen in (13.5.2) können in einer Kanonischen DNF durch ANTIVALENZ-Verknüpfungen ersetzt werden, da für jeweils eine Belegung "ε" der Eingangsvariablen $x_{k-1},\dots,x_\kappa,\dots,x_0$ nur ein Faktor, nämlich $f(\underline{x}_\varepsilon)$, gleich "1" ist, und damit der zugeordnete Minterm m_ε Bestandteil von f(x) wird. Alle anderen Faktoren (in 13.5.3) sind für die angenommene Belegung "ε" gleich "0".
Die ODER-Verknüpfung eines Terms $f(\underline{x}_\varepsilon)\cdot m_\varepsilon = 1$ und beliebig vieler "0"en ist gleich der ANTIVALENZ-Verknüpfung dieses Terms und beliebig vieler "0"en (siehe auch (4.4.5)).

Damit wird aus (6.1.8):

$$
\begin{aligned}
f(x) &= f(0,\dots,0,\dots,0,0)\cdot(1\not+x_{k-1})\cdot\dots\cdot(1\not+x_\kappa)\cdot\dots\cdot(1\not+x_1)\cdot(1\not+x_0)\not+ \\
&\quad \not+ f(0,\dots,0,\dots,0,1)\cdot(1\not+x_{k-1})\cdot\dots\cdot(1\not+x_\kappa)\cdot\dots\cdot(1\not+x_1)\cdot x_0 \not+ \\
&\quad | \\
&\quad \not+ f(1,\dots,1,\dots,1,1)\cdot x_{k-1}\cdot\dots\cdot x_\kappa\cdot\dots\cdot x_1\cdot x_0.
\end{aligned} \tag{13.5.4}
$$

Die schaltungstechnische Realisierung der KDNF (13.2) mit dem Basissystem ANTIVALENZ/UND gestaltet sich wie folgt:

$$
f(x) = \overline{x}_2\overline{x}_1x_0 + \overline{x}_2x_1\overline{x}_0 + x_2\overline{x}_1\overline{x}_0 + x_2x_1\overline{x}_0 + x_2x_1x_0 \tag{13.2}
$$

$$
\begin{aligned}
f(x) &= (1\not+x_2)(1\not+x_1)x_0\not+(1\not+x_2)x_1(1\not+x_0)\not+x_2(1\not+x_1)(1\not+x_0)\not+ \\
&\quad \not+ x_2x_1(1\not+x_0)\not+x_2x_1x_0.
\end{aligned} \tag{13.5.5}
$$

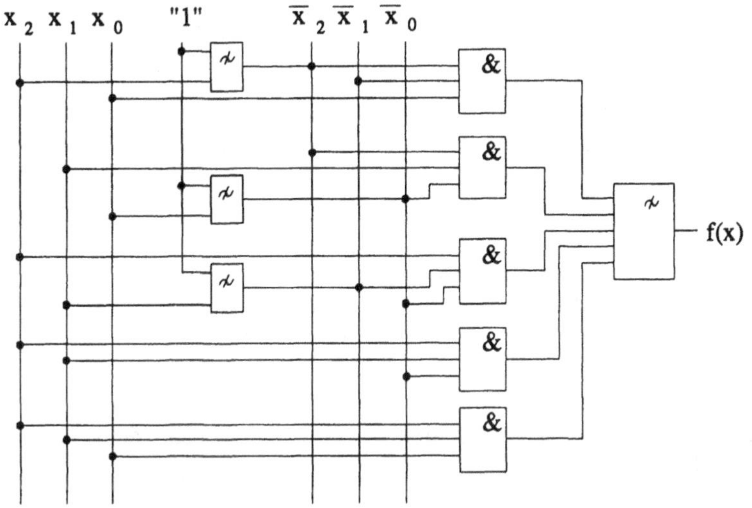

(13.5.6)

13.6 Realisierung einer KKNF mit dem Basissystem ÄQUIVALENZ/ ODER

Ausgangspunkt für die Umsetzung einer KKNF in dieses Basissystem ist das Expansionstheorem (6.2.8) nach Abschnitt 6.2:

$$
\begin{aligned}
f(x) &= \prod_{\varepsilon=0}^{e-1} [f(x_{\varepsilon,k-1},\ldots,x_{\varepsilon,\kappa},\ldots,x_{\varepsilon,1},x_{\varepsilon,0})+M_\varepsilon] = \\
&= [f(0,\ldots,0,\ldots,0,0) + x_{k-1} +\ldots+ x_\kappa +\ldots +x_1 + x_0]\cdot \\
&\quad \cdot [f(0,\ldots,0,\ldots,0,1) + x_{k-1} +\ldots+ x_\kappa +\ldots+ x_1 + \overline{x}_0]\cdot \\
&\quad | \\
&\quad \cdot [f(1,\ldots,1,\ldots,1,1) + \overline{x}_{k-1} +\ldots+ \overline{x}_\kappa +\ldots+ \overline{x}_1+ \overline{x}_0].
\end{aligned}
\tag{6.2.8}
$$

In (6.2.8) lassen sich ersetzen:

$$
\begin{aligned}
\overline{x}_{k-1} &= 0 \sim x_{k-1}, \\
\overline{x}_\kappa &= 0 \sim x_k \text{ usw.}
\end{aligned}
\tag{13.6.1}
$$

Des weiteren gilt:

$$
f(x) = \prod_{\varepsilon=0}^{e-1}[f(\underline{x}_\varepsilon) + M_\varepsilon] = [f(\underline{x}_{e-1}) + M_{e-1}] \cdot\ldots\cdot [f(\underline{x}_\varepsilon) + M_\varepsilon] \cdot\ldots\cdot [f(\underline{x}_0) + M_0] \tag{13.6.2}
$$

$$
= [f(\underline{x}_{e-1}) + M_{e-1}] \sim\ldots\sim [f(\underline{x}_\varepsilon) + M_\varepsilon] \sim\ldots\sim [f(\underline{x}_0) + M_0], \tag{13.6.3}
$$

d.h. die UND-Verknüpfungen in (13.6.2) können in einer Kanonischen KNF durch ÄQUIVALENZ-Verknüpfungen ersetzt werden, da für jeweils eine Belegung "ε" der Eingangsvariablen $x_{k-1},\ldots,x_\kappa,\ldots,x_0$ nur ein Faktor, nämlich $f(\underline{x}_\varepsilon)$, gleich "0" ist und damit der zugeordnete Maxterm M_ε Bestandteil von f(x) wird. Alle anderen Faktoren in (13.6.3) sind für diese angenommene Belegung "ε" gleich "1".
Die UND-Verknüpfung eines Terms $(f(\underline{x}_\varepsilon) + M_\varepsilon) = 0$ und beliebig vieler "1"en ist gleich der ÄQUIVALENZ-Verknüpfung dieses Terms und beliebig vieler "1"en (siehe auch (4.4.6)).
Damit wird aus (6.2.8):

$$
\begin{aligned}
f(x) &= [f(0,\ldots,0,\ldots,0,0) + x_{k-1} + \ldots + x_\kappa + \ldots + x_1 + x_0] \sim \\
&\sim [f(0,\ldots,0,\ldots,0,1) + x_{k-1} + \ldots + x_\kappa + \ldots + x_1 + (0 \sim x_0)] \sim \\
&\;| \\
&\sim [f(1,\ldots,1,\ldots,1,1) + (0 \sim x_{k-1}) + \ldots + (0 \sim x_\kappa) + \ldots + (0 \sim x_1) + (0 \sim x_0)]. \qquad (13.6.4)
\end{aligned}
$$

Die schaltungstechnische Realisierung der KKNF (1.3.3) mit dem Basissystem ÄQUIVALENZ-ODER gestaltet sich wie folgt:

$$f(x) = (x_2+x_1+x_0)(\overline{x}_2+x_1+\overline{x}_0)(x_2+\overline{x}_1+\overline{x}_0) \qquad (13.3)$$

$$
\begin{aligned}
f(x) &= [x_2+x_1+x_0] \sim [(0 \sim x_2)+x_1+(0 \sim x_0)] \sim \\
&\sim [x_2+(0 \sim x_1)+(0 \sim x_0)] \qquad (13.6.5)
\end{aligned}
$$

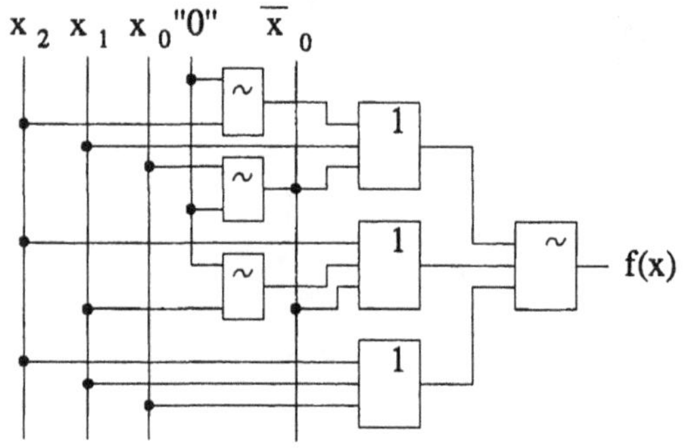

(13.6.6)

14 Mehrstufige Realisierungen kombinatorischer Schaltungen

Die seit Anfang der 50er Jahre bekannt gewordenen Dekompositionsmethoden und seit Mitte der 60er Jahre vorgestellten Faktorisierungsverfahren zum Entwuf mehrstufiger Schaltungen werden immer weiter verbessert und neue effektivere Verfahren erforscht. Dies liegt z. B. darin begründet, daß mehrstufige Schaltungen weniger Realisierungsfläche beanspruchen können, also kostengünstiger als zweistufige sind. Insbesondere gewährleisten sie in der CMOS-Technologie eine angepaßte maximale Anzahl von Gattereingängen und vermeiden damit eine unerwünschte Erhöhung der Signalverzögerungszeiten.

Die Dekomposition von Schaltfunktionen hat eine Zerlegung in weniger komplexe Teilfunktionen zum Ziel. Sie wird auch dann angewendet, wenn die für eine bestimmte Schaltungsrealisierung zur Verfügung stehenden Standard-IC bzw. Bibliothekselemente eines CAD-Systems in der erforderlichen Komplexität oder Struktur nicht zur Verfügung stehen. So kann z. B. eine einstufige 8-Variablen-UND-Verknüpfung unter der Annahme, daß für ihre schaltungstechnische Realisierung ausschließlich 2- und 3-Eingangs-NAND-Gatter zur Verfügung stehen, wie folgt gestaltet werden:

$$f(x) = x_7 \cdot x_6 \cdot x_5 \cdot x_4 \cdot x_3 \cdot x_2 \cdot x_1 \cdot x_0 \tag{14.1}$$

$$f(x) = \overline{\overline{\overline{\overline{x_7 x_6 x_5}} \; \overline{\overline{x_4 x_3 x_2}} \; \overline{\overline{x_1 x_0}}}} \tag{14.2}$$

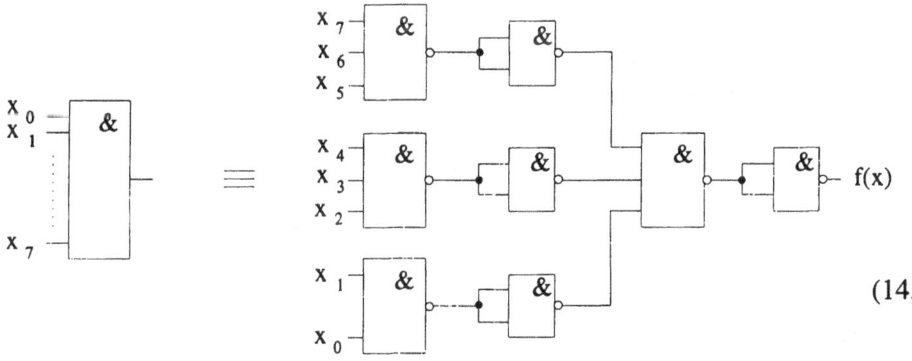

(14.3)

Faktorisierungsmethoden erzielen durch Ausklammern und/oder Mehrfachnutzung bestimmter geeigneter Terme von minimierten oder minimalen Schaltfunktionen logisch äquivalente Ausdrücke, die im Vergleich zur Ursprungsfunktion realisierungstechnische Vorteile bieten. Im folgenden werden drei Verfahren der Faktorisierung von Schaltfunktionen an Beispielen erläutert:

* zergliedernde Faktorisierung
* aufbauende Faktorisierung
* Faktorisierung auf Karnaugh-Plan-Basis.

14.1 Zergliedernde Faktorisierungsmethode

Die nach einem vorgegebenen Gütekriterium zu verändernde Schaltfunktion f(x) sollte zweckmäßig bereits minimiert sein. Sie kann als DNF oder auch KNF vorliegen. Gütekriterien sind z. B. Einsparungen von Termen und/oder auch die Reduzierung von Gattereingängen und andere Bewertungsparameter, die für bestimmte vorgesehene Realisierungsformen der Schaltung maßgeblich sein können. Die gezielte Veränderung der Schaltfunktion f(x) beginnt man mit dem Ausklammern von einzelnen oder auch verknüpften Variablen in Form von Faktoren “FA”, die in möglichst vielen Termen von f(x) enthalten sein sollen.

$$f(x) = FA_1 \cdot f'(x) + \text{Rest}. \tag{14.1.1}$$

f'(x) wird nun ihrerseits daraufhin untersucht, ob weitere Faktoren zu selektieren sind usw. Diese Verfahrensweise hat heuristischen Charakter, ist also im Ergebnis von der Intuition und Erfahrung des Ausführenden abhängig. Die Faktorisierung ist u. a. dann gut gelungen, wenn sich in f '(x) und den weiteren durch Ausklammern der Faktoren FA entstandenen Teilfunktionen identische Ausdrücke finden lassen, die zur Vermaschung der Schaltung und damit zur Mehrfachausnutzung von Ausdrücken führen.
An einem (speziell für die Demonstration dieser zergliedernden Methode der Faktorisierung ausgewähltem) Beispiel einer DNF mit $k = 6$ Variablen soll das Ausklammern von Faktoren und die mögliche Vermaschung der Schaltung mittels identischer Terme erläutert werden. Gegeben sei die minimale DNF

$$f(x) = x_5x_4x_3 + x_5x_4x_2 + x_4x_3x_1 + x_4x_2x_1 + \overline{x}_4\overline{x}_3x_1 + x_5\overline{x}_4\overline{x}_3. \tag{14.1.2}$$

Es bietet sich an, die Faktoren x_4x_3, x_4x_2 und $\overline{x}_4\overline{x}_3$ aus jeweils zwei Termen von f(x) auszuklammern:

$$f(x) = x_4x_3(x_5+x_1) + x_4x_2(x_5+x_1) + \overline{x}_4\overline{x}_3(x_5+x_1). \tag{14.1.3}$$

Bezeichnet man die Teilfunktion x_5+x_1 mit T_0, erhält man

$$f(x) = x_4x_3T_0 + x_4x_2T_0 + \overline{x}_4\overline{x}_3T_0. \tag{14.1.4}$$

Aus einer zweistufigen Schaltung für f(x) nach (14.1.2) mit sechs 3-Eingangs-UND und einem 6-Eingangs-ODER entsteht im Ergebnis der Faktorisierung entsprechend (14.1.4) die kostengünstigere Schaltung.

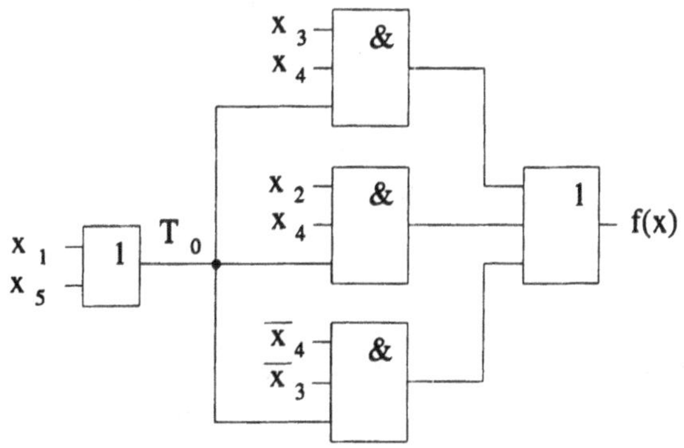

(14.1.5)

14.2 Aufbauende Faktorisierungsmethode

Die Synthese einer Schaltung erfolgt hier von den Eingängen zu den Ausgängen. Durch Ausklammern von Faktoren FA verbleiben Terme, die dann als Kerne bezeichnet werden, wenn Sie keine Variablen oder Terme mehrfach enthalten.
Dieses Verfahren ist ebenfalls wie das zergliedernde 14.1 ein heuristisches. Es führt dann zu optimalen Ergebnissen, wenn es gelingt, identische Terme durch Vergleiche zu erkennen und sie als Kerne zu substituieren.
Gegeben sei die gleiche Schaltfunktion (14.1.2), die bereits in Abschnitt 14.1 als Beispiel diente:

$$f(x) = x_5x_4x_3 + x_5x_4x_2 + x_4x_3x_1 + x_4x_2x_1 + \overline{x}_4\overline{x}_3x_1 + x_5\overline{x}_4\overline{x}_3. \qquad (14.1.2)$$

Ausklammern von x_4:

$$f(x) = \underbrace{x_4(x_5x_3+x_5x_2+x_3x_1+x_2x_1)}_{T} + \overline{x}_4\overline{x}_3x_1 + x_5\overline{x}_4\overline{x}_3.$$

Ausklammern von x_5 und x_1 aus T:

$$f(x) = x_4[x_5(x_3+x_2)+x_1(x_3+x_2)] + \overline{x}_4\overline{x}_3x_1 + x_5\overline{x}_4\overline{x}_3. \qquad (14.2.2)$$

Ausklammern von $\overline{x}_4\overline{x}_3$ aus den beiden letzten Termen:

$$f(x) = x_4[x_5(x_3+x_2)+x_1(x_3+x_2)] + \overline{x}_4\overline{x}_3(x_5+x_1). \qquad (14.2.3)$$

Man substituiert die Kerne (x_3+x_2) durch T_1 und (x_5+x_1) durch T_2:

$$f(x) = x_5x_4T_1 + x_4x_1T_1 + \overline{x}_4\overline{x}_3T_2. \qquad (14.2.4)$$

Aus den ersten beiden Termen in (14.2.4) klammert man x_4T_1 aus:

$$f(x) = x_4T_1(x_5+x_1) + \overline{x}_4\overline{x}_3T_2. \tag{14.2.5}$$

Man ersetzt in (14.2.5) (x_5+x_1) wieder durch T_2:

$$f(x) = x_4T_1T_2 + \overline{x}_4\overline{x}_3T_2. \tag{14.2.6}$$

Die Faktorisierung ist damit beendet. Anstelle einer zweistufigen Schaltung für f(x) nach (14.1.2) mit sechs 3-Eingangs-UND und einem 6-Eingangs-ODER erhält man die folgende kostengünstigere Schaltung:

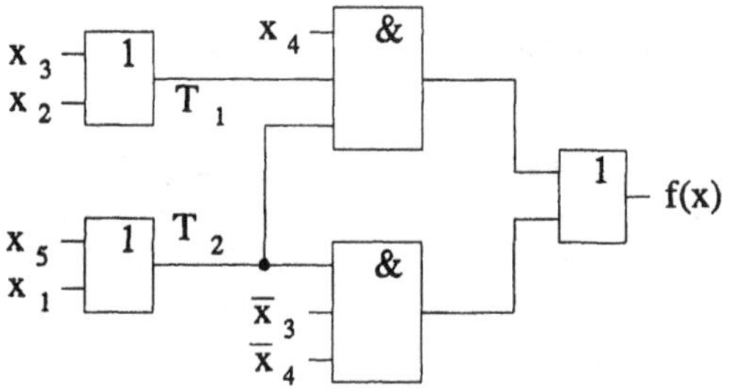

(14.2.7)

14.3 Faktorisierung auf Karnaugh-Plan-Basis

Dieses heuristische Verfahren zur Realisierung mehrstufiger Schaltungen geht von der Karnaugh (K)-Plan-Darstellung der Schaltfunktion f(x) aus. Man versucht zunächst kleine Blöcke zu bilden, die dann als Bestandteil der danach in weiteren Stufen zu entwerfenden größeren Blöcke fungieren. Schaltungstechnisch sind die Basissysteme NAND oder NOR zu verwenden. Beginnt man die K-Plan-Auswertung für k=3 Variable z. B. mit dem Feld der Eingangsbelegung $\underline{x}_e = \underline{x}_7 = (x_{7,2}x_{7,1}x_{7,0}) = (1,1,1)$, in dem der Funktionswert y_7 steht, dann kann dieses Feld bei gegebenen Nachbarschaftsbeziehungen z. B. Bestandteil eines oder der möglichen Zweierblöcke $(x_2\text{-}x_0)$, $(\text{-}x_1x_0)$ und $(x_2x_1\text{-})$ oder auch eines Viererblocks, z. B. (-x -), sein. Dabei ist Voraussetzung, daß die Ausgangsbelegungen y_2, y_3, y_7 und y_6 (14.3.2) diese Blockbildung ermöglichen. Dies ist der Fall, wenn sie alle gleiche Werte 1 oder 0 aufweisen.

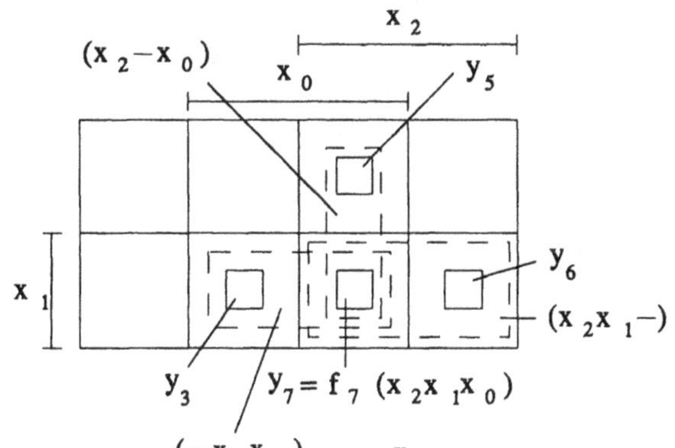

(14.3.1)

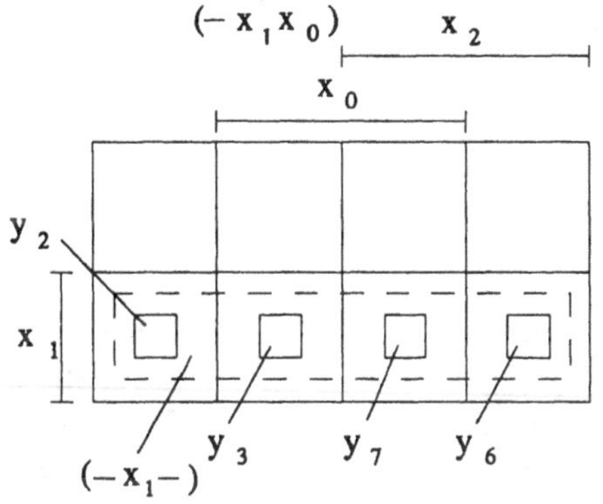

(14.3.2)

14.3.1 Faktorisierung mit NAND-Realisierung

Gegeben sei die Schaltfunktion

$$f(x) = \sum_{k=3} 1,3,5,6. \qquad (14.3.3)$$

Die Faktorisierung kann man z. B. mit dem Single $y_7 = 0$ beginnen:

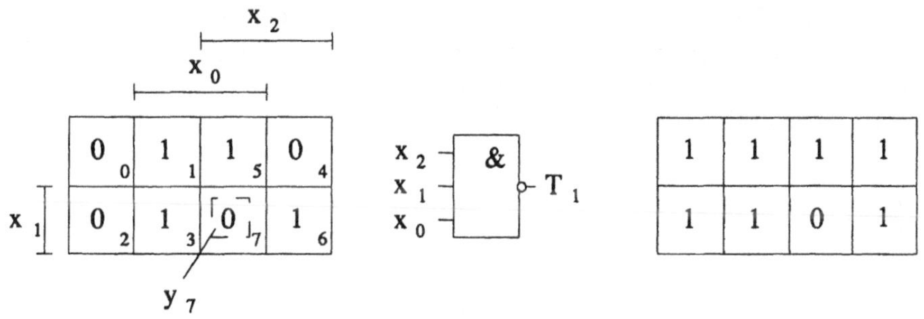

(14.3.4)

Die erste Teilfunktion T_1 als Ergebnis einer NAND-Verknüpfung ist im rechten K-Plan in (14.3.4) definiert. Der Wert $T_1 = y_7 = 0$ stellt sich genau dann ein, wenn alle beteiligten Eingangsvariablen x_2, x_1 und x_0 "1" sind. Für alle anderen Eingangsbelegungen ist $T_1 = 1$. Unter Berücksichtigung dessen, daß NAND-Gatter, die hier als Realisierungsbasis dienen sollen, immer den signifikanten Wert "0" am Ausgang dann erzeugen, wenn alle Eingänge "1" sind, wird auch die Stufe 2 der Schaltung spezifiziert. Blockbildungen mit y_7 sind nach dem linken K-Plan in (14.3.5) mit y_6 (Zweierblock $\overline{B_{6,7}}$) und mit y_1, y_3 und y_5 (Viererblock $\overline{B_{1,3,5,7}}$) möglich.

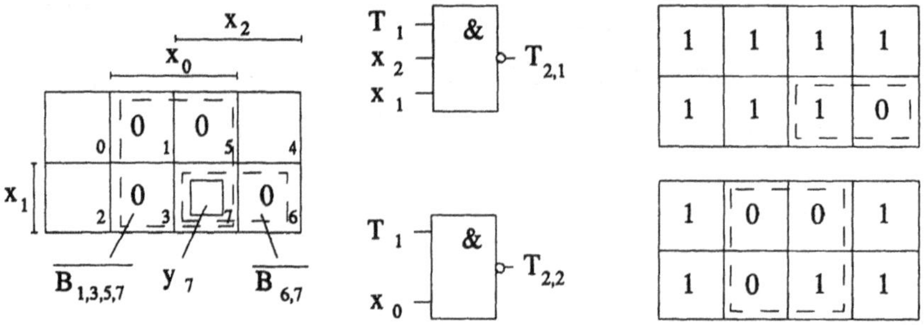

(14.3.5)

Dafür sind die "1"-Werte von y_6, y_1, y_3 und y_5 zu negieren. Diese Negationen sind mit dem Überstreichen der Blöcke $\overline{B_{6,7}}$ und $\overline{B_{1,3,5,7}}$ vermerkt. Sie werden später durch den Einsatz eines weiteren, negierenden Gatters (NAND) in der 3. Stufe der Schaltung wieder aufgehoben. Die mit der Blockbildung an den Ausgängen der NAND-Gatter der Stufe 2 dieser Schaltung entstehenden Teilfunktionen $T_{2,1}$ und $T_{2,2}$ sind in den zugeordneten K-Plänen in (14.3.5) definiert. Das obere NAND-Gatter mit seinem Ausgang $T_{2,1}$ repräsentiert die Zweierblockbildung $\overline{B_{6,7}}$ und erzeugt dafür einen Ausgangswert $y_6 = 0$. Das untere NAND-Gatter repräsentiert die Viererblockbildung $B_{1,3,5,7}$ mit seinem Ausgang $T_{2,2}$ und damit dreimal den Ausgangswert "0", nämlich für y_1, y_3 und y_5. T_1 ist in beiden Fällen Bestandteil der Eingangsbeschaltungen beider NAND-Gatter der 2. Stufe. Wird für $x_2 = x_1 = x_0 = 1$ diese Teilfunktion $T_1 = y_7 = 0$, so sind $T_{2,1}$ und $T_{2,2}$ gleich "1". Für diese Eingangsbelegungen liefern die Ausgangswerte von $T_{2,1}$ und $T_{2,2}$ also keine "0" für den Zweierblock $\overline{B_{6,7}}$ und für den Viererblock $B_{1,3,5,7}$, sondern eine "1".

Bezeichnet man die Menge der "0"-Ausgangswerte der Teilfunktionen $T_{2,1}$ bzw. $T_{2,2}$ jeweils mit $M_0(T_{2,1})$ und $M_0(T_{2,2})$ und der Teilfunktion T_1 mit $M_0(T_1)$, so läßt sich demzufolge dieses Faktorisierungsprinzip mit der Differenz dieser "0"-Mengen in der 2. Stufe der Schaltung interpretieren:

$$M_0(T_{2,1}) - M_0(T_1) = M_0(T_{2,1}) \cap \overline{M_0(T_1)}$$

1	1	1	1
1	1	1	0

$\cap$

0	0	0	0
0	0	1	0

$\Rightarrow$

1	1	1	1
1	1	1	0

(14.3.6)

und

$$M_0(T_{2,2}) - M_0(T_1) = M_0(T_{2,2}) \cap \overline{M_0(T_1)}$$

1	0	0	1
1	0	1	1

$\cap$

0	0	0	0
0	0	1	0

$\Rightarrow$

1	0	0	1
1	0	1	1

(14.3.7)

Die vollständige Belegung des K-Planes und damit die Funktion f(x) (14.3.3) wird durch die NAND-Verknüpfung von $T_{2,1}$ und $T_{2,2}$ erzeugt.
Die mehrstufige Schaltung ist damit:

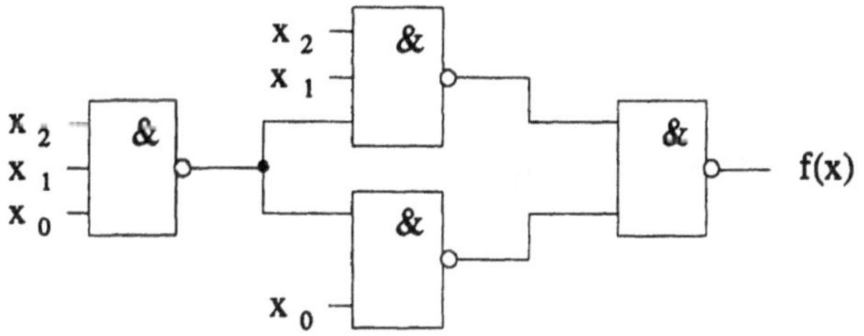

(14.3.8)

Beispiel: Gegeben sei die Schaltfunktion

$$f(x) = \sum_{k=3} 0,1,3,5,6,7. \quad (14.3.9)$$

x_2 (über Spalten 2–3), x_0 (über Spalten 1–2), x_1 (Zeile 2)

1	1	1	0
0	1	1	1

$B_{6,7}$

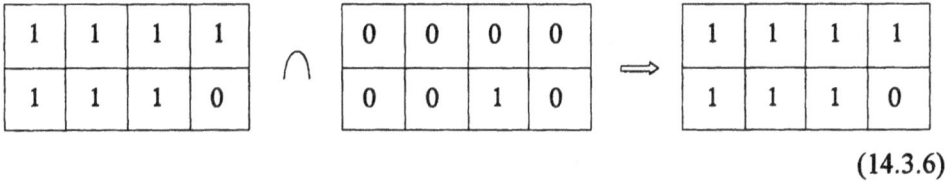

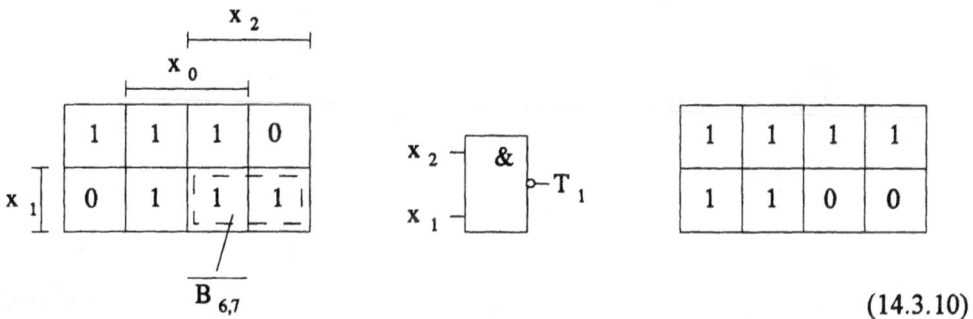

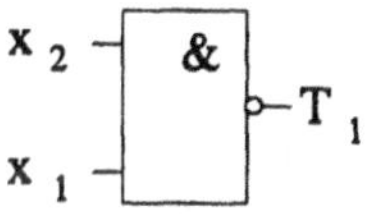

1	1	1	1
1	1	0	0

(14.3.10)

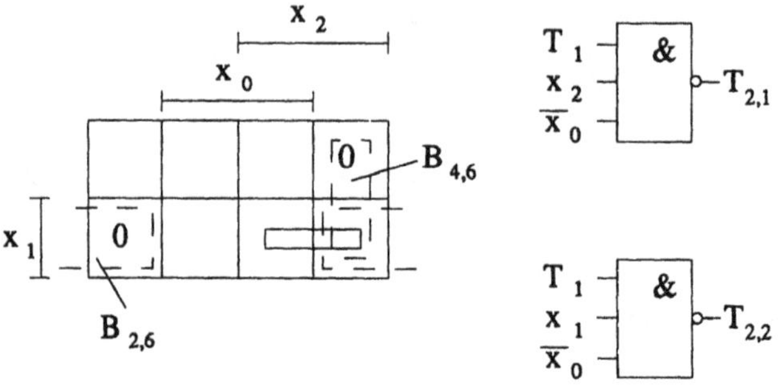

1	1	1	0
1	1	1	1

1	1	1	1
0	1	1	1

(14.3.11)

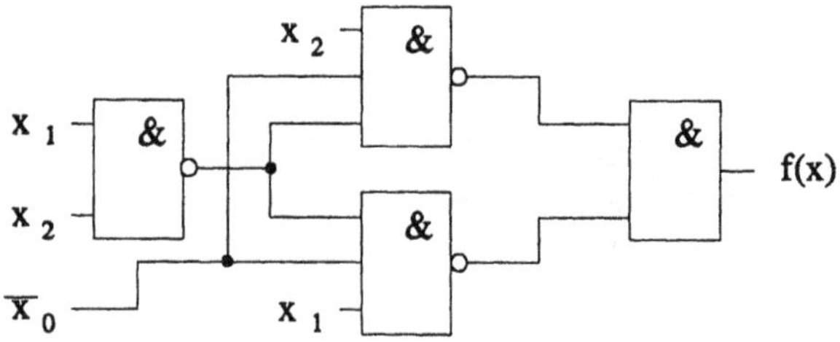

(14.3.12)

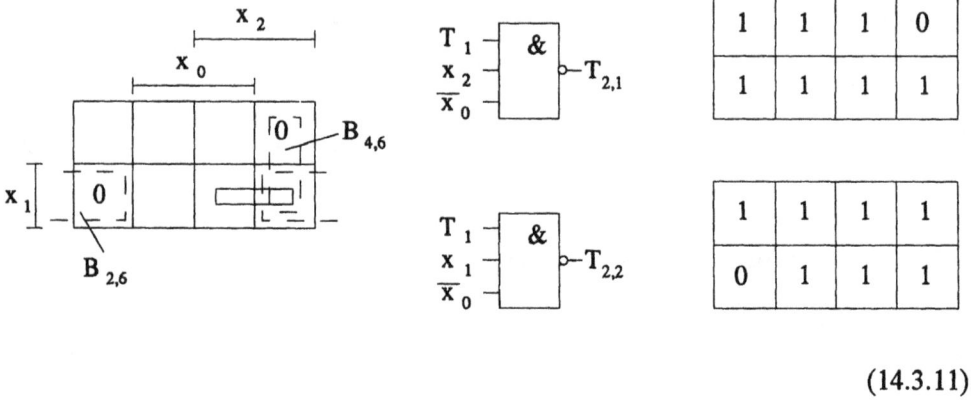

Beispiel: Gegeben sei die Schaltfunktion

$$f(x) = \sum_{k=3} 0,2,4,5,7. \tag{14.3.13}$$

1. Lösungsmöglichkeit:

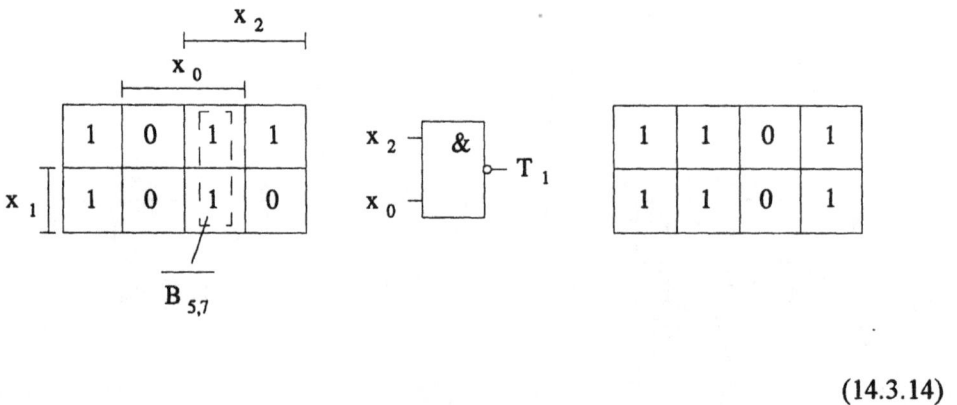

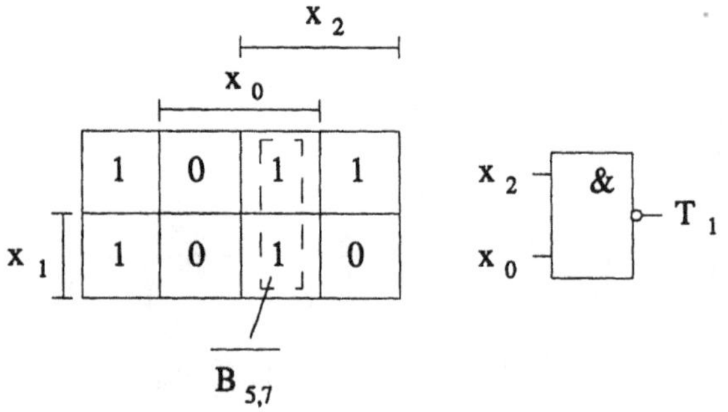

1	1	0	1
1	1	0	1

(14.3.14)

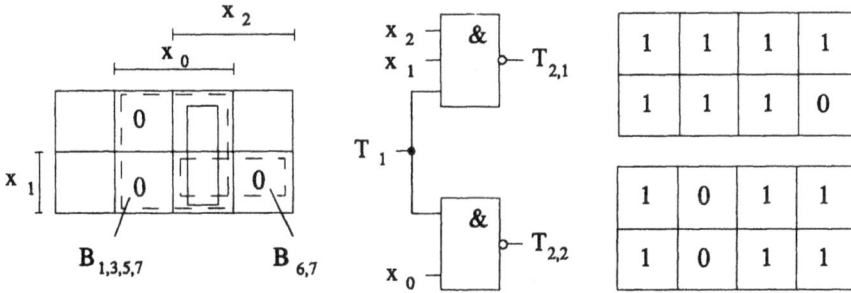

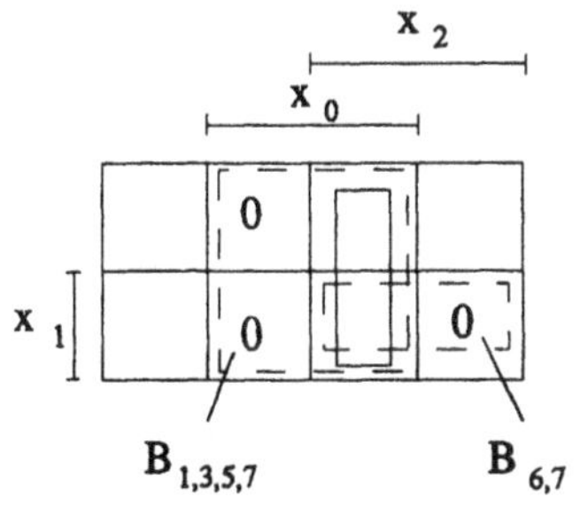

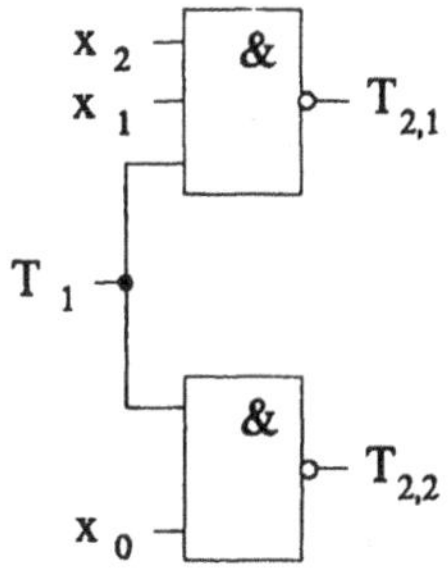

1	1	1	1
1	1	1	0

1	0	1	1
1	0	1	1

(14.3.15)

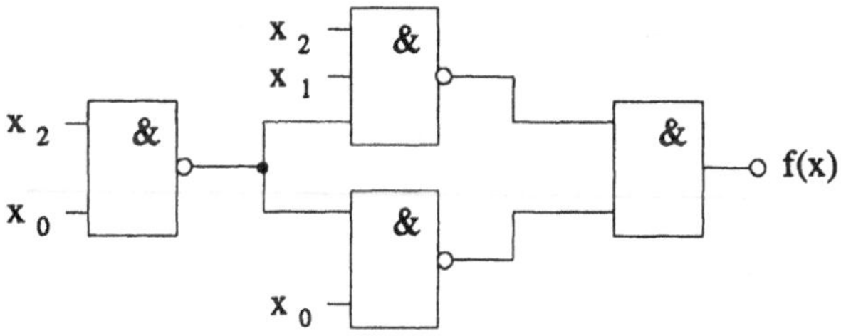

(14.3.16)

2. Lösungsmöglichkeit:

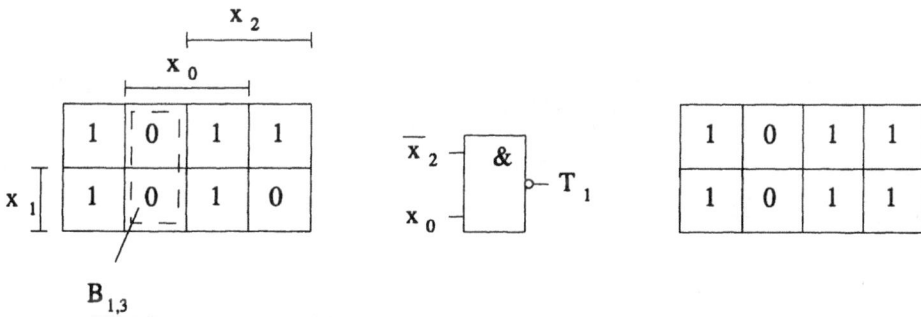

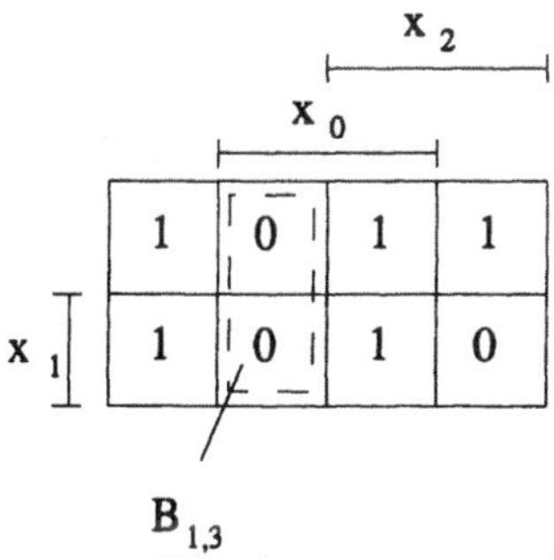

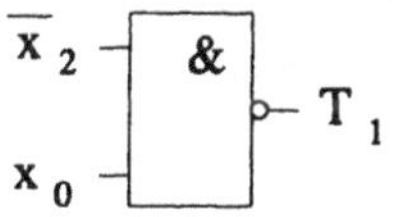

1	0	1	1
1	0	1	1

(14.3.17)

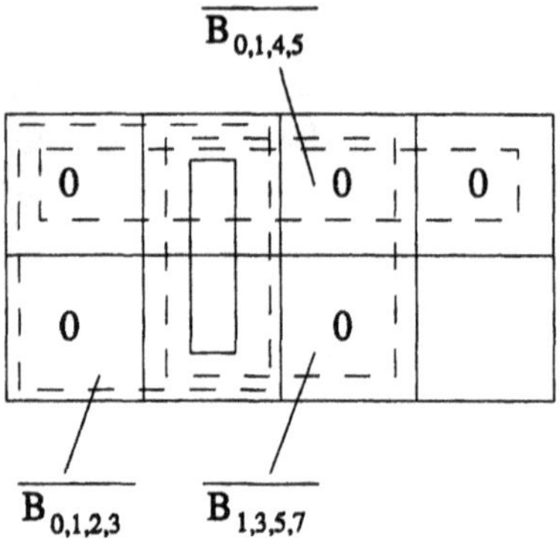

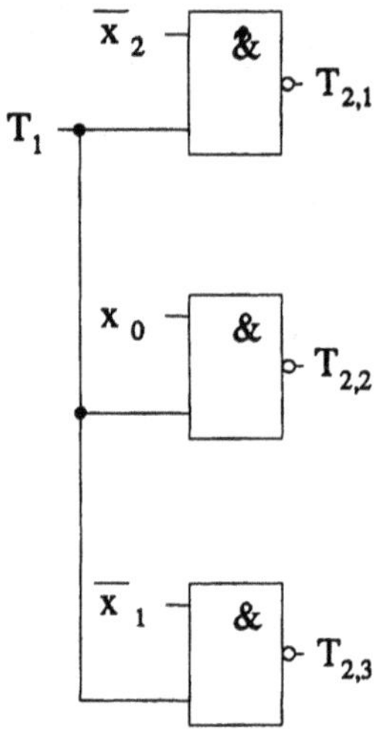

0	1	1	1
0	1	1	1

1	1	0	1
1	1	0	1

0	1	0	0
1	1	1	1

(14.3.18)

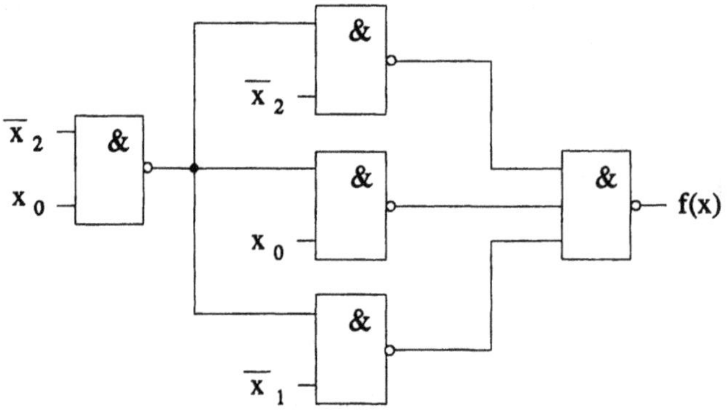

(14.3.19)

3. Lösungsmöglichkeit:

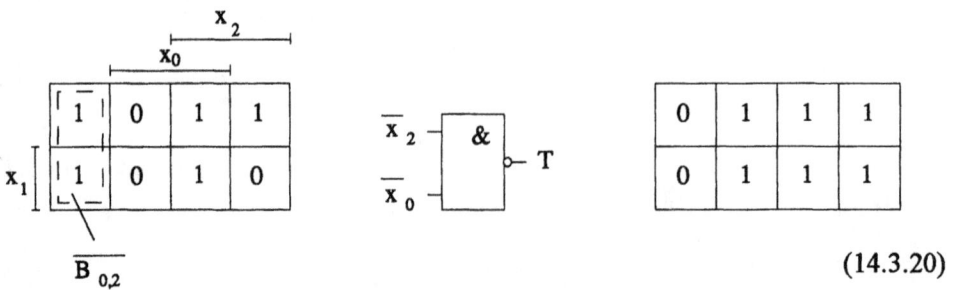

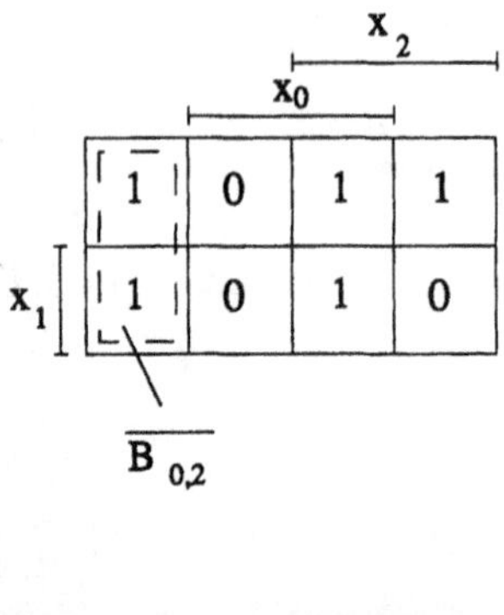

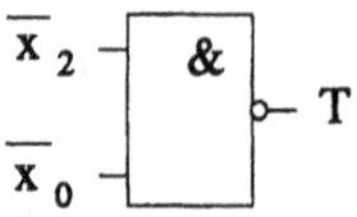

0	1	1	1
0	1	1	1

(14.3.20)

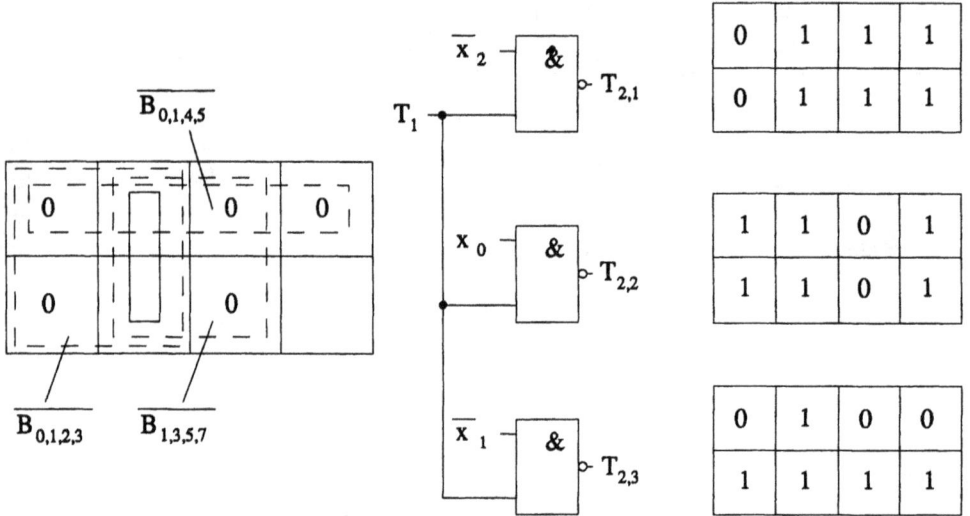

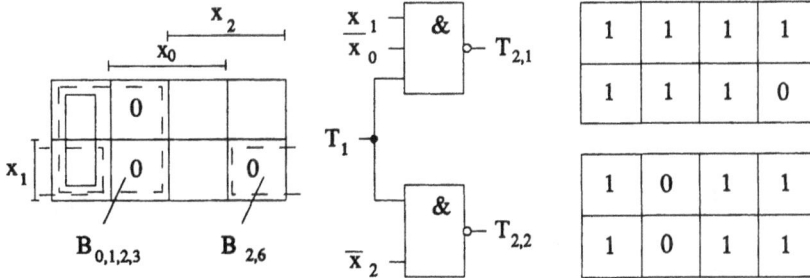

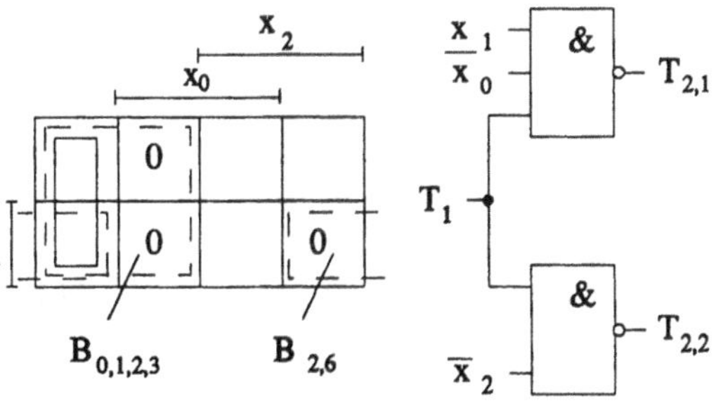

1	1	1	1
1	1	1	0

1	0	1	1
1	0	1	1

(14.3.21)

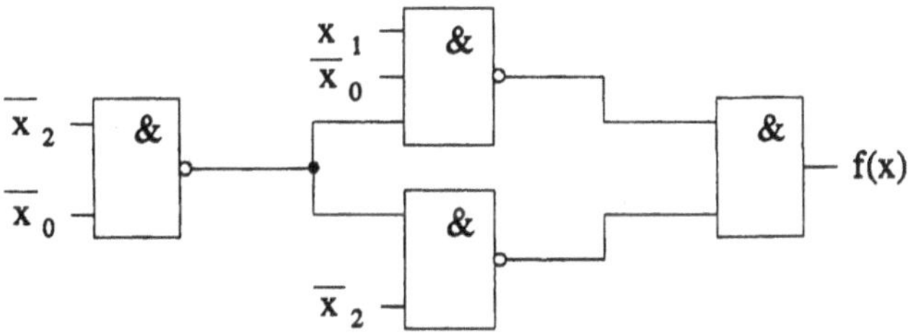

(14.3.22)

Die drei dargestellten Schaltungen mehrstufiger Realisierungen für die Funktion f(x) (14.3.13) mit Hilfe dieser Faktorisierungsmethode verdeutlichen die mögliche Vielfalt der Lösungswege. Sie zeigen auch, daß nicht jeder verfolgte Weg zu kostengünstigeren Variantcn führt. Trotzdem bietet dieses Verfahren insbesondere für Funktionen mit wenigen Variablen Wege zu mitunter interessanten und integrationsgünstigen Schaltungen. Dies wird abschließend am Beispiel der ANTIVALENZ- und ÄQUIVALENZ-Funktion für zwei Variable demonstriert:
Gegeben sei die ANTIVALENZ-Funktion

$$f(x) = x_1 \not+ x_0 = x_1 \overline{x}_0 + \overline{x}_1 x_0. \qquad (14.3.23)$$

Die Faktorisierung beginnt z. B. mit y_3:

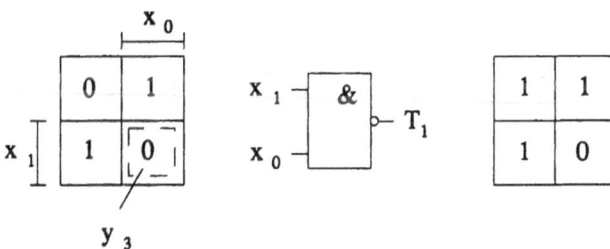

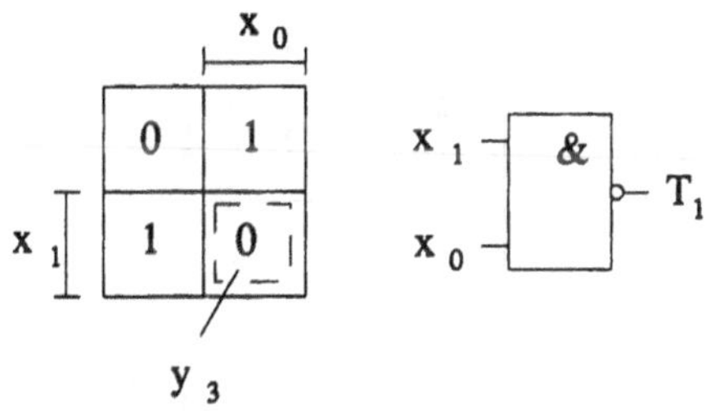

1	1
1	0

(14.3.24)

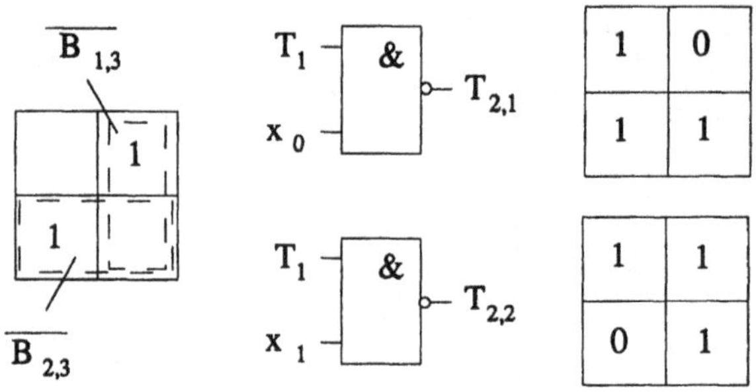

(14.3.25)

Vollständige Schaltung:

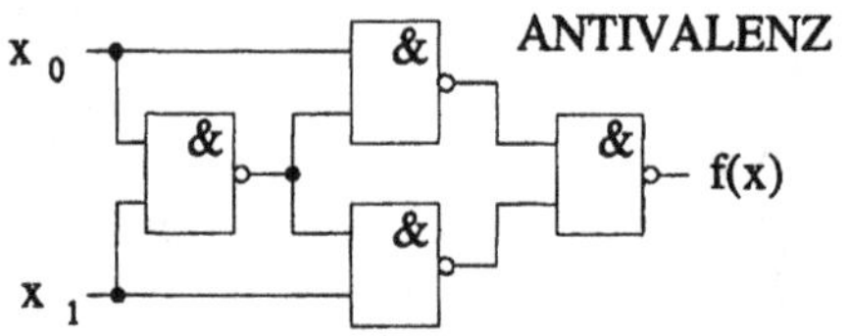

(14.3.26)

Gegeben sei die ÄQUIVALENZ-Funktion

$$f(x) = x_1 \sim x_0 = \overline{x}_1 \overline{x}_0 + x_1 x_0. \quad (14.3.27)$$

Die Faktorisierung beginnt z. B. mit y_3

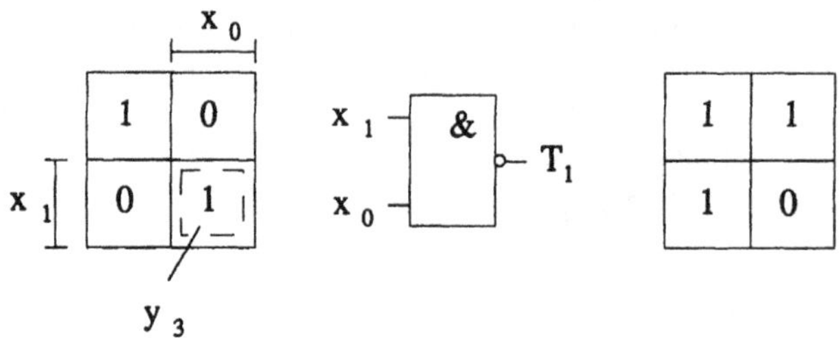

(14.3.28)

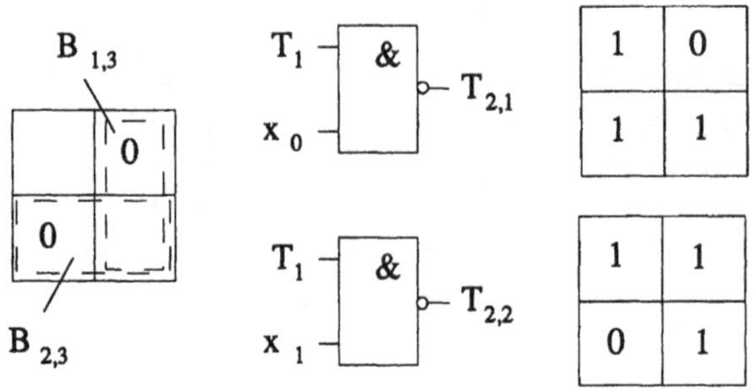

(14.3.29)

Vollständige Schaltung:

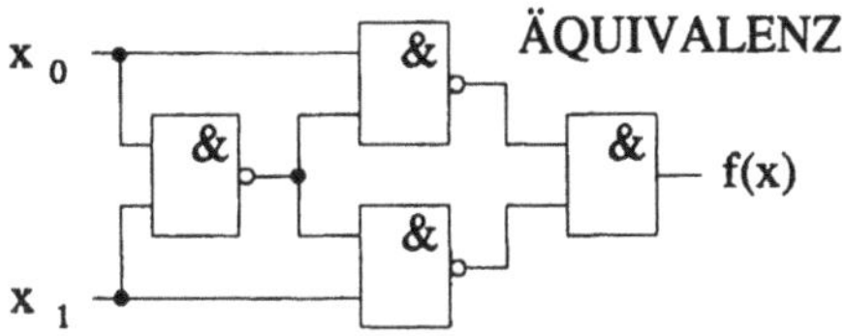

(14.3.30)

14.3.2 Faktorisierung mit NOR-Realisierung

Gegeben sei die Schaltfunktion

$$f(x) = \sum_{k=3} 1,3,5,6. \qquad (14.3.3)$$

Die Faktorisierung kann man mit dem Single $y_7 = 0$, ähnlich der Vorgehensweise nach (14.3.4), beginnen.

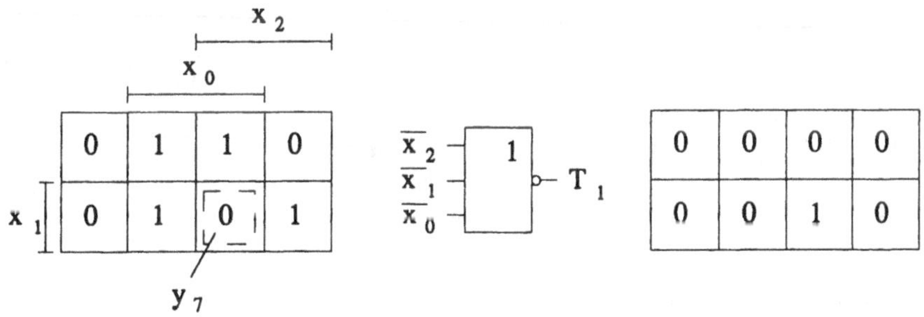

(14.3.31)

Die erste Teilfunktion T_1 als Ergebnis einer NOR-Verknüpfung ist im rechten K-Plan in (14.3.31) definiert. Der Wert $T_1 = \overline{y}_7 = 1$ stellt sich genau dann ein, wenn alle beteiligten Eingangsvariablen x_2,x_1 und x_0 "1" sind. Für alle anderen Eingangsbelegungen ist $T_1 = 0$. Unter Berücksichtigung dessen, daß NOR-Gatter, die hier als Realisierungsbasis dienen, den signifikanten Wert "1" am Ausgang immer dann erzeugen, wenn alle Eingänge "0" sind, wird auch die Stufe 2 der Schaltung spezifiziert. Blockbildungen mit y_7 sind nach dem linken K-Plan in (14.3.32) mit y_6 (Zweierblock $B_{6,7}$) und mit y_1,y_3 und y_5 (Viererblock $B_{1,3,5,7}$) möglich.

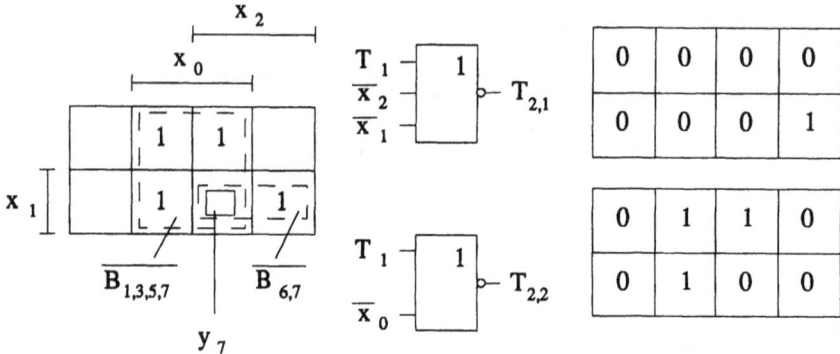

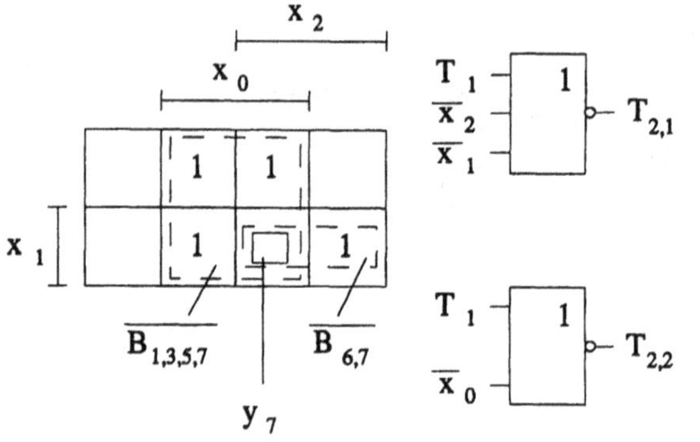

0	0	0	0
0	0	0	1

0	1	1	0
0	1	0	0

(14.3.32)

Die mit der Blockbildung an den Ausgängen der NOR-Gatter der Stufe 2 dieser Schaltung entstehenden Teilfunktionen $T_{2,1}$ und $T_{2,2}$ sind in den zugeordneten K-Plänen in (14.3.32) definiert. Das obere NOR-Gatter mit seinem Ausgang $T_{2,1}$ repräsentiert die Zweierblockbildung $B_{6,7}$ und erzeugt dafür den Ausgangswert $y_6 = 1$. Das untere NOR-Gatter repräsentiert die Viererblockbildung $B_{1,3,5,7}$ mit seinem Ausgang $T_{2,2}$ und damit dreimal dem Ausgangswert "1", nämlich für y_1, y_3 und y_5. T_1 ist in beiden Fällen Bestandteil der Eingangsbeschaltungen beider NOR-Gatter der 2. Stufe. Wird für $x_2 = x_1 = x_0 = 1$ diese Teilfunktion $T_1 = \overline{y}_7 = 1$, so sind $T_{2,1}$ und $T_{2,2}$ gleich "0". Für diese Eingangsbelegung liefern die Ausgangswerte von $T_{2,1}$ und $T_{2,2}$ also keine "1" für den Zweierblock $B_{6,7}$ und für den Viererblock $B_{1,3,5,7}$, sondern eine "0". Bezeichnet man die Menge der "1"-Ausgangswerte der Teilfunktionen $T_{2,1}$ bzw. $T_{2,2}$ jeweils mit $M_1(T_{2,1})$ und $M_1(T_{2,2})$ und der Teilfunktion T_1 mit $M_1(T_1)$, so läßt sich demzufolge dieses Faktorisierungsprinzip mit der Differenzbildung dieser "1"-Mengen in der 2. Stufe der Schaltung interpretieren:

$$M_1(T_{2,1}) - M_1(T_1) = M_1(T_{2,1}) \cap \overline{M_1}(T_1)$$

0	0	0	0
0	0	0	1

$\cap$

1	1	1	1
1	1	0	1

$\Longrightarrow$

0	0	0	0
0	0	0	1

(14.3.33)

und

$$M_1(T_{2,2}) - M_1(T_1) = M_1(T_{2,2}) \cap \overline{M_1}(T_1)$$

0	1	1	0
0	1	0	0

$\cap$

1	1	1	1
1	1	0	1

$\Longrightarrow$

0	1	1	0
0	1	0	0

(14.3.34)

Die vollständige Belegung des K-Planes und damit die Funktion f(x) (14.3.3) wird durch die ODER-Verknüpfung von $T_{2,1}$ und $T_{2,2}$ erzeugt. Die mehrstufige Schaltung ist damit

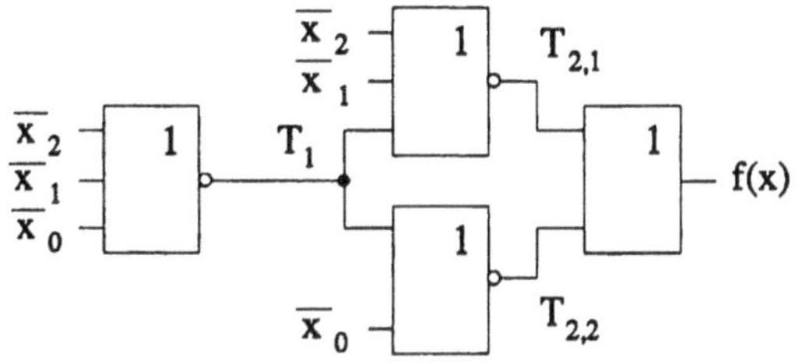

(14.3.35)

Beispiel: Gegeben sei die Schaltfunktion

$$f(x) = x_1 \not{+} x_0 = x_1\overline{x}_0 + \overline{x}_1 x_0. \qquad (14.3.23)$$

Die Faktorisierung beginnt z. B. mit y_3:

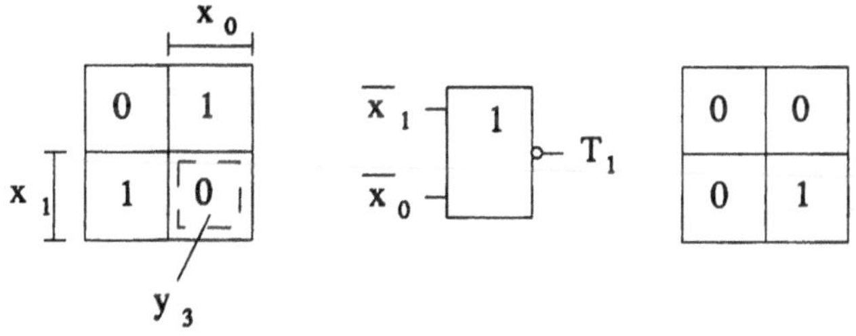

(14.3.36)

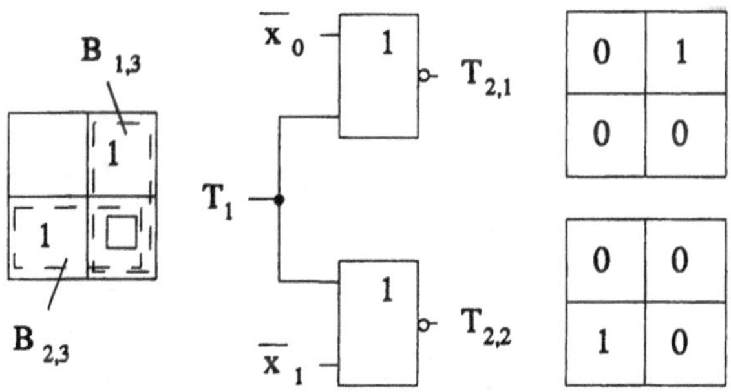

(14.3.37)

Vollständige Schaltung:

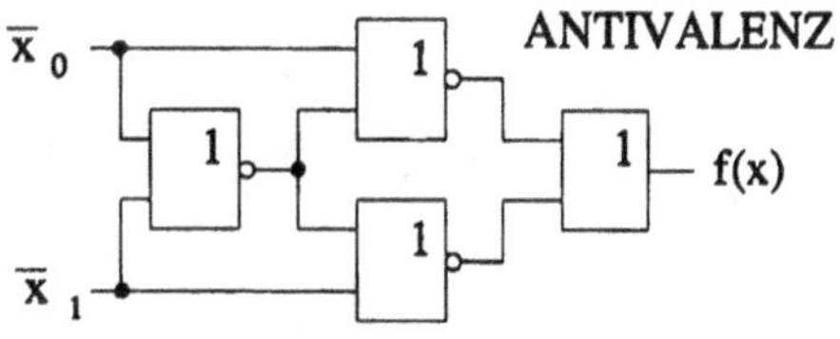

(14.3.38)

Beginnt man die Faktorisierung nicht mit y_3, sondern mit y_0, erhält man die gleiche Schaltung (links), aber mit nicht negierten Eingängen. Für die ÄQUIVALENZ-Funktion ergibt sich bei gleicher Vorgehensweise die rechte Schaltung.

ANTIVALENZ

ÄQUIVALENZ

$$x_0 \quad\quad\quad\quad\quad\quad\quad\quad\quad\quad\quad f(x)$$
$$x_1$$

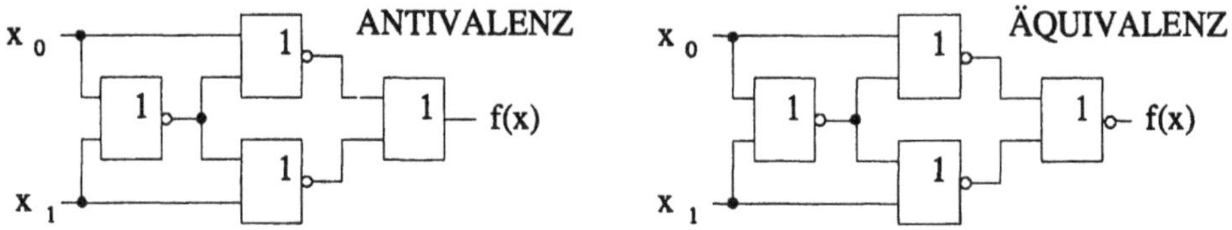

(14.3.39)

Als abschließendes Beispiel zur Faktorisierung auf NOR-Basis soll die ANTIVALENZ- bzw. ÄQUIVALENZ-Funktion für drei Variable als mehrstufige Schaltung entworfen werden.

Gegeben sei:

$$f(x) = \textstyle\sum 1,2,4,7. \tag{14.3.40}$$

$$\begin{array}{|c|c|c|c|}
\hline
0 & 1 & 0 & 1 \\
\hline
1 & 0 & 1 & 0 \\
\hline
\end{array}$$

$$\overline{x}_2, \overline{x}_1, \overline{x}_0 \quad 1 \quad T_1 = y_7$$

$$\begin{array}{|c|c|c|c|}
\hline
0 & 0 & 0 & 0 \\
\hline
0 & 0 & 1 & 0 \\
\hline
\end{array}$$

(14.3.41)

$$T_1, \overline{x}_2, \overline{x}_1 \quad 1 \quad T_{2,1}$$

$$\begin{array}{|c|c|c|c|}
\hline
0 & 0 & 0 & 0 \\
\hline
0 & 0 & 0 & 1 \\
\hline
\end{array}$$

$$T_1, \overline{x}_2, \overline{x}_0 \quad 1 \quad T_{2,2}$$

$$\begin{array}{|c|c|c|c|}
\hline
0 & 0 & 1 & 0 \\
\hline
0 & 0 & 0 & 0 \\
\hline
\end{array}$$

$$T_1, \overline{x}_1, \overline{x}_0 \quad 1 \quad T_{2,3}$$

$$\begin{array}{|c|c|c|c|}
\hline
0 & 0 & 0 & 0 \\
\hline
0 & 1 & 0 & 0 \\
\hline
\end{array}$$

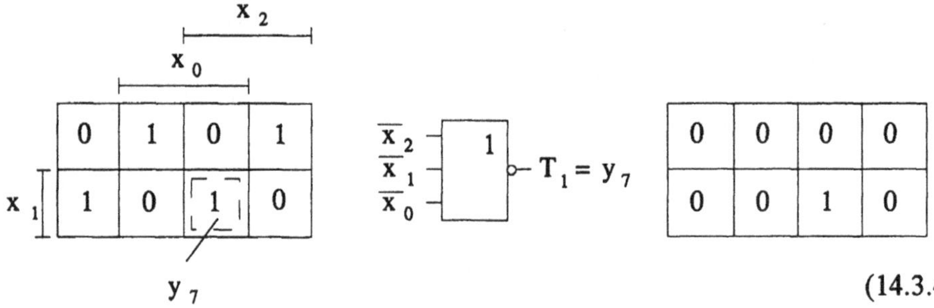

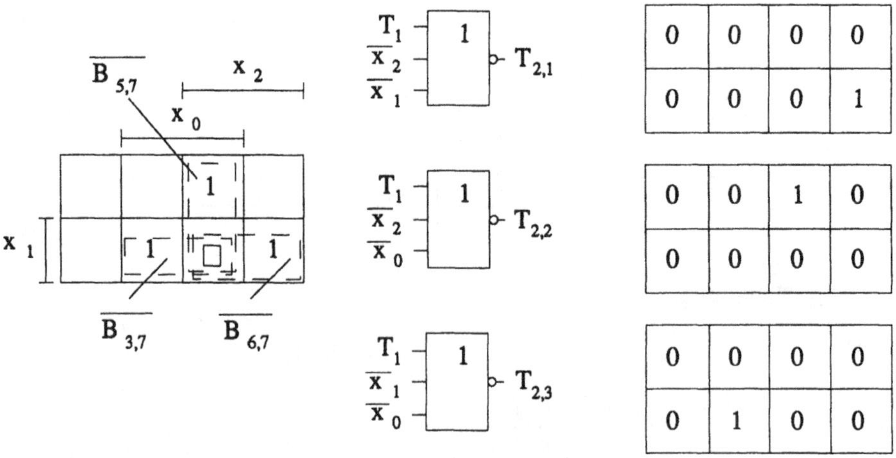

(14.3.42)

$B_{4,5,6,7,}$

x_2

	1		1
1			

$T_{2,1}$
$T_{2,2}$ — $T_{3,1}$
$\overline{x}_2$

1

0	0	0	1
0	0	1	0

$B_{1,3,5,7}$

x_0

	1		1
1			

$T_{2,2}$
$T_{2,3}$ — $T_{3,2}$
$\overline{x}_0$

1

0	1	0	0
0	0	1	0

	1		1
1			

x_1

$B_{2,3,6,7,}$

$T_{2,1}$
$T_{2,3}$ — $T_{3,3}$
$\overline{x}_1$

1

0	0	0	0
1	0	1	0

(14.3.43)

Vollständige Schaltung:

$\overline{x}_1$

$\overline{x}_0$

$\overline{x}_2$

T_1 $T_{2,3}$ $T_{3,3}$ $T_{2,1}$ $T_{3,2}$ $T_{2,2}$ $T_{3,1}$ $f(x)$

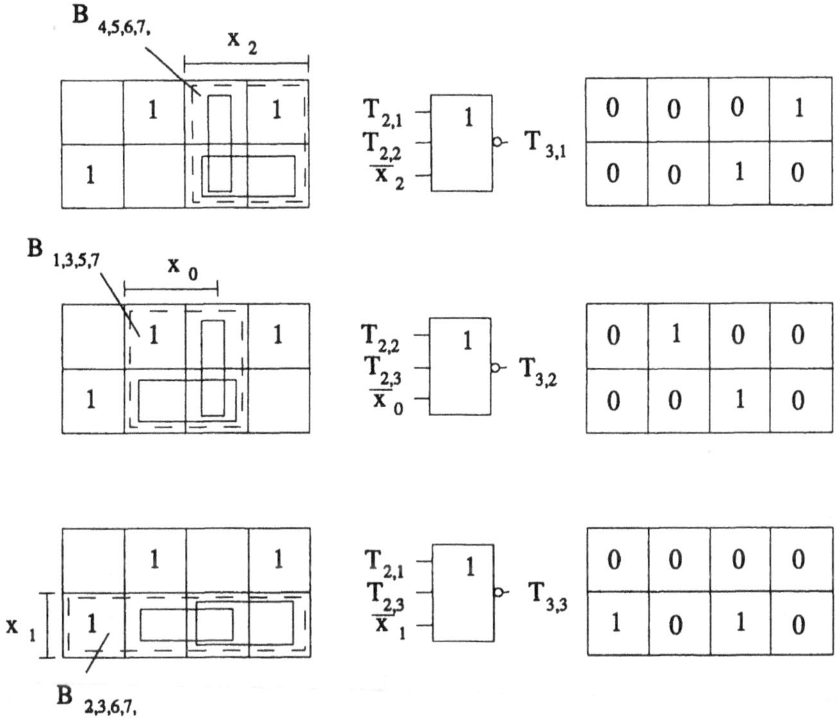

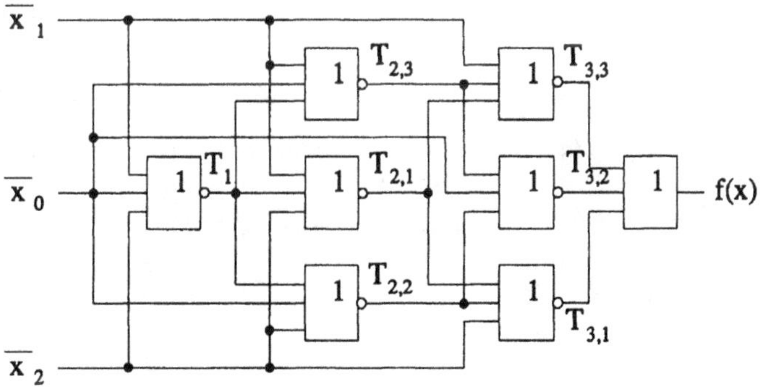

(14.3.44)

Eine noch günstigere Schaltung erhält man bei Vermeidung der negierten Eingangsvariablen. Dazu ist die Faktorisierung mit y_0 zu starten:

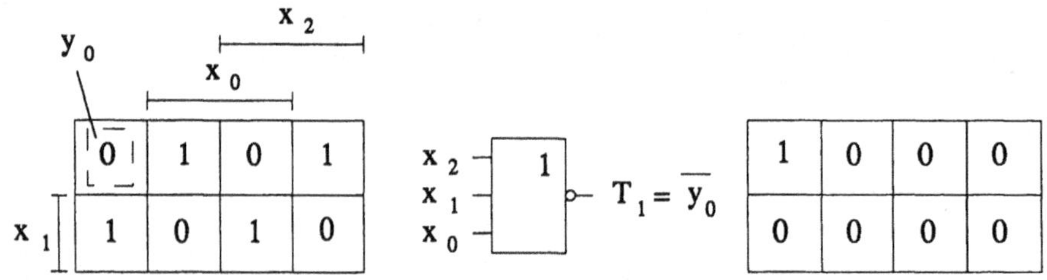

(14.3.45)

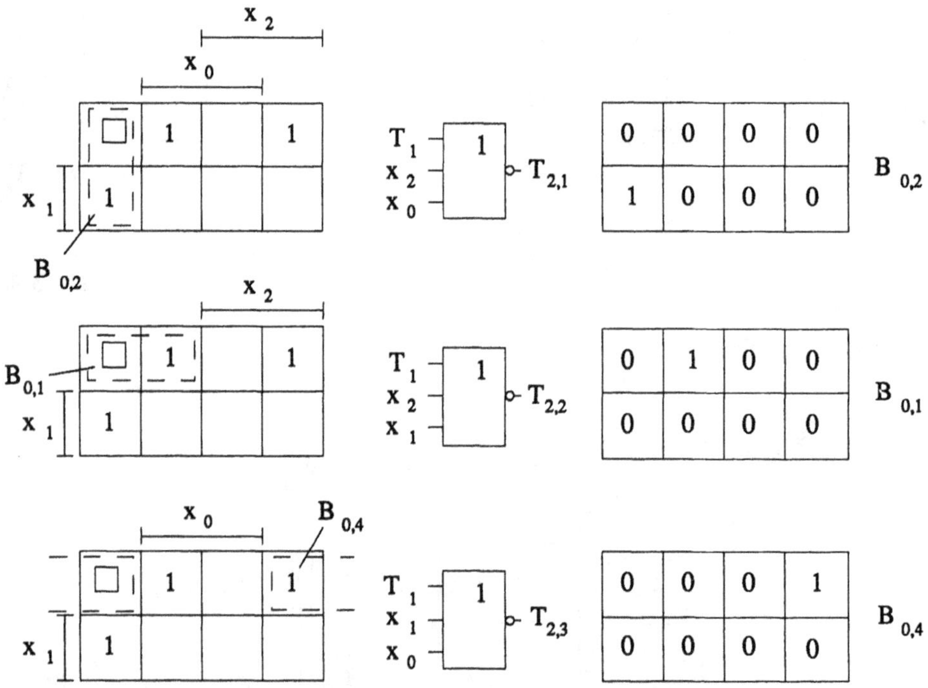

(14.3.46)

$\overline{B}_{0,1,4,5}$

	1		
1		1	

$\begin{array}{l} T_{2,2} \\ T_{2,3} \\ x_1 \end{array}$ [1] $\;\rightarrow T_{3,1}$

1	0	1	0
0	0	0	0

$B_{0,1,4,5}$

x_2

	1		
1		1	

$\begin{array}{l} T_{2,2} \\ T_{2,1} \\ x_2 \end{array}$ [1] $\;\rightarrow T_{3,2}$

1	0	0	0
0	1	0	0

$B_{0,1,2,3}$

$\overline{B}_{0,1,2,3}$

x_0

	1		
1		1	

$\begin{array}{l} T_{2,1} \\ T_{2,3} \\ x_0 \end{array}$ [1] $\;\rightarrow T_{3,3}$

1	0	0	0
0	0	0	1

$B_{0,2,4,6}$

$\overline{B}_{0,2,4,6}$

(14.3.47)

Vollständige Schaltung:

ANTIVALENZ
ÄQUIVALENZ

$f(x)$

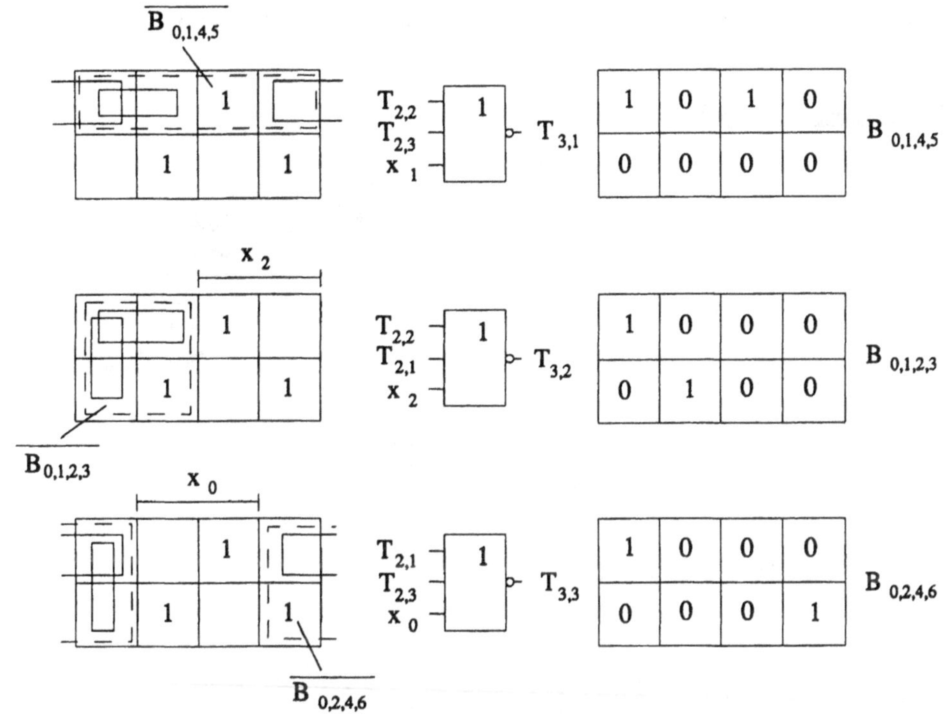

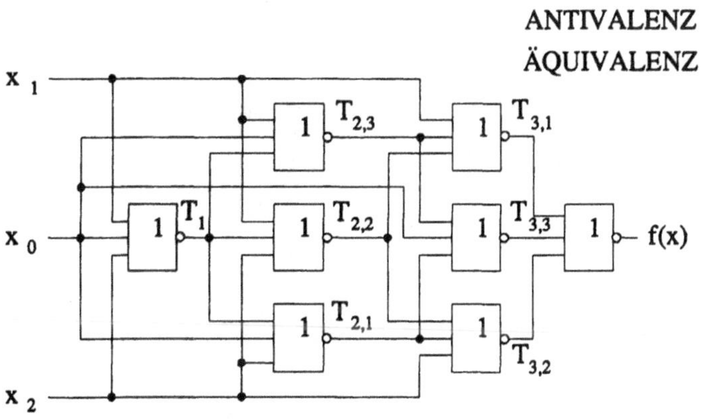

(14.3.48)

Zusammenfassende Darstellung der formellen Schritte zur Faktorisierung auf K-Plan-Basis

* Faktorisierung mit NAND-Realisierung

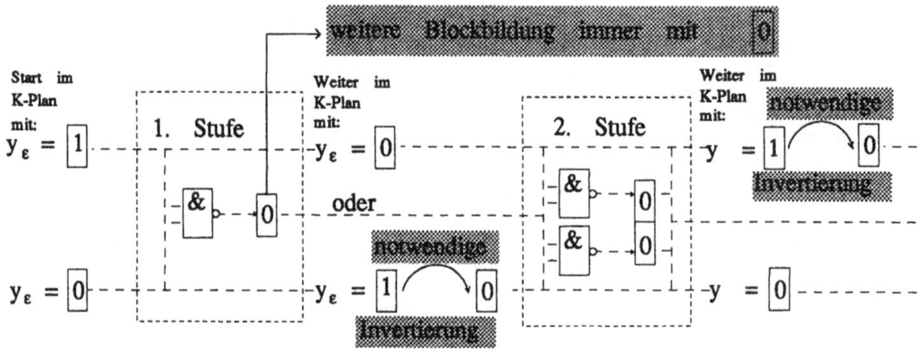

* Faktorisierung mit NOR-Realisierung

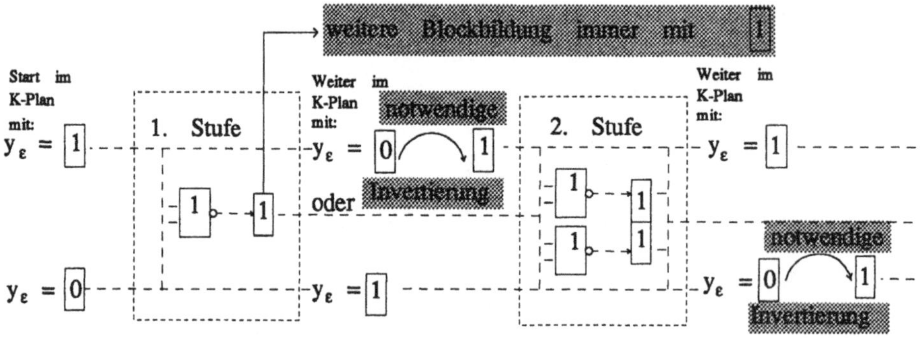

15 Realisierung kombinatorischer Schaltungen mit programmierbarer Logik (PLD)

Die Basis für die Mehrzahl aller programmierbaren Schaltungen (PLD - Programmable Logic Device) ist die DNF bzw. die KDNF der zu realisierenden Schaltfunktion $y = f(x)$. Die Grundstruktur solcher PLD (Bild 15.1) besteht aus einer "UND"-Ebene, in der die Eingangsvariablen $x_{k-1},\dots,x_0$ konjunktiv zu den erforderlichen Produkttermen der DNF bzw. KDNF verknüpft werden und aus einer "ODER"-Ebene, die diese Terme disjunktiv zu den gewünschten Ausgangsfunktionen y_λ verbindet.

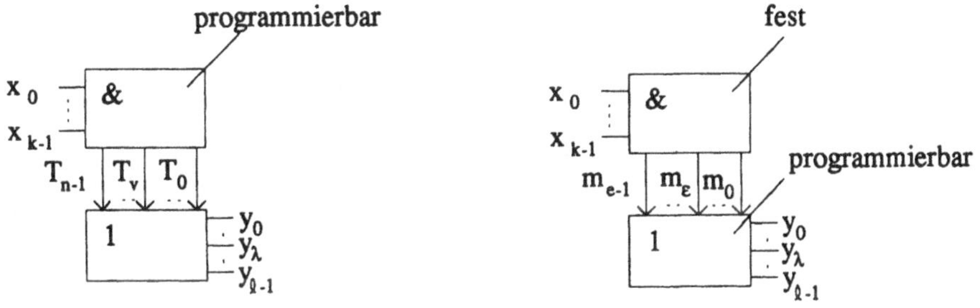

a) Ausgangsfunktionen y_λ als DNF

b) Ausgangsfunktionen y_λ als KDNF

Bild 15.1 Grundstruktur programmierbarer Schaltungen (PLD) für kombinatorische Funktionen $y_\lambda = f_\lambda(x)$

In der Anordnung a) des Bildes 15.1 werden die Schaltfunktionen y_λ als DNF realisiert. Die "UND"-Ebene muß programmierbar sein, da nur die für die Produktterme jeweils erforderlichen Eingangsvariablen und deren Komplemente konjunktiv zu verknüpfen sind. Die nachgeschaltete "ODER"-Ebene kann fest verdrahtet oder auch programmierbar gestaltet sein.
Sind die Schaltfunktionen y_λ hingegen als KDNF zu erzeugen, so ist die "UND"-Ebene fest verdrahtet. Sie generiert alle $e = 2^k$ möglichen Minterme m_ε (siehe Abschnitt 6.1). Um danach in der "ODER"-Ebene die für jede Ausgangsfunktion y_λ erforderliche disjunktive Verbindung unterschiedlicher Minterme m_ε zu ermöglichen, ist deren Programmierbarkeit zu gewährleisten. In Abhängigkeit davon, ob die "UND"- bzw. "ODER"-Ebenen fest verdrahtet oder programmierbar gestaltet sind, unterscheidet man prinzipiell drei Kategorien solcher programmierbarer Logik, denen in der Schaltungstechnik die folgenden Begriffe zugeordnet wurden (Bild 15.2).

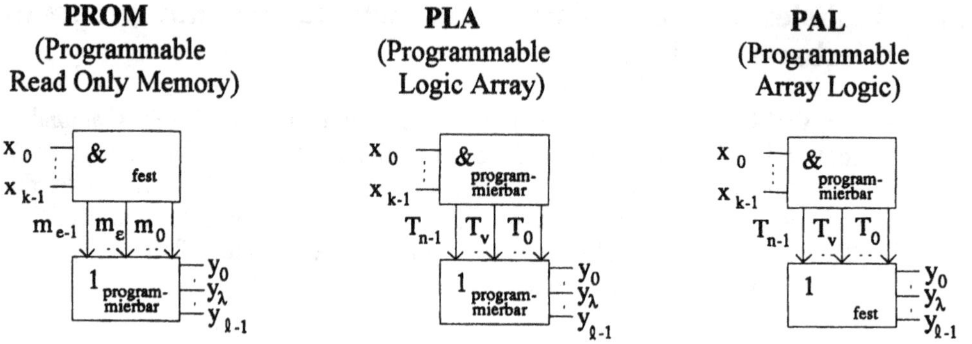

Bild 15.2 Kategorien der programmierbaren Logik als UND/ODER-Strukturen

Verbreitet sind aber auch mehrstufige Anordnungen von Grundgattern als sogenannte Programmierbare Macro Logic - PML (Programmable Macro Logic).
Unter Macros versteht man hier NAND-Gatter, mit denen sich kombinatorische Schaltfunktionen als NAND-Basissysteme realisieren lassen (siehe Abschnitt 13.3). Eine PML ist im Bild 15.3 dargestellt.

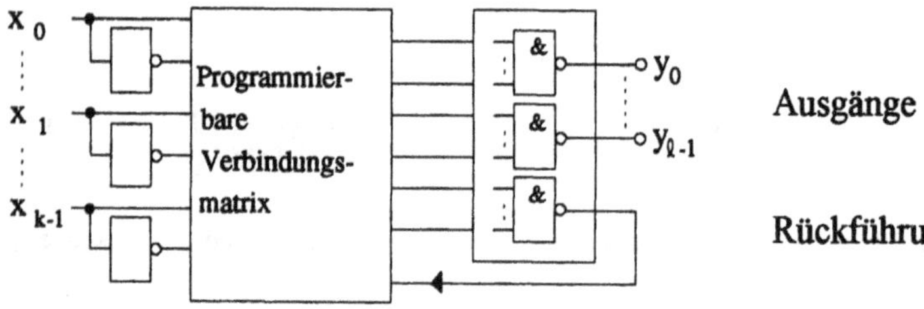

Bild 15.3 Grundstruktur einer PML

In die schaltungstechnischen Grundstrukturen der Bilder 15.2 und 15.3 lassen sich alle zum gegenwärtigen Zeitpunkt bekannten programmierbaren kombinatorischen Schaltungen einordnen. Die Vielfalt solcher PLD entwickelt sich gegenwärtig stark innovativ. Beinahe jeder Halbleiterhersteller bietet in unterschiedlichen Technologien und Komplexität PLD an. Ein tabellarischer Überblick ist hierzu im PLD-Handbuch [15.1] gegeben. Im folgenden wird die prinzipielle Funktionsweise der hier spezifizierten vier PLD-Typen eingehender erläutert.

15.1 PROM (Programmable Read Only Memory)

Bei diesen PLD handelt es sich um sogenannte nichtflüchtige Halbleiterspeicher, die sich ihrerseits in folgende Kategorien einteilen lassen:

ROM (Read Only Memory) - wird beim Halbleiterhersteller für den speziellen Anwendungsfall maskenprogrammiert, ist also später inhaltlich nicht mehr zu verändern.

PROM (Programmable ROM) - ist vom Anwender zu programmieren, danach sind die einprogrammierten Daten nicht mehr veränderbar.

EPROM (Electrically PROM) - ist elektrisch vom Anwender programmierbar und UV-löschbar und danach wieder elektrisch programmierbar usw.

EAROM (Electrically Alterable ROM) - ist elektrisch vom Anwender mehrfach programmierbar.

EEPROM (Electrically Erasable PROM) - ist elektrisch vom Anwender programmierbar und löschbar.

EAROM und EEPROM sind unterschiedliche Bezeichnungen für den gleichen Halbleiterspeicher-Typ. Die Realisierung einfacher Schaltfunktionen mit Hilfe einer PROM-Struktur ist im Bild 15.1.1 dargestellt.

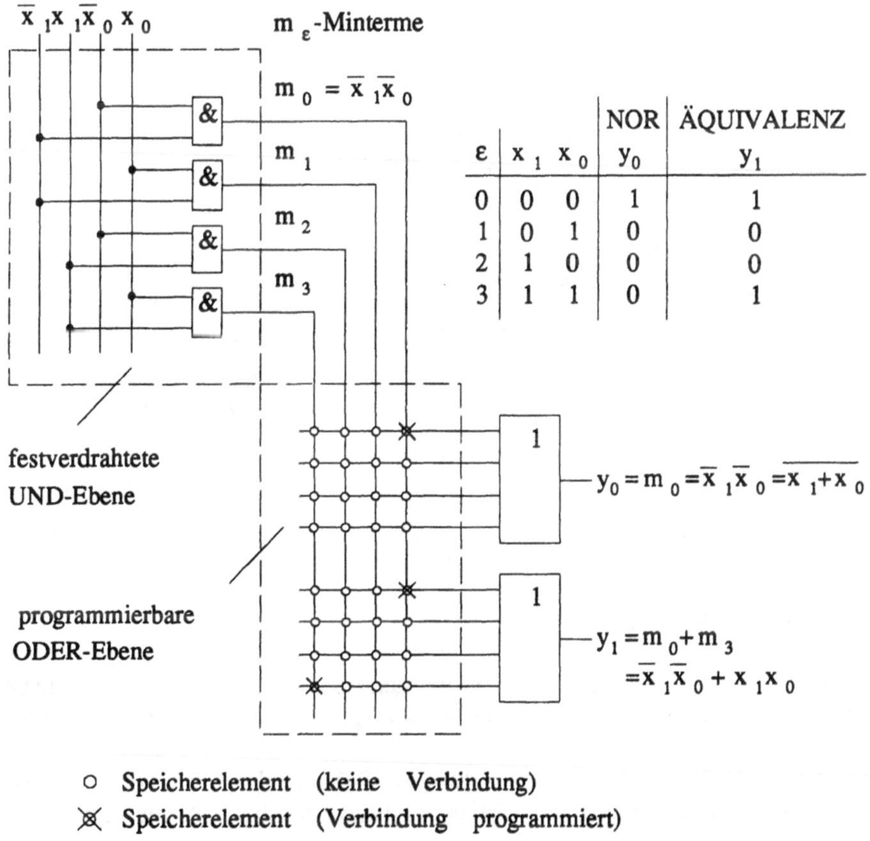

ε	x_1	x_0	NOR y_0	ÄQUIVALENZ y_1
0	0	0	1	1
1	0	1	0	0
2	1	0	0	0
3	1	1	0	1

Bild 15.1.1 PROM-Realisierung einer NOR- und ÄQUIVALENZ-Funktion für zwei Variable x_1 und x_0

Die innere Struktur der PROM richtet sich nach technologischen Gesichtspunkten und hängt auch z. B. davon ab, ob die Speicherorganisation bit- oder wortweise erfolgt. Unabhängig davon werden die Eingangsbelegungen für die Generierung der Ausgangsfunktionen immer über die Adreßeingänge A_κ (Bild 15.1.2) erzeugt. Die Ausgänge D_λ sind bit- oder wortweise organisiert. Die Programmierung des Speicherinhaltes und damit die Implementierung der anwenderorientierten Schaltung ist unterschiedlich und wird nach Vorschrift der PROM-Hersteller vorgenommen.
Im Bild 15.1.2 ist die Blockschaltung eines bitorganisierten 1 kbit-PROM dargestellt. Die Adreßbit A_0 bis A_9 werden für die Ansteuerung der Spalten und Zeilen geteilt. In dem angegebenen Beispiel dienen A_0 bis A_4 der Spaltenansteuerung, die Adressen A_5 bis A_9 der Zeilenaktivierung der Speichermatrix.

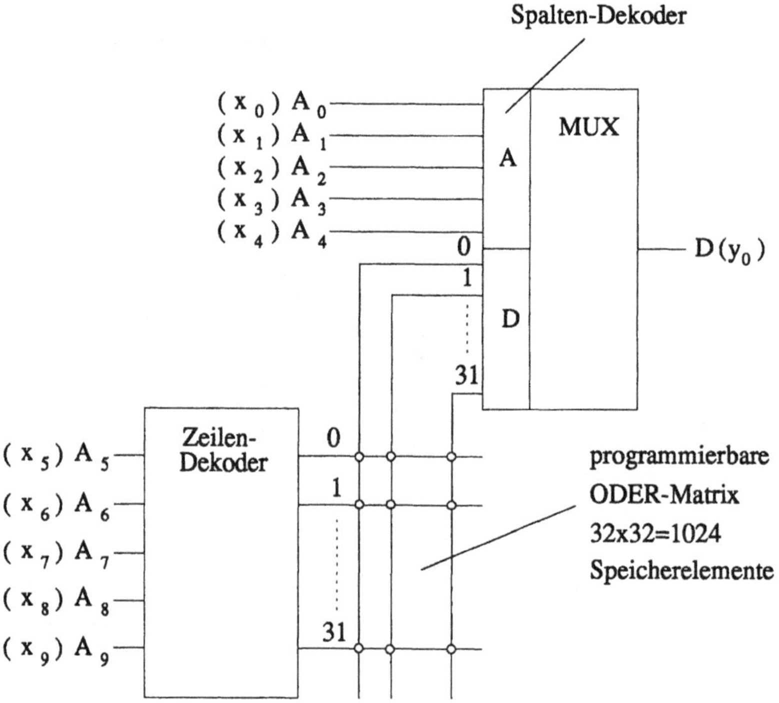

Bild 15.1.2 Bitorganisierter 1 kbit-PROM

Die 32 Ausgangsleitungen der Speichermatrix werden über einen 32 auf 1-Multiplexer in Abhängigkeit von der Belegung der Adreßbit A_0 bis A_4 zum Ausgang D durchgeschaltet.
Ein solcher PROM könnte am Ausgang D eine Schaltfunktion y_0 für max. 10 Eingangsvariablen x_κ erzeugen. Dafür ist jedes der 1024 Speicherelemente individuell adressierbar.
Die folgende Wahrheitstabelle zeigt das Beispiel einer partiellen Programmierung eines solchen PROMs für eine gegebene ANTIVALENZ-Funktion $y_0 = f(x)$ mit drei Variablen x_2, x_1, x_0.

Adresse		Ausgang
Zeilen	Spalten	D
$A_9A_8...A_5$	$A_4A_3A_2A_1A_0$	
$x_9\,x_8 ...\,x_5$	$x_4\,x_3\,x_2\,x_1\,x_0$	y_0
0 0 ... 0	0 0 0 0 0	0
⋮	⋮ 0 0 1	1
⋮	⋮ 0 1 0	1
⋮	⋮ 0 1 1	0
⋮	⋮ 1 0 0	1
⋮	⋮ 1 0 1	0
⋮	⋮ 1 1 0	0
0 0 ... 0	0 0 1 1 1	1

In der Zeile 0 der programmierbaren ODER-Matrix im Bild 15.1.2 werden dafür lediglich die Speicherelemente 0 bis 7 entsprechend der in der Wahrheitstabelle enthaltenen Werte für y_0 anwenderspezifisch programmiert.
Bei Nutzung aller $e = 2^k$ (k-Anzahl der Adreßbit) Speicherelemente eines bitorganisierten PROM sind theoretisch e Ausgangsbelegungen für die Funktion y_0 programmierbar.
Im Bild 15.1.3 ist die Blockschaltung eines wortorganisierten 8-kbit-PROM dargestellt. Er enthält insgesamt 64 x 128 = 8192 Speicherelemente. Diese können zu 1024 8-bit-Wörtern anwenderspezifisch programmiert werden.

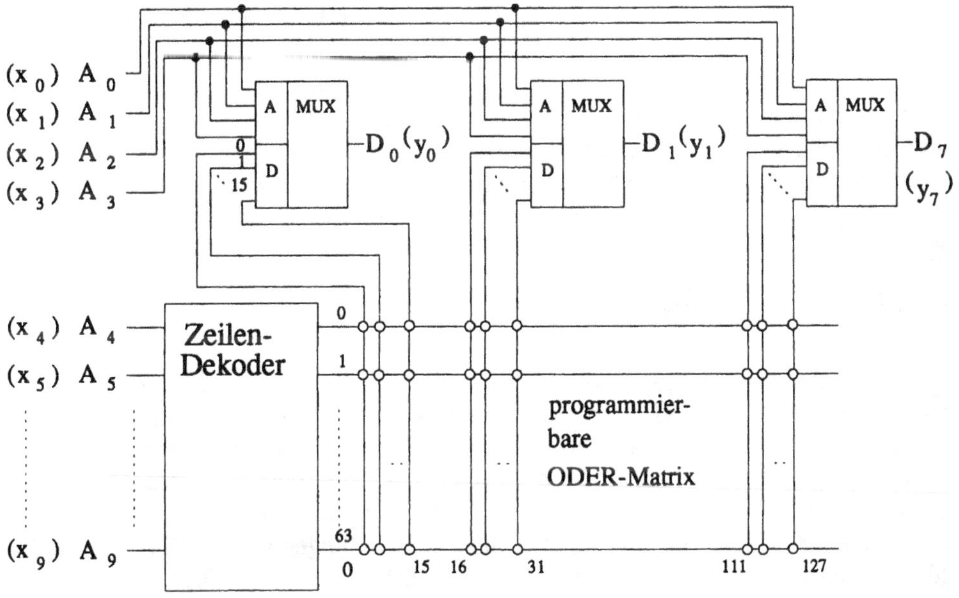

Bild 15.1.3: Wortorganisierter 8 kbit (1kx8)-PROM

Mit Hilfe der Adreßbit A_0 bis A_3 werden die 8 x 16 = 128 Ausgänge der programmierbaren ODER-Matrix über die Multiplexer zu 8-bit-Wörtern auf die Ausgänge D_0 - D_7 (y_0 - y_7) geschaltet. Die Zeilen der ODER-Matrix werden über den Zeilendekoder von den Adreßbit A_4 bis A_9 aktiviert. Insgesamt existieren für die im Bild 15.1.3 dargestellte PROM - Struktur 64 Zeilen. Jede Zeile kann 16 8-bit-Wörter generieren, d. h. 64 x 16 = 1024 8-bit-Wörter sind anwenderspezifisch programmierbar. Die folgende Wahrheitstabelle zeigt das Beispiel einer partiellen Programmierung eines solchen PROM für eine willkürlich angenommene Belegungsfolge der Ausgänge $y_7, y_6, \dots, y_0$.

Adressen		Ausgänge	
Zeilen	Spalten		
$A_9 \dots A_5 A_4$	$A_3 A_2 A_1 A_0$	$D_7 D_6 D_5 D_4$	$D_3 D_2 D_1 D_0$
$x_9 \dots x_5 x_4$	$x_3 x_2 x_1 x_0$	$y_7 y_6 y_5 y_4$	$y_3 y_2 y_1 y_0$
0 ... 0 0	0 0 0 0	0 0 0 0	0 0 0 0
⋮	0 0 0 1	1 1 0 0	1 1 0 0
⋮	0 0 1 0	0 1 1 0	0 1 1 0
⋮	0 0 1 1	0 0 1 1	0 0 1 1
⋮	0 1 0 0	1 1 1 0	1 1 1 0
⋮	⋮	⋮	⋮
0 ... 0 0	1 1 1 1	1 1 1 1	0 0 0 0

Mit dieser Implementierung von 8 kombinatorischen Schaltfunktionen für die k = 4 Variablen x_3, x_2, x_1, x_0 sind alle 128 Speicherelemente der Zeile 0 in der ODER-Matrix programmiert. Theoretisch sind also für einen solchen PROM noch 63 weitere Implementierungen dieser Art mit steigender Zahl der Eingangsvariablen bis k = 10 möglich.

15.2 PLA (Programmable Logic Array)

Die Blockdarstellung einer PLA im Bild 15.2 zeigt bereits, daß solche PLD sowohl aus einer programmierbaren "UND"-Ebene, als auch aus einer programmierbaren "ODER"-Ebene bestehen. Die von Halbleiterherstellern angebotenen PLA enthalten neben dieser Grundstruktur weitere Baugruppen und -elemente, die eine anwenderspezifische Programmierung z. B. der Ausgangssignal-Polarität oder die Three-State-Steuerung von Ausgängen ermöglichen. Einen Ausschnitt aus den Schaltungen solcher PLA enthält das Bild 15.2.1. Alle Kreuzungspunkte in der "UND"- und "ODER"-Ebene sind programmierbar.

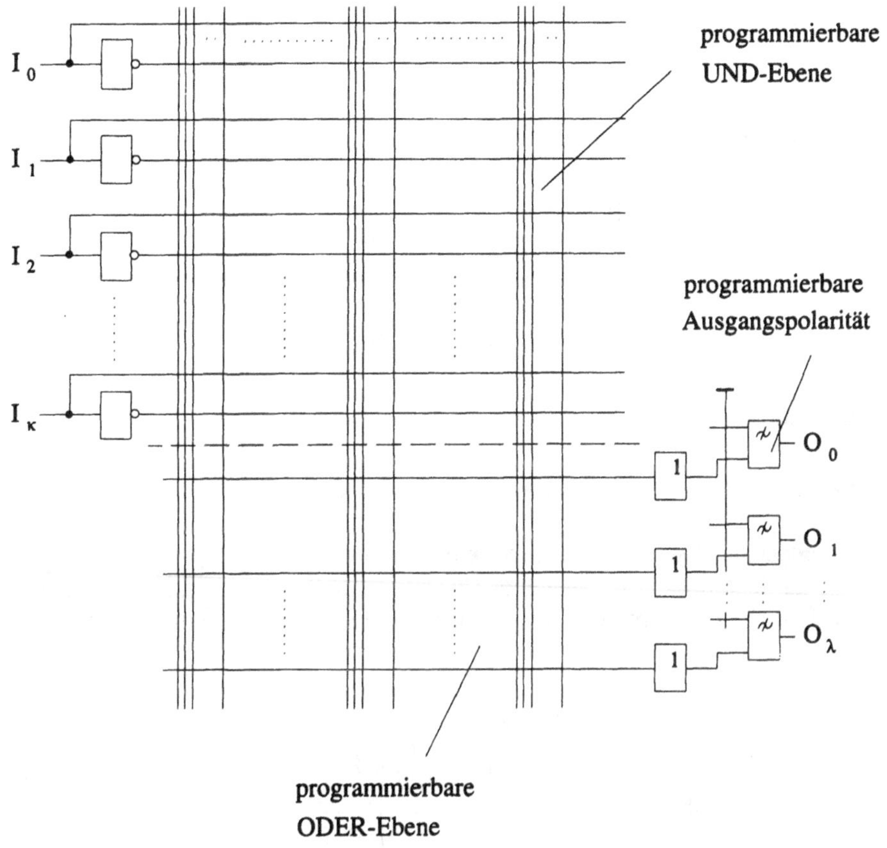

Bild 15.2.1 PLA-Architektur (partieller Ausschnitt) mit programmierbaren "UND"- und "ODER"-Ebenen sowie programmierbarer Ausgangspolarität

Die Realisierung von zwei Schaltfunktionen $y_0 = f_0(x_2,x_1,x_0)$ und $y_1 = f_1(x_2,x_1,x_0)$ mit einer PLA-Struktur ist im Bild 15.2.2 als Beispiel dargestellt.

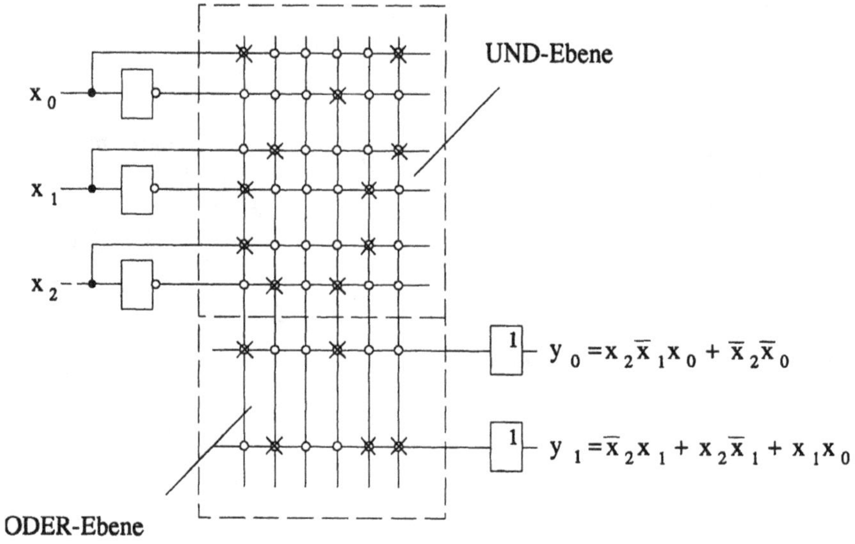

Bild 15.2.2 Beispiel-Realisierung zweier Schaltfunktionen mit PLA-Struktur

Für die anwenderspezifische Programmierung der Polarität der Ausgangssignale werden in Integrierten Schaltungen vorwiegend ANTIVALENZ- bzw. ÄQUIVALENZ-Gatter eingesetzt. Bild 15.2.3 zeigt tabellarisch für beide Gattertypen die dafür erforderliche Beschaltung.

		ANTIVALENZ				ÄQUIVALENZ			
ε	P x	P x	$y=x$	P x	$y=\bar{x}$	P x	$y=\bar{x}$	P x	$y=x$
0	0 0	0 0	0			0 0	1		
1	0 1	0 1	1			0 1	0		
2	1 0			1 0	1			1 0	0
3	1 1			1 1	0			1 1	1
		p=0, nicht invertierend p=1, invertierend				p=0, invertierend p=1, nicht invertierend			

P - Programmiereingang
x - Signaleingang
y - Signalausgang

Bild 15.2.3 Verwendung von ANTIVALENZ- und ÄQUIVALENZ-Gattern für die Programmierung der Signalpolarität in anwenderspezifischen Schaltungen

Mit dem Programmiereingang P kann der Anwender entscheiden, ob die Ausgangssignale der "ODER"-Ebene der PLA invertiert oder nicht invertiert zu den Ausgangspins des IC geführt werden. Eine komplexere in Vergleich zu der im Bild 15.2.1 gezeigten PLA-Struktur enthält das folgende Bild 15.2.4

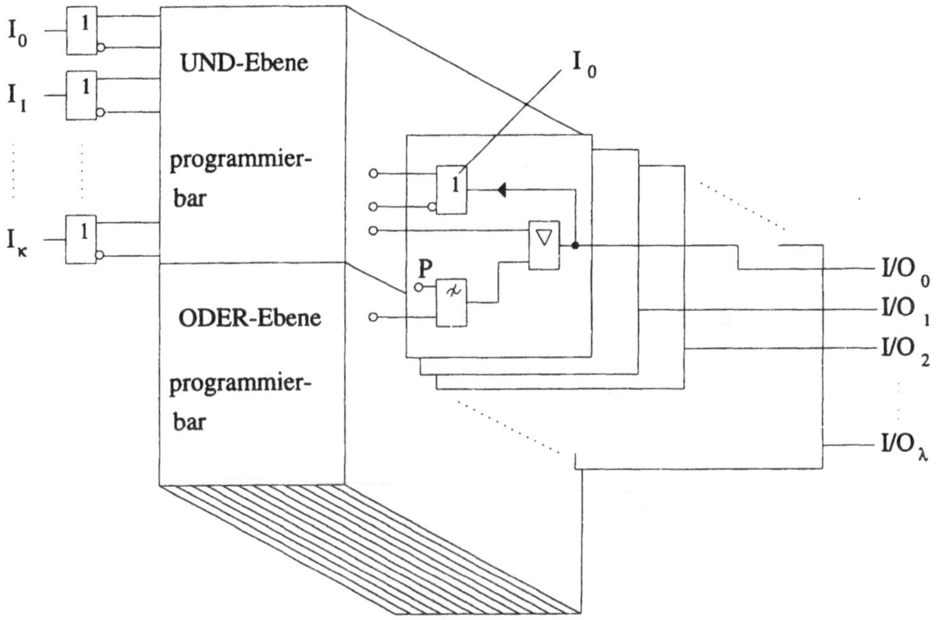

Bild 15.2.4 PLA-Architektur in PEEL (Programmable Electrically Erasable Logic) - Bausteinen mit programmierbarer Ausgangspolarität und programmierbaren Three-State-Ausgängen [15.2]

Die Kreuzungspunkte in der "UND"- bzw. "ODER"-Ebene sind elektrisch wiederholt programmierbar. Des weiteren sind Polarität (siehe Bild 15.2.3) und die Ausgänge in Form von Three-States beeinflußbar. Die Three-State-Ausgangsstufen ermöglichen neben den Zuständen "H" (High) und "L" (Low) einen dritten Zustand der Hochohmigkeit, der mit "Z" bezeichnet wird. Damit ist die Leitung von dem Ausgang dieser Stufe zum IC-Anschluß-Pin bidirektional betreibbar, vorausgesetzt, daß hardwaremäßig die Weitergabe eines Eingangssignals in die "UND"-Ebene möglich ist. Dafür ist in der PLA-Architektur im Bild 15.2.4 z. B. das Gatter I_0 vorgesehen. Die prinzipielle Beschreibung und die LPS (Low Power Schottky)-TTL-Schaltung einer Three-State-Stufe ist im Bild 15.2.5 enthalten.

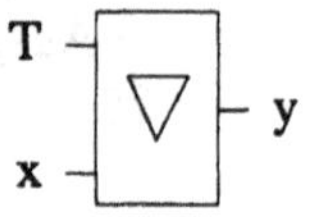

Symbol

Eingang x	Steuerung T	Ausgang y
L	nicht aktiv	L
H	nicht aktiv	H
L/H	aktiv	Z (hochohmig)

Beschreibung

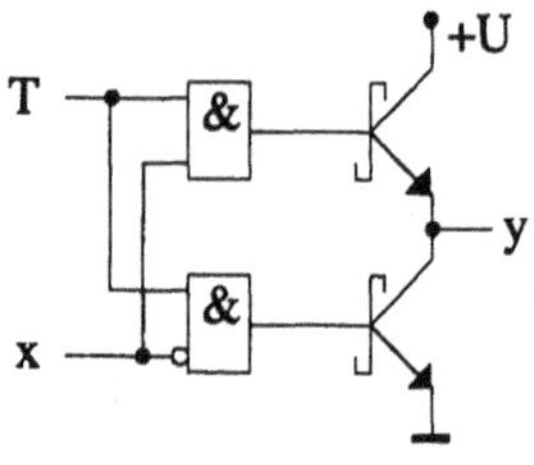

Schaltung

x	T	y
0	1	0
1	1	1
–	0	Z

Wahrheitstabelle

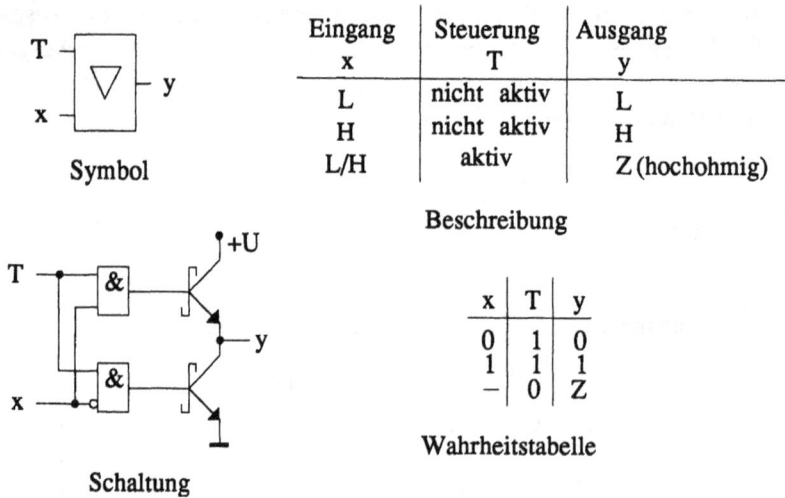

Bild 15.2.5 Prinzipielle Beschreibung und Schaltung einer Three-State-Stufe [15.5]

15.3 PAL (Programmable Array Logic)

Aus der Blockdarstellung im Bild 15.2 ist ersichtlich, daß PAL-Strukturen aus einer programmierbaren "UND"-Ebene für die Produkttermbildung einer zu realisierenden (K)DNF und einer festen "ODER"-Ebene für die konjunktive Verknüpfung der Produktterme bestehen.
Ein Schaltungsausschnitt aus einer kommerziell gefertigten PAL ist im Bild 15.3.1 zu sehen. Jeder Kreuzungspunkt ist anwenderspezifisch zu programmieren. Alle diese Punkte dienen der Produkttermbildung und sind somit der "UND"-Ebene zugeordnet.

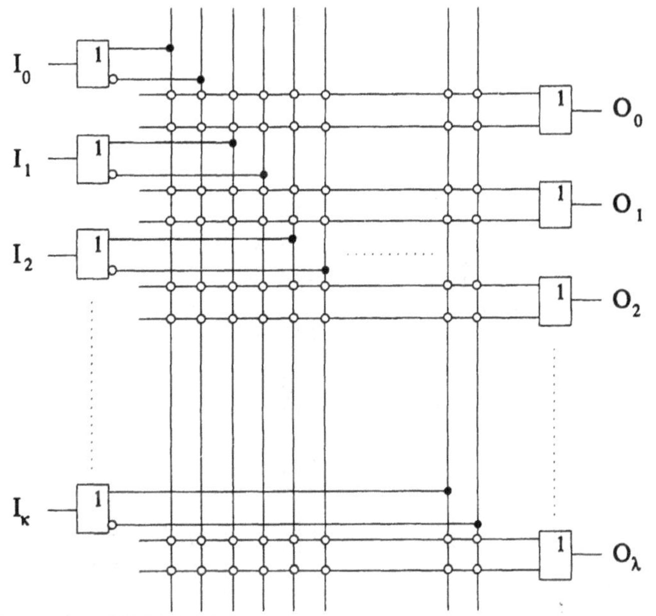

Bild 15.3.1 Einfache PAL-Architektur mit programmierbarer "UND"-Ebene

Unter Nutzung einer solchen PAL-Architektur zeigt Bild 15.3.2 Realisierungsbeispiele für zwei Schaltfunktionen mit je drei Eingangsvariablen.

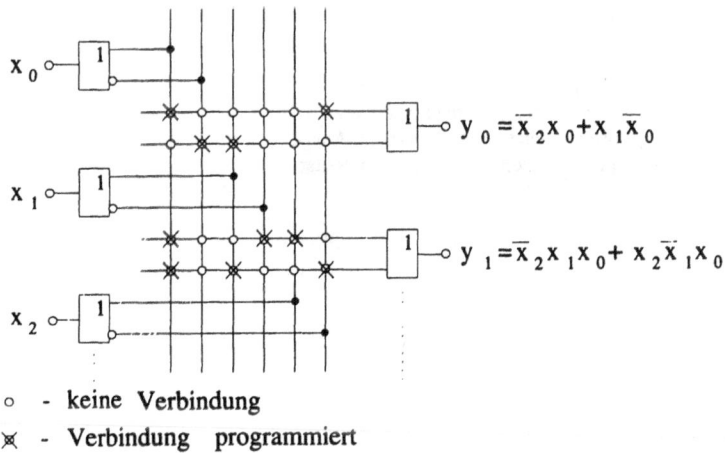

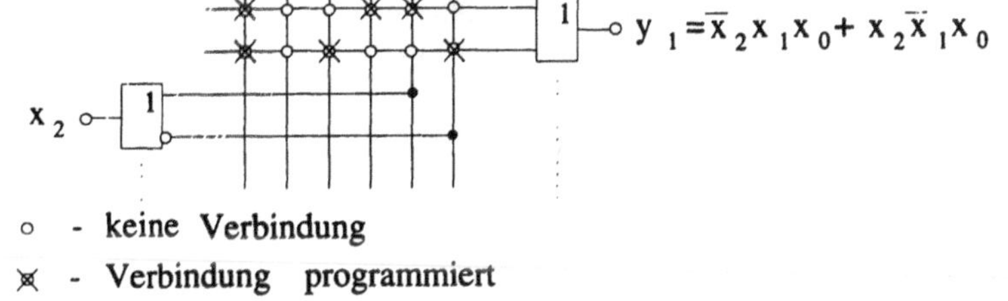

Bild 15.3.2 Beispiel-Realisierung zweier kombinatorischer Schaltfunktionen mit einer PAL-Struktur

Verschiedene Halbleiterhersteller bieten im Vergleich zu der im Bild 15.3.1 dargestellten Schaltung weitaus komplexere PAL -Strukturen an, um spezifischen Anforderungen der Nutzer besser gerecht zu werden. Die Bilder 15.3.3 und 15.3.4 zeigen Ausschnitte solcher PLD-Bausteine.

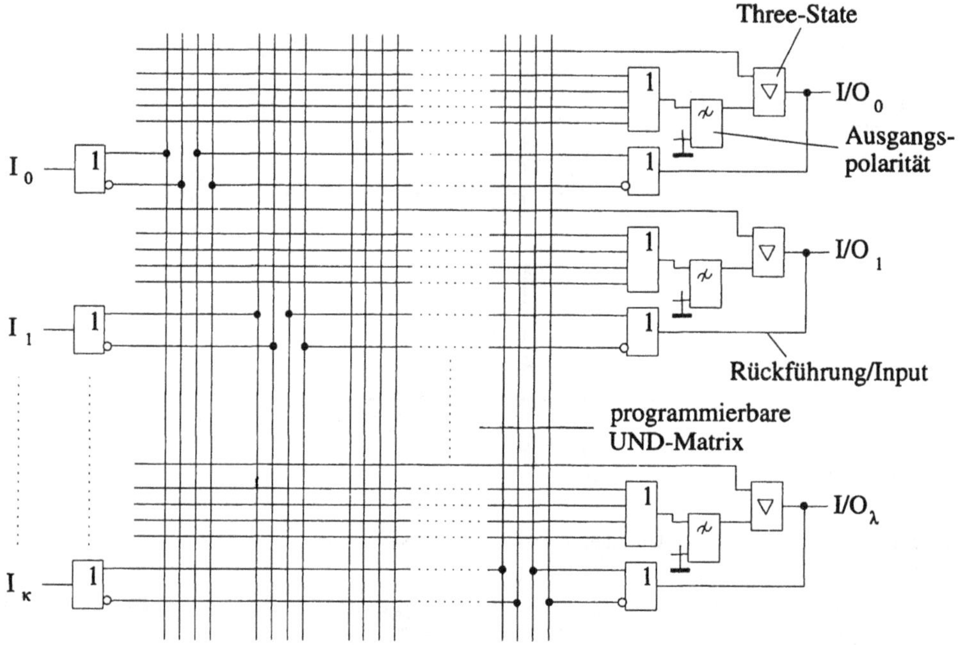

Bild 15.3.3 Komplexe PAL-Architektur mit programmierbarer "UND"-Ebene, programmierbarer Anzahl der Ein- und Ausgänge, programmierbaren Three-State-Ausgängen, Rückführungen von den Ausgängen zur "UND"-Ebene, programmierbarer Ausgangspolarität

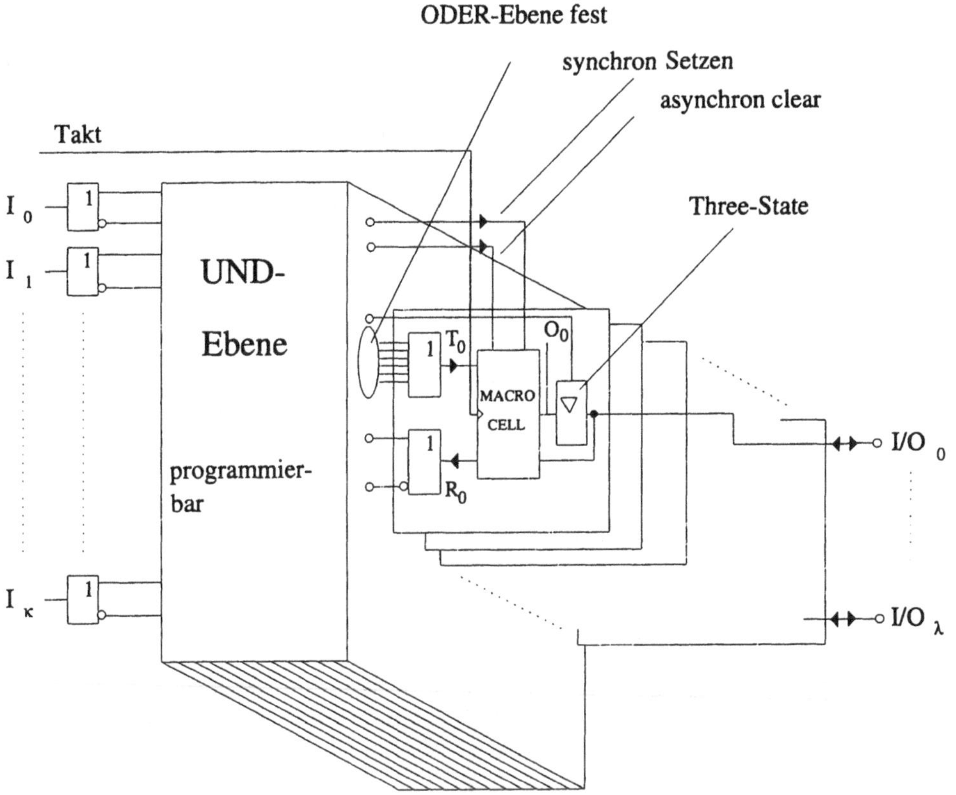

MACRO CELL

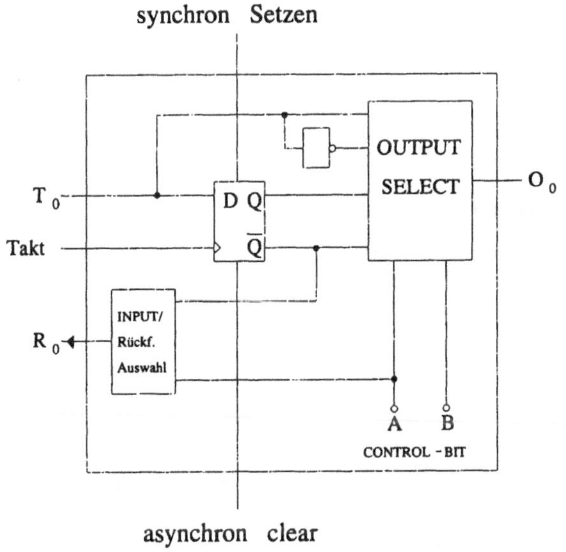

Bild 15.3.4 PAL-Architektur in PEEL (Programmable Electrically Erasable Logic)-Bausteinen mit variabler Produktterm-Verteilung, programmierbaren Makrozellen u. a. (partielle Darstellung) [15.2]

15.4 PML (Programmable Macro Logic)

Eine partiell aufgelöste Blockschaltung einer PML nach Bild 15.3 ist im folgenden für die Realisierung einer zweistufigen Schaltung auf NAND-Basis spezifiziert (Bild 15.4.1). In kommerziell gefertigten PML-Bausteinen gibt es auch Möglichkeiten der anwenderspezifischen Programmierung von mehr als zweistufigen Schaltungen auf NAND-Basis. Über Rückführungen durchlaufen dann die Signale die programmierbare Verbindungsmatrix mehrfach.

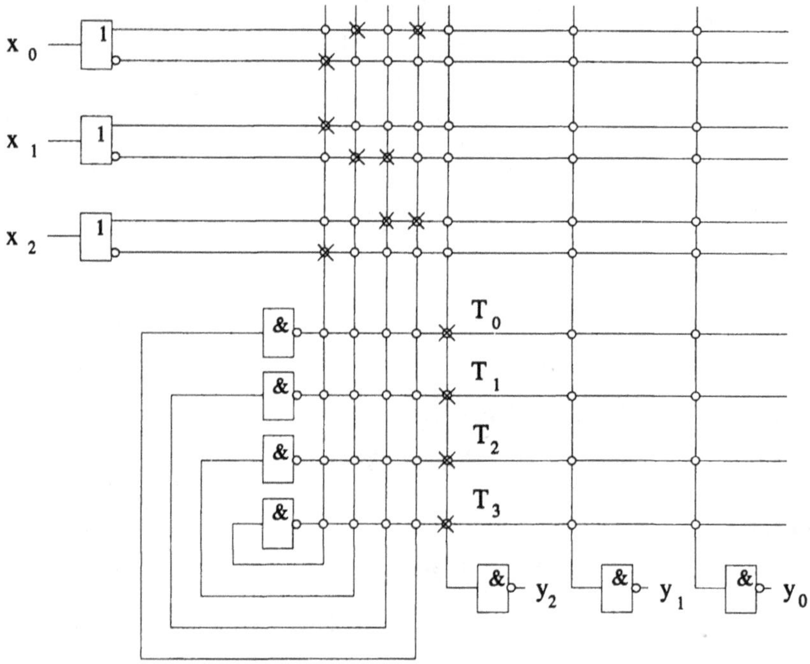

○ - keine Verbindung

⊠ - Verbindung programmiert

$$y_2 = \overline{T_3 \cdot T_2 \cdot T_1 \cdot T_0}$$

$$= \overline{\overline{\bar{x}_2 x_1 \bar{x}_0} \cdot \overline{\bar{x}_1 x_0} \cdot \overline{x_2 \bar{x}_1} \cdot \overline{x_2 x_0}}$$

$$= \bar{x}_2 x_1 \bar{x}_0 + \bar{x}_1 x_0 + x_2 \bar{x}_1 + x_2 x_0 =$$

Bild 15.4.1 Beispiel-Realisierung einer kombinatorischen Schaltfunktion mit einer PML-Struktur

15.5 Programmiertechnologien für PLD

Im folgenden werden die z. Z. bekannten Programmiertechnologien für PLD tabellarisch dargestellt.

Technologie	PLD	Programmieren u. Löschen
1) Maskenprogrammierung beim Halbleiterhersteller	ROM	Herstellung der Verbindungen mit letzter Metallisierungsmaske nicht löschbar
2) Schmelz-Programmierung FUSIBLE LINK	PROM PAL PLA	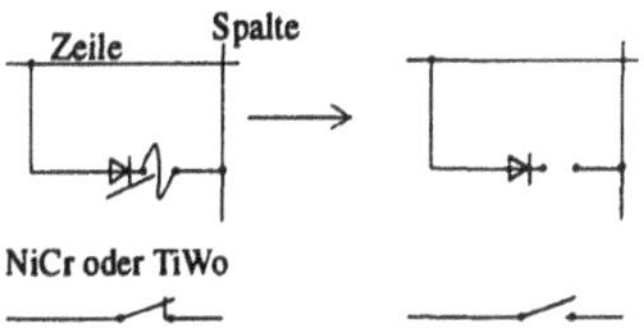 NiCr: Programmierung mit Strompuls etwa 500 mA, etwa 1 ms
3) PLICE antifuse, [15.3]	FPGA	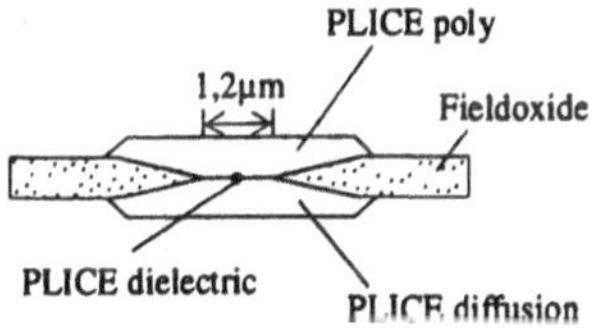 Ron < 1 kOhm, Roff > 100 MOhm Zerstören des „dielectric“ mit 18 V, < 10 ms, < 10 mA
4) FAMOS-Transistor (Floating Gate Avalanche MOS)	EEPROM PAL PLA	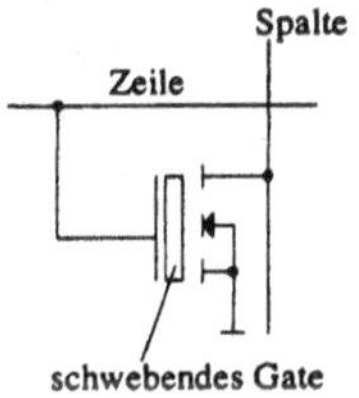 Programmierung typabhängig mit etwa 20 - 25 V, damit Erhöhung der Schwellenspannung des FAMOS-Transistors, löschen mit UV (250 nm) etwa 30 min durch Quarzfenster im Gehäuse

Technologie	PLD	Programmieren u. Löschen
5) FLOTOX-Transistor (Floating Gate Tunnel Oxid)	EEPROM EAROM PAL PLA	wie FAMOS, aber dünne Oxidschicht zwischen Gate und Drain, Elektronen tunneln bei hohen Feldstärken, damit Löschung, Programmieren bei 20 V U_{GS}, Löschen bei 20 V U_{DS}
6) E²CMOS-Technologie [15.4]	GAL	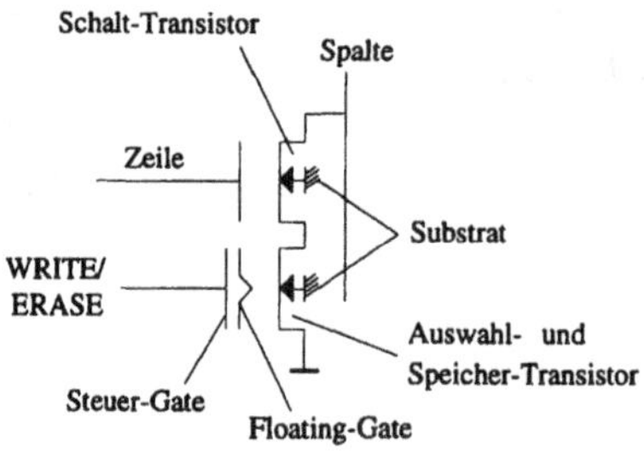
7) S-RAM-Zelle [15.1]	LCA AGA	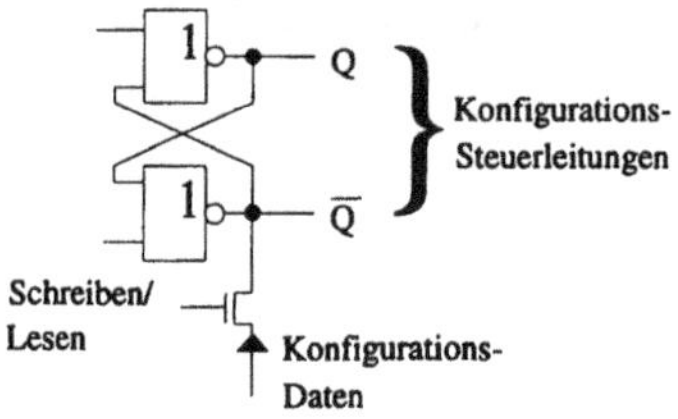

16 Realisierung kombinatorischer Schaltungen mit Multiplexern

Ein Multiplexer (MUX) besitzt Dateneingänge $D_{e-1},...,D_{\varepsilon},...,D_0$, deren aktuelle logischen Werte 0 oder 1 mit Hilfe der Multiplexer-Adreßeingänge $A_{k-1},...,A_{\kappa},...,A_o$ auf seinen Ausgang y geschaltet werden.
Ist zum Beispiel die max. Anzahl der Dateneingänge $e = 2^k$ und

$$\varepsilon = \sum_{\kappa=0}^{k-1} A_{\varepsilon,\kappa} \cdot 2^{\kappa},$$

d. h. $\underline{A}_{\varepsilon}$ ist die in Vektorform angeordnete binäre Darstellung der natürlichen Zahl ε, dann gilt:

$$y_{\varepsilon} = D_{\varepsilon} \quad \text{für } \underline{A}_{\varepsilon} = (A_{\varepsilon,k-1},...,A_{\varepsilon,\kappa},...,A_{\varepsilon,0}). \qquad (16.1)$$

Das Schaltsymbol eines solchen Multiplexers ist im Bild 16.1 dargestellt.

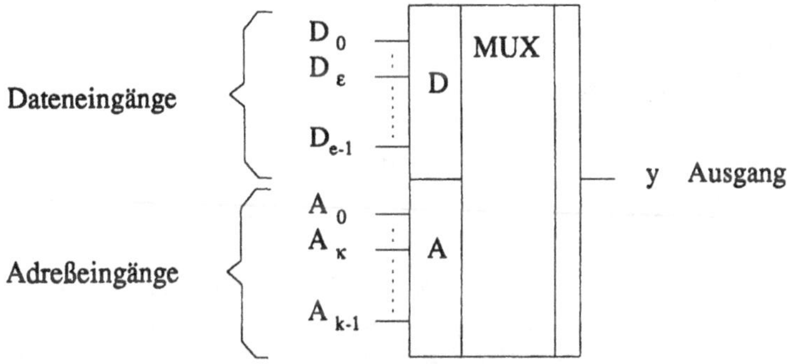

Bild 16.1 Symbol eines Multiplexers (MUX)

Wird der Dateneingang D_{ε} des MUX über die Eingangsbelegung der Adreßbit $A_{\varepsilon,k-1},...,A_{\varepsilon,\kappa},...,A_{\varepsilon,0}$ ausgewählt, so erscheint sein logischer Wert $D_{\varepsilon} \in \{0,1\}$ am Ausgang $y = y_{\varepsilon} = D_{\varepsilon} \in \{0,1\}$.
Mit k = 3 Adreßeingängen z. B. kann ein MUX $e = 2^k = 2^3 = 8$ Dateneingänge D_{ε} auf seinen Ausgang y schalten. Es handelt sich also um einen 8 auf 1-MUX. Symbol und Wahrheitstabelle sind für einen solchen MUX im Bild 16.2 spezifiziert:

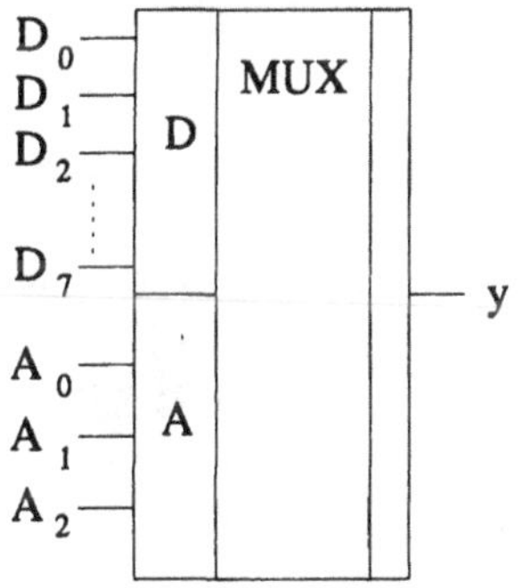

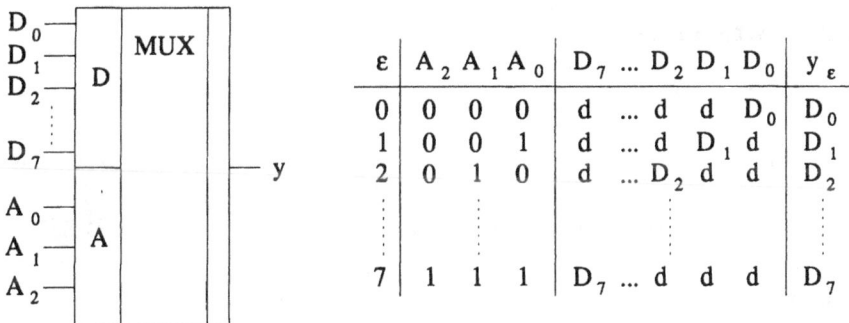

ε	A_2	A_1	A_0	D_7	...	D_2	D_1	D_0	y_{ε}
0	0	0	0	d	...	d	d	D_0	D_0
1	0	0	1	d	...	d	D_1	d	D_1
2	0	1	0	d	...	D_2	d	d	D_2
⋮		⋮					⋮		⋮
7	1	1	1	D_7	...	d	d	d	D_7

Bild 16.2 Symbol und Wahrheitstabelle eines 8 auf 1-MUX

Die Schaltfunktion für den MUX-Ausgang y läßt sich aus der Wahrheitstabelle im Bild 16.2 in Analogie zur KDNF-Darstellung (6.1.6) einer Schaltfunktion y = f(x) wie folgt aufschreiben:

$$y = \sum_{e=0}^{e-1} y_e \cdot (A_{e,2} \cdot A_{e,1} \cdot A_{e,0}), \tag{16.2}$$

$$= \sum_{e=0}^{e-1} D_e \cdot (A_{e,2} \cdot A_{e,1} \cdot A_{e,0}), \tag{16.3}$$

$$y = D_0 \overline{A}_2 \overline{A}_1 \overline{A}_0 + D_1 \overline{A}_2 \overline{A}_1 A_0 + D_2 \overline{A}_2 A_1 \overline{A}_0 + \ldots + D_7 A_2 A_1 A_0. \tag{16.4}$$

Ebenso kann man y in Analogie zur KKNF - Darstellung (6.2.6) einer Schaltfunktion y = f(x) ermitteln:

$$y = \prod_{e=0}^{e-1} (y_e + A_{e,2} + A_{e,1} + A_{e,0}), \tag{16.5}$$

$$= \prod_{e=0}^{e-1} (D_e + A_{e,2} + A_{e,1} + A_{e,0}), \tag{16.6}$$

$$y = (D_0 + A_2 + A_1 + A_0) \cdot (D_1 + A_2 + A_1 + \overline{A}_0) \cdot (D_2 + A_2 + \overline{A}_1 + A_0) \cdot \ldots \cdot (D_7 + \overline{A}_2 + \overline{A}_1 + \overline{A}_0) \tag{16.7}$$

Stellt man die KDNF einer Schaltfunktion f(x) (6.1.6) dem Ausdruck (16.2) und die KKNF (6.2.6) dem Ausdruck (16.5) gegenüber, so ist zu erkennen, daß die Adreßeingänge $A_{k-1},\ldots,A_\kappa,\ldots,A_0$ des MUX den Eingangsvariablen $x_{k-1},\ldots x_\kappa,\ldots,x_0$ einer Schaltfunktion y = f(x) entsprechen. Des weiteren sind $A_{e,2} \cdot A_{e,1} \cdot A_{e,0} = m_e$ die Minterme und $A_{e,2} + A_{e,1} + A_{e,0} = M_e$ die Maxterme in den entsprechenden Schaltfunktionen. D. h., zur Realisierung kombinatorischer Schaltungen mit MUX sind deren Adreßeingänge $A_{k-1},\ldots,A_\kappa,\ldots,A_0$ mit den Eingangsvariablen $x_{k-1},\ldots,x_\kappa,\ldots,x_0$ und die Dateneingänge $D_{e-1},\ldots,D_e,\ldots,D_0$ mit den Ausgangsbelegungen $y_{e-1},\ldots,y_e,\ldots,y_0$ zu beschalten. Am Ausgang y des MUX realisiert sich damit die gewünschte Schaltfunktion

$$y = f(x) = \sum_{e=0}^{e-1} D_e \cdot (A_{e,k-1} \cdot \ldots \cdot A_{e,\kappa} \cdot \ldots \cdot A_{e,0}). \tag{16.8}$$

Gegeben sei die Schaltfunktion

$$y = f(x) = \sum 1,3,4,6 \tag{16.9}$$

für k = 3 Variable. Sie soll mit einem ($e = 2^k = 2^3 = 8$) 8 auf 1-MUX realisiert werden.

$$y = m_1 y_1 + m_3 y_3 + m_4 y_4 + m_6 y_6 = \sum 1,3,4,6 \qquad \text{(als KDNF)},$$

$$y = (M_0 + y_0) \cdot (M_2 + y_2) \cdot (M_5 + y_5) \cdot (M_7 + y_7) = \prod 0,2,5,7 \qquad \text{(als KKNF)}.$$

	A_2	A_1	A_0	D_ε			
ε	x_2	x_1	x_0	y_ε	m_ε	M_ε	y_ε
0	0	0	0	0		$M_0 = x_2+x_1+x_0$	$M_0 + y_0$
1	0	0	1	1	$m_1 = \bar{x}_2\bar{x}_1x_0$		$m_1 \cdot y_1$
2	0	1	0	0		$M_2 = x_2+\bar{x}_1+x_0$	$M_2 + y_2$
3	0	1	1	1	$m_3 = \bar{x}_2x_1x_0$		$m_3 \cdot y_3$
4	1	0	0	1	$m_4 = x_2\bar{x}_1\bar{x}_0$		$m_4 \cdot y_4$
5	1	0	1	0		$M_5 = \bar{x}_2+x_1+\bar{x}_0$	$M_5 + y_5$
6	1	1	0	1	$m_6 = x_2x_1\bar{x}_0$		$m_6 \cdot y_6$
7	1	1	1	0		$M_7 = \bar{x}_2+\bar{x}_1+\bar{x}_0$	$M_7 + y_7$

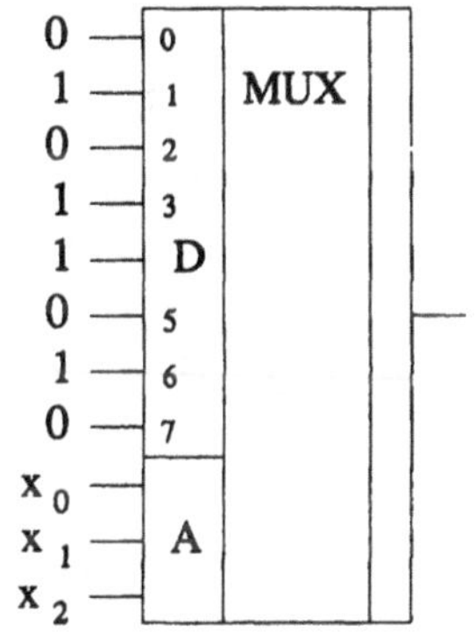

$$
\begin{aligned}
y &= m_1 \cdot y_1 + m_3 \cdot y_3 + m_4 \cdot y_4 + m_6 \cdot y_6 \\
&= m_1 + m_3 + m_4 + m_6 \\
&= \bar{x}_2\bar{x}_1x_0 + \bar{x}_2x_1x_0 + x_2\bar{x}_1\bar{x}_0 + x_2x_1\bar{x}_0 \text{ (KDNF)}
\end{aligned}
$$

$$y = M_0 \cdot M_2 \cdot M_5 \cdot M_7. \text{ (KKNF)}$$

Bild 16.3 Realisierung der Schaltfunktion (16.9) mit einem 8 auf 1-MUX

Die an den Adreßeingängen A wirksam werdenden Eingangsvariablen x_2, x_1, x_0 adressieren mit ihren Belegungen $\underline{x}_\varepsilon$ die Eingangsleitungen D_ε des MUX, an die alle Ausgangsbelegungen $y_\varepsilon \in \{0,1\}$ anzulegen sind. Im Karnaugh-Plan sieht das wie folgt aus:

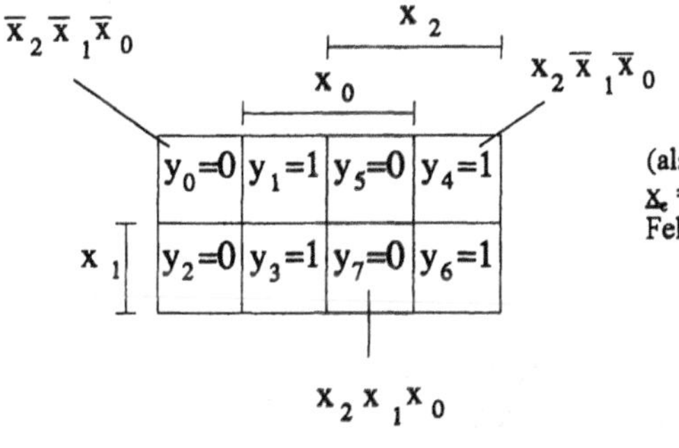

(als Beispiel nur drei angegebene Eingangsbelegungen $\underline{x}_\varepsilon = x_{\varepsilon,2}, x_{\varepsilon,1}, x_{\varepsilon,0}$, die als Adressen zur Auswahl der K-Plan-Felder und damit der Ausgangsbelegungen y_ε dienen).

Es werden also mit den Variablen x_2, x_1, x_0 alle Singles in den Feldern von $\varepsilon = 0$ bis $\varepsilon = 7$ adressiert. Diese Adressen entsprechen den Mintermen m_ε bzw. Maxtermen M_ε. Die

Faktoren y_ε sind die mit der Schaltfunktion $y_\varepsilon = f(\underline{x}_\varepsilon)$ gegebenen Ausgangsbelegungen. Letztere entscheiden mit ihren Werten 0 oder 1 über die Mitgliedschaft dieser Minterme m_ε bzw. Maxterme M_ε in der vom MUX realisierten KDNF bzw. KKNF.
Es ist auch möglich, Schaltfunktionen mittels MUX zu realisieren, die weniger Adreßeingänge aufweisen, als Eingangsvariable vorhanden sind. Damit entfällt die bisher dargestellte Analogie der so realisierten Schaltfunktion zu ihren kanonischen Formen KDNF und KKNF, ebenso der Bezug zu Min- bzw. Maxtermen. So läßt sich z. B. die 3-Variablen-Funktion (16.9) mit einem 4 auf 1-MUX schaltungstechnisch wie folgt umsetzen:

Variante 1: Adressen $x_2\ x_1$

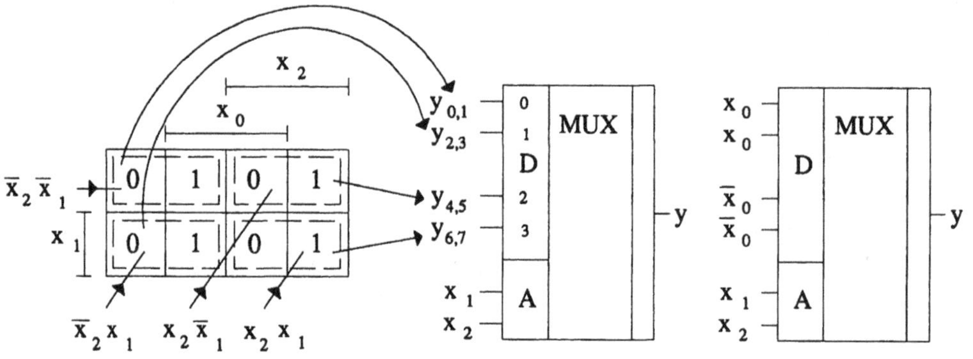

Bild 16.4 Realisierung der Schaltfunktion (16.9) mit einem 4 auf 1-MUX und x_2, x_1 als Adreßbit

Ermittlung der Beschaltung der vier Dateneingangsleitungen mit Hilfe der Wahrheitstabelle:

ε	A_2 x_2	A_1 x_1	x_0	y_ε	Inhalt der Zweierblöcke
0	0	0	0	0	$y_{0,1} = x_0$
1	0	0	1	1	
2	0	1	0	0	$y_{2,3} = x_0$
3	0	1	1	1	
4	1	0	0	1	$y_{4,5} = \overline{x}_0$
5	1	0	1	0	
6	1	1	0	1	$y_{6,7} = \overline{x}_0$
7	1	1	1	0	

(16.10)

Die vier Eingangsbelegungen der Variablen x_2, x_1 adressieren die im K-Plan dargestellten Zweierblöcke $y_{0,1}$, $y_{2,3}$, $y_{4,5}$ und $y_{6,7}$. Die jeweils 4 möglichen Inhalte solcher Zweierblöcke können im allgemeinen z. B. für $y_{0,1}$ sein:

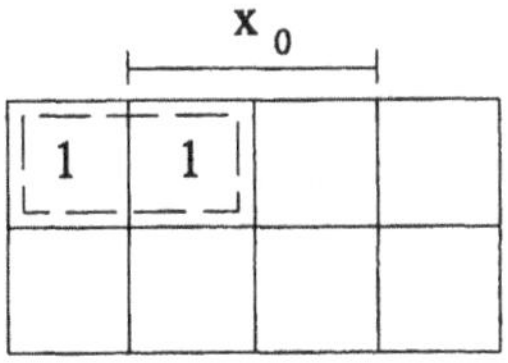

$y_{0,1} = 1$

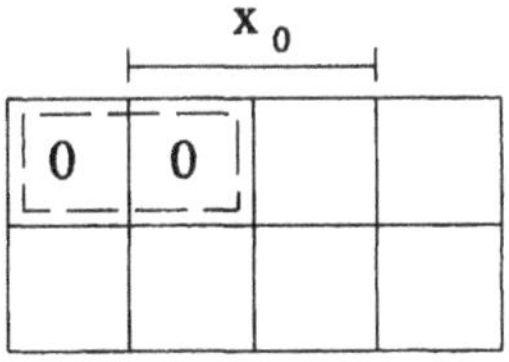

$y_{0,1} = 0$

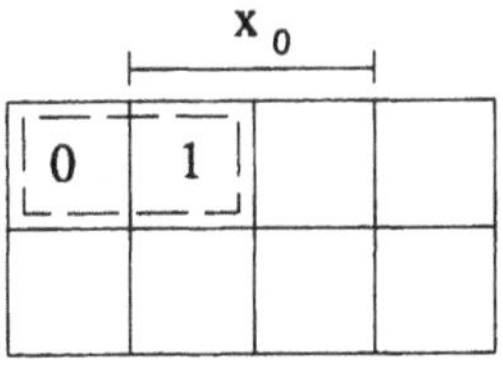

$y_{0,1} = x_0$

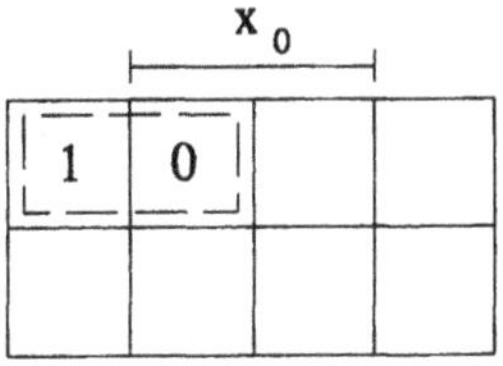

$y_{0,1} = \overline{x}_0$

Die Schaltfunktion y = f(x) (16.9) ergibt sich dann am Ausgang des MUX wie folgt:

$$y = y_{0,1}\overline{A}_1\overline{A}_0 + y_{2,3}\overline{A}_1A_0 + y_{4,5}A_1\overline{A}_0 + y_{6,7}A_1A_0 \qquad (16.11)$$
$$y = (y_{0,1}+A_1+A_0)\cdot(y_{2,3}+A_1+\overline{A}_0)\cdot(y_{4,5}+\overline{A}_1+A_0)\cdot(y_{6,7}+\overline{A}_1+\overline{A}_0).$$

Die Darstellung (16.10) steht hier lediglich zur Verdeutlichung der Verfahrensweise zum Auffinden der Zweierblockbelegungen im Karnaugh-Plan. Die Beschaltung der Dateneingänge des MUX kann aus dem Karnaugh-Plan für alle Adreßbitkombinationen auch ohne solche Tabellen sofort ermittelt werden.

$$\begin{aligned} y &= y_{0,1}\overline{x}_2\overline{x}_1 + y_{2,3}\overline{x}_2x_1 + y_{4,5}x_2\overline{x}_1 + y_{6,7}x_2x_1 \\ &= x_0\overline{x}_2\overline{x}_1 + x_0\overline{x}_2x_1 + \overline{x}_0x_2\overline{x}_1 + \overline{x}_0x_2x_1 \\ &= m_1 + m_3 + m_4 + m_6, \end{aligned} \qquad (16.12)$$

oder

$$\begin{aligned} y &= (y_{0,1}+x_2+x_1)\cdot(y_{2,3}+x_2+\overline{x}_1)\cdot(y_{4,5}+\overline{x}_2+x_1)\cdot(y_{6,7}+\overline{x}_2+\overline{x}_1) \\ &= (x_0+x_2+x_1)\cdot(x_0+x_2+\overline{x}_1)\cdot(\overline{x}_0+\overline{x}_2+x_1)\cdot(\overline{x}_0+\overline{x}_2+\overline{x}_0) \\ &= M_0\cdot M_2\cdot M_5\cdot M_7. \end{aligned} \qquad (16.13)$$

<u>Variante 2:</u> Adressen $x_2\, x_0$

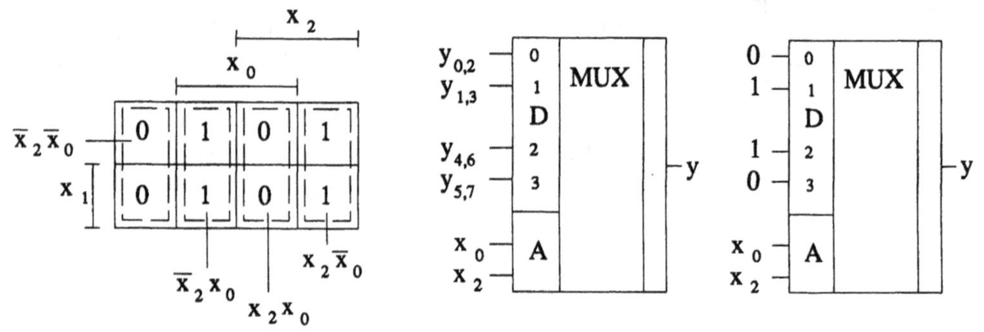

Bild 16.5 Realisierung der Schaltfunktion (16.9) mit einem 4 auf 1-MUX und x_2, x_0 als Adreßbit

Ermittlung der Beschaltung der vier Dateneingangsleitungen mit Hilfe der Wahrheitstabelle:

ε	A_2 / x_2	x_1	A_0 / x_0	D_ε / y_ε	Inhalt der Zweierblöcke
0	0	0	0	0	$y_{0,2} = 0$
1	0	0	1	1	$y_{1,3} = 1$
2	0	1	0	0	
3	0	1	1	1	
4	1	0	0	1	$y_{4,6} = 1$
5	1	0	1	0	$y_{5,7} = 0$
6	1	1	0	1	
7	1	1	1	0	

(16.14)

$$\begin{aligned} y &= y_{0,2}\bar{x}_2\bar{x}_0 + y_{1,3}\bar{x}_2 x_0 + y_{4,6}x_2\bar{x}_0 + y_{5,7}x_2x_0 \\ &= 0\cdot\bar{x}_2\bar{x}_0 + 1\cdot\bar{x}_2x_0 + 1\cdot x_2\bar{x}_0 + 0\cdot x_2x_0 \\ &= \bar{x}_2x_0 + x_2\bar{x}_0, \end{aligned} \quad (16.15)$$

$$\begin{aligned} y &= (y_{0,2}+x_2+x_0)\cdot(y_{1,3}+x_2+\bar{x}_0)\cdot(y_{4,6}+\bar{x}_2+x_0)\cdot(y_{5,7}+\bar{x}_2+\bar{x}_0) \\ &= (x_2+x_0)\cdot(\bar{x}_2+\bar{x}_0). \end{aligned} \quad (16.16)$$

Bei dieser Adressenvariante x_2, x_0 kommt die mögliche Minimierung der Schaltfunktion (16.9) zu zwei Zweierblöcken zum Tragen.

<u>Variante 3:</u> Adressen x_1x_0

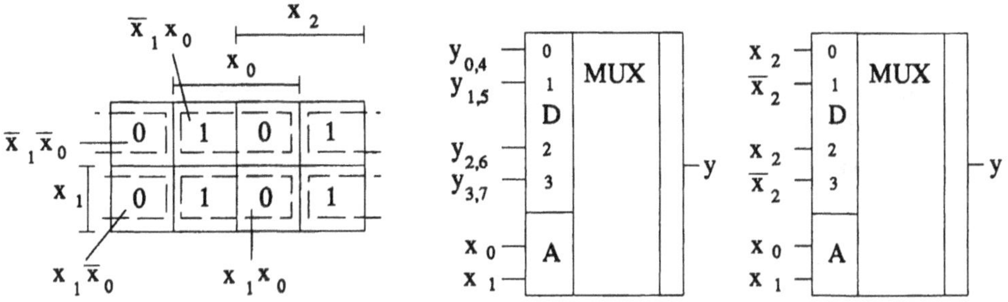

Bild 16.6 Realisierung der Schaltfunktion (16.9) mit einem 4 auf 1-MUX und x_1, x_0 als Adreßbit

Ermittlung der Beschaltung der vier Dateneingangsleitungen mit Hilfe der Wahrheitstabelle:

ε	x_2	A_1 x_1	A_0 x_0	D_ε y_ε	Inhalt der Zweierblöcke
0	0	0	0	0	$y_{0,4} = x_2$
1	0	0	1	1	$y_{1,5} = \overline{x}_2$
2	0	1	0	0	
3	0	1	1	1	
4	1	0	0	1	
5	1	0	1	0	
6	1	1	0	1	$y_{2,6} = x_2$
7	1	1	1	0	$y_{3,7} = \overline{x}_2$

(16.17)

$$\begin{aligned} y &= y_{0,4}\overline{x}_1\overline{x}_0 + y_{1,5}\overline{x}_1x_0 + y_{2,6}x_1\overline{x}_0 + y_{3,7}x_1x_0 \\ &= x_2\overline{x}_1\overline{x}_0 + \overline{x}_2\overline{x}_1x_0 + x_2x_1\overline{x}_0 + \overline{x}_2x_1x_0 \\ &= m_4 + m_1 + m_6 + m_3 \end{aligned} \tag{16.18}$$

$$\begin{aligned} y &= (y_{0,4}+x_1+x_0)\cdot(y_{1,5}+x_1+\overline{x}_0)\cdot(y_{2,6}+\overline{x}_1+x_0)\cdot(y_{3,7}+\overline{x}_1+\overline{x}_0) \\ &= (x_2+x_1+x_0)\cdot(\overline{x}_2+x_1+\overline{x}_0)\cdot(x_2+\overline{x}_1+x_0)\cdot(\overline{x}_2+\overline{x}_1+\overline{x}_0) \\ &= M_0\cdot M_5\cdot M_2\cdot M_7. \end{aligned} \tag{16.19}$$

Die Ermittlung der Beschaltung aller MUX-Dateneingangsleitungen kann auch unmittelbar durch sukzessives Einsetzen aller Variablenwerte der jetzt um eine oder mehrere Variablen reduzierten Eingangsbelegungen $\underline{x}_{\varepsilon'}$, $\underline{x}_{\varepsilon''}$ ... in die Schaltfunktion erfolgen. Dieses Verfahren ist allerdings im Vergleich zur Karnaugh-Plan-Anwendung aufwendiger.

<u>Beispiel:</u> Gegeben ist

$$y = f(x) = \bar{x}_2\bar{x}_1x_0 + x_2x_1 + x_3\bar{x}_2x_1. \qquad (16.20)$$

Diese Schaltfunktion (16.20) soll mit einem 8 auf 1-MUX unter Verwendung von x_3, x_2, x_1 als Adreßbit realisiert werden.
($\underline{x}_{\varepsilon'} = x_{\varepsilon'3}, x_{\varepsilon'2}, x_{\varepsilon'1}$ - Reduzierung der Eingangsbelegung $\underline{x}_{\varepsilon}$ um eine Variable x_0).

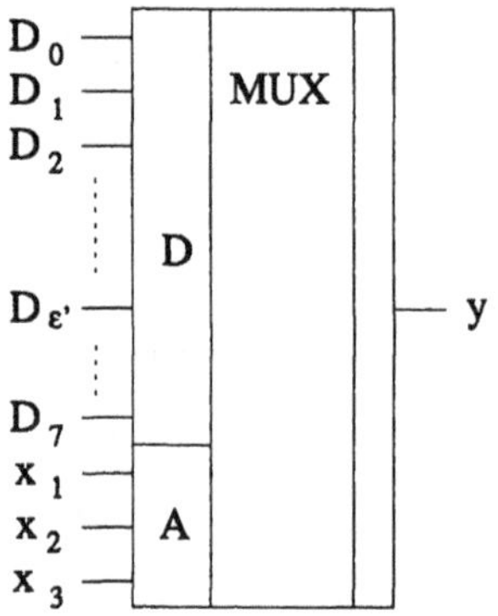

Bild 16.7 8 auf 1-MUX zur Realisierung der Schaltfunktion (16.20)

Ermittlung der Beschaltung von $D_{\varepsilon'}$:

ε	ε'	$x_3\,x_2\,x_1$	x_0	$\bar{x}_2\bar{x}_1x_0$	+ x_2x_1	+ $x_3\bar{x}_2x_1$	$D_{\varepsilon'}$
0	0	0 0 0	0	1 1 x_0	+ 0 0	+ 0 1 0	x_0
1		0 0 0	1				
2	1	0 0 1	0	1 0 x_0	+ 0 1	+ 0 1 1	0
3		0 0 1	1				
4	2	0 1 0	0	0 1 x_0	+ 1 0	+ 0 0 0	0
5		0 1 0	1				
6	3	0 1 1	0	0 0 x_0	+ 1 1	+ 0 0 1	1
7		0 1 1	1				
8	4	1 0 0	0	1 1 x_0	+ 0 0	+ 1 1 0	x_0
9		1 0 0	1				
10	5	1 0 1	0	1 0 x_0	+ 0 1	+ 1 1 1	1
11		1 0 1	1				
12	6	1 1 0	0	0 1 x_0	+ 1 0	+ 1 0 0	0
13		1 1 0	1				
14	7	1 1 1	0	0 0 x_0	+ 1 1	+ 1 0 1	1
15		1 1 1	1				

(16.21)

Mit dem K-Plan wird die gleiche Aufgabe wie folgt gelöst:

$y_{0,1} = f(\overline{x}_3, \overline{x}_2, \overline{x}_1) = x_0$

$y_{2,3} = f(\overline{x}_3, \overline{x}_2, x_1) = 0$

$y_{4,5} = f(\overline{x}_3, x_2, \overline{x}_1) = 0$

$y_{6,7} = f(\overline{x}_3, x_2, x_1) = 1$

$y_{14,15} = f(x_3, x_2, x_1) = 1$

$y_{12,13} = f(x_3, x_2, \overline{x}_1) = 0$

$y_{10,11} = f(x_3, \overline{x}_2, x_1) = 1$

$y_{8,9} = f(x_3, \overline{x}_2, \overline{x}_1) = x_0$

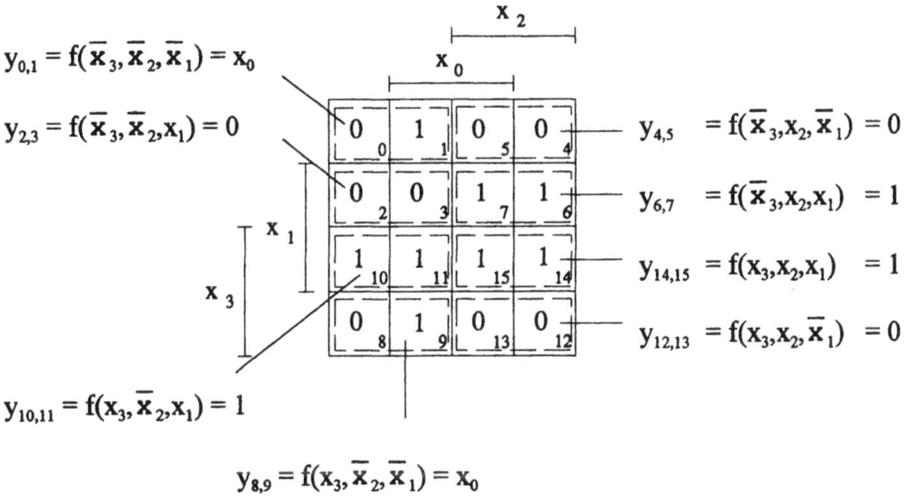

$$(16.22)$$

Ergebnis von (16.21) bzw. (16.22):

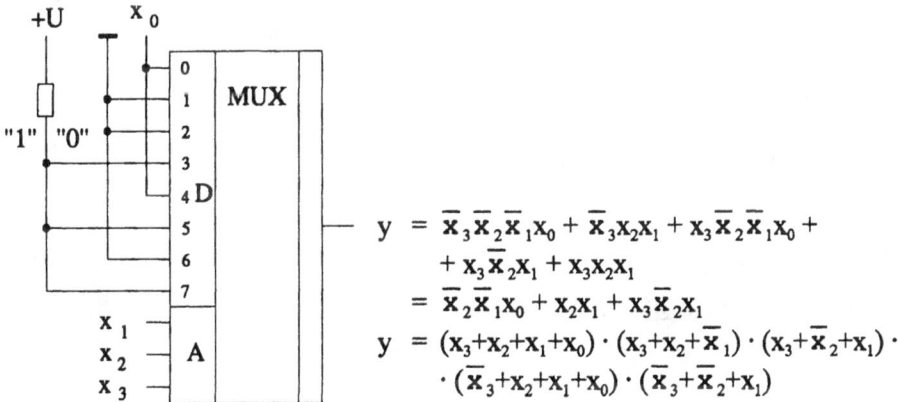

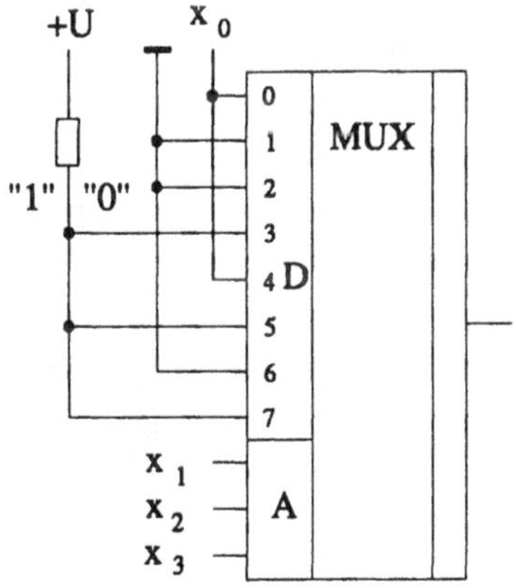

$$y = \overline{x}_3\overline{x}_2\overline{x}_1x_0 + \overline{x}_3x_2x_1 + x_3\overline{x}_2\overline{x}_1x_0 +$$
$$+ x_3\overline{x}_2x_1 + x_3x_2x_1$$
$$= \overline{x}_2\overline{x}_1x_0 + x_2x_1 + x_3\overline{x}_2x_1$$
$$y = (x_3+x_2+x_1+x_0) \cdot (x_3+x_2+\overline{x}_1) \cdot (x_3+\overline{x}_2+x_1) \cdot$$
$$\cdot (\overline{x}_3+x_2+x_1+x_0) \cdot (\overline{x}_3+\overline{x}_2+x_1)$$

Bild 16.8 Beschaltung des 8 auf 1-MUX zur Realisierung der Schaltfunktion (16.20)

Beispiel:

Die Schaltfunktion (16.20) soll mit einem 4 auf 1-MUX unter Verwendung von x_2, x_1 als Adreßbit realisiert werden.
($x_{e''} = x_{e''2}, x_{e''1}$ - Reduzierung der Eingangsbelegungen x_e um zwei Variable x_3 und x_0).

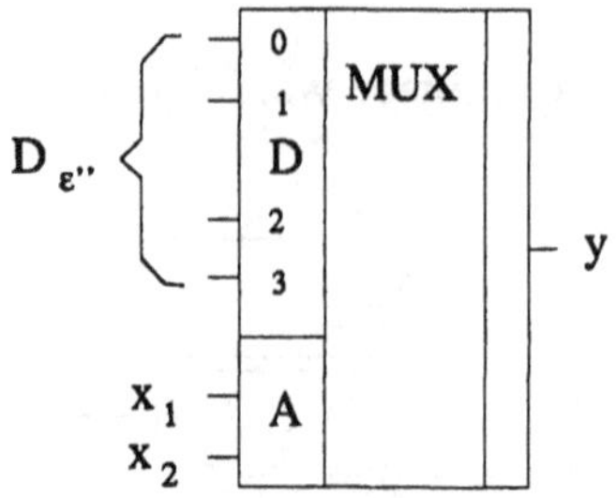

Bild 16.9 4 auf 1-MUX zur Realisierung der Schaltfunktion (16.20)

Ermittlung der Beschaltung von $D_{\varepsilon''}$:

ε	ε''	$x_3\ x_2\ x_1\ x_0$	$-\ \bar{x}_2\ \bar{x}_1\ x_0\ +\ -\ \bar{x}_2\ x_1\ -\ +\ x_3\ \bar{x}_2\ x_1\ -$	$D_{\varepsilon''}$
0 1 8 9	0	0 0 0 0 0 0 0 1 1 0 0 0 1 0 0 1	$-\ 1\ \ 1\ x_0\ +\ -\ 0\ \ 0\ -\ +\ x_3\ 1\ \ 0\ -$	x_0
2 3 10 11	1	0 0 1 0 0 0 1 1 1 0 1 0 1 0 1 1	$-\ 1\ \ 0\ x_0\ +\ -\ 0\ \ 1\ -\ +\ x_3\ 1\ \ 1\ -$	x_3
4 5 12 13	2	0 1 0 0 0 1 0 1 1 1 0 0 1 1 0 1	$-\ 0\ \ 1\ x_0\ +\ -\ 1\ \ 0\ -\ +\ x_3\ 0\ \ 0\ -$	0
6 7 14 15	3	0 1 1 0 0 1 1 1 1 1 1 0 1 1 1 1	$-\ 0\ \ 0\ x_0\ +\ -\ 1\ \ 1\ -\ +\ x_3\ 0\ \ 1\ -$	1

(16.23)

Mit dem K-Plan wird die gleiche Aufgabe wie folgt gelöst:

$$y_{0,1,8,9} = f(\bar{x}_2\bar{x}_1) = x_0$$

$$y_{4,5,12,13} = f(x_2\bar{x}_1) = 0$$

(16.24)

$$y_{6,7,14,15} = f(x_2x_1) = 1$$

$$y_{2,3,10,11} = f(\bar{x}_2x_1) = x_3$$

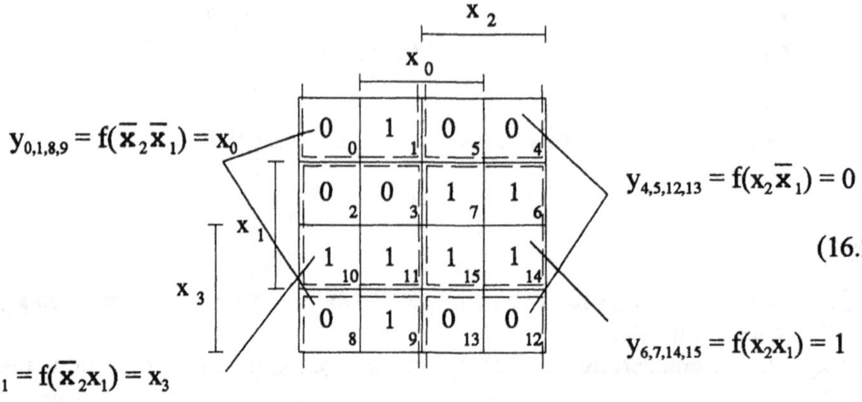

Ergebnis von (16.23) und (16.24):

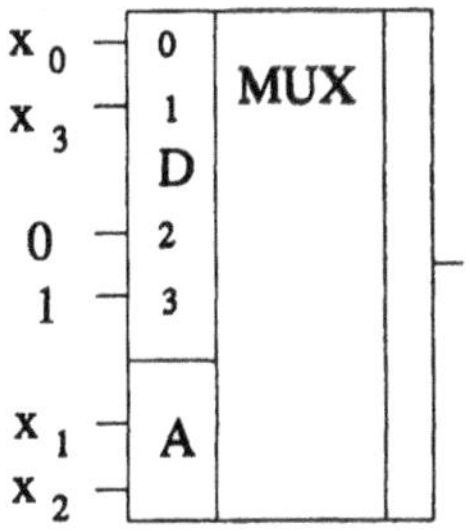

$$y = \overline{x}_2\overline{x}_1x_0 + x_3\overline{x}_2x_1 + x_2x_1$$
$$y = (x_2+x_1+x_0)(x_3+x_2+\overline{x}_1)(\overline{x}_2+x_1)$$

Bild 16.10 Beschaltung des 4 auf 1-MUX zur Realisierung der Schaltfunktion (16.20)

Ein letztes Beispiel zeigt die Realisierung der Booleschen Funktion

$$y = f(x) = x_3x_2\overline{x}_0 + \overline{x}_2\overline{x}_1x_0 + x_3x_0 + x_2\overline{x}_0 \qquad (16.25)$$

mit einem 4 auf 1-MUX. Als Adreßbit sollen z. B. x_2 und x_1 fungieren. Die Belegungen der Datenleitungen $D_{\varepsilon''}$ werden im Karnaugh-Plan ermittelt:

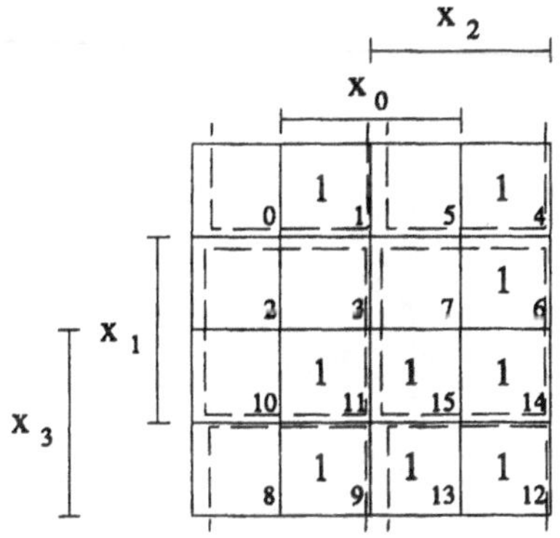

ε''	x_2 x_1	$D_{\varepsilon''}$
0	0 0	$D_0 = y_{0,1,8,9} = x_0$
1	0 1	$D_1 = y_{2,3,10,11} = x_3\, x_0$
2	1 0	$D_2 = y_{4,5,12,13} = x_3 + \overline{x}_0$
3	1 1	$D_3 = y_{6,7,14,15} = x_3 + \overline{x}_0$

(16.26)

Erläuterung: z. B. ε" = 3, $y_{6,7,14,15} = f(x_2,x_1) = x_3 + \overline{x}_0$

Zweierblock: $\overline{x}_0$

im K-Plan wird
mit $x_{\varepsilon''} = x_{\varepsilon,2}, x_{\varepsilon,1}$ ⇒
der Viererblock $B_{6,7,14,15}$
adressiert

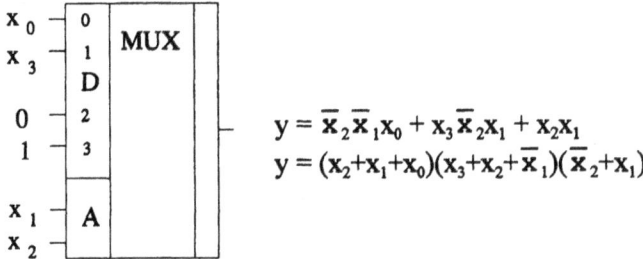

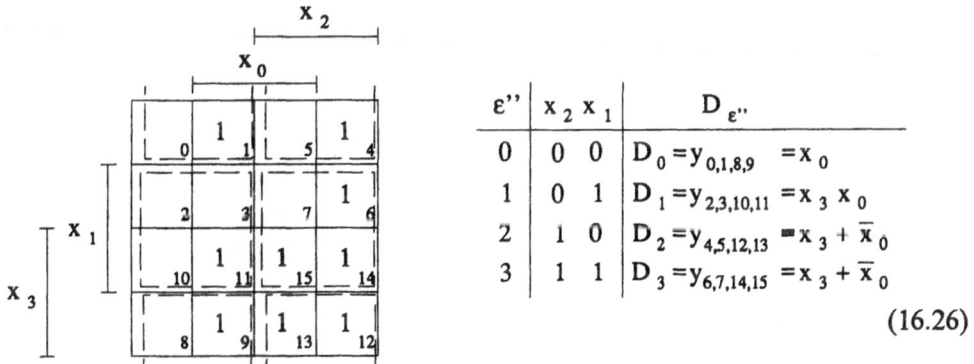

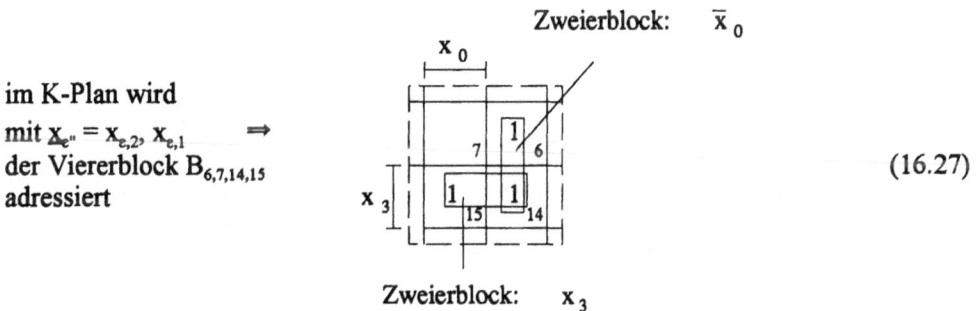

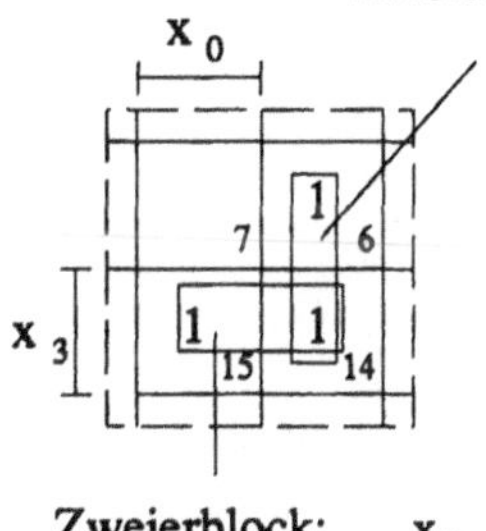

(16.27)

Zweierblock: x_3

also ist der Inhalt dieses Viererblocks: $y_{6,7,14,15} = x_3 + \bar{x}_0$.

Ergebnis:

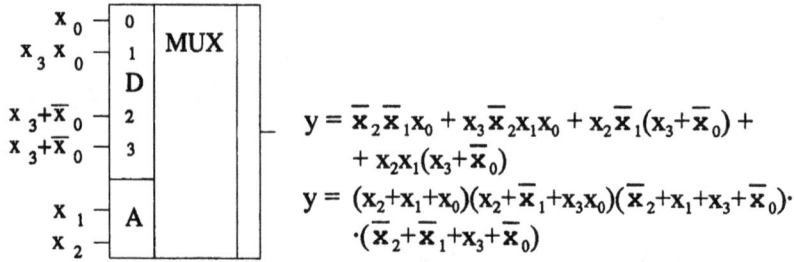

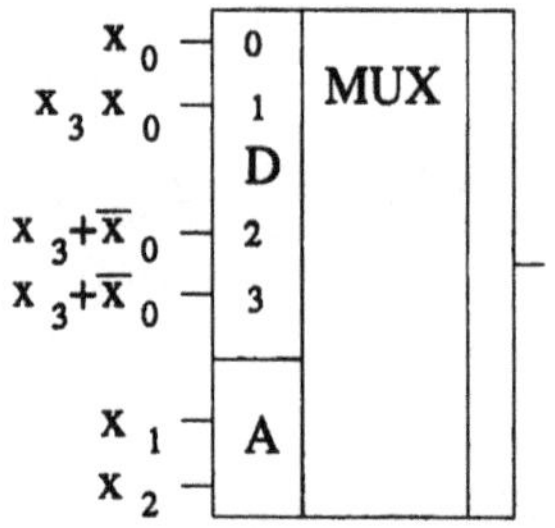

$$y = \bar{x}_2\bar{x}_1x_0 + x_3\bar{x}_2x_1x_0 + x_2\bar{x}_1(x_3+\bar{x}_0) + x_2x_1(x_3+\bar{x}_0)$$

$$y = (x_2+x_1+x_0)(x_2+\bar{x}_1+x_3x_0)(\bar{x}_2+x_1+x_3+\bar{x}_0)\cdot(\bar{x}_2+\bar{x}_1+x_3+\bar{x}_0)$$

Bild 16.11 Beschaltung des 4 auf 1-MUX zur Realisierung der Schaltfunktion (16.25)

17 Kombinatorische Grundschaltungen

In diesem Abschnitt werden die häufig verwendeten Grundschaltungen

- digitaler Komparator
- Multiplexer
- Demultiplexer
- Addierer
- Kodewandler

in ihren schaltungstechnischen Strukturen und Funktionsweisen beschrieben. Die prinzipielle Realisierung erfolgt auf Gatterniveau anhand ausgewählter Beispiele. Hinweise auf Standard-IC mit den o. g. Grundschaltungen beschließen jeden Teilabschnitt.

17.1 Komparator (Vergleicher)

Ein Digitalwert-Komparator ermöglicht den Vergleich von Binärzahlen. Er trifft Entscheidungen darüber, ob eine an seinem Eingang anliegende Binärzahl größer, gleich oder kleiner als eine andere am Eingang anliegende Binärzahl ist. Für den Vergleich zweier einstelliger Binärzahlen ist die folgende Schaltung im Bild 17.1.1 geeignet.

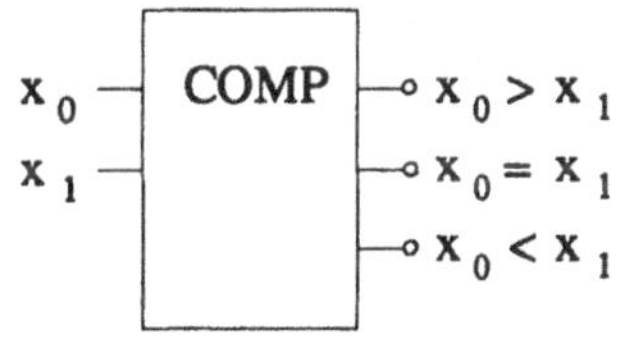

ε	$x_1\ x_0$	$x_0 > x_1$	$x_0 = x_1$	$x_0 < x_1$
0	0 0	0	1	0
1	0 1	1	0	0
2	1 0	0	0	1
3	1 1	0	1	0

KDNF:

$$(x_0>x_1) = \overline{x}_1 x_0 \qquad (17.1.1)$$

$$(x_0<x_1) = x_1 \overline{x}_0 \qquad (17.1.2)$$

$$(x_0=x_1) = \overline{x}_1 \overline{x}_0 + x_1 x_0 \qquad (17.1.3)$$

Bild 17.1.1 Schaltungssymbol und Wahrheitstabelle eines Komparators für zwei einstellige Binärzahlen

17.1.1 Komparatoren für einstellige Binärzahlen

NOR-Realisierung:

$$(x_0>x_1) = \overline{\overline{\overline{x}_1 x_0}} = \overline{x_1 + \overline{x}_0}$$

$$(x_0<x_1) = \overline{\overline{x_1 \overline{x}_0}} = \overline{\overline{x}_1 + x_0}$$

$$(x_0=x_1) = \overline{\overline{\overline{x}_1 \overline{x}_0 + x_1 x_0}} = \overline{(x_1 + x_0)\cdot(\overline{x}_1 + \overline{x}_0)} = \overline{x_1 \overline{x}_0 + x_0 \overline{x}_1}$$

$$= \overline{\overline{(\bar{x}_1+x_0)\cdot(\bar{x}_0+x_1)}} = \overline{\overline{\bar{x}_1+x_0}+\overline{x_1+\bar{x}_0}}$$
$$= \overline{(x_0<x_1)+(x_0>x_1)}$$

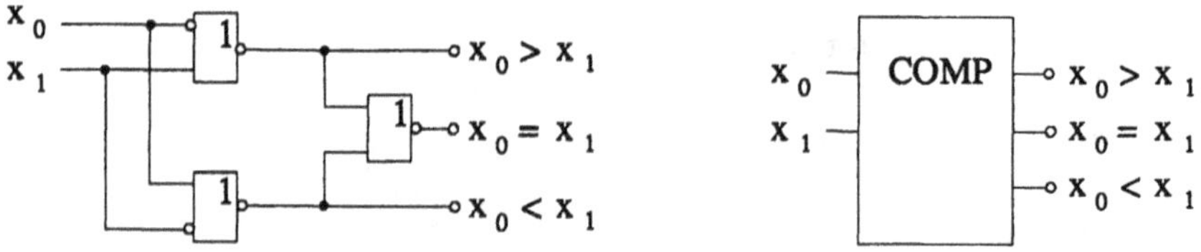

Bild 17.1.2 Einstelliger Komparator mit NOR-Gattern

NAND-Realisierung:

$$\overline{(x_0>x_1)} = \overline{\bar{x}_1 x_0}$$
$$\overline{(x_0<x_1)} = \overline{x_1 \bar{x}_0}$$
$$\overline{(x_0=x_1)} = \overline{\overline{\bar{x}_1 x_0+x_1\bar{x}_0}} = \overline{\overline{\bar{x}_1 x_0}\cdot\overline{x_1\bar{x}_0}} = \overline{\overline{(x_0>x_1)}\cdot\overline{(x_0<x_1)}}$$

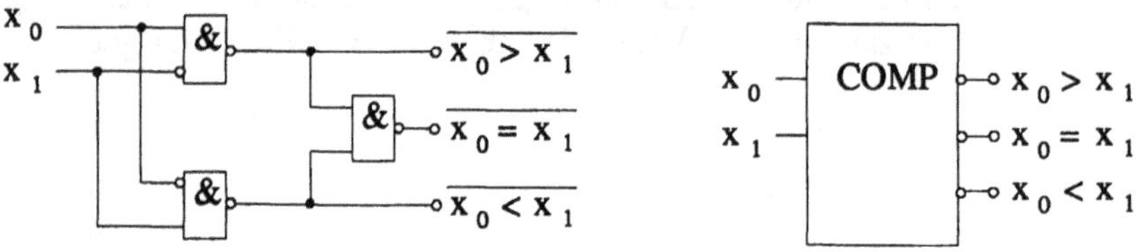

Bild 17.1.3 Einstelliger Komparator mit NAND-Gattern

17.1.2 Komparatoren für mehrstellige Binärzahlen

Zahlen-Komparator mit Kaskadierungseingängen z. B. für zwei 4- bit-Binärzahlen ("2x4-bit"-Komparator):

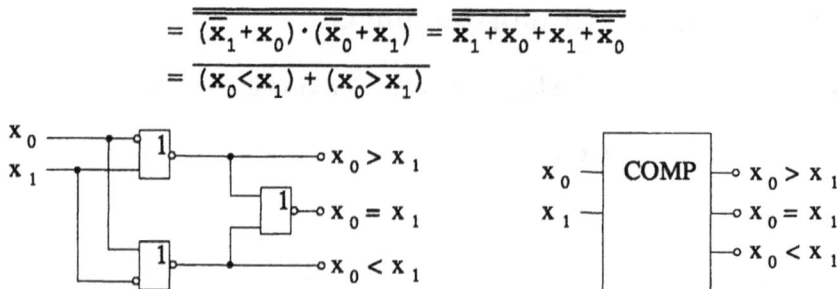

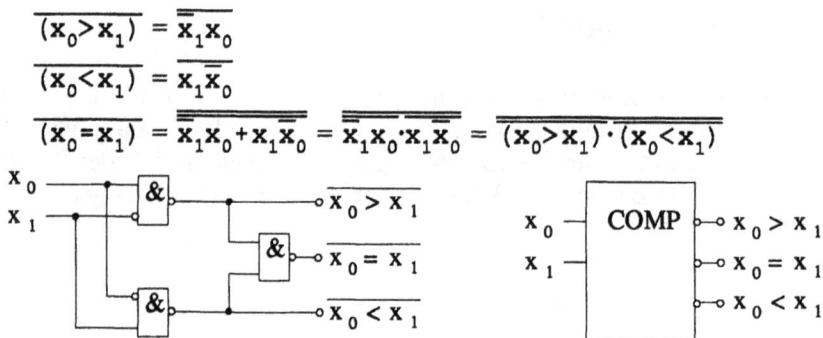

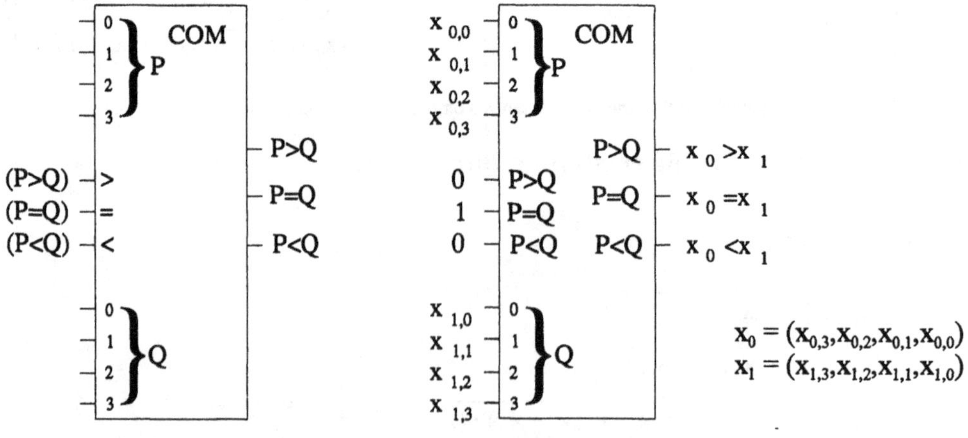

Bild 17.1.4 Schaltsymbol und Beschaltung eines "2x4-bit"-Komparators

Komparatoreingänge				Kaskadierungs-eingänge			Ausgänge		
P_3,Q_3	P_2,Q_2	P_1,Q_1	P_0,Q_0	>	=	<	P>Q	P=Q	P<Q
$P_3>Q_3$	– –	– –	– –	–	–	–	1	0	0
$P_3=Q_3$	$P_2>Q_2$	– –	– –	–	–	–	1	0	0
$P_3=Q_3$	$P_2=Q_2$	$P_1>Q_1$	– –	–	–	–	1	0	0
$P_3=Q_3$	$P_2=Q_2$	$P_1=Q_1$	$P_0>Q_0$	–	–	–	1	0	0
$P_3=Q_3$	$P_2=Q_2$	$P_1=Q_1$	$P_0=Q_0$	1	0	0	1	0	0
$P_3=Q_3$	$P_2=Q_2$	$P_1=Q_1$	$P_0=Q_0$	0	1	0	0	1	0
$P_3=Q_3$	$P_2=Q_2$	$P_1=Q_1$	$P_0=Q_0$	0	0	1	0	0	1
$P_3=Q_3$	$P_2=Q_2$	$P_1=Q_1$	$P_0<Q_0$	–	–	–	0	0	1
$P_3=Q_3$	$P_2=Q_2$	$P_1<Q_1$	–	–	–	–	0	0	1
$P_3=Q_3$	$P_2<Q_2$	–	–	–	–	–	0	0	1
$P_3<Q_3$	–	–	–	–	–	–	0	0	1

Tabelle 17.1.1 Wahrheitstabelle eines "2x4-bit"-Komparators nach Bild 17.1.4

Die Beschaltung der Kaskadierungseingänge ist für den Fall der Gleichheit beider 4-bit-Zahlen x_1 und x_0 erforderlich. Wird ein solcher Komparator ohne Kaskadierung betrieben, sind seine Kaskadierungseingänge wie im Bild 17.1.4 zu beschalten (6. Zeile in der Wahrheitstabelle !).
Bei serieller Kaskadierung z. B. zweier solcher Komparatoren lassen sich zwei 8-bit-Binärzahlen vergleichen:

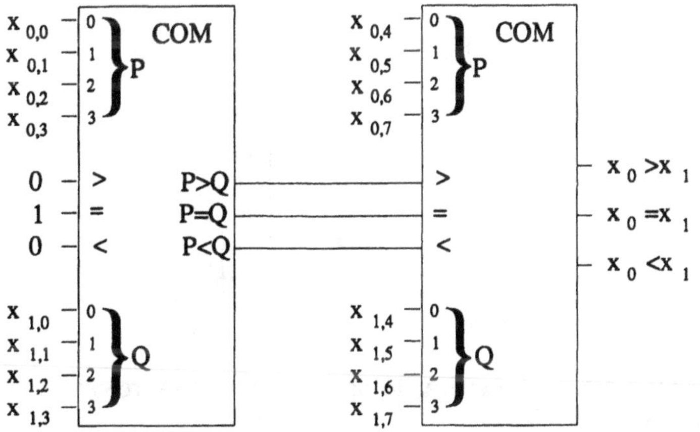

Bild 17.1.5 Serielle Kaskadierung von zwei "2x4-bit"-Komparatoren zum Vergleich von zwei 8-bit-Binärzahlen x_0 und x_1

17.2 Multiplexer/Demultiplexer

Bei diesen Grundschaltungen handelt es sich um adressengesteuerte Schalter, die einen sogenannten Raummultiplex realisieren. Multiplexer schalten e Eingangsleitungen D_ε, genauer deren logischen Zustand 0 oder 1, auf eine Ausgangsleitung y.

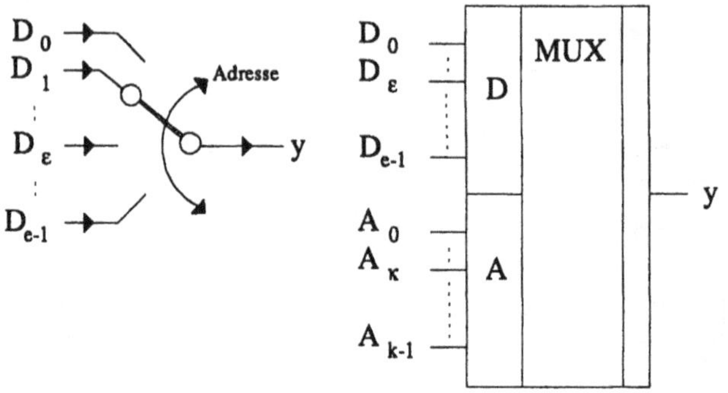

Bild 17.2.1 Prinzipielle Multiplexer-Struktur

Erfolgt die Kodierung der Adressen A_κ binär, so sind mit k Adreßbit $2^k = e$ Eingangsleitungen D_ε auswählbar, d. h.

$$\varepsilon = \sum_{\kappa=0}^{k-1} A_{\varepsilon,\kappa} \cdot 2^\kappa.$$

Demultiplexer schalten eine Eingangsleitung D, genauer deren logischen Zustand 0 oder 1 auf ℓ Ausgangsleitungen y_λ.

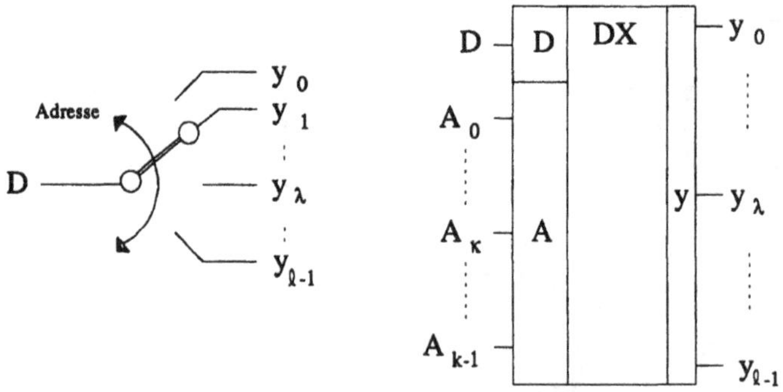

Bild 17.2.2 Prinzipielle Demultiplexer-Struktur

Erfolgt die Kodierung der Adressen A_κ binär, so sind mit k-Adreßbit $2^k = \ell$ Ausgangsleitungen y_λ auswählbar, d. h.

$$\lambda = \sum_{\kappa=0}^{k-1} A_{\lambda,\kappa} \cdot 2^\kappa.$$

17.2.1 Multiplexer

Allgemein läßt sich ein Multiplexer wie folgt beschreiben:

ε	A_{k-1}	··	A_κ	··	A_1	A_0	D_{e-1}	··	D_ε	··	D_1	D_0	y
0	0	··	0	··	0	0	–	··	–	··	–	D_0	D_0
1	0	··	0	··	0	1	–	··	–	··	D_1	–	D_1
⋮			⋮						⋮				⋮
ε	$A_{\varepsilon,k-1}$	··	$A_{\varepsilon,\kappa}$	··	$A_{\varepsilon,1}$	$A_{\varepsilon,0}$	–		D_ε		–	–	D_ε
⋮			⋮						⋮				⋮
e-1	1	··	1	··	1	1	D_{e-1}	··	–	··	–	–	D_{e-1}

(17.2.1.1)

Die $e = 2^k$ Adreßbelegungen $A_{\varepsilon,k-1},\ldots,A_{\varepsilon,\kappa},\ldots,A_{\varepsilon,0}$ bewirken die Durchschaltung der Eingangsdatenleitungen D_ε auf den Ausgang y. Die logischen Pegel der nichtadressierten Eingangsdatenleitungen sind beliebig ("-"). Als Schaltfunktion für den Ausgang y ergibt sich:

$$\begin{aligned} y = {} & \bar{A}_{k-1}\cdot\ldots\cdot\bar{A}_\kappa\cdot\ldots\cdot\bar{A}_1\cdot\bar{A}_0\cdot D_0 + \bar{A}_{k-1}\cdot\ldots\cdot\bar{A}_\kappa\cdot\ldots\bar{A}_1\cdot A_0\cdot D_1 + \ldots + \\ & + \bar{A}_{\varepsilon,k-1}\cdot\ldots\cdot A_{\varepsilon,\kappa}\cdot\ldots\cdot A_{\varepsilon,1}\cdot A_{\varepsilon,0}\cdot D_\varepsilon + \ldots + A_{k-1}\cdot\ldots\cdot A_\kappa\cdot\ldots\cdot A_1\cdot A_0\cdot D_{e-1} \end{aligned} \qquad (17.2.1.2)$$

<u>Beispiel:</u> $k = 3$, $e = 2^k = 8$ Eingangsleitungen D_ε, NAND-Realisierung

ε	A_2	A_1	A_0	D_7	D_6	D_5	D_4	D_3	D_2	D_1	D_0	y
0	0	0	0	–	–	–	–	–	–	–	D_0	D_0
1	0	0	1	–	–	–	–	–	–	D_1	–	D_1
2	0	1	0	–	–	–	–	–	D_2	–	–	D_2
3	0	1	1	–	–	–	–	D_3	–	–	–	D_3
4	1	0	0	–	–	–	D_4	–	–	–	–	D_4
5	1	0	1	–	–	D_5	–	–	–	–	–	D_5
6	1	1	0	–	D_6	–	–	–	–	–	–	D_6
7	1	1	1	D_7	–	–	–	–	–	–	–	D_7

$$y = \overline{\overline{\bar{A}_2\bar{A}_1\bar{A}_0D_0 + \bar{A}_2\bar{A}_1A_0D_1 + \ldots + A_2A_1A_0D_7}}$$

$$y = \overline{\overline{\bar{A}_2\bar{A}_1\bar{A}_0D_0}\cdot\overline{\bar{A}_2\bar{A}_1A_0D_1}\cdot\ldots\cdot\overline{A_2A_1A_0D_7}}$$

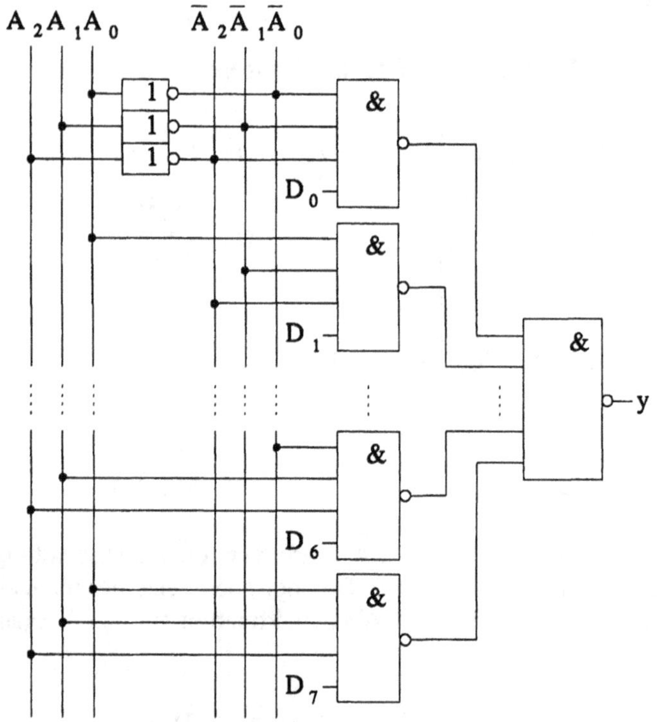

Bild 17.2.3 Schaltung für einen 8 auf 1-MUX

Beispiel: Integrierte Schaltung, 16-auf-1-MUX

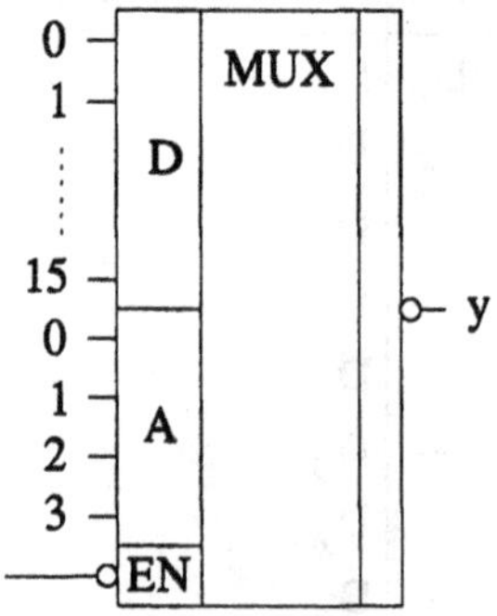

ε	A_3	A_2	A_1	A_0	EN	y
	–	–	–	–	1	1
0	0	0	0	0	0	$\overline{D}_0$
1	0	0	0	1	0	$\overline{D}_1$
2	0	0	1	0	0	$\overline{D}_2$
⋮			⋮		⋮	⋮
15	1	1	1	1	0	$\overline{D}_{15}$

(17.2.1.3)

Beispiel: Integrierte Schaltung, 4 x 2-auf-1 MUX, Tristate - Ausgänge

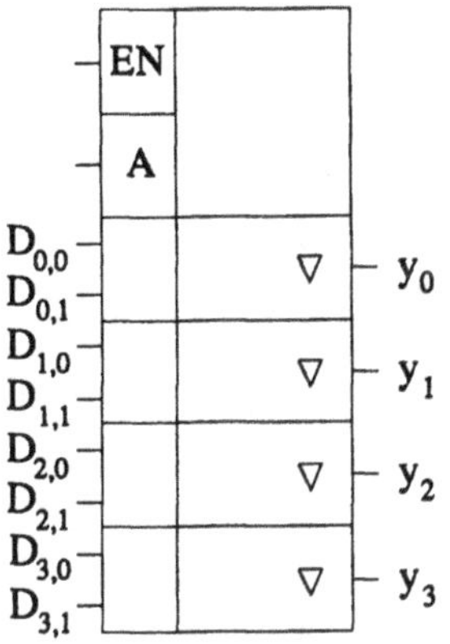

ε	A	EN	y_3	y_2	y_1	y_0
	–	1	Z	Z	Z	Z
0	0	0	$D_{3,0}$	$D_{2,0}$	$D_{1,0}$	$D_{0,0}$
1	1	0	$D_{3,1}$	$D_{2,1}$	$D_{1,1}$	$D_{0,1}$

(17.2.1.4)

17.2.2 Demultiplexer

Allgemein läßt sich ein Demultiplexer wie folgt beschreiben:

λ	$A_{k-1} \cdot\cdot A_\kappa \cdot\cdot A_1 \; A_0$	D	$y_{\ell-1} \cdot\cdot y_\lambda \cdot\cdot y_1 \; y_0$
0	0 ·· 0 ·· 0 0	D	0 ·· 0 ·· 0 D
1	0 ·· 0 ·· 0 1	D	0 ·· 0 ·· D 0
⋮	⋮	⋮	⋮
λ	$A_{\lambda,k-1} \cdot\cdot A_{\lambda,\kappa} \cdot\cdot A_{\lambda,1} A_{\lambda,0}$	D	0 ·· D ·· 0 0
⋮	⋮	⋮	⋮
ℓ -1	1 ·· 1 ·· 1 1	D	D ·· 0 ·· 0 0

(17.2.2.1)

Die $\ell = 2^k$ Adreßbelegungen $A_{\lambda,k-1},\ldots,A_{\lambda,\kappa},\ldots,A_{\lambda,0}$ bewirken die Durchschaltung der Dateneingangsleitung D auf die Ausgänge y_λ. Die nichtadressierten Ausgänge liegen in diesem Beispiel auf logisch "0".

$$y_0 = \overline{A}_{k-1}\cdot\ldots\cdot\overline{A}_\kappa\cdot\ldots\cdot\overline{A}_1\cdot\overline{A}_0\cdot D$$

$$y_1 = \overline{A}_{k-1}\cdot\ldots\cdot\overline{A}_\kappa\cdot\ldots\cdot\overline{A}_1\cdot A_0\cdot D$$

|

$$y_\lambda = \overline{A}_{\lambda,k-1}\cdot\ldots\cdot A_{\lambda,\kappa}\cdot\ldots\cdot A_{\lambda,1}\cdot A_{\lambda,0}\cdot D \qquad (17.2.2.2)$$

|

$$y_{\ell-1} = A_{k-1}\cdot\ldots\cdot A_\kappa\cdot\ldots\cdot A_1\cdot A_0\cdot D$$

Beispiel: k = 3, $\ell = 2^k = 8$ Ausgangsleitungen y_λ, NAND-Realisierung

λ	A_2	A_1	A_0	D	y_7	y_6	y_5	y_4	y_3	y_2	y_1	y_0
0	0	0	0	D	1	1	1	1	1	1	1	$\overline{D}$
1	0	0	1	D						1	$\overline{D}$	1
2	0	1	0	D					1	$\overline{D}$	1	
3	0	1	1	D				1	$\overline{D}$	1		
4	1	0	0	D			1	$\overline{D}$	1			
5	1	0	1	D		1	$\overline{D}$	1				
6	1	1	0	D	1	$\overline{D}$	1					
7	1	1	1	D	$\overline{D}$	1	1	1	1	1	1	1

$$y_0 = \overline{\overline{A}_2 \cdot \overline{A}_1 \cdot \overline{A}_0 \cdot D}$$

$$y_1 = \overline{\overline{A}_2 \cdot \overline{A}_1 \cdot A_0 \cdot D}$$

|

$$y_7 = \overline{A_2 \cdot A_1 \cdot A_0 \cdot D}$$

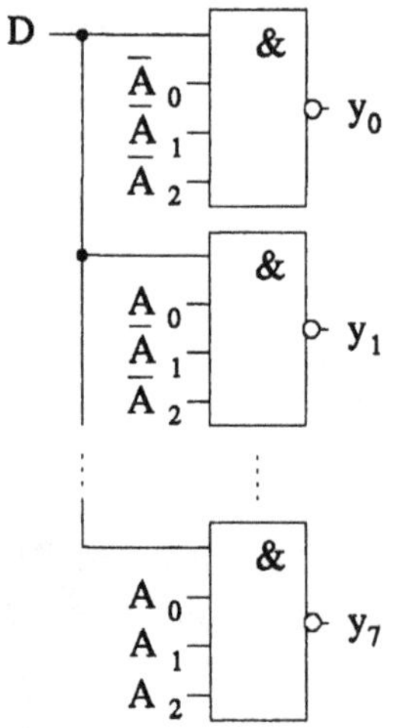

Bild 17.2.4 Wahrheitstabelle und Schaltung für einen 1 auf 8-DEMUX

<u>Beispiel:</u> Integrierte Schaltung, 2 x 1-auf-4-DEMUX

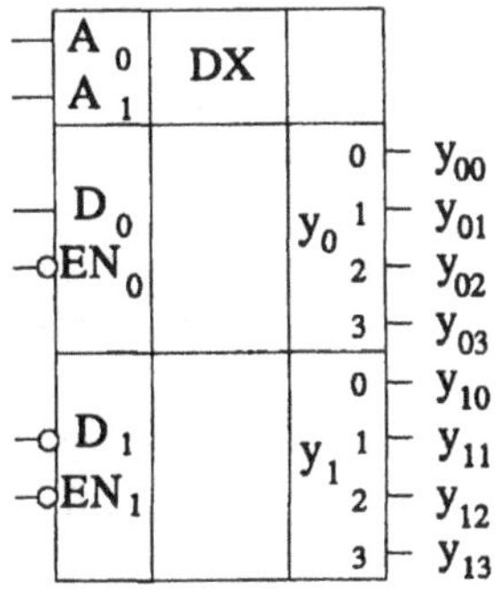

$$y_{00} = A_1 + A_0 + \overline{D}_0 + EN_0$$
$$y_{01} = A_1 + \overline{A}_0 + \overline{D}_0 + EN_0$$
|
$$y_{10} = A_1 + A_0 + D_1 + EN_1$$
$$y_{11} = A_1 + \overline{A}_0 + D_1 + EN_1$$
|

A_1	A_0	EN	D_0	D_1	y_{00}	y_{01}	y_{02}	y_{03}	y_{10}	y_{11}	y_{12}	y_{13}
–	–	1	–	–	1	1	1	1	1	1	1	1
0	0	0	D_0	D_1	$\overline{D}_0$	1	1	1	D_1	1	1	1
0	1	0	D_0	D_1	1	$\overline{D}_0$	1	1	1	D_1	1	1
1	0	0	D_0	D_1	1	1	$\overline{D}_0$	1	1	1	D_1	1
1	1	0	D_0	D_1	1	1	1	$\overline{D}_0$	1	1	1	D_1

Bild 17.2.5 Schaltungssymbol und Wahrheitstabelle einer integrierten Standardschaltung mit zwei 1 auf 4-Demultiplexern

Aus dieser im Bild 17.2.5 spezifizierten Schaltung läßt sich durch die folgende Belegung ihrer Eingänge ein 1 auf 8-Demultiplexer realisieren.

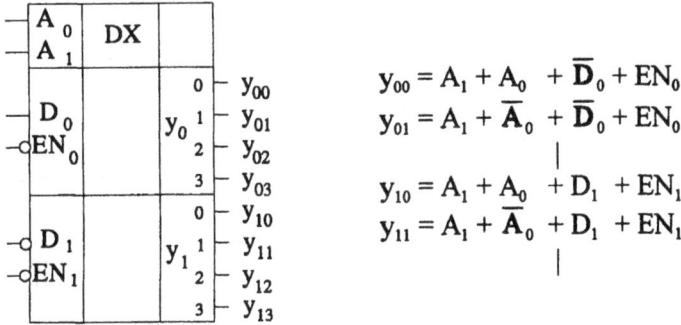

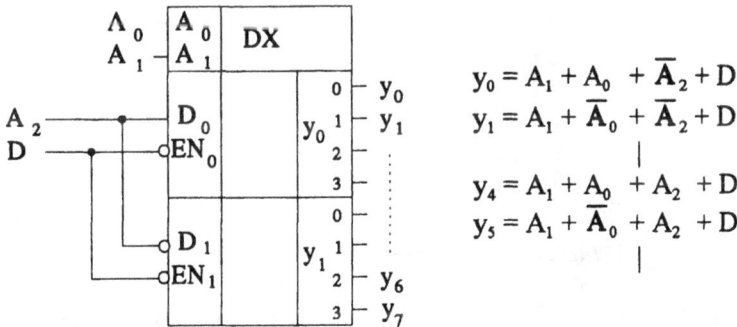

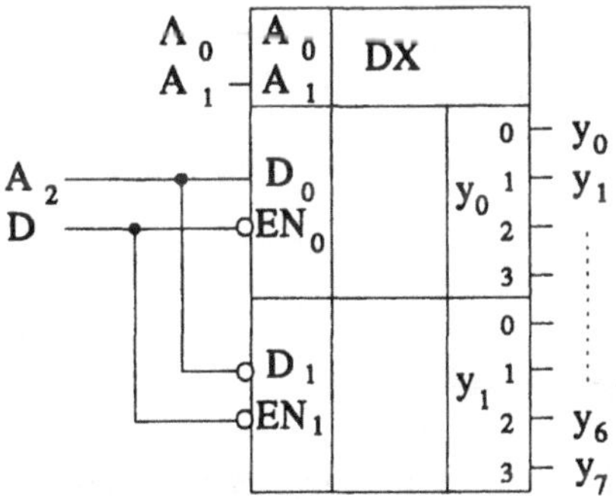

$$y_0 = A_1 + A_0 + \overline{A}_2 + D$$
$$y_1 = A_1 + \overline{A}_0 + \overline{A}_2 + D$$
|
$$y_4 = A_1 + A_0 + A_2 + D$$
$$y_5 = A_1 + \overline{A}_0 + A_2 + D$$
|

A_1	A_0	A_2	D	y_7	y_6	....	y_1	y_0
–	–	–	1	1	1	....	1	1
0	0	1	D	1	1	....	1	D
0	1	1	D	1	1		D	1
⋮			⋮	⋮				⋮
1	0	0	D	1	D	....	1	1
1	1	0	D	D	1	....	1	1

Bild 17.2.6 Schaltungssymbol und Wahrheitstabelle eines integrierten 1 auf 8-Demultiplexers

17.3 Addierer

Addierer sind Grundschaltungen, die auf der Basis der binären Addition Dualzahlen verarbeiten. Die Addition von Dualzahlen bezeichnet man auch als Addition "modulo 2" (zur Basis 2).
Diese Addition "modulo 2" setzt sich zusammen aus einer Summenbildung von Dualzahlen mit Hilfe der ANTIVALENZ-Operation und einer Übertragsbildung für alle beteiligten Eingangsvariablen $x_{k-1},\dots,x_{\kappa},\dots,x_0$.
Verarbeiten Addierer nur Eingangsvariable ohne Berücksichtigung des Übertrages aus einer vorhergehenden Summierschaltung, so spricht man von Halbaddierern.

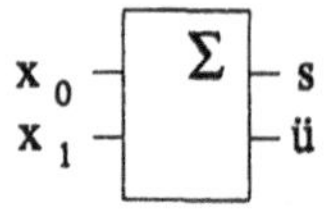

ε	x_1	x_0	s	ü
0	0	0	0	0
1	0	1	1	0
2	1	0	1	0
3	1	1	0	1

$$s = \overline{x}_1 x_0 + x_1 \overline{x}_0 \tag{17.3.1}$$

$$ü = x_1 \cdot x_0 \tag{17.3.2}$$

Bild 17.3.1 Schaltungssymbol und Wahrheitstabelle für einen Halbaddierer

Addierer, die neben den Eingangsvariablen auch einen Übertrag aus vorgeschalteten Stufen verarbeiten, nennt man Volladdierer:

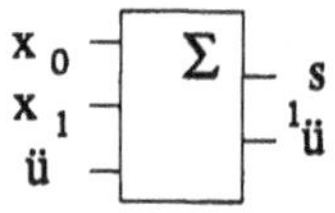

ε	x_1	x_0	ü	s	${}^1ü$
0	0	0	0	0	0
1	0	0	1	1	0
2	0	1	0	1	0
3	0	1	1	0	1
4	1	0	0	1	0
5	1	0	1	0	1
6	1	1	0	0	1
7	1	1	1	1	1

Bild 17.3.2 Schaltungssymbol und Wahrheitstabelle für einen Volladdierer

Für die beiden Ausgänge s und ${}^1ü$ des Volladdierers ergeben sich folgende Schaltfunktionen:

$$s = x_1 \not+ x_0 \not+ ü = \overline{x}_1 \overline{x}_0 ü + \overline{x}_1 x_0 \overline{ü} + x_1 \overline{x}_0 \overline{ü} + x_1 x_0 ü, \tag{17.3.3}$$

${}^1ü$:

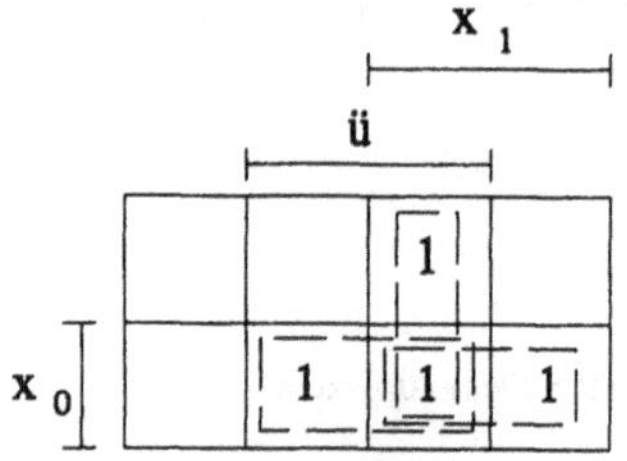

$${}^1ü = x_1 x_0 + x_0 ü + x_1 ü. \tag{17.3.4}$$

17.3.1 Schaltungsrealisierung für Halbaddierer

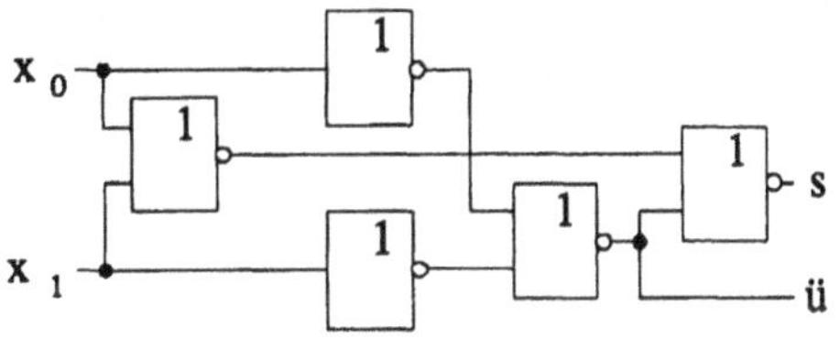

$$s = \overline{\overline{\overline{x}_1+\overline{x}_0}+\overline{x_1+x_0}} =$$
$$= (\overline{x}_1+\overline{x}_0)\cdot(x_1+x_0)$$
$$= \overline{x}_1 x_0 + x_1\,\overline{x}_0$$
$$ü = \overline{\overline{x}_1+\overline{x}_0} = x_1\cdot x_0$$

(17.3.1.1)

Mit der Faktorisierungsmethode nach 14.3 erhält man z. B.:

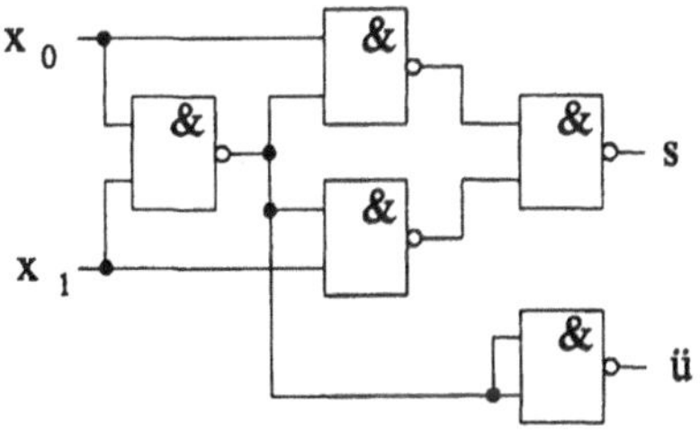

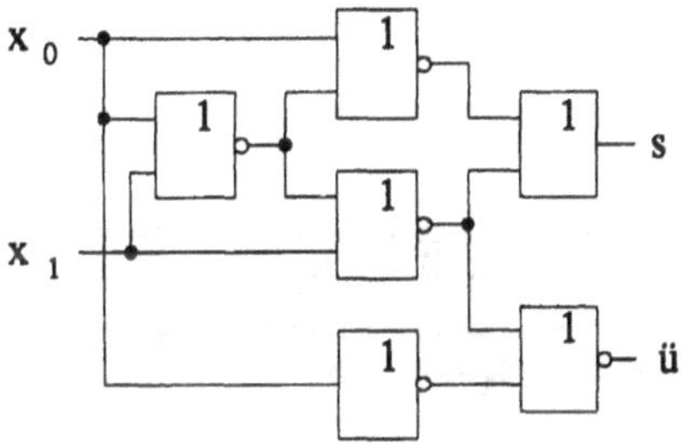

(17.3.1.2) (17.3.1.3)

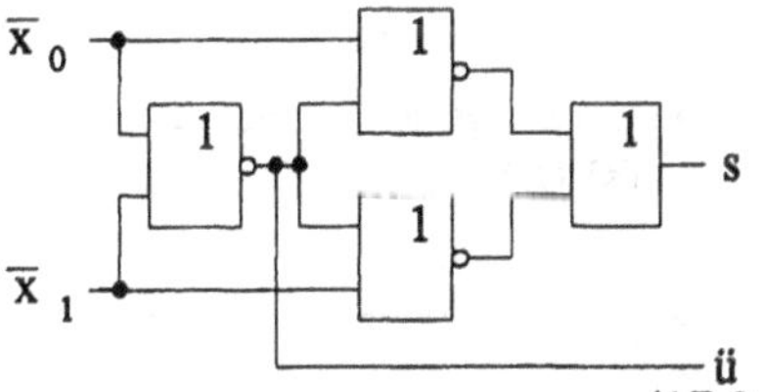

(17.3.1.4)

17.3.2 Schaltungsrealisierung für Volladdierer

Ein Volladdierer läßt sich aus zwei Halbaddierern wie folgt aufbauen:

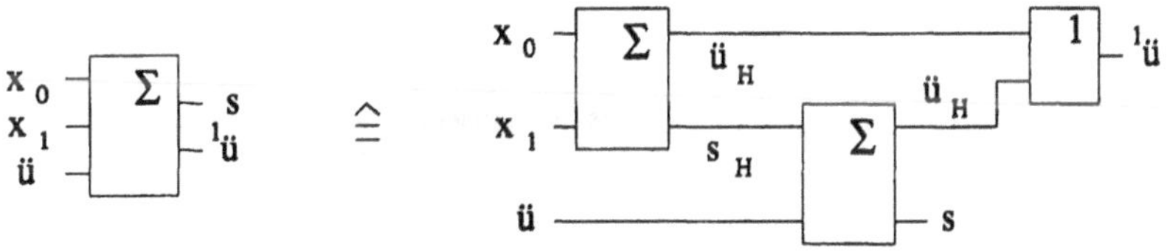

Bild 17.3.3 Blockschaltbild für einen aus zwei Halbaddierern realisierten Volladdierer

Synthetisiert man Volladdierer-Schaltungen mit diskreten Standard-IC, so erhält man bereits sehr komplexe Gebilde. Der Einsatz integrierter Standard-IC ist hier in den meisten Anwendungsfällen anzustreben. Trotzdem werden zwei Schaltungen zur Summenbildung und eine zur Übertragserzeugung auf Gatterniveau als Beispiele für mögliche Realisierungsvarianten angegeben.

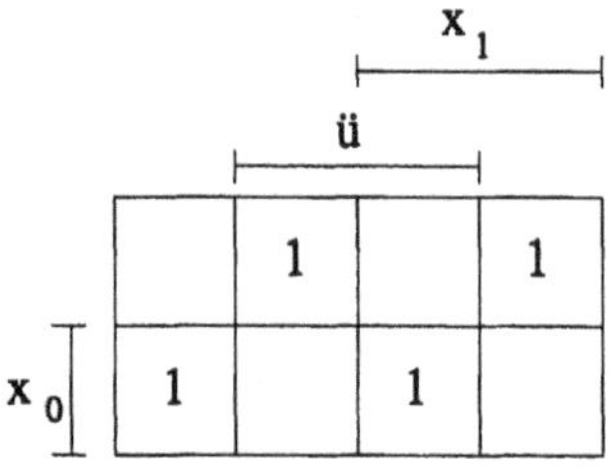

$$s = \overline{\overline{x_1 x_0 ü + x_1 \overline{x}_0 \overline{ü} + \overline{x}_1 \overline{x}_0 ü + \overline{x}_1 x_0 \overline{ü}}}$$

$$= \overline{\overline{x_1 x_0 ü} \cdot \overline{x_1 \overline{x}_0 \overline{ü}} \cdot \overline{\overline{x}_1 \overline{x}_0 ü} \cdot \overline{\overline{x}_1 x_0 \overline{ü}}}$$

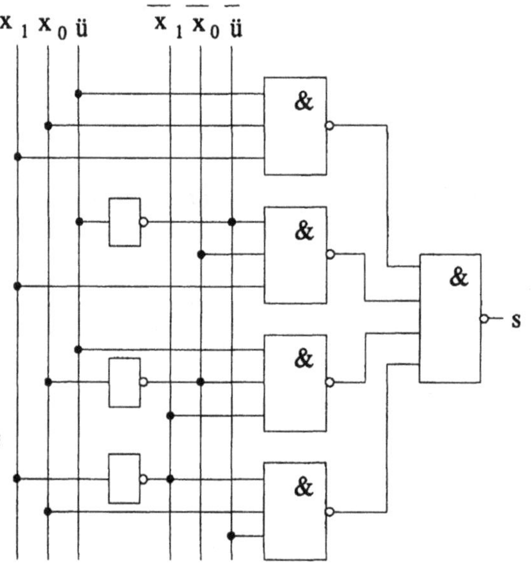

Bild 17.3.4 Zweistufige Realisierung der Summe eines Volladders als Kanonische Disjunktive Normalform (KDNF)

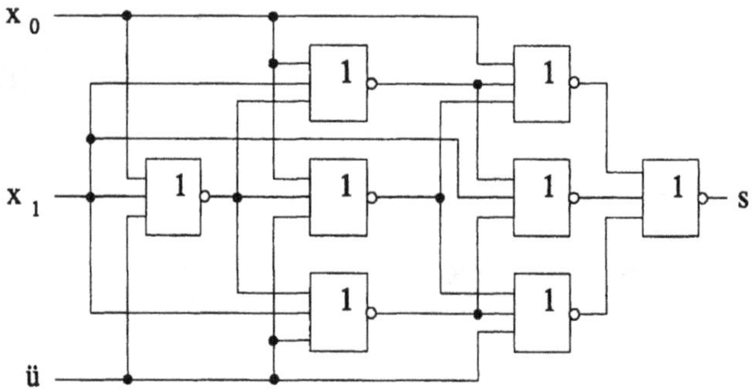

Bild 17.3.5 Mehrstufige Realisierung der Summe eines Volladders (Faktorisierung nach 14.3)

Schaltung zur Übertragsbildung $^1ü = x_1ü + x_1x_0 + x_0ü$ für einen Volladdierer:

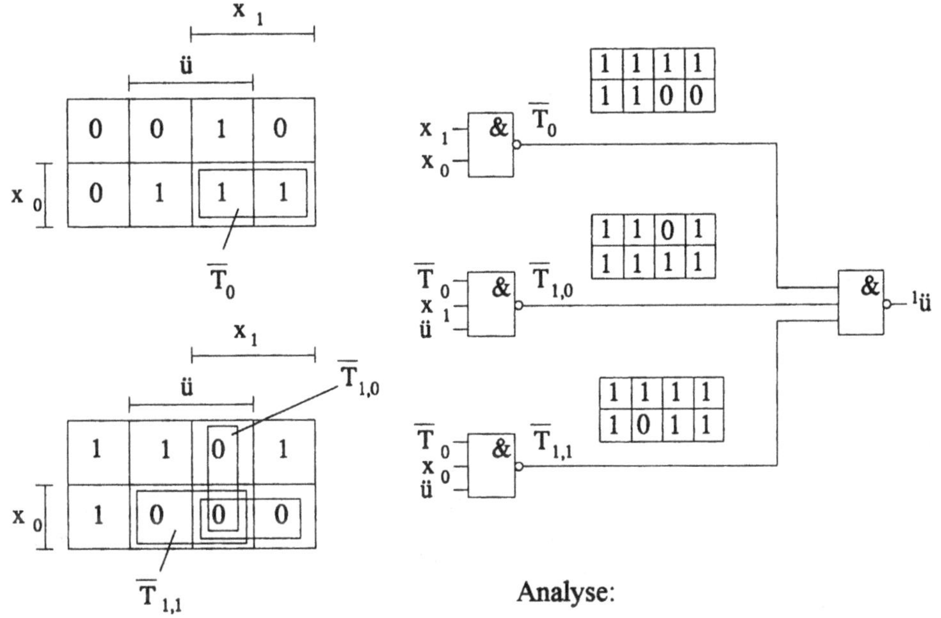

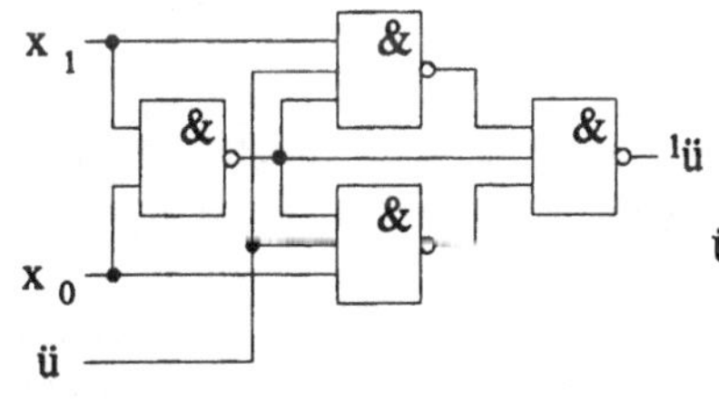

Analyse:

$$^1ü = \overline{\overline{\overline{x_1x_0}\cdot x_1ü}\cdot\overline{x_1x_0}\cdot\overline{\overline{x_1x_0}\cdot üx_0}}$$

$$^1ü = (\overline{x}_1+\overline{x}_0)x_1ü + x_1x_0 + (\overline{x}_1+\overline{x}_0)üx_0$$

$$^1ü = x_1\,\overline{x}_0ü + x_1x_0 + \overline{x}_1x_0ü$$

$$^1ü = x_1ü + x_1x_0 + x_0ü$$

$ü=0$: $\quad ^1ü = x_1x_0$ (Halbaddierer)

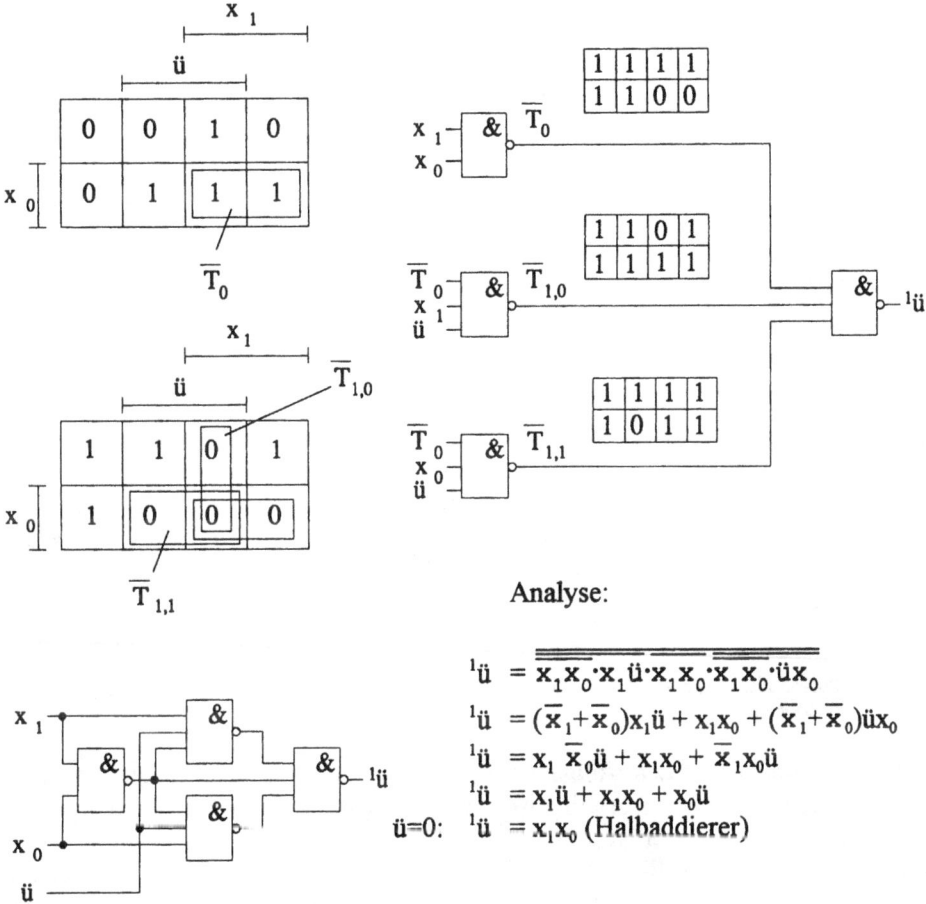

Bild 17.3.6 Synthese einer Schaltung zur Übertragsbildung für einen Volladdierer (Faktorisierung nach 14.3)

17.3.3 Addition zweier zweistelliger Binärzahlen, Kaskadierung

Mittels zweier integrierter Volladdierer werden zwei zweistellige Binärzahlen x_1 und x_0 summiert. $x_{1,0}$ und $x_{0,0}$ sind die niederwertigen, $x_{1,1}$ und $x_{0,1}$ die höherwertigen Stellen von

$$x_1 = \{x_{1,1};\, x_{1,0}\} \text{ und}$$
$$x_0 = \{x_{0,1};\, x_{0,0}\}.$$

Damit weist die Addierer-Schaltung fünf Eingänge und drei Ausgänge auf. Ihre Ein- und Ausgangsbelegungen sowie die Summier-Ergebnisse in Dezimalform sind der Wahrheitstabelle in Bild 17.3.7 zu entnehmen.

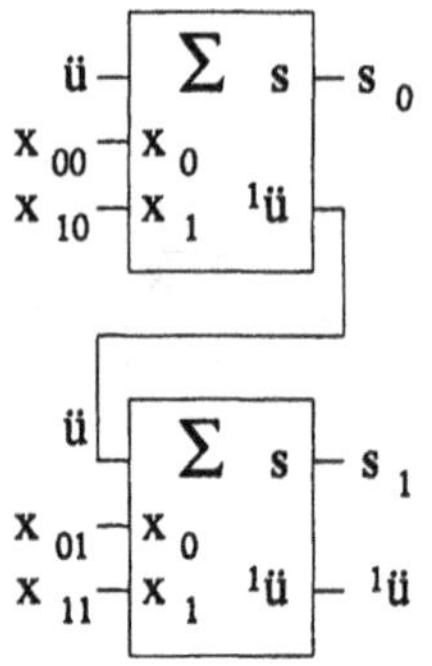

					2^2	2^1	2^0	Dezimal
x_{11}	x_{01}	x_{10}	x_{00}	ü	^{1}ü	s_1	s_0	$^1ü \cdot 2^2 + s_1 \cdot 2^1 + s_0 \cdot 2^0$
0	0	0	0	0	0	0	0	0 + 0 + 0 = 0
0	0	0	0	1	0	0	1	0 + 0 + 1 = 1
0	0	0	1	0	0	0	1	0 + 0 + 1 = 1
0	0	0	1	1	0	1	0	0 + 1 + 0 = 2
	⋮			⋮		⋮		⋮
0	1	0	0	0	0	1	0	0 + 1 + 0 = 2
0	1	0	0	1	0	1	1	0 + 1 + 1 = 3
	⋮			⋮		⋮		⋮
1	0	0	0	0	0	1	0	0 + 1 + 0 = 2
1	0	0	0	1	0	1	1	0 + 1 + 1 = 3
	⋮			⋮		⋮		⋮
1	1	0	0	0	1	0	0	1 + 0 + 0 = 4
1	1	0	0	1	1	0	1	1 + 0 + 1 = 5
	⋮			⋮		⋮		⋮
1	1	1	1	1	1	1	1	1 + 1 + 1 = 7

Bild 17.3.7 Blockschaltbild und Auszüge aus der Wahrheitstabelle eines Addierers für zwei zweistellige Binärzahlen

Die Kaskadierung der beiden Volladdierer erfolgt seriell. Damit erscheinen die Ergebnisse, an denen der Übertrag ü beteiligt ist, am Ausgang des höherwertigen Volladdierers im Vergleich zum niederwertigen verzögert.

Für die Addition mehrstelliger Dualzahlen ist dieser serielle Übertrag für hohe zu gewährleistende Arbeitsfrequenzen nachteilig. Eine Alternative bietet der parallele Übertrag. Dafür werden spezielle Übertrag-Generatoren mit "Propagate"- und "Generate"- Eingang verwendet. Die Signale für diese zusätzlichen "P"- und "G"-Eingänge sind in den Volladdierer-Schaltungen zusätzlich zu erzeugen, z. B. wie im Bild 17.3.8 dargestellt.

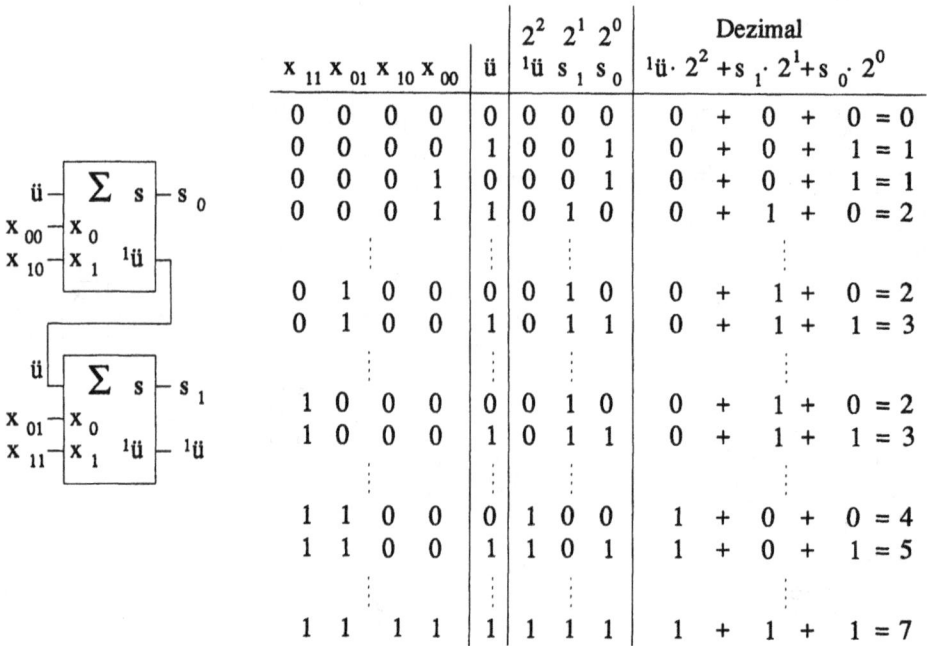

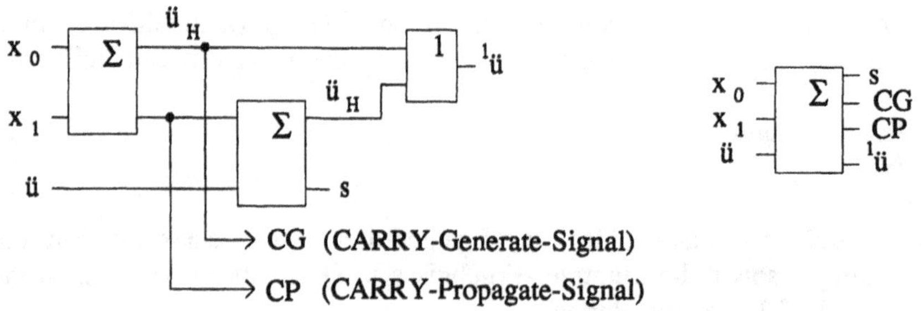

Bild 17.3.8 Ergänzung der Schaltung eines Volladdierers nach Bild 17.3.3 mit "P"- und "G"-Ausgängen

Mit einem solchen Übertrag-Generator (CPG (Carry, Propagate, Generate)) läßt sich z. B. ein Addierer für vier zweistellige Binärzahlen mit Parallelübertrag wie folgt im Blockschaltbild darstellen:

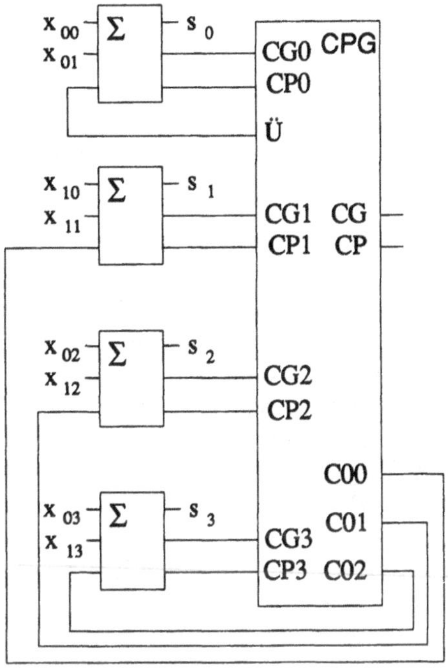

Bild 17.3.9 Addiererschaltung mit Parallelübertragung für vier zweistellige Binärzahlen

Addierer-Schaltungen sind auch in den komplexen ALU-IC enthalten (Arithmetic Logic Unit), die neben arithmetischen Operationen auch logische Verknüpfungen der Eingangsvariablen ermöglichen. ALU werden als Standard-IC in unterschiedlichen Technologien von Halbleiterherstellern angeboten.

17.4 Kodewandler

Kodewandler sind kombinatorische Grundschaltungen, welche jedes k-stellige Wort $(x_{k-1},\ldots,x_\kappa,\ldots,x_0)$ über dem Eingangsalphabet $\{0,1\}$ in ein ℓ-stelliges Wort $(y_{\ell-1},\ldots,y_\lambda,\ldots,y_0)$ über dem Ausgangsalphabet $\{0,1\}$ umwandelt.
Die Zuordnung der umzuwandelnden Wörter ist vorgegeben. Man stellt sie in einer Wahrheitstabelle dar, wobei die k-stelligen Wörter des Eingangsraumes zweckmäßig dem Binärkode entsprechend angeordnet werden. Es ist also

$$\varepsilon = \sum_{\kappa=0}^{k-1} x_{\varepsilon,\kappa} \cdot 2^\kappa.$$

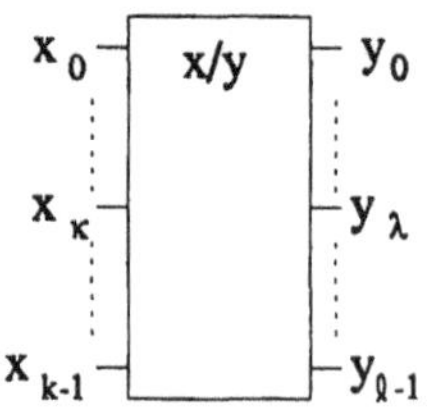

ε	$x_{k-1} \cdot\cdot\, x_\kappa \cdot\cdot\, x_1\, x_0$	$y_{\ell-1} \cdot\cdot\, y_\lambda \cdot\cdot\, y_0$
0	0 ·· 0 ·· 0 0	$y_{0,\ell-1} \cdot\cdot\, y_{0,\lambda} \cdot\cdot\, y_{0,0}$
1	0 ·· 0 ·· 0	$y_{1,\ell-1} \cdot\cdot\, y_{1,\lambda} \cdot\cdot\, y_{1,0}$
⋮	⋮	⋮
ε	$x_{\varepsilon,k-1} \cdot\cdot\, x_{\varepsilon,\kappa} \cdot\cdot\, x_{\varepsilon,1}\, x_{\varepsilon,0}$	$y_{\varepsilon,\ell-1} \cdot\cdot\, y_{\varepsilon,\lambda} \cdot\cdot\, y_{\varepsilon,0}$
⋮	⋮	⋮
e-1	1 ·· 1 ·· 1 1	$y_{e-1,\ell-1} \cdot\cdot\, y_{e-1,\lambda} \cdot\cdot\, y_{e-1,0}$

Bild 17.4.1 Schaltungssymbol und Wahrheitstabelle eines Kodewandlers

Die Zielstellung des Entwurfs von Kodewandlern besteht darin, die durch die vorgegebene Zuordnungsvorschrift für alle Ausgänge $y_\lambda = f_\lambda(\underline{x}_\varepsilon)$ definierten Funktionen f_λ ($\lambda=0,\dots,\ell-1$) schaltungstechnisch zu realisieren.
Es ist möglich, daß die Zuordnungsvorschrift nicht für alle k-stelligen Worte des Eingangsraumes erklärt ist, d. h., daß in einem solchen Fall die Ausgangsbelegungen für eventuell nicht auftretende Eingangsbelegungen durch ein "d" für "don't care" darzustellen sind (siehe Bild 17.4.3).

Beispiel 1: Entwurf eines Kodewandlers für einen k = 3stelligen Binärkode in einen ℓ = 3stelligen Graykode

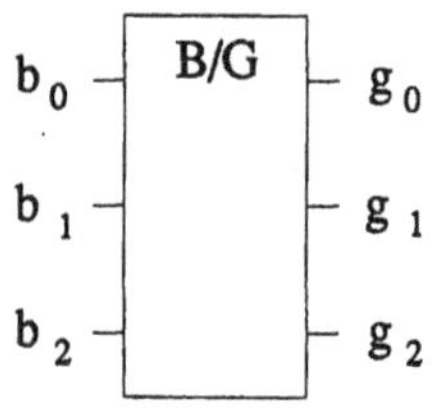

ε	b_2	b_1	b_0	g_2	g_1	g_0
0	0	0	0	0	0	0
1	0	0	1	0	0	1
2	0	1	0	0	1	1
3	0	1	1	0	1	0
4	1	0	0	1	1	0
5	1	0	1	1	1	1
6	1	1	0	1	0	1
7	1	1	1	1	0	0

g_2:

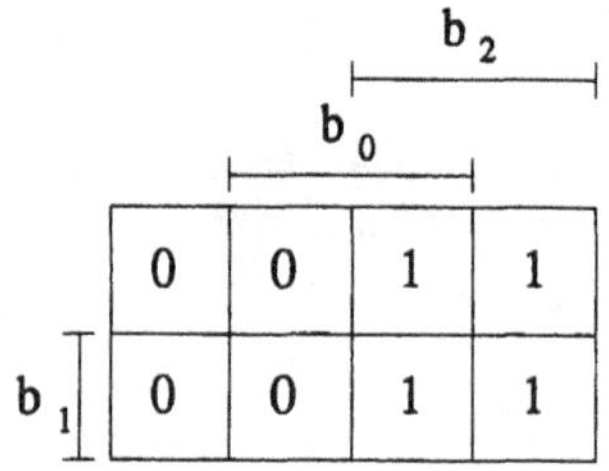

g_1:

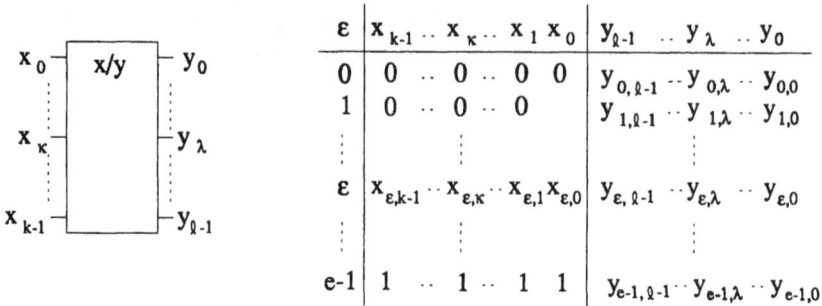

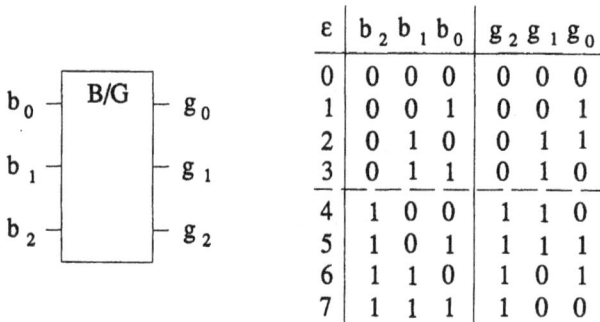

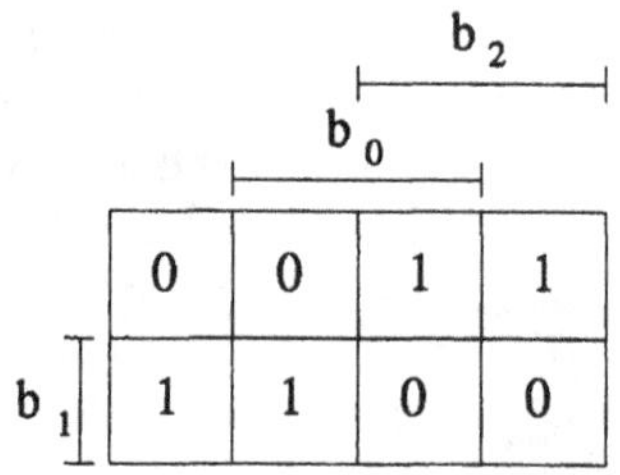

g_0:

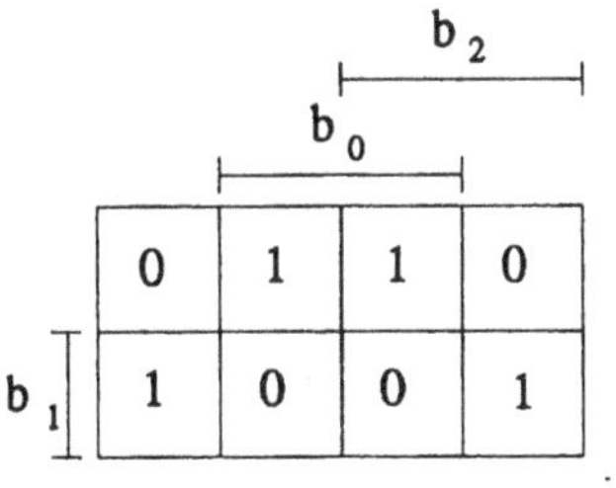

$$g_2 = b_2$$
$$g_1 = b_2\overline{b}_1 + \overline{b}_2 b_1 = b_2 \not+ b_1$$
$$g_0 = \overline{b}_1 b_0 + b_1\overline{b}_0 = b_1 \not+ b_0$$

Schaltung:

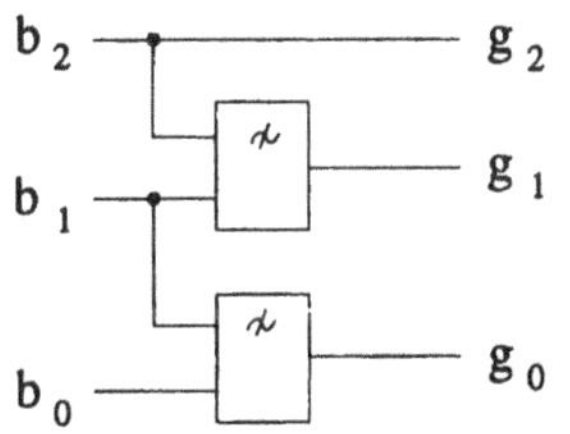

__Beispiel 2:__ Entwurf eines Kodewandlers für je 3stellige binäre Ein- und Ausgangswörter, die in Form folgender Zuordnungstabelle gegeben sind:

ε	x_2	x_1	x_0	y_2	y_1	y_0
1	0	0	1	1	0	1
3	0	1	1	1	0	0
4	1	0	0	0	1	0
5	1	0	1	1	0	0
6	1	1	0	1	0	1
7	1	1	1	1	0	0

Bild 17.4.2 Zuordnungstabelle für den Entwurf eines Kodewandlers

Zunächst erstellt man die Wahrheitstabelle für den Entwurf der Kodewandler-Schaltung nach den eingangs gegebenen Empfehlungen. Als Eingangsraum ordnet man die 3stelligen Wörter im Binärkode an.

ε	x_2	x_1	x_0	y_2	y_1	y_0
0				d	d	d
1	0	0	1	1	0	1
2				d	d	d
3	0	1	1	1	0	0
4	1	0	0	0	1	0
5	1	0	1	1	0	0
6	1	1	0	1	0	1
7	1	1	1	1	0	0

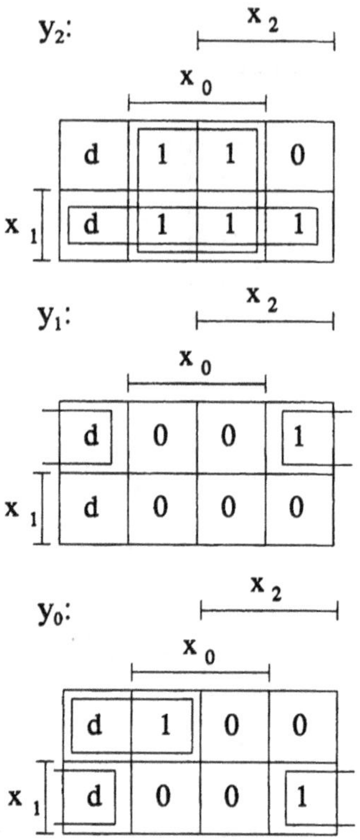

$y_2 = x_1 + x_0$

$y_1 = \overline{x}_1 \overline{x}_0$

$y_0 = x_1 \overline{x}_0 + \overline{x}_2 \overline{x}_1$

Bild 17.4.3 Wahrheitstabelle und Schaltfunktionen für den Beispiel-Kodewandler

Den nicht auftretenden Eingangsbelegungen (hier für ε = 0 und ε = 2) ordnet man den Ausgangsraum "d" zu.
Für die Umwandlung von Standardkodes gibt es integrierte Schaltungen, von denen hier zwei in ihrer prinzipiellen Arbeitsweise als Beispiele vorgestellt werden.

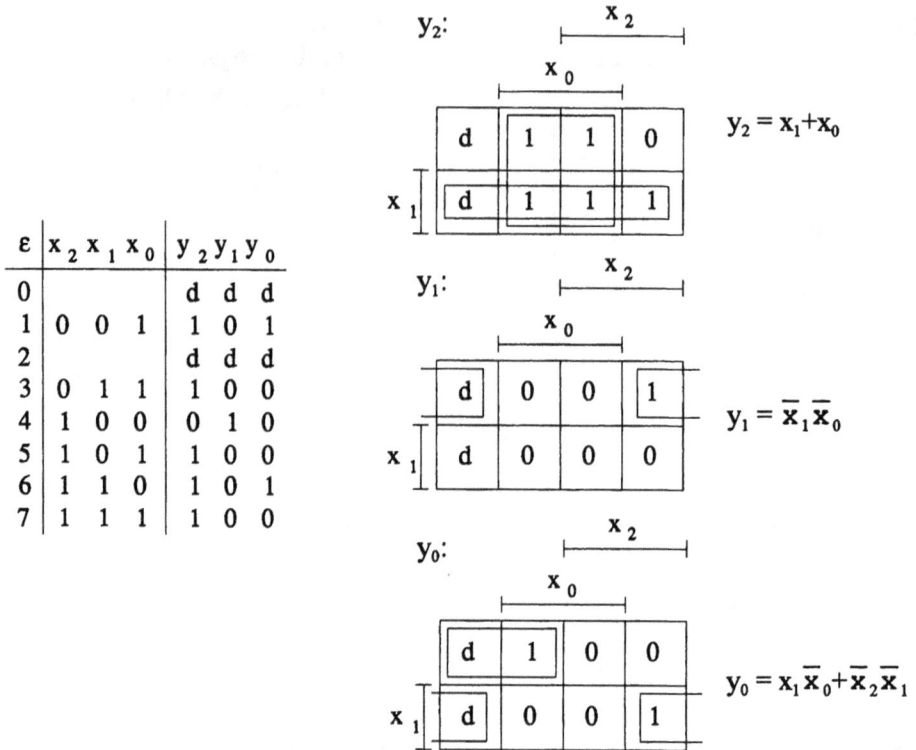

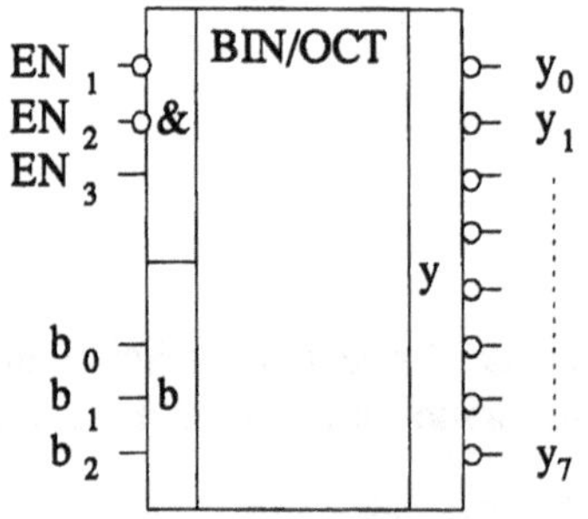

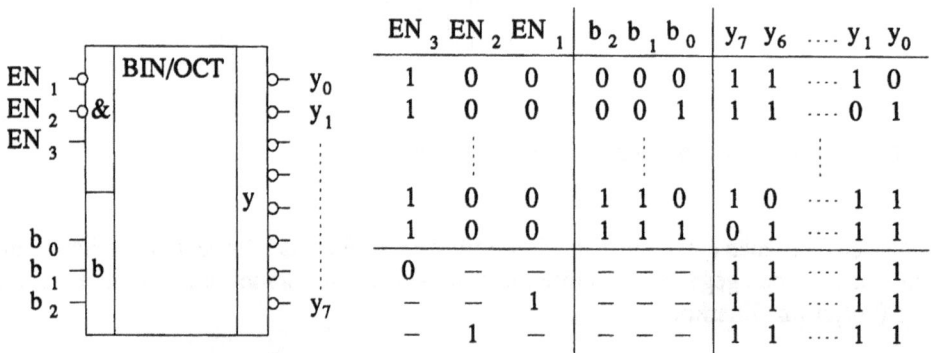

EN_3	EN_2	EN_1	b_2	b_1	b_0	y_7	y_6	....	y_1	y_0
1	0	0	0	0	0	1	1	....	1	0
1	0	0	0	0	1	1	1	....	0	1
⋮				⋮				⋮		
1	0	0	1	1	0	1	0	....	1	1
1	0	0	1	1	1	0	1	....	1	1
0	–	–	–	–	–	1	1	....	1	1
–	–	1	–	–	–	1	1	....	1	1
–	1	–	–	–	–	1	1	....	1	1

Bild 17.4.4 Kodewandler Binär- in 1 aus 8-Kode

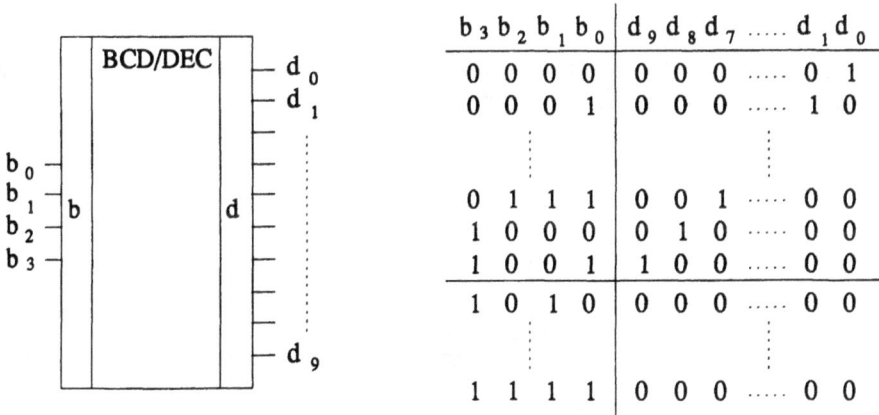

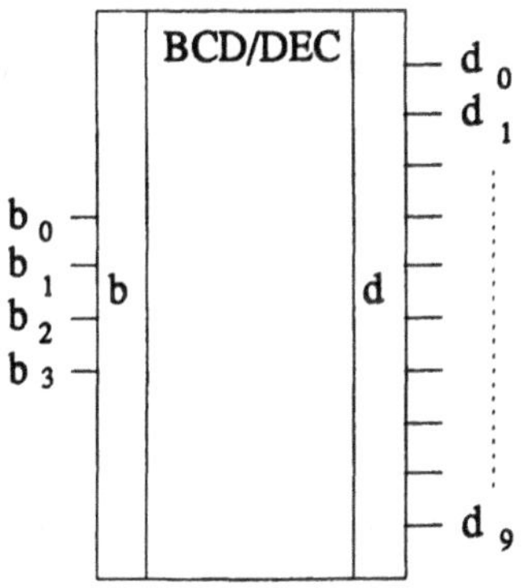

b_3	b_2	b_1	b_0	d_9	d_8	d_7	.....	d_1	d_0
0	0	0	0	0	0	0	.....	0	1
0	0	0	1	0	0	0	.....	1	0
	⋮					⋮			
0	1	1	1	0	0	1	.....	0	0
1	0	0	0	0	1	0	.....	0	0
1	0	0	1	1	0	0	.....	0	0
1	0	1	0	0	0	0	.....	0	0
	⋮					⋮			
1	1	1	1	0	0	0	.....	0	0

Bild 17.4.5 Kodewandler BCD- in 1 aus 10-Kode

18 Dynamisches Verhalten kombinatorischer Schaltungen

Am Ausgang y einer kombinatorischen Schaltung mit den Eingangsvariablen $x_{k-1},\ldots,x_\kappa,\ldots,x_0$ können beim Wechsel der Eingangsbelegungen $\underline{x}_\varepsilon = (x_{\varepsilon,k-1},\ldots,x_{\varepsilon,\kappa},\ldots,x_{\varepsilon,0})$

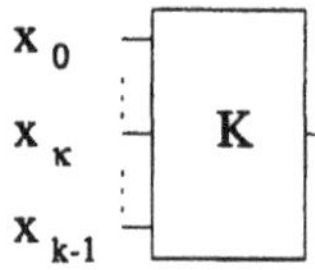

kurzzeitige, unerwünschte Ausgangssignale auftreten. Eine solche Erscheinung bezeichnet man als Hasard. Zwei prinzipielle Ursachen können dafür verantwortlich sein:

Ursache 1: Es kommt vor, daß beim Wechsel von einer Eingangsbelegung $\underline{x}_{\varepsilon'}$ zu einer anderen Eingangsbelegung $\underline{x}_{\varepsilon''}$ nicht alle daran beteiligten Eingangssignale genau zum gleichen Zeitpunkt ihren dafür erforderlichen Pegel ändern.

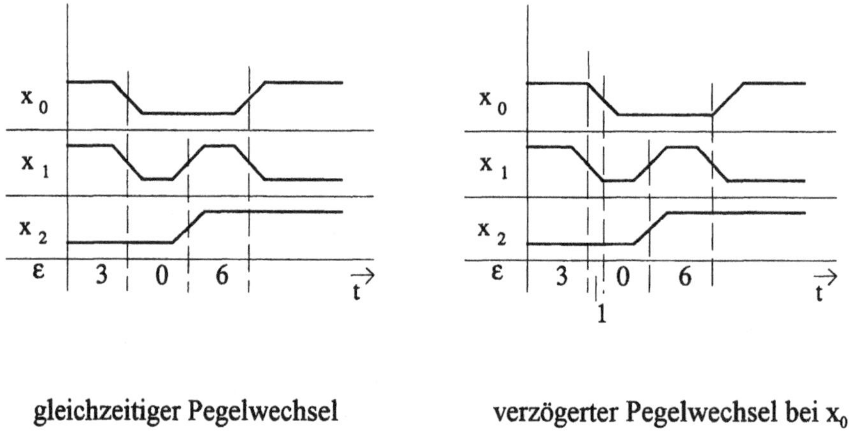

Bild 18.1 Verzögerter Pegelwechsel der Eingangssignale (z. B. bei x_0) als mögliche Ursache für einen Hasardfehler

Aufgrund der im Vergleich zu den Signalen x_1 und x_2 verzögerten Pegelwechsel bei x_0 entsteht am Eingang kurzzeitig die Eingangsbelegung $\underline{x}_1 = (0,0,1)$, die zu einem unerwünschten Signal am Ausgang der kombinatorischen Schaltung führen kann.
Eine solche Erscheinung bezeichnet man als Funktionenhasard.

Ursache 2: Innerhalb einer kombinatorischen Schaltung können aufgrund der gegebenen schaltungstechnischen Struktur Signale unterschiedlich verzögert werden, die danach logisch zu einem Ausgangssignal verknüpft werden. Diese Erscheinungen können ebenfalls zu unerwünschten Ausgangssignalen führen. Man bezeichnet sie als Strukturhasard.

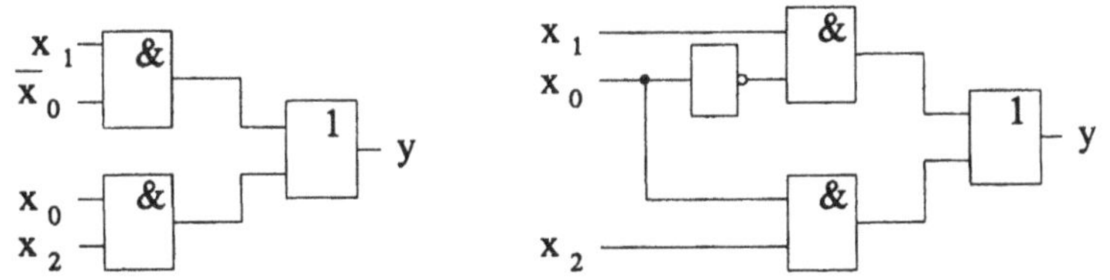

Bild 18.2 Die rechte Schaltung erhält mit dem für die Erzeugung von $\overline{x}_0$ eingefügten Negator eine Struktur, die zu Hasardfehlern führen kann.

Geht man für die im Bild 18.2 gezeigte Schaltung davon aus, daß für die linke Struktur alle Eingangssignale x_2, x_1, x_0 und $\overline{x}_0$ zum gleichen Zeitpunkt ihren Pegel wechseln, so wird am Ausgang y kein Hasard zu erwarten sein. Das Einfügen des Negators in die rechte Struktur führt zur Verzögerung von $\overline{x}_0$. Dies kann für bestimmte Wechsel der Eingangsbelegungen zu Hasardfehlern führen.

18.1 Funktionenhasard

Ein Funktionenhasard ist die Möglichkeit des Entstehens unerwünschter Ausgangssignale in Folge unterschiedlicher Verzögerungen der Pegelwechsel einzelner Eingangssignale.
Solche unerwünschten Ausgangssignale entstehen beim Übergang der Eingangsbelegungen z. B. von $\underline{x}_{\varepsilon'}$ in $\underline{x}_{\varepsilon''}$ einer kombinatorischen Schaltung.
Ändert bei einem solchen Wechsel der Eingangsbelegung $x_{\varepsilon'}$ in $x_{\varepsilon''}$ das Ausgangssignal $y = f(\underline{x}_\varepsilon)$ seinen logischen Zustand und tritt dabei die Möglichkeit des kurzzeitigen Entstehens unbeabsichtigter Ausgangssignale auf, so handelt es sich um ein

dynamisches Hasard: $y_{\varepsilon'} = f(\underline{x}_{\varepsilon'}) = \overline{y}_{\varepsilon''} = \overline{f(\underline{x}_{\varepsilon''})}$

Tritt beim Übergang der Eingangsbelegung von $\underline{x}_{\varepsilon'}$ in $\underline{x}_{\varepsilon''}$ ein zusätzlicher unerwünschter Wechsel des logischen Zustandes von $y = f(\underline{x}_\varepsilon)$ auf, so spricht man von einem dynamischen Hasardfehler. Im Bild 18.1.1 sind beide Erscheinungen eines dynamischen Hasards (Wechsel des Ausgangspegels von 1 auf 0) und eines Hasardfehlers für die Beispielfunktion (18.1.1) dargestellt:

$$y = f(\underline{x}) = x_1\overline{x}_0 + \overline{x}_2 x_1. \qquad (18.1.1)$$

$$y = f(\underline{x}) = x_1\overline{x}_0 + \overline{x}_2 x_1$$

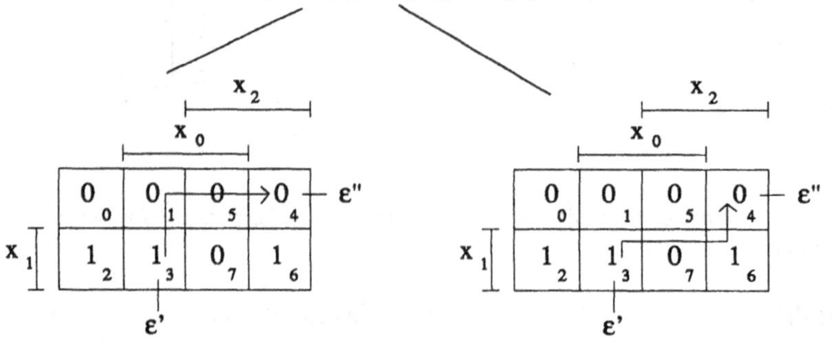

In beiden Fällen erfolgt der Übergang der Eingangsbelegungen von ε' = 3 nach ε" = 4 bei Änderung des Ausgangspegels von $y_{\varepsilon'} = f(\underline{x}_{\varepsilon'}) = 1$ nach $y_{\varepsilon''} = f(\underline{x}_{\varepsilon''}) = 0$.

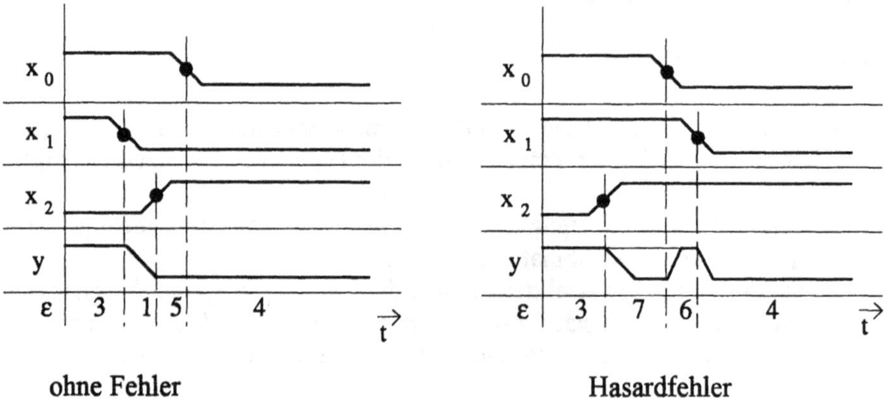

Bild 18.1.1 Beispiel für ein dynamisches Hasard ohne und mit Hasardfehler

Aus dem Karnaugh-Plan für die Beispielfunktion ist bereits zu erkennen, welche Folge der Eingangsbelegungswechsel zu Hasardfehlern führt. Ändert sich zwischen der Startbelegung ε' [1] und der Zielbelegung ε" der Ausgangspegel $y_\varepsilon = f(\underline{x}_\varepsilon)$ mindestens zweimal, dann entsteht ein dynamischer Hasardfehler, bei einmaliger Änderung nicht.

Ändert bei einem Wechsel der Eingangsbelegung $x_{\varepsilon'}$ in $x_{\varepsilon''}$ das Ausgangssignal $y = f(\underline{x}_\varepsilon)$ seinen logischen Zustand nicht und tritt dabei die Möglichkeit des kurzzeitigen Entstehens unbeabsichtigter Ausgangssignale auf, so handelt es sich um ein

statisches Hasard: $\quad y_{\varepsilon'} = f(\underline{x}_{\varepsilon'}) = y_{\varepsilon''} = f(\underline{x}_{\varepsilon''})$.

In diesem Fall unterscheidet man noch den statischen "1"-Hasard, wenn

$y_{\varepsilon'} = f(\underline{x}_{\varepsilon'}) = y_{\varepsilon''} = f(\underline{x}_{\varepsilon''}) = 1 \quad$ ist und

[1] Mit ε' und ε" werden im Abschnitt 18 der kürzeren Schreibweise wegen die Ausgangsbelegungen $y_{\varepsilon'}$ und $\underline{y}$. bezeichnet.

den statischen “0”-Hasard, wenn

$$y_{\varepsilon'} = f(\underline{x}_{\varepsilon'}) = y_{\varepsilon''} = f(\underline{x}_{\varepsilon''}) = 0 \quad \text{ist.}$$

Tritt bei einem statischen “1”-Hasard am Ausgang $y = f(\underline{x})$ kurzzeitig ein unerwünschter Wechsel des Pegels nach “0” auf, so spricht man von einem statischen “1”-Hasardfehler. Tritt bei einem statischen “0”-Hasard am Ausgang $y = f(\underline{x})$ kurzzeitig ein unerwünschter Wechsel des Pegels nach “1” auf, so spricht man von einem statischen “0”-Hasardfehler. Im Bild 18.1.2 und 18.1.3 sind drei Erscheinungen, die eines statischen Hasards sowie jeweils eines statischen “1”- und statischen “0”-Hasardfehlers an der Beispielfunktion (18.1.1) gezeigt.

$$y = f(x) = x_1\overline{x}_0 + \overline{x}_2 x_1 \qquad (18.1.1)$$

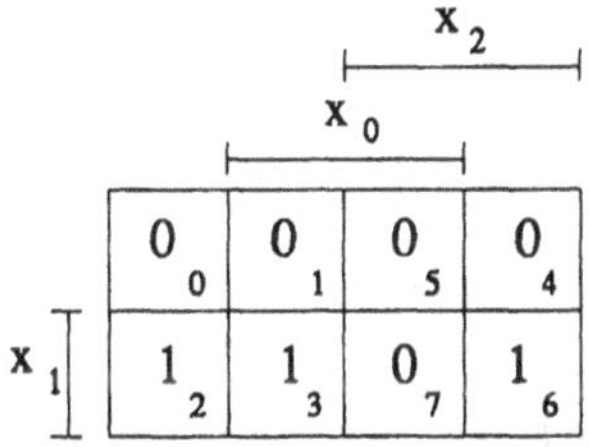

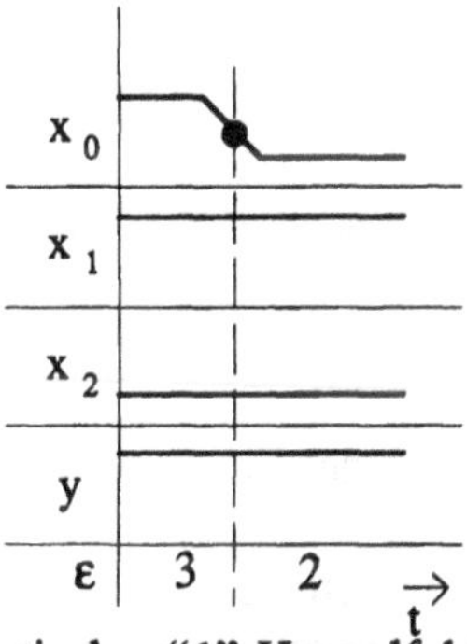

kein statischer “1”-Hasardfehler

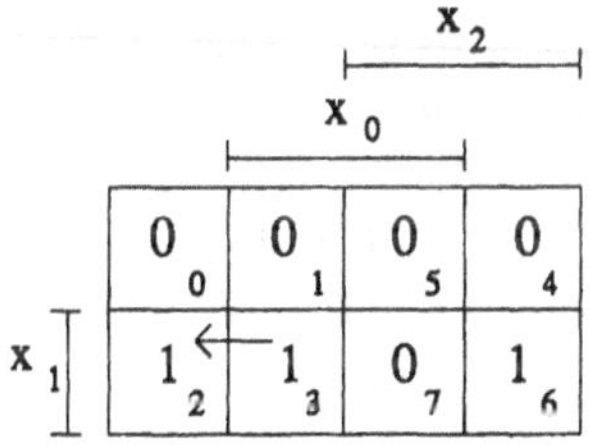

Übergang von ε' = 3
nach ε" = 2

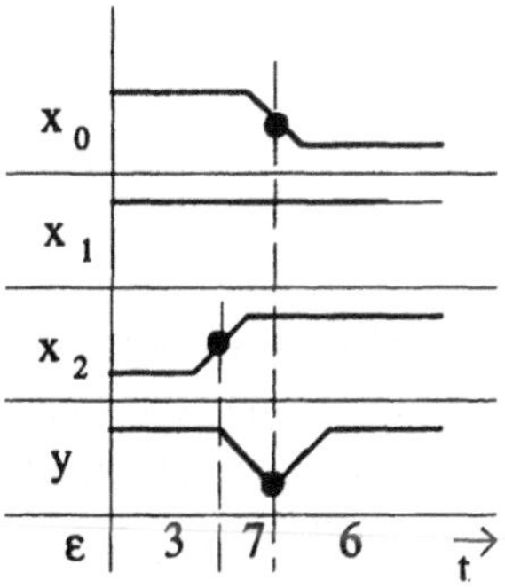

statischer “1”-Hasardfehler

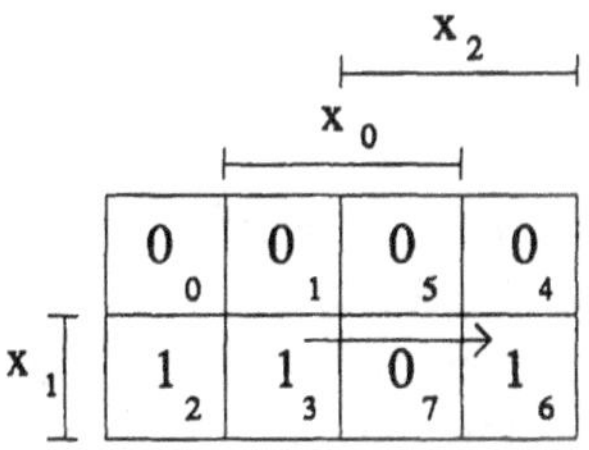

Übergang von ε' = 3 nach ε" = 6
über ε = 7

Bild 18.1.2 Beispiel für ein statisches “1”-Hasard und für einen statischen “1”-Hasardfehler

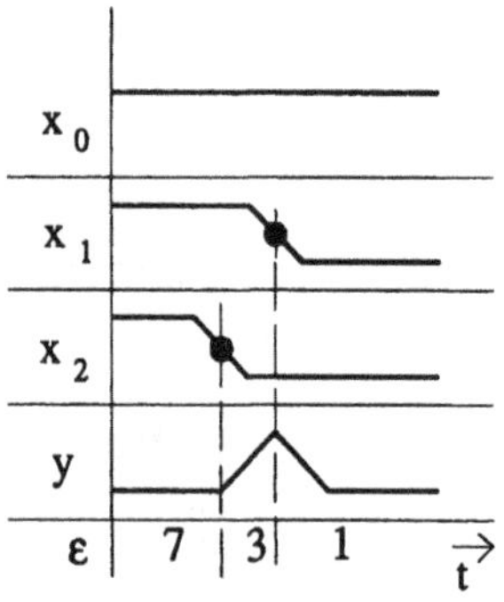

statischer “0”-Hasardfehler

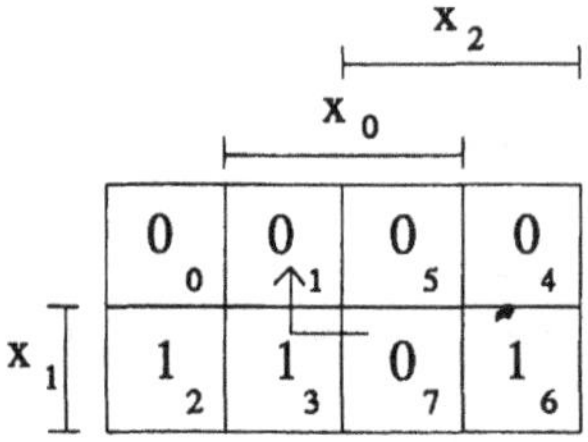

Übergang von ε' = 7 nach ε" = 1 über ε = 3

Bild 18.1.3 Beispiel für einen statischen “0”-Hasardfehler

18.2 Strukturhasard

Ein Strukturhasard ist die Möglichkeit des Entstehens unerwünschter Ausgangssignale in Folge unterschiedlicher Verzögerungen bzw. Laufzeiten der Signale innerhalb einer kombinatorischen Schaltung. Die Schaltungsstruktur entscheidet also hier über das Entstehen von Hasards und Hasardfehlern.
Die unerwünschten Ausgangssignale entstehen beim Übergang der Eingangsbelegungen z. B. von $\underline{x}_{\varepsilon'}$ in $\underline{x}_{\varepsilon''}$ einer kombinatorischen Schaltung.
Wie bei Funktionenhasards unterscheidet man auch hier bezüglich dieser Wechsel der Eingangsbelegungen und den damit verbundenen Ausgangsbelegungen $y_\varepsilon = f(\underline{x}_\varepsilon)$

dynamische Hasards: $y_{\varepsilon'} = f(\underline{x}_{\varepsilon'}) = \overline{y}_{\varepsilon''} = \overline{f(\underline{x}_{\varepsilon''})}$,

statische “1”-Hasards: $y_{\varepsilon''} = f(\underline{x}_{\varepsilon'}) = y_{\varepsilon''} = f(\underline{x}_{\varepsilon''}) = 1$ und
statische “0”-Hasards: $y_{\varepsilon'} = f(\underline{x}_{\varepsilon'}) = y_{\varepsilon''} = f(\underline{x}_{\varepsilon''}) = 0$.

Für die Schaltfunktion

$$y = f(\underline{x}) = x_1\overline{x}_0 + x_2x_0 \qquad (18.2.1)$$

soll das Entstehen eines dynamischen Strukturhasardfehlers demonstriert werden (Bild 18.2.1). Einer strukturbedingten Verzögerung ist das Signal $\overline{x}_0$ unterworfen. Die Eingangsbelegungen sollen sich von ε' = 3 über ε = 7 nach ε" = 6 ändern, d. h. am Eingang wird für x_0 eine Signalverzögerung in Bezug auf x_2 angenommen.

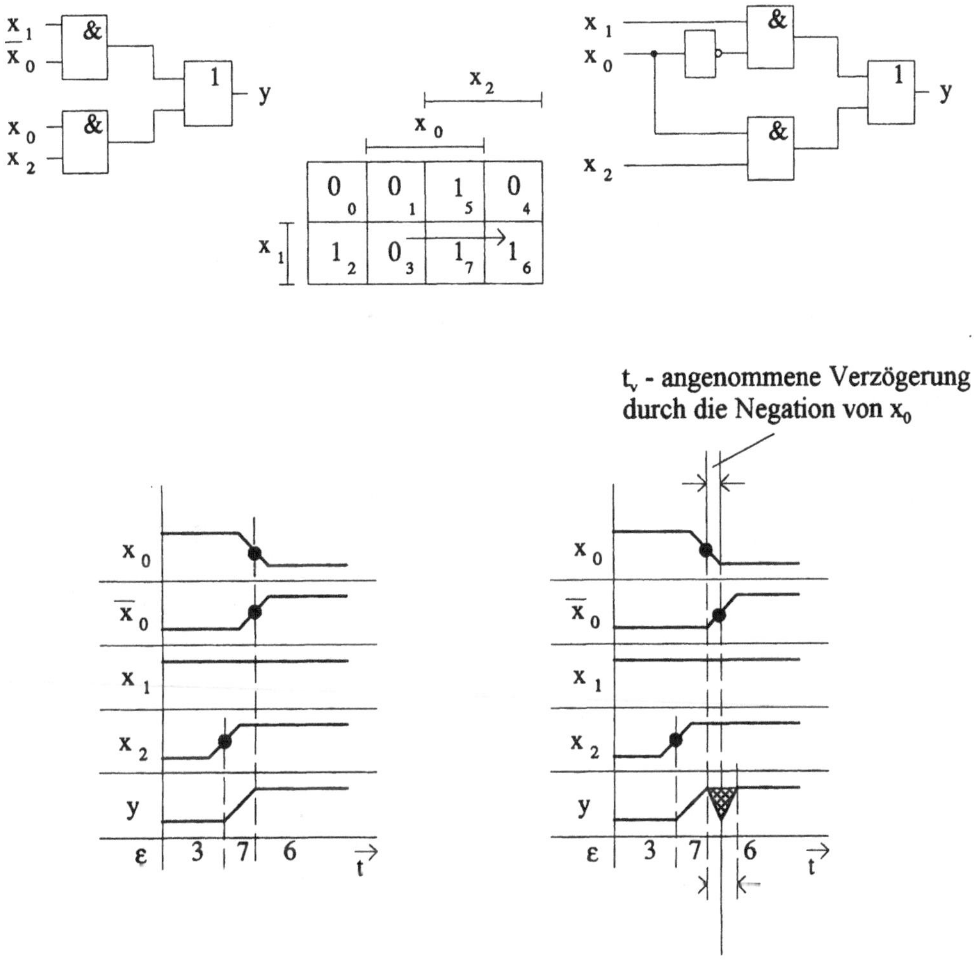

kein Hasardfehler Strukturhasardfehler

Bild 18.2.1 Beispiel für einen dynamischen Strukturhasardfehler

Strukturhasardfehler lassen sich mit gezielt eingesetzter Redundanz vermeiden. Dies erfordert eine Erweiterung der Schaltfunktion (18.2.1) auf alle Primimplikanten, die sich in Form von Blöcken im K-Plan bilden lassen (Das QMC-Verfahren hat diese Primimplikanten ohnehin als Ergebnis). Für die Beispielfunktion (18.2.1) erhält man unter diesen Gesichtspunkten folgende schaltungstechnische Realisierung (Bild 18.2.2).

$f(x) = x_1\overline{x}_0 + x_2x_0$

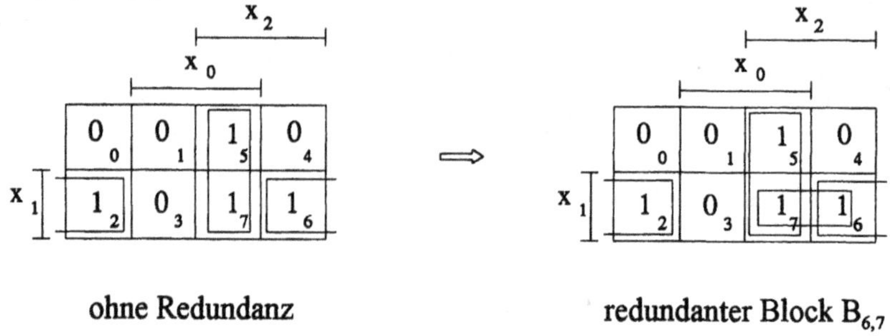

$f(x) = x_1\,\overline{x}_0 + x_2x_0 + \left[x_2x_1\right]$ - redundanter Term

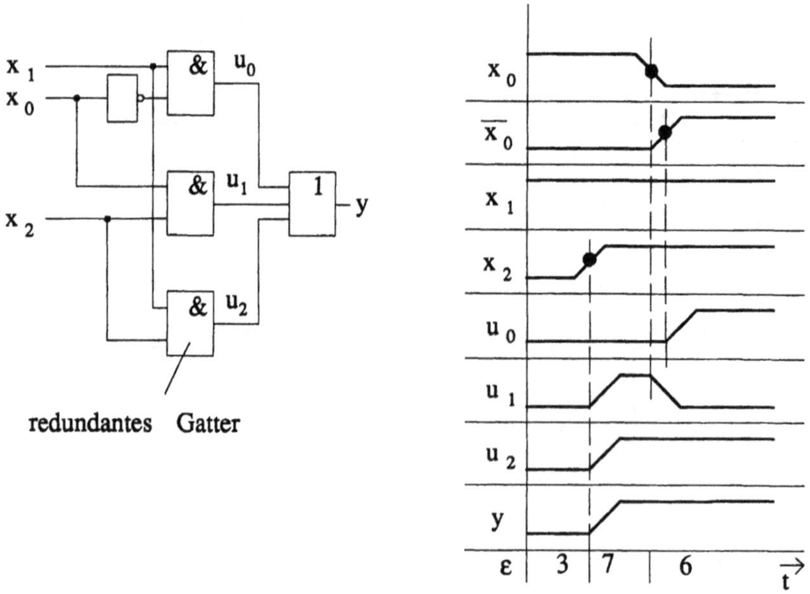

Bild 18.2.2 Beispiel zur Vermeidung von Strukturhasardfehlern mittels redundanter Terme (hier $B_{6,7} = x_2 \cdot x_1$)

Für die Schaltfunktion

$$y = f(\underline{x}) = x_1x_0 + \overline{x}_2\,\overline{x}_0 \tag{18.2.2}$$

soll das Entstehen eines statischen "1"-Strukturhasardfehlers demonstriert werden (Bild 18.2.3). Die Eingangsbelegungen sollen sich dabei von ε'= 3 nach ε" = 2 ändern.

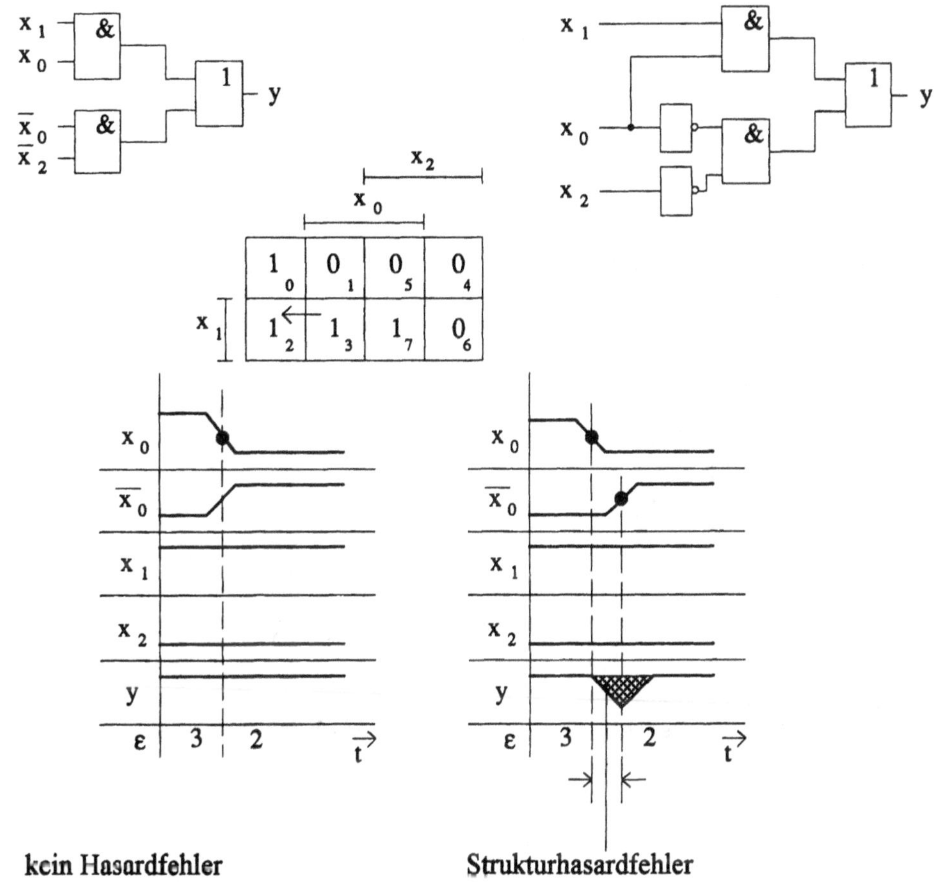

Bild 18.2.3 Beispiel für einen statischen "1"-Strukturhasardfehler

Auch statische Strukturhasards lassen sich vermeiden durch das Hinzufügen redundanter Terme, die z. B. aus dem K-Plan zu ermitteln sind. Dies erfordert eine Erweiterung der Schaltfunktion (18.2.2) auf alle Primimplikanten. Im Bild 18.2.4 ist diese Verfahrensweise für die Beispielfunktion (18.2.2) dargestellt.

$$f(x) = x_1x_0 + \overline{x}_2\overline{x}_0$$

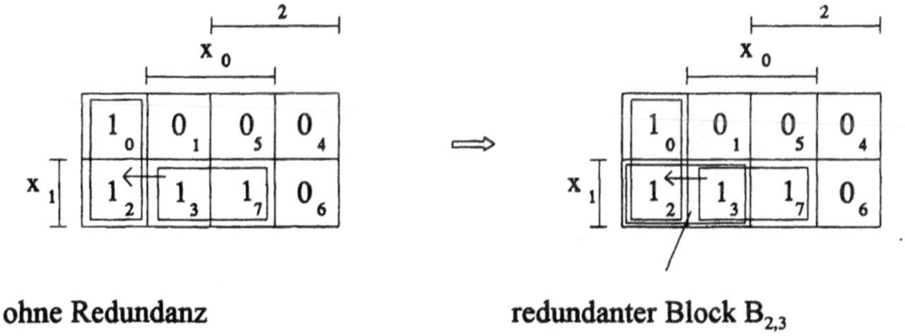

$f(x) = x_1x_0 + \bar{x}_2\,\bar{x}_0 + \left[\bar{x}_2x_1\right]$ - redundanter Term

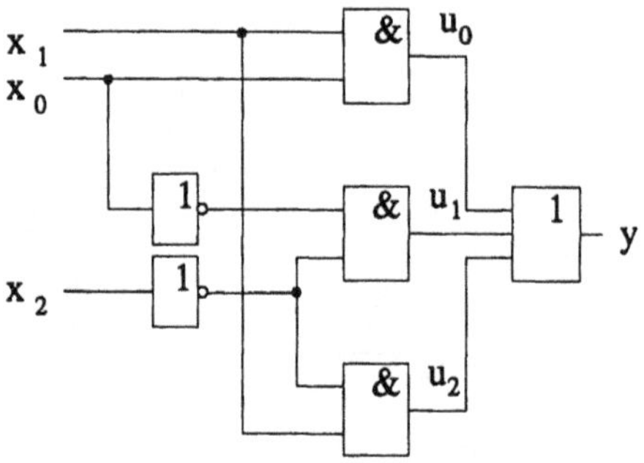

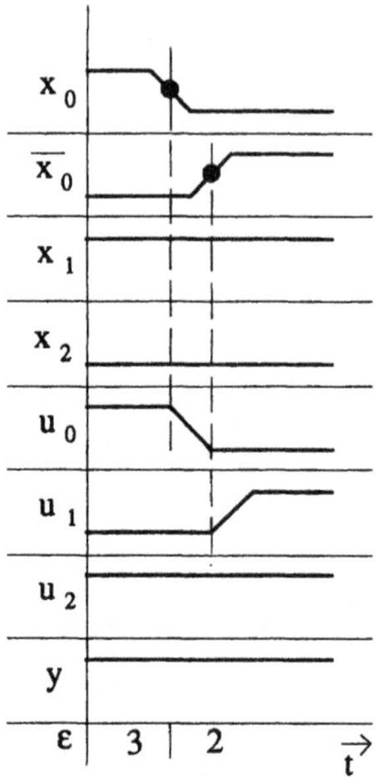

Bild 18.2.4 Beispiel zur Vermeidung von Strukturhasardfehlern mittels redundanter Terme (hier $B_{2,3} = \bar{x}_2x_1$)

19 Sequentielle Schaltungen - Automaten

[19.1.], [19.2], [19.3]

19.1 Begriffsbestimmungen

Die in den vorhergehenden Abschnitten behandelten kombinatorischen Schaltungen sind u. a. dadurch gekennzeichnet, daß eine gegebene Eingangsbelegung $\underline{x}_\varepsilon = (x_{\varepsilon,k-1},...,x_{\varepsilon,\kappa},...,x_{\varepsilon,0})$ stets ein und dieselbe Ausgangsbelegung $y_\varepsilon = f(\underline{x}_\varepsilon)$ bewirkt, und zwar unabhängig davon, welche Eingangsbelegungen zuvor wirksam waren.
Die Mehrzahl technischer Schaltungen und Systeme zeigt ein komplizierteres Verhalten, d. h. ihre Reaktionen auf eine Eingangsbelegung ist nicht nur von dieser, sondern auch von der Vorgeschichte abhängig. Diese Vorgeschichte ist eine definierte Folge von Eingaben. Sie veranlaßt die Schaltungen bzw. das System, zum gegenwärtigen Zeitpunkt einen definierten Zustand einzunehmen. Diesen Zustand wollen wir als Momentanzustand $\underline{z}_\mu$ bezeichnen. Damit ist die Reaktion der Schaltung bzw. des Systems auf eine aktuelle Eingabe von dieser Eingabe **und** diesem Zustand abhängig. Durch eine Eingabe wird also eine Zustandsänderung bewirkt, wobei der neue Zustand nur von der Eingabe und dem Momentanzustand $\underline{z}_\mu$ abhängt. Den neuen Zustand wollen wir mit Folgezustand ${}^1\underline{z}_\mu$ bezeichnen. Das hiermit beschriebene Gebilde nennt man einen (endlichen, determinierten) Automaten. Ein solcher Automat besteht aus einem (endlichen) Eingabealphabet $\underline{X} = (\underline{x}_{e-1},...,\underline{x}_\varepsilon,...,\underline{x}_0)$, einer (endlichen) Menge von Zuständen $\underline{Z} = (\underline{z}_{m-1},...,\underline{z}_\mu,...,\underline{z}_0)$ und der sogenannten Überführungsfunktion f. Diese Funktion f legt fest, in welchen Folgezustand ${}^1\underline{z} = f(\underline{x},\underline{z})$ der Automat übergeht, falls sein Momentanzustand $\underline{z}$ und die aktuelle Eingabe $\underline{x}$ sind. f bildet also aus der Menge $\underline{x} * \underline{z}$ aller geordneter Paare $(\underline{x},\underline{z})$ $(x \in \underline{X};\ \underline{z} \in \underline{Z})$ in die Zustandsmenge $\underline{Z}$ ab.

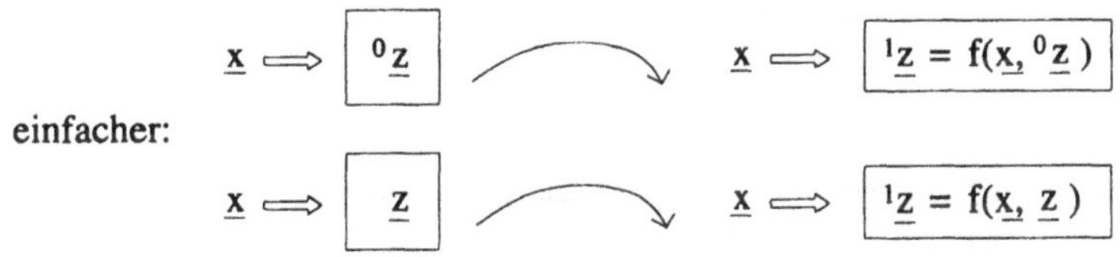

Bild 19.1.1 Bezeichnungsweise für Momentanzustände $\underline{z}$ und Folgezustände ${}^1\underline{z}$

Die links hochgestellte "0" als Kennzeichnung des Momentanzustandes zum Zeitpunkt t = 0 verwenden wir aus Vereinfachungsgründen nicht. Unter $\underline{z}$ wollen wir den Momentanzustand, unter ${}^1\underline{z}$ den Folgezustand verstehen. Diese Festlegung der Momentan- und Folgewerte gilt zukünftig auch für andere Größen, wie z. B. bei Flip-Flop-Ausgängen Q und ${}^1Q$ usw.
Formal wird ein Automat A durch ein 4-Tupel $(\underline{X},\underline{Z},f,{}^a\underline{z})$ beschrieben, wobei $\underline{X},\underline{Z}$ und f das Eingabealphabet, die Zustandsmenge und die Überführungsfunktion des Automaten A darstellen. ${}^a\underline{z}$ bezeichnet den Initialzustand des Automaten. Schaltungstechnisch kann ein Automat $A = (\underline{X},\underline{Z},f,{}^a\underline{z})$ mit Hilfe einer kombinatorischen Schaltung K und einer Rückführung, welche den Folgezustand ${}^1\underline{z}$ zeitlich verzögert als neuen Momentanzustand $\underline{z}$ für den Eingang an K bereitstellt (Bild 19.1.2), realisiert werden.

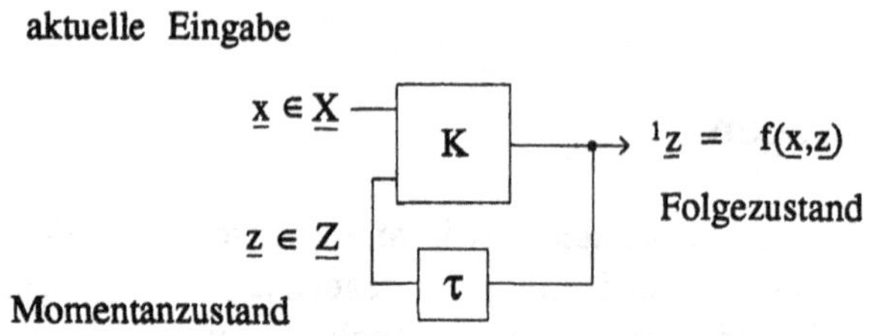

Bild 19.1.2 Prinzipschaltung eines Automaten A

Die Verzögerung ist hier symbolisch mit "τ" dargestellt. Die unterschiedlichen Realisierungen und damit die Betriebsweise von Automaten auch bezüglich dieser Verzögerungen "τ" werden später ausführlich spezifiziert.
Am Eingang von K liegt also sowohl die aktuelle Eingabe $\underline{x} \in \underline{X}$ als auch der Momentanzustand $\underline{z} \in \underline{Z}$ an. Am Ausgang stellt sich dann der Folgezustand ${}^1\underline{z} = f(\underline{x},\underline{z})$ ein.
Jedes Element $\underline{x}_\varepsilon$ des Eingabealphabetes $\underline{X}$ wird durch einen 0 - 1 - Vektor $\underline{x}_\varepsilon = (x_{\varepsilon,k-1},\ldots,x_{\varepsilon,\kappa},\ldots,x_{\varepsilon,0})$; $\varepsilon \in \{0,\ldots,e-1\}$ und jedes Element $\underline{z}_\mu$ der Zustandsmenge $\underline{Z}$ durch einen 0-1-Vektor $\underline{z}_\mu = (z_{\mu,n-1},\ldots,z_{\mu,\nu},\ldots,z_{\mu,0})$; $\mu \in \{0,\ldots,m-1\}$ dargestellt. Die kombinatorische Schaltung K hat also k + n Eingänge und n Ausgänge.

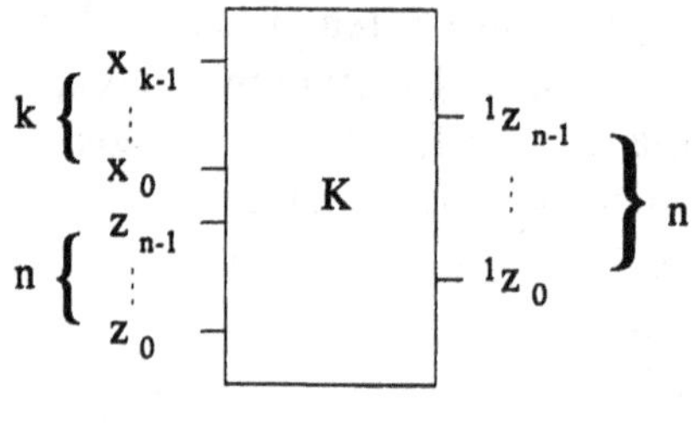

Bild 19.1.3 Ein- und Ausgänge der kombinatorischen Schaltung K eines Automaten

Der Eingangsraum von K besteht aus allen 0-1-Zeilenvektoren der Dimension k+n. Da jedem Element des Eingangsraumes von K eineindeutig ein Paar $(\underline{x},\underline{z})$, $\underline{x} \in \underline{X}$, $\underline{z} \in \underline{Z}$ entspricht, können diese Vektoren in der Form

$$(x_{\varepsilon,k-1},\ldots,x_{\varepsilon,\kappa},\ldots,x_{\varepsilon,0}\ ;\ z_{\mu,n-1},\ldots,z_{\mu,\nu},\ldots,z_{\mu,0})$$

mit

$\varepsilon \in \{0,\ldots,e-1\}$ und $\mu \in \{0,\ldots,m-1\}$ dargestellt werden.

Ordnet man alle Vektoren des Eingangsraumes von K zu einer Matrix an, ergibt sich letztere mit k + n Spalten und $d = 2^{k+n}$ Zeilen.

Ist z. B. $e = 2^k < m = 2^n$, so hat diese Matrix schematisch folgende Struktur:

$$\left[\begin{array}{ccc|ccc}
 & & & z_{0,n-1} \cdots & z_{0,\nu} \cdots & z_{0,0} \\
\hline
x_{0,k-1} \cdots & x_{0,\kappa} \cdots & x_{0,0} & z_{\mu,n-1} \cdots & z_{\mu,\nu} \cdots & z_{\mu,0} \\
\hline
 & & & z_{m-1,n-1} \cdots & z_{m-1,\nu} \cdots & z_{m-1,0} \\
\hline
 & & & z_{0,n-1} \cdots & z_{0,\nu} \cdots & z_{0,0} \\
\hline
x_{\varepsilon,k-1} \cdots & x_{\varepsilon,\kappa} \cdots & x_{\varepsilon,0} & z_{\mu,n-1} \cdots & z_{\mu,\nu} \cdots & z_{\mu,0} \\
\hline
 & & & z_{m-1,n-1} \cdots & z_{m-1,\nu} \cdots & z_{m-1,0} \\
\hline
 & & & z_{0,n-1} \cdots & z_{0,\nu} \cdots & z_{0,0} \\
\hline
x_{e-1,k-1} \cdots & x_{e-1,\kappa} \cdots & x_{e-1,0} & z_{\mu,n-1} \cdots & z_{\mu,\nu} \cdots & z_{\mu,0} \\
\hline
 & & & z_{m-1,n-1} \cdots & z_{m-1,\nu} \cdots & z_{m-1,0}
\end{array}\right]$$

Tabelle 19.1.1 Matrix-Darstellung des Eingangsraumes der kombinatorischen Schaltung K eines Automaten

Analog entsprechen die Elemente des Ausgangsraumes von K umkehrbar eindeutig den Elementen der Zustandsmenge $\underline{Z}$. Wir bezeichnen daher die Matrix der $m = 2^n$ Zeilenvektoren $\underline{z}_{m-1},\ldots,\underline{z}_{\mu},\ldots,\underline{z}_0$ ebenfalls mit $\underline{Z}$

$$\underline{Z} = \begin{bmatrix} \underline{z}_0 \\ \vdots \\ \underline{z}_{\mu} \\ \vdots \\ \underline{z}_{m-1} \end{bmatrix} = \begin{bmatrix} z_{0,n-1} & \cdots & z_{0,\nu} & \cdots & z_{0,0} \\ \vdots & & \vdots & & \vdots \\ z_{\mu,n-1} & \cdots & z_{\mu,\nu} & \cdots & z_{\mu,0} \\ \vdots & & \vdots & & \vdots \\ z_{m-1,n-1} & \cdots & z_{m-1,\nu} & \cdots & z_{m-1,0} \end{bmatrix} \qquad (19.1.1)$$

$m = 2^n$ - max. Zahl der Zustände $\underline{z}_{\mu}$
$\mu = 0,\ldots,m-1$
n - max. Zahl der Zustandsvariablen $z_{\mu,\nu}$
$\nu = 0,\ldots,n-1.$

Wird die Kodierung der Zustände nach dem Binärkode vorgenommen, dann ergibt sich

$$\mu = \sum_{\nu=0}^{n-1} z_{\mu,\nu} \cdot 2^{\nu} \qquad (19.1.2)$$

Beispielsweise wird dann mit (19.1.2) für einen Automaten mit $m = 4$ Zuständen $\underline{z}_{\mu}$:

$\underline{z}_\mu$	$z_{\mu,\nu}$	
	$z_{\mu,1}$	$z_{\mu,0}$
$\underline{z}_0$	0	0
$\underline{z}_1$	0	1
$\underline{z}_2$	1	0
$\underline{z}_3$	1	1

Tabelle 19.1.2 Binärkodierung von 4 Zuständen $\underline{z}_\mu$ eines Automaten

Das im Bild 19.1.2 in der Rückführung dargestellte Zeitglied τ kann auf unterschiedliche Weise realisiert werden:

1. direkte Rückführung von Ausgängen auf die Eingänge ohne Zwischenschaltung von Speicherelementen (ungetaktet);

2. Rückführung über externe Speicherelemente (getaktet).

Werden die externen Speicherelemente alle von einem gemeinsamen externen Systemtakt geschaltet, spricht man von synchroner Betriebsweise, ansonsten von asynchroner Betriebsweise des Automaten (Bild 19.1.4).

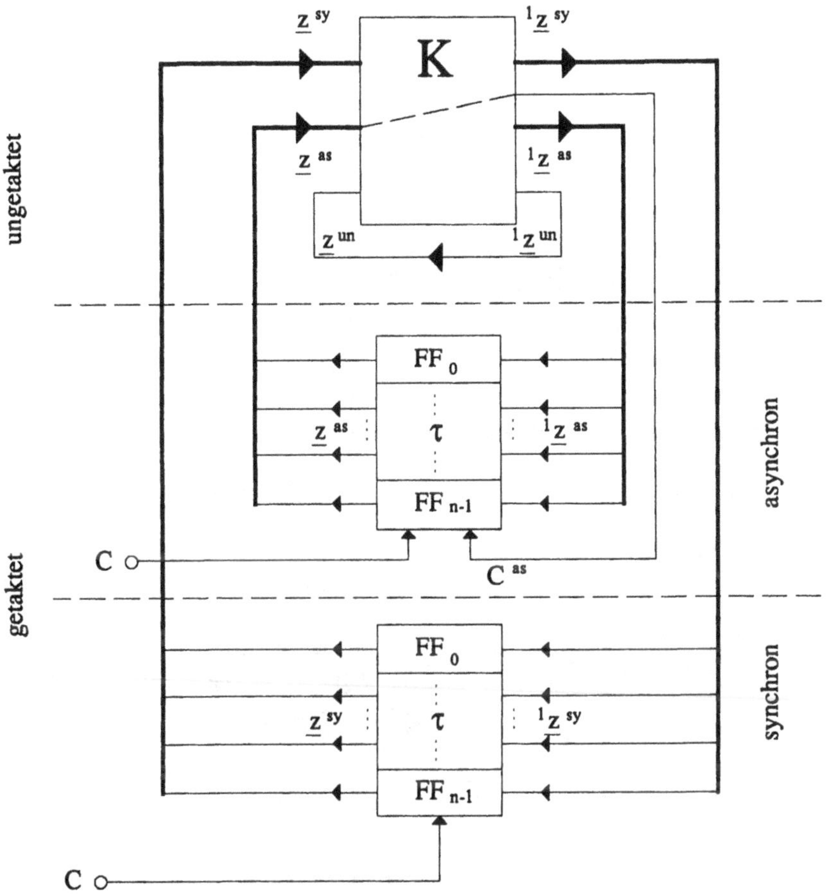

Bild 19.1.4 Betriebsweise für Automaten

Für die in Bild 19.1.4 spezifizierte Betriebsweise von Automaten

- ungetaktet
- getaktet, asynchron
- getaktet, synchron

soll bereits hier zum Verständnis solcher Strukturen je ein Beispiel dargestellt werden (Bilder 19.1.5 - 7). Die Synthese bzw. Analyse solcher Schaltungen und Systeme erfolgt in den weiteren Abschnitten ausführlich.

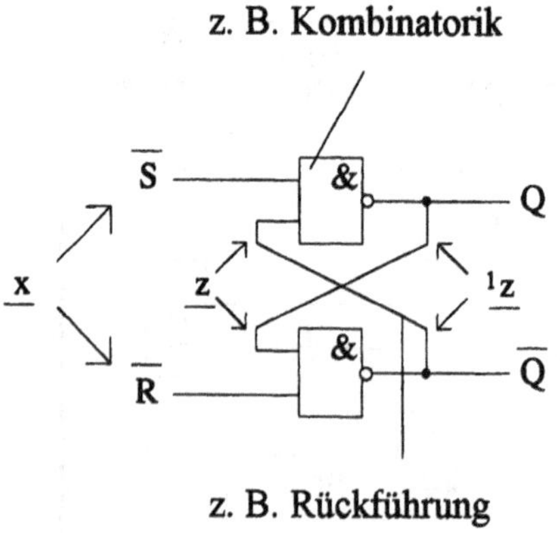

Bild 19.1.5 Ungetaktete Betriebsweise - ungetaktetes RS-Flip-Flop

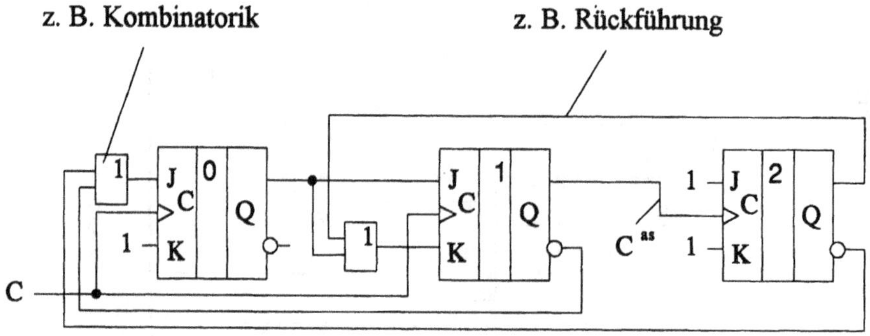

Bild 19.1.6 Getaktete asynchrone Betriebsweise - Asynchroner Zähler von 0 bis 6, zyklisch, BCD-Kode

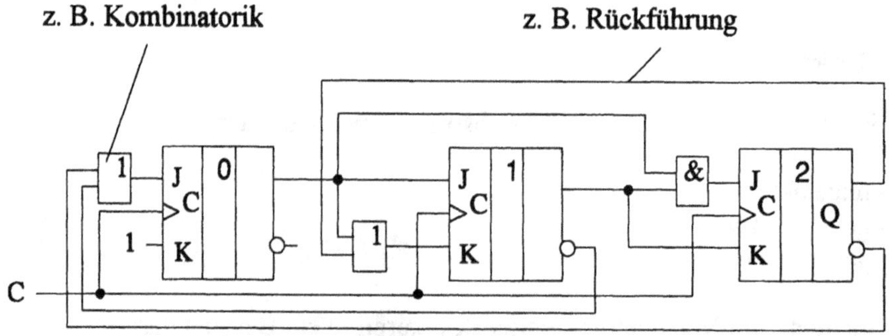

Bild 19.1.7 Getaktete synchrone Betriebsweise - Synchroner Zähler von 0 bis 6, zyklisch, BCD-Kode

19.2 MOORE- und MEALY-Automaten

Fügt man zu der im Abschnitt 19.1 beschriebenen Struktur eines Automaten Ausgänge hinzu, erhält man die in der digitalen Schaltungstechnik üblichen Grundstrukturen für sequentielle Schaltungen (Steuerwerke).

Im folgenden beschränken wir uns auf zwei Grundtypen, den MOORE- und MEALY-Automaten.
Ein MOORE-Automat hat folgende Struktur:

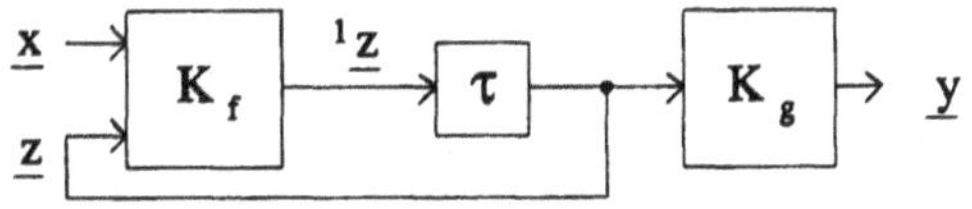

Bild 19.2.1 Grundstruktur eines MOORE-Automaten

Die Ausgabe $\underline{y}$ ist hier eine Funktion des Momentanzustandes $\underline{z}$, d. h. $\underline{y} = g(\underline{z})$. Formal wird ein MOORE-Automat durch ein 6-Tupel

$$A = (\underline{X},\underline{Z},f,{}^{a}\underline{z},\underline{Y},g) \tag{19.2.1}$$

dargestellt, wobei

$\underline{X}$	das Eingabealphabet, $\underline{X} = (\underline{x}_{e-1},\ldots,\underline{x}_{\varepsilon},\ldots,\underline{x}_0)$,	
$\underline{Z}$	die Zustandsmenge, $\underline{Z} = (\underline{z}_{m-1},\ldots,\underline{z}_{\mu},\ldots,\underline{z}_0)$,	
f	die Überführungsfunktion, ${}^{1}\underline{z} = f(\underline{x},\underline{z})$,	
${}^{a}\underline{z}$	den Initialzustand,	(19.2.2)
$\underline{Y}$	das Ausgabealphabet, $\underline{Y} = (\underline{y}_{b-1},\ldots,\underline{y}_{\beta},\ldots,\underline{y}_0)$ und	
g	die Ausgabefunktion, $\underline{y} = g(\underline{z})$	

bezeichnet.
In Übereinstimmung mit der im Bild 19.2.1 dargestellten Struktur ist g eine Abbildung von $\underline{Z}$ in $\underline{Y}$.
Ein MEALY-Automat hat folgende Struktur:

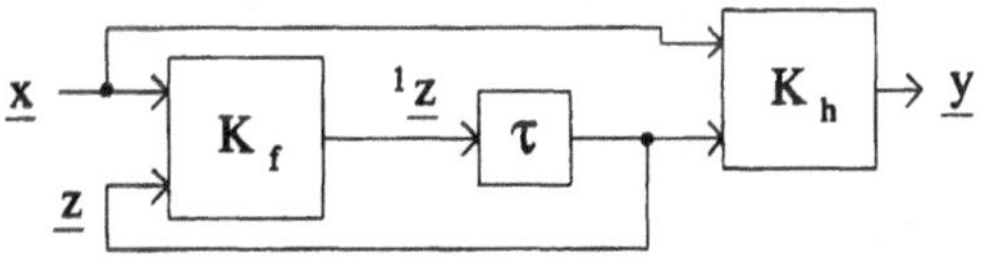

Bild 19.2.2 Grundstruktur eines MEALY-Automaten

Die Ausgabe $\underline{y}$ ist hier eine Funktion des Momentanzustandes $\underline{z}$ und der aktuellen Eingangsbelegung $\underline{x}$, d. h. $\underline{y} = h(\underline{x},\underline{z})$.
Formal wird ein MEALY-Automat durch ein 6-Tupel

$$A = (\underline{X},\underline{Z},f,{}^{a}\underline{z},\underline{Y},h) \tag{19.2.3}$$

dargestellt, wobei

$\underline{X}$ das Eingabealphabet, $\underline{X} = (\underline{x}_{e-1},\ldots,\underline{x}_{\varepsilon},\ldots,\underline{x}_0)$,
$\underline{Z}$ die Zustandsmenge, $\underline{Z} = (\underline{z}_{m-1},\ldots,\underline{z}_{\mu},\ldots,\underline{z}_0)$,
f die Überführungsfunktion, $^{1}\underline{z} = f(\underline{x},\underline{z})$, (19.2.4)
$^{a}\underline{z}$ den Initialzustand,
$\underline{Y}$ das Ausgabealphabet, $\underline{Y} = (\underline{y}_{b-1},\ldots,\underline{y}_{\beta},\ldots,\underline{y}_0)$ und
h die Ausgabefunktion, $\underline{y} = h(\underline{x},\underline{z})$

bezeichnet.
h ist hier eine Abbildung von $\underline{X} * \underline{Z}$ in $\underline{Y}$.

19.3 Automatengraphen und Automatentabellen

Das Verhalten eines Automaten läßt sich anschaulich durch ein graphisches Schema - die sogenannten Automatengraphen oder Zustandsdiagramme - beschreiben. Dazu ordnet man jedem Zustand $\underline{z} \in \underline{Z}$ einen Knoten, dargestellt durch einen Kreis, zu.
Da keine Mißverständnisse zu befürchten sind, stellt man die Zustände und die ihnen entsprechenden Knoten mit gleicher Bezeichnung dar.
Zwei Knoten $\underline{z}_i$, $\underline{z}_j$ werden mit einem Pfeil (genannt Kante) von $\underline{z}_i$ nach $\underline{z}_j$ verbunden, wenn es eine Eingangsbelegung $\underline{x}_e \in \underline{X}$ derart gibt, daß gilt

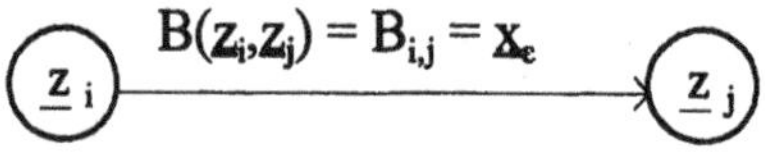

$\underline{z}_j = f(\underline{x}_e,\underline{z}_i)$

Bild 19.3.1 Knoten und Kante eines Automatengraphen

Die Eingangsbelegung $\underline{x}_e$ wird als Gewicht $B(\underline{z}_i,\underline{z}_j)$ (oder verkürzt $B_{i,j}$) der Kante von $\underline{z}_i$ nach $\underline{z}_j$ bezeichnet und wie im Bild 19.3.1 gezeigt, in geeigneter Form an die Kante geschrieben. Wir bemerken, daß sogenannte Eigenschleifen (siehe Bild 19.3.2) auftreten können. Dies ist genau dann der Fall, wenn $\underline{z}_i = f(\underline{x}_e,\underline{z}_i)$ ist.

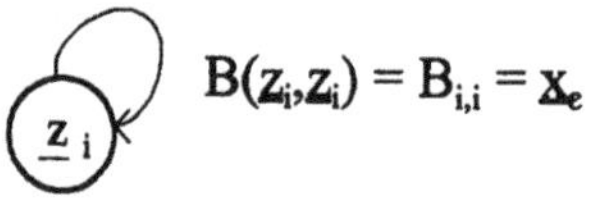

Bild 19.3.2 Eigenschleife im Knoten $\underline{z}_i$ eines Automatengraphen

Im Falle eines MOORE-Automaten kann die einen bestimmten Zustand $\underline{z}_i \in \underline{Z}$ entsprechende Ausgabe $\underline{y}_i = g(\underline{z}_i)$ dem Knoten $\underline{z}_i$ zugeordnet werden.

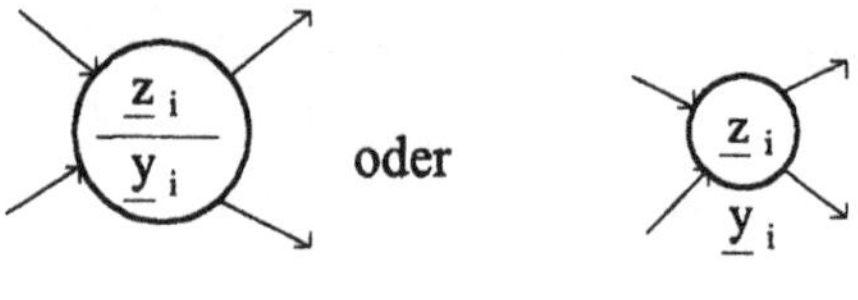

Bild 19.3.3 Anordnung der Ausgabe $\underline{y}_i$ zum Knoten $\underline{z}_i$ im Graphen eines MOORE-Automaten

Im folgenden Bild 19.3.4 ist ein Beispiel für einen Automatengraphen eines MOORE-Automaten mit 5 Zuständen $\underline{Z} = \{0,1,2,3,4\}$, dem Eingabealphabet $\underline{X} = \{0,1\}$ und dem Ausgabealphabet $\underline{Y} = \{0,1\}$ gezeigt.

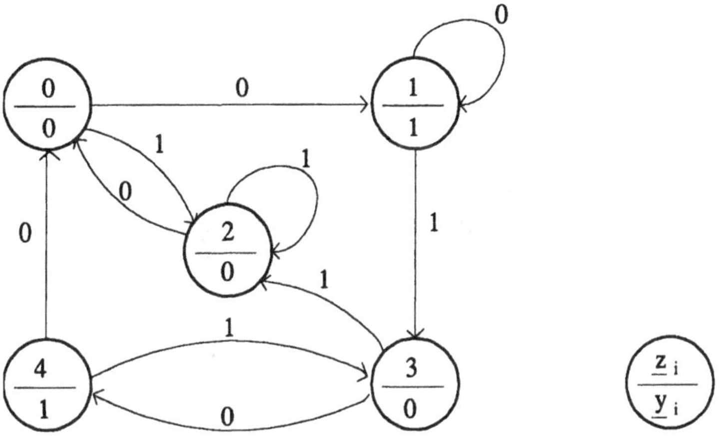

Bild 19.3.4 Beispiel für einen MOORE-Automatengraphen

Für einen MEALY-Automaten kann man die Ausgabe $\underline{y} = h(\underline{x}_e, \underline{z}_i)$ derjenigen Kante zuordnen, die vom Knoten $\underline{z}_i$ ausgeht und das Gewicht $\underline{x}_e$ aufweist (Bild 19.3.5). Die Ausgabefunktion wird also für die Eingangsbelegung $\underline{x}_e$ im Momentanzustand $\underline{z}_i$ dargestellt.

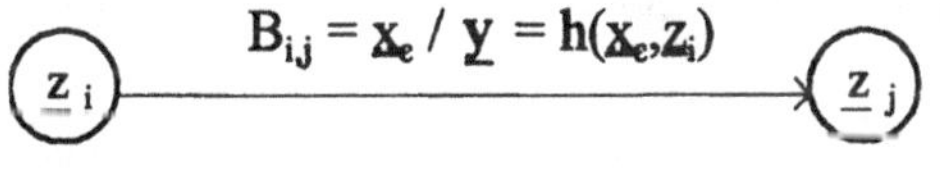

Bild 19.3.5 Darstellung der Ausgabefunktion im MEALY-Automatengraph

Im Bild 19.3.6 ist ein Beispiel für einen Automatengraphen eines MEALY-Automaten mit 4 Zuständen $\underline{Z} = \{0,1,2,3\}$, dem Eingangsalphabet $\underline{X} = \{0,1\}$ und dem Ausgabealphabet $\underline{Y} = \{0,1\}$ gezeigt.

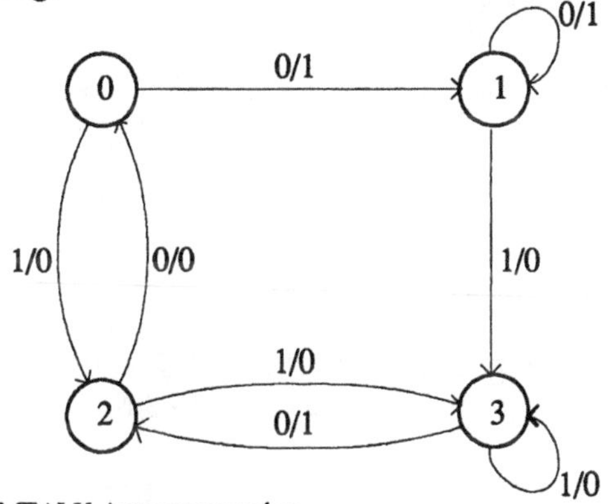

Bild 19.3.6 Beispiel für einen MEALY-Automatengraphen

Automaten lassen sich auch durch sogenannte Automatentabellen oder Schaltwerktabellen beschreiben. Dabei unterscheidet man zwischen einer ausführlichen und einer verkürzten Form solcher Automatentabellen. Wie oben vereinbart, seien

$\underline{X}$ das Eingabealphabet, $\underline{X} = (\underline{x}_{e-1},\ldots,\underline{x}_{\varepsilon},\ldots,\underline{x}_0)$,
$\underline{Z}$ die Zustandsmenge, $\underline{Z} = (\underline{z}_{m-1},\ldots,\underline{z}_{\mu},\ldots,\underline{z}_0)$ und
$\underline{Y}$ das Ausgabealphabet, $\underline{Y} = (\underline{y}_{b-1},\ldots,\underline{y}_{\beta},\ldots,\underline{y}_0)$.

Die verkürzte Form einer Automatentabelle eines MOORE-Automaten ist ein rechteckiges Schema, dessen Spalten zu den Elementen des Eingabealphabetes und dessen Zeilen zu den Elementen der Zustandsmenge korrespondieren.

$\underline{z} \backslash \underline{x}$	$\underline{x}_{e-1}$	$\cdots$	$\underline{x}_{\varepsilon}$	$\cdots$	$\underline{x}_0$	$\underline{y}$
$\underline{z}_0$	$\vdots$		$\vdots$		$\vdots$	
$\vdots$						
$\underline{z}_{\mu}$	$\cdots$	$\cdots$	${}^1\underline{z}_{\mu}$	$\cdots$	$\cdots$	$\underline{y}$
$\vdots$						
$\underline{z}_{m-1}$	$\vdots$		$\vdots$		$\vdots$	

Tabelle 19.3.1 Verkürzte Form einer MOORE-Automatentabelle

Im Schnittpunkt der zu einem $\underline{x}_e$ und einem $\underline{z}_{\mu}$ korrespondierenden Reihen trägt man den jeweiligen Folgezustand ${}^1\underline{z} = f(\underline{x}_e,\underline{z}_{\mu})$ ein. Für einen MOORE-Automaten sind die Werte der Ausgabefunktion $\underline{y} = g(\underline{z}_{\mu})$ in einer zusätzlichen Spalte anzuordnen. Sie beziehen sich auf die Momentanzustände $\underline{z}_{\mu}$.
Im Falle eines MEALY-Automaten wird die zusätzliche Spalte $\underline{y}$ weggelassen. Die Werte der Ausgabefunktion $\underline{y} = h(\underline{x}_e,\underline{z}_{\mu})$ werden gemeinsam mit den Folgezuständen ${}^1\underline{z} = f(\underline{x}_e,\underline{z}_{\mu})$ in die Schnittpunkte der jeweiligen Reihe eingetragen.

$\underline{z} \backslash \underline{x}$	$\underline{x}_{e-1}$	$\cdots$	$\underline{x}_{\varepsilon}$	$\cdots$	$\underline{x}_0$
$\underline{z}_0$	$\vdots$		$\vdots$		$\vdots$
$\vdots$					
$\underline{z}_{\mu}$	$\cdots$	$\cdots$	${}^1\underline{z}_{\mu}/\underline{y}$	$\cdots$	$\cdots$
$\vdots$					
$\underline{z}_{m-1}$	$\vdots$		$\vdots$		$\vdots$

Tabelle 19.3.2 Verkürzte Form einer MEALY-Automatentabelle

Die folgenden zwei Beispiele zeigen die verkürzten Formen der Automatentabellen für die Automatengraphen in den Bildern 19.3.4 und 19.3.6 .

$\underline{z}$ \ $\underline{x}$	0	1	$\underline{y}$
0	1	2	0
1	1	3	1
2	0	2	0
3	4	2	0
4	0	3	1

$\underline{z}$ \ $\underline{x}$	0	1
0	1/1	2/0
1	1/1	3/0
2	0/0	3/0
3	2/1	3/0

Tabelle 19.3.3 MOORE- und MEALY-Automatentabellen für die in den Bildern 19.3.4 und 19.3.6 dargestellten A-Graphen

Die ausführliche Form der Automatentabelle enthält Eingabealphabet, Zustandsmenge und Ausgabealphabet in ihren kodierten Formen. Wie in der Tabelle 19.3.4 gezeigt, stellen wir die aktuelle Eingangsbelegung $\underline{x}_\varepsilon$, den Momentanzustand $\underline{z}_\mu$, den Folgezustand ${}^1\underline{z}_\mu$ und die Ausgabe $\underline{y}$ in einem Schema mit 4 Spalten dar.

Da in einer solchen ausführlichen Automatentabelle jede Kombination $\underline{x}_\varepsilon$, $\underline{z}_\mu$, $\varepsilon \in \{0,\ldots,e-1\}$, $\mu \in \{0,\ldots,m-1\}$ einmal in jeder Zeile stehen muß, benötigt man insgesamt $e \cdot m$ Zeilen. MOORE- und MEALY-Automaten werden jetzt in gleicher Weise dargestellt.

$\underline{x}$	$\underline{z}$	$\underline{y}$	${}^1\underline{z}$
$x_{k-1} \cdots x_\kappa \cdots x_0$	$z_{n-1} \cdots z_\nu \cdots z_0$		
	$z_{0,n-1} \cdots z_{0,\nu} \cdots z_{0,0}$		
$x_{0,k-1} \cdots x_{0,\kappa} \cdots x_{0,0}$	$z_{\mu,n-1} \cdots z_{\mu,\nu} \cdots z_{\mu,0}$		
	$z_{m-1,n-1} \cdots z_{m-1,\nu} \cdots z_{m-1,0}$		
	$z_{0,n-1} \cdots z_{0,\nu} \cdots z_{0,0}$		
$x_{\varepsilon,k-1} \cdots x_{\varepsilon,\kappa} \cdots x_{\varepsilon,0}$	$z_{\mu,n-1} \cdots z_{\mu,\nu} \cdots z_{\mu,0}$	$\in \{0,1\}$	$\in \{0,1\}$
	$z_{m-1,n-1} \cdots z_{m-1,\nu} \cdots z_{m-1,0}$		
	$z_{0,n-1} \cdots z_{0,\nu} \cdots z_{0,0}$		
$x_{e-1,k-1} \cdots x_{e-1,\kappa} \cdots x_{e-1,0}$	$z_{\mu,n-1} \cdots z_{\mu,\nu} \cdots z_{\mu,0}$		
	$z_{m-1,n-1} \cdots z_{m-1,\nu} \cdots z_{m-1,0}$		

$\underline{y} = (y_{r-1},\ldots,y_\varsigma,\ldots,y_0)$

${}^1\underline{z} = ({}^1z_{n-1},\ldots,{}^1z_\nu,\ldots,{}^1z_0)$

r bezeichnet die Anzahl der Ausgänge der Kombinatorik, welche die Ausgabefunktion g bzw. h realisieren. Es gilt also $b \leq 2^r$ (siehe 19.2.2, 19.2.4).

Tabelle 19.3.4 Ausführliche Form einer Automatentabelle

Das folgende Bild 19.3.7 zeigt die ausführliche Form der Automatentabelle des MEALY-Automaten von Bild 19.3.6 . Hierbei werden $\underline{x}$, $\underline{z}$, $^1\underline{z}$ und $\underline{y}$ binär kodiert. Es gilt damit $k = 1, n = 2, r = 1$.

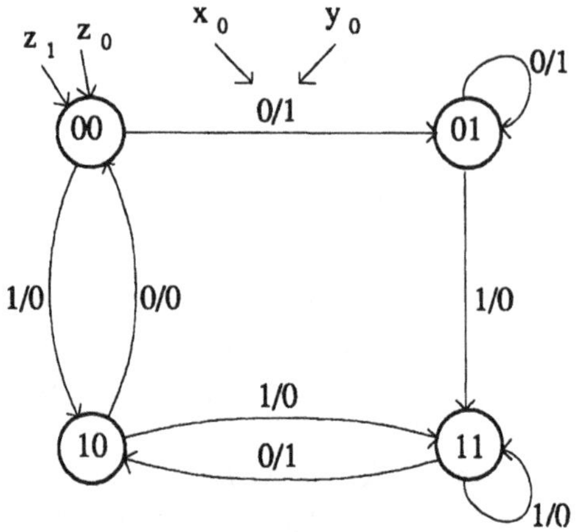

$\underline{x}$	$\underline{z}$		$\underline{y}$	$^1\underline{z}$	
x_0	z_1	z_0	y_0	$^1z_1$	$^1z_0$
0	0	0	1	0	1
	0	1	1	0	1
	1	0	0	0	0
	1	1	1	1	0
1	0	0	0	1	0
	0	1	0	1	1
	1	0	0	1	1
	1	1	0	1	1

Bild 19.3.7 MEALY-Automatengraph und -tabelle

Für die schaltungstechnische Umsetzung von Automatengraphen bzw. -tabellen ist es oft sinnvoll, die Kantengewichte $B_{i,j}$ zwischen $\underline{z}_i$ und $\underline{z}_j$ in Mintermform (siehe Abschnitt 6) darzustellen. Dies ermöglicht, wie im Bild 19.3.8 beispielsweise gezeigt, ein Zusammenfassen von parallelen Kanten und eine Reduzierung der zunächst in Mintermform aufgeschriebenen Kantengewichte mit Hilfe der Absorptionsgesetze (siehe Abschnitt 5.4). Als Ergebnis erhält man sogenannte reduzierte Automatengraphen. (Auf die Ausgabefunktion wurde hier aus Gründen der Übersichtlichkeit verzichtet.)

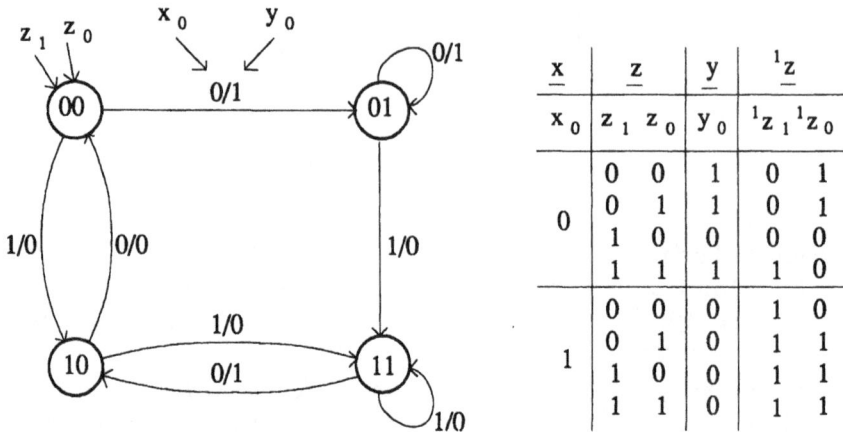

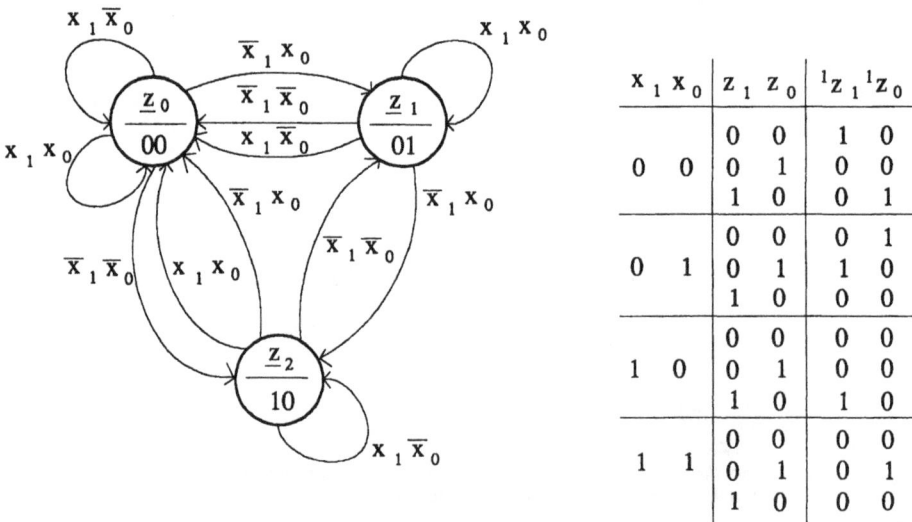

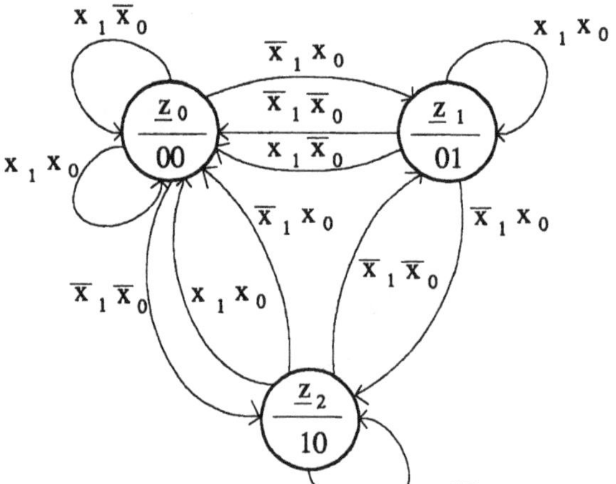

x_1	x_0	z_1	z_0	$^1z_1$	$^1z_0$
		0	0	1	0
0	0	0	1	0	0
		1	0	0	1
		0	0	0	1
0	1	0	1	1	0
		1	0	0	0
		0	0	0	0
1	0	0	1	0	0
		1	0	1	0
		0	0	0	0
1	1	0	1	0	1
		1	0	0	0

Bild 19.3.8/1 Automatengraph mit parallelen Kanten in Mintermform

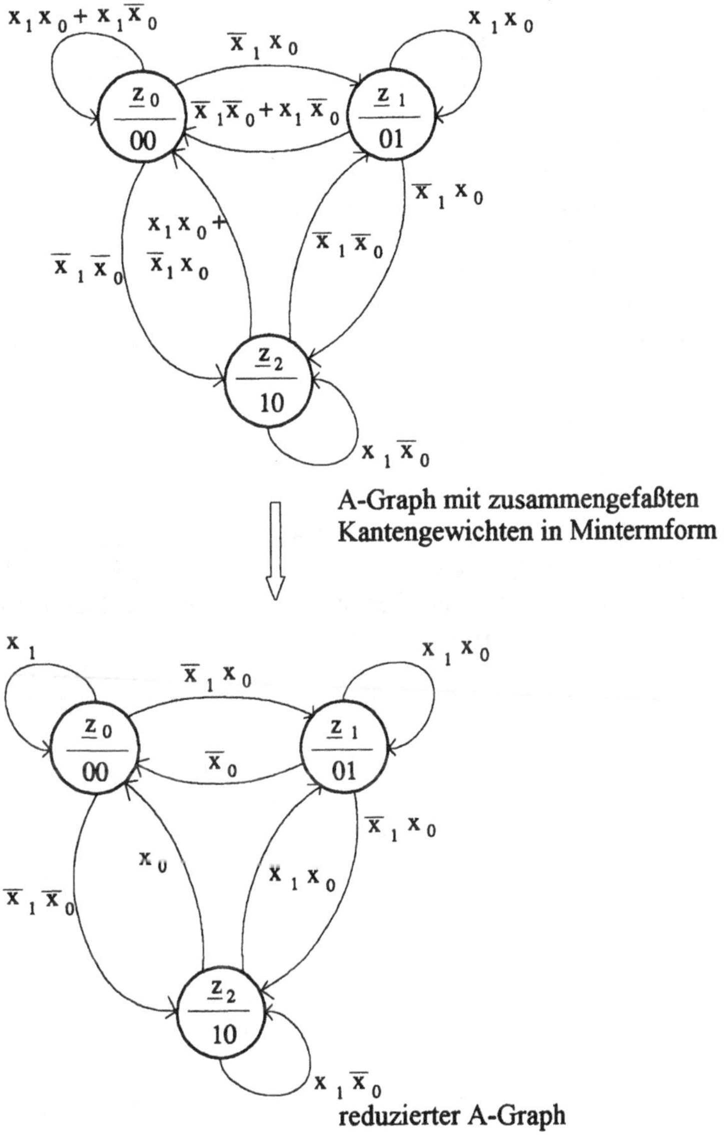

Bild 19.3.8/2 Automatengraph mit zusammmengefaßten und reduzierten Kantengewichten

19.4 Vollständigkeit und Widerspruchsfreiheit

Wir betrachten einen Automaten $A = (\underline{X},\underline{Z},f,{}^{a}\underline{z})$ und seinen Automatengraphen G. Die Ausgabefunktion kann für die folgenden Betrachtungen unberücksichtigt bleiben.
Es sei $\underline{z} \in \underline{Z}$ ein Zustand des A und $\underline{x} \in \underline{X}$ ein beliebiger Buchstabe des Eingabealphabets. Die Überführungsfunktion f ordnet dem Paar $(\underline{x},\underline{z})$ den Folgezustand ${}^{1}\underline{z} = f(\underline{x},\underline{z})$ zu, in welchen der Automat übergeht.
Im Automatengraphen G gibt es dann also eine Kante von $\underline{z}$ nach ${}^{1}\underline{z}$, deren Gewicht

$B(\underline{z},{}^1\underline{z}) = \underline{x}$ ist. Da $\underline{z}$ und $\underline{x}$ beliebig gewählt waren, gibt es für jeden Knoten $\underline{z}$ des Automatengraphen und für jedes $\underline{x} \in \underline{X}$ eine mit $\underline{x}$ gewichtete Kante, welche von $\underline{z}$ ausgeht. Das bedeutet, daß für jeden Knoten $\underline{z}$ die Menge der Gewichte der von $\underline{z}$ ausgehenden Kanten das vollständige Alphabet $\underline{X}$ bildet.
Diese Eigenschaft heißt Vollständigkeit des Automatengraphen G. Ein Automatengraph kann auf Vollständigkeit besonders elegant überprüft werden, wenn die Kantengewichte in ihre Mintermform (bzw. Maxtermform) oder in einer aus dieser hervorgehenden reduzierten Form (siehe vorhergehenden Abschnitt 19.3) gegeben sind.
Wir bilden dazu die Disjunktion der Gewichte aller Kanten (einschließlich der Eigenschleifen), welche vom Knoten $\underline{z}_\mu$ ausgehen.
Vollständigkeit liegt genau dann vor, wenn diese Disjunktion für alle $\underline{z}_\mu \in \underline{Z}$ gleich "1" ist.

$$\underset{\underline{z}_\mu \in \underline{Z}}{\forall} : \sum_{\underline{z}_j \in \underline{Z}} B(\underline{z}_\mu, \underline{z}_j) = 1. \qquad (19.4.1)$$

Falls keine Kante $\underline{z}_\mu$ nach $\underline{z}_j$ existiert, setzen wir zur Vereinfachung $B(\underline{z}_\mu, \underline{z}_j) = 0$.
Die Vollständigkeit eines Automatengraphen läßt sich anhand der Beziehung (19.4.1) anschaulich mit Hilfe von modifizierten Karnaugh-Plänen überprüfen.
Wie in dem folgenden Beispiel ausgeführt, wird dazu jedem Knoten ein solcher modifizierter K-Plan zugeordnet. Er enthält jeweils für k-Eingangsvariablen $e = 2^k$ Felder, welche allen Buchstaben des aktuellen Eingabealphabets entsprechen.

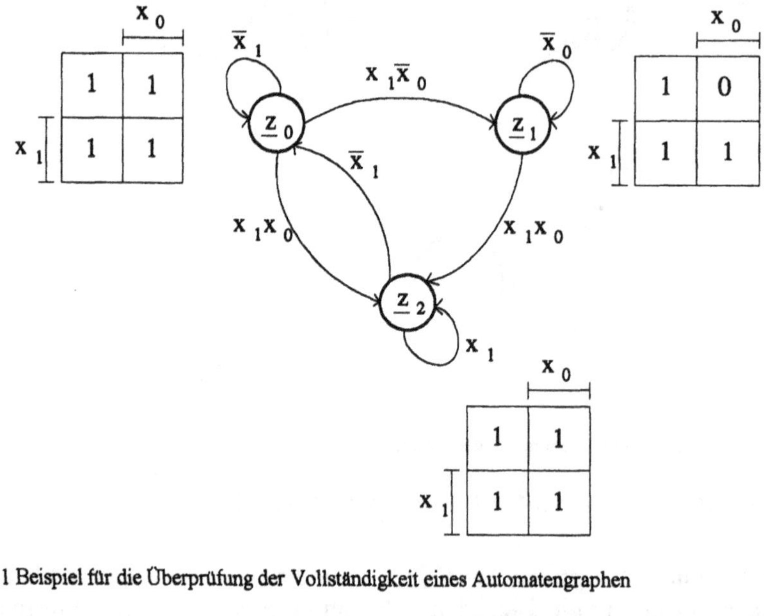

Bild 19.4.1 Beispiel für die Überprüfung der Vollständigkeit eines Automatengraphen

Für jede vom Knoten $\underline{z}_\mu$ ausgehende Kante mit dem Gewicht $\underline{x}_e$ wird in das $\underline{x}_e$ entsprechende Feld des K-Planes eine 1 eingetragen. Es können damit auch mehrere 1-en in einem Feld des K-Planes stehen. Deswegen spricht man hier von einem modifizierten K-Plan.

Der Automatengraph ist genau dann vollständig, wenn für alle Knoten der zugeordnete modifizierte K-Plan in jedem Feld mindestens eine 1 enthält.
Der im Bild 19.4.1 dargestellte Automatengraph ist nicht vollständig, da keine der von $\underline{z}_1$ ausgehenden Kanten das Gewicht $\overline{x}_1 x_0$ hat.
Befindet sich der Automat A in einem Zustand $\underline{z}_\mu$, so ist der Folgezustand $^1\underline{z}$, in welchem A nach Eingabe eines Buchstabens $\underline{x}_e \in \underline{X}$ übergeht, eindeutig bestimmt.
Demzufolge haben im Automatengraphen je zwei Kanten, welche von ein und demselben Knoten ausgehen, stets verschiedene Gewichte. Diese Eigenschaft wird als Widerspruchsfreiheit bezeichnet. Sind die Kantengewichte in ihrer Mintermform (bzw. Maxtermform) oder einer reduzierten Form (siehe Abschnitt 3) gegeben, liegt Widerspruchsfreiheit genau dann vor, wenn gilt:

$$\underset{\underline{z}_\mu \in \underline{Z}}{\forall}: \quad \sum_{\substack{\underline{z}_i, \underline{z}_j \in \underline{Z} \\ \underline{z}_i \neq \underline{z}_j}} (B(\underline{z}_\mu, \underline{z}_i) \cdot B(\underline{z}_\mu, \underline{z}_j)) = 0 \qquad (19.4.2)$$

Die Disjunktion $\sum$ in 19.4.2 erstreckt sich über alle Konjunktionen $B(\underline{z}_\mu, \underline{z}_i) \cdot B(\underline{z}_\mu, \underline{z}_j)$ von Gewichten unterschiedlicher Kanten $(\underline{z}_\mu, \underline{z}_i)$, $(\underline{z}_\mu, \underline{z}_j)$; $i \neq j$.

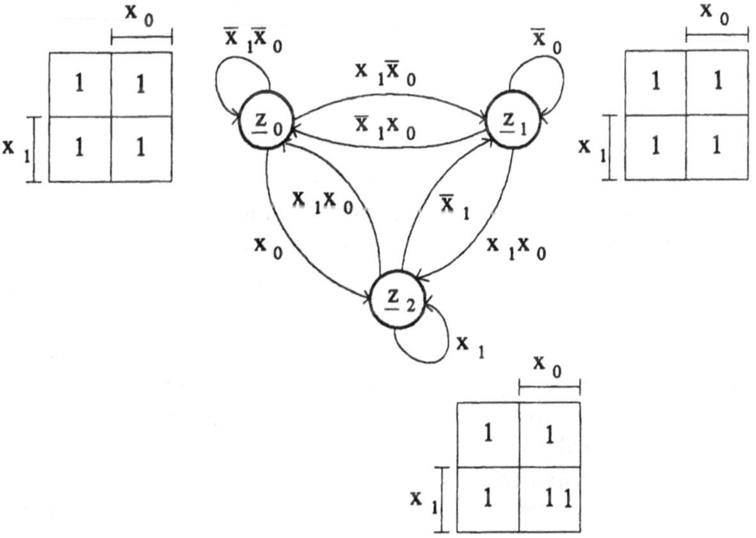

Bild 19.4.2 Beispiel für die Überprüfung der Widerspruchsfreiheit eines Automatengraphen

Der im Bild 19.4.2 dargestellte Graph ist nicht widerspruchsfrei, da für $\underline{z}_2$ gilt:

$$x_1 \cdot x_1 x_0 + x_1 \overline{x}_1 + \overline{x}_1 \cdot x_1 x_0 = x_1 x_0 \neq 0. \qquad (19.4.3)$$

In den modifizierten K-Plänen drücken sich Widersprüche durch das Auftreten von mehrfach mit 1 belegten Feldern aus.

19.5 Partielle Automaten

Wir sind bisher davon ausgegangen, daß ein Automat in jedem Zustand in der Lage ist, jeden Buchstaben des Eingabealphabetes zu lesen. In technischen Systemen kann es sein, daß einige der möglichen Eingaben aus verschiedenen Gründen nicht relevant oder unerwünscht sind. Zur Beschreibung dieses Sachverhaltes verallgemeinert man den Automatenbegriff in der folgenden Weise.
Ein partieller Automat A besteht aus einem endlichen Eingabealphabet $\underline{X} = (\underline{x}_{e-1},\ldots,\underline{x}_0)$, einer endlichen Menge $\underline{Z} = (\underline{z}_{m-1},\ldots,\underline{z}_0)$ von Zuständen, einer Funktion p, welche jedem Zustand eine Menge von (erlaubten) Eingaben zuordnet und der Überführungsfunktion, welche festlegt, in welchen Zustand ${}^1\underline{z} = f(\underline{x}_e,\underline{z})$ der Automat A übergeht, falls der Momentanzustand $\underline{z}$ und die aktuelle Eingabe $\underline{x}_e$ ist.
Die Überführungsfunktion ist hierbei nur für solche Paare $(\underline{x}_e,\underline{z}) \in \underline{X} * \underline{Z}$ erklärt, für welche gilt $\underline{x}_e \in p(\underline{z})$, d. h. die Eingabe $\underline{x}_e$ ist im Zustand $\underline{z}$ "erlaubt".
Formal kann ein solcher partieller Automat A als ein 5-Tupel $(\underline{X},\underline{Z},p,f,{}^a\underline{z})$ dargestellt werden, wobei $\underline{X},\underline{Z}$,p und f die oben erklärte Bedeutung haben und ${}^a\underline{z} \in \underline{Z}$ den Initialzustand bezeichnet.
Wie für vollständige Automaten kann in entsprechender Weise auch für partielle Automaten ein Automatengraph konstruiert werden. Im Unterschied zu den bisher betrachteten Automatengraphen ist der Automatengraph eines partiellen Automaten nicht vollständig. Die Widerspruchsfreiheit (19.4.2) muß jedoch erhalten bleiben.

19.6 Äquivalenz von Automaten

Sieht man von der inneren Struktur eines Automaten ab, so kann man diesen anschaulich als ein System auffassen, das eine endliche Folge $(\underline{x}_0,\underline{x}_1,\ldots,\underline{x}_\pi,\ldots,\underline{x}_{p-1})$ von Eingangsbelegungen $\underline{x}_\pi$ über dem Eingabealphabet $\underline{X}$ in eine endliche Folge $(\underline{y}_0,\underline{y}_1,\ldots,\underline{y}_\pi,\ldots,\underline{y}_{p-1})$ von Ausgangsbelegungen $\underline{y}_\pi$ über dem Ausgabealphabet $\underline{Y}$ transformiert.
Zwei Automaten, deren Eingabe- und Ausgabealphabet jeweils übereinstimmen, sind dann nicht zu unterscheiden, wenn ein und dieselbe Eingangsfolge von beiden Automaten in ein und dieselbe Ausgabefolge transformiert wird. Dabei ist vorauszusetzen, daß sich beide Automaten vor der Eingabe des ersten Zeichens im Initialzustand ${}^a\underline{z}$ befinden. Zwei solche Automaten sollen äquivalent bezüglich eines Ausgabeverhaltens sein.
Im folgenden soll eine exakte Definition der Äquivalenz bzgl. des Ausgabeverhaltens gegeben werden. Als Beispiel soll ein MEALY-Automat betrachtet werden. In völlig analoger Weise läßt sich eine solche Äquivalenzdefinition auch für einen MOORE-Automaten geben.
Es sei

$$A = (\underline{X},\underline{Z},f,{}^a\underline{z},\underline{Y},h) \qquad (19.6.1)$$

ein MEALY-Automat.
Gibt man eine endliche Folge $(\underline{x}_0,\underline{x}_1,\ldots,\underline{x}_\pi,\ldots,\underline{x}_{p-1})$ von p Elementen des Eingabealphabetes $\underline{X}$ in den Automaten A (19.6.1) ein, wobei sich A vor der ersten Eingabe im Zustand ${}^a\underline{z} = \underline{z}_0$ befinde, so sind sowohl der nach der letzten Eingabe anliegende Zustand $\underline{z}_p$,

als auch die letzte Ausgabe $\underline{y}_p$ durch $(\underline{x}_0,\underline{x}_1,\ldots,\underline{x}_\pi,\ldots,\underline{x}_{p-1})$ und $\underline{z}_0$ eindeutig bestimmt. Sie können wie folgt berechnet werden:

$$\underline{z}_1 = f(\underline{x}_0,\underline{z}_0), \quad (19.6.2)$$

$$\underline{z}_2 = f(\underline{x}_1,\underline{z}_1) = f(\underline{x}_1,f(\underline{x}_0,\underline{z}_0)), \quad (19.6.3)$$

$$\underline{z}_3 = f(\underline{x}_2,\underline{z}_2) = f(\underline{x}_2,f(\underline{x}_1,f(\underline{x}_0,\underline{z}_0))), \quad (19.6.4)$$

.

.

.

$$\underline{z}_\pi = f(\underline{x}_{\pi-1},\underline{z}_{\pi-1}) = f(\underline{x}_{\pi-1},f(\underline{x}_{\pi-2},f(\underline{x}_{\pi-3},\ldots,f(\underline{x}_0,\underline{z}_0)))), \quad (19.6.5)$$

.

.

.

$$\underline{z}_p = f(\underline{x}_{p-1},\underline{z}_{p-1}) = f(\underline{x}_{p-1},f(\underline{x}_{p-2},f(\underline{x}_{p-3},\ldots,f(\underline{x}_0,\underline{z}_0)))). \quad (19.6.6)$$

und

$$\underline{y}_1 = h(\underline{x}_0,\underline{z}_0), \quad (19.6.7)$$

$$\underline{y}_2 = h(\underline{x}_1,\underline{z}_1) = h(\underline{x}_1,f(\underline{x}_0,\underline{z}_0)), \quad (19.6.8)$$

$$\underline{y}_3 = h(\underline{x}_2,\underline{z}_2) = h(\underline{x}_2,f(\underline{x}_1,f(\underline{x}_0,\underline{z}_0))), \quad (19.6.9)$$

.

.

.

$$\underline{y}_\pi = h(\underline{x}_{\pi-1},\underline{z}_{\pi-1}) = h(\underline{x}_{\pi-1},f(\underline{x}_{\pi-2},f(\underline{x}_{\pi-3},\ldots,f(\underline{x}_0,\underline{z}_0)))), \quad (19.6.10)$$

.

.

.

$$\underline{y}_p = h(\underline{x}_{p-1},\underline{z}_{p-1}) = h(\underline{x}_{p-1},f(\underline{x}_{p-2},f(\underline{x}_{p-3},\ldots,f(\underline{x}_0,\underline{z}_0)))). \quad (19.6.11)$$

Es gibt also zwei Funktionen $\vec{\mathbf{f}}$ und $\vec{\mathbf{h}}$, welche jedem Paar $((\underline{x}_0,\underline{x}_1,\ldots,\underline{x}_\pi,\ldots,\underline{x}_{p-1}),\underline{z}_0)$ den Zustand $\underline{z}_p$ bzw. die Ausgabe $\underline{y}_p$ zuordnen.

Formal können diese wie folgt rekursiv definiert werden:
Für alle $\underline{x}_0 \in \underline{X}$ und $\underline{z}_0 \in \underline{Z}$ soll gelten:

$$\vec{\mathbf{f}}((\underline{x}_0),\underline{z}_0) = f(\underline{x}_0,\underline{z}_0) \text{ bzw.} \quad (19.6.12)$$

$$\vec{\mathbf{h}}((\underline{x}_0),\underline{z}_0) = h(\underline{x}_0,\underline{z}_0), \quad (19.6.13)$$

und für alle endliche Folgen $(\underline{x}_0,\underline{x}_1,\ldots,\underline{x}_\pi,\ldots,\underline{x}_{p-1})$ über $\underline{X}$ und alle $\underline{z}_0 \in \underline{Z}$ soll gelten:

$$\vec{\mathbf{f}}((\underline{x}_0,\underline{x}_1,\ldots,\underline{x}_\pi,\ldots,\underline{x}_{p-1}),\underline{z}_0) = f(\underline{x}_{p-1}, \vec{\mathbf{f}}((\underline{x}_0,\underline{x}_1,\ldots,\underline{x}_\pi,\ldots,\underline{x}_{p-2}),\underline{z}_0)) = f(\underline{x}_{p-1},\underline{z}_{p-1}), \text{ bzw.} \tag{19.6.14}$$

$$\vec{\mathbf{h}}((\underline{x}_0,\underline{x}_1,\ldots,\underline{x}_\pi,\ldots,\underline{x}_{p-1}),\underline{z}_0) = h(\underline{x}_{p-1}, \vec{\mathbf{h}}((\underline{x}_0,\underline{x}_1,\ldots,\underline{x}_\pi,\ldots,\underline{x}_{p-2}),\underline{z}_0)) = h(\underline{x}_{p-1},\underline{z}_{p-1}). \tag{19.6.15}$$

Zwei MEALY-Automaten

$$A_1 = (\underline{X},\underline{Z}_1,f_1,\underline{Y},h_1,{}^a\underline{z}_1) \text{ und} \tag{19.6.16}$$
$$A_2 = (\underline{X},\underline{Z}_2,f_2,\underline{Y},h_2,{}^a\underline{z}_2) \tag{19.6.17}$$

mit jeweils gemeinsamem Eingabealphabet $\underline{X}$ und Ausgabealphabet $\underline{Y}$ sind äquivalent bezüglich ihres Ausgabeverhaltens, wenn für jede endliche Folge $(\underline{x}_0,\underline{x}_1,\ldots,\underline{x}_\pi,\ldots,\underline{x}_{p-1})$ über $\underline{X}$ gilt:

$$\vec{\mathbf{h}}_1((\underline{x}_0,\underline{x}_1,\ldots,\underline{x}_\pi,\ldots,\underline{x}_{p-1}),{}^a\underline{z}_1) = \vec{\mathbf{h}}_2((\underline{x}_0,\underline{x}_1,\ldots,\underline{x}_\pi,\ldots,\underline{x}_{p-1}),{}^a\underline{z}_2). \tag{19.6.18}$$

Als Beispiel für zwei bezüglich ihres Ausgabeverhaltens äquivalente MEALY-Automaten sind A_1 und A_2 im Bild 19.6.1 dargestellt.

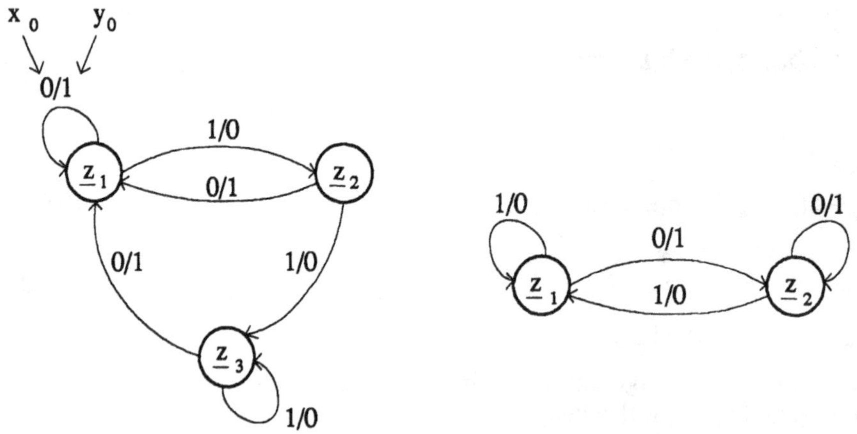

Bild 19.6.1 Beispiel für zwei bezüglich ihres Ausgabeverhaltens äquivalente MEALY-Automaten

Die Ein- und Ausgabealphabete der beiden Automaten sind jeweils gleich {0,1}. Die Äquivalenz von A_1 und A_2 bzgl. des Ausgabeverhaltens ergibt sich daraus, daß beide Automaten die Eigenschaft haben, nach Eingabe einer '0' eine '1' und nach Eingabe einer '1' eine '0' auszugeben.

19.7 Äquivalenz von MOORE- und MEALY-Automaten

Ausgehend von den Grundstrukturen der bereits behandelten Automatentypen (Bild 19.7.1) kann man feststellen, daß sich jeder MOORE-Automat auch als ein spezieller MEALY-Automat interpretieren läßt. Dies wird anschaulich, wenn wir in den MOORE-Automaten im Bild 19.7.1 (gedanklich) strukturell eine Verbindung vom Eingang $\underline{x}$ zur Kombinatorik K_g einfügen, die aber funktionell nicht wirksam werden soll (gestrichelte Linie).

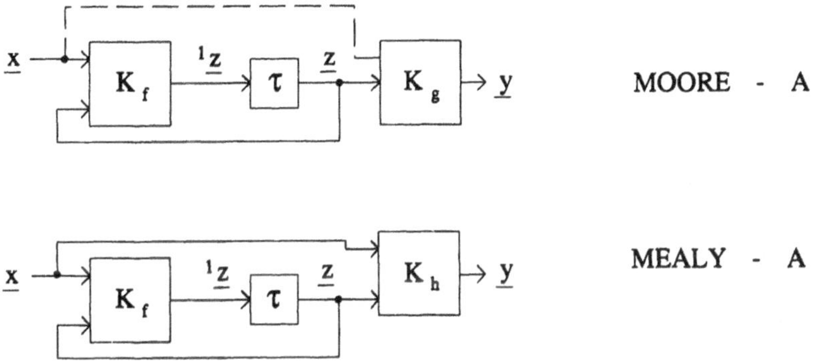

Bild 19.7.1 Automaten-Grundstrukturen

Für die Synthese von sequentiellen Schaltungen bedeutet dies, daß man für einen gegebenen MOORE-Automaten sofort den bezüglich des Ausgabeverhaltens äquivalenten MEALY-Automaten angeben kann. Dazu betrachten wir folgendes Beispiel:

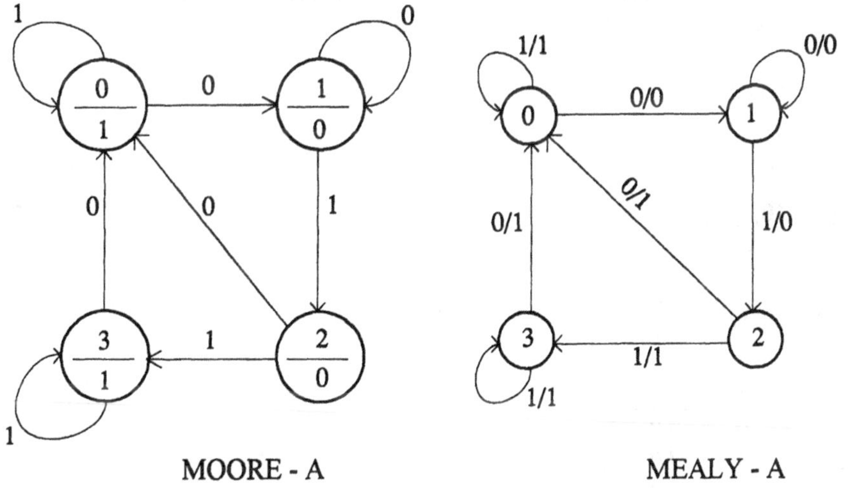

Bild 19.7.2 Beispiel für die Umwandlung eines MOORE-Automaten in einen MEALY-Automaten

Es soll nun gezeigt werden, wie zu einem MEALY-Automaten $A_1 = (\underline{X}_1, \underline{Z}_1, f_1, {}^a\underline{z}_1, \underline{Y}_1, h_1)$ ein bezüglich des Ausgabeverhaltens äquivalenter MOORE - Automat $A_2 = (\underline{X}_2, \underline{Z}_2, f_2, {}^a\underline{z}_2, \underline{Y}_2, g_2)$ konstruiert werden kann.

Dazu setzen wir zunächst

$$\underline{X}_2 = \underline{X}_1$$
$$\underline{Y}_2 = \underline{Y}_1 \text{ und}$$
$$\underline{Z}_2 = \{(\underline{z}, \underline{y}) \,/\, \underline{z} \in \underline{Z}_1,\ \underline{y} \in \underline{Y}_1(\underline{z})\},$$
$$\text{wobei } \underline{Y}_1(\underline{z}) = \{\underline{y} = h_1(\underline{x}, \underline{z}) \,/\, \underline{x} \in \underline{X}_1\}.$$

Ferner setzen wir

$${}^a\underline{z}_2 = ({}^a\underline{z}, \underline{y}) \text{ für ein beliebiges } \underline{y} \in \underline{Y}_1({}^a\underline{z}).$$

Die Ausgabefunktion g_2 wird durch

$$g_2(\underline{z}, \underline{y}) = \underline{y} \text{ für } (\underline{z}, \underline{y}) \in \underline{Z}_2$$

erklärt.

Schließlich setzen wir

$$f_2(\underline{x}, (\underline{z}, \underline{y})) = (f_1(\underline{x}, \underline{z}), h_1(\underline{x}, \underline{z})) \text{ für } \underline{x} \in \underline{X}_1 \text{ und } (\underline{z}, \underline{y}) \in \underline{Z}_2$$

Die hier beschriebene Konstruktion soll an einem Beispiel erläutert werden.
Dazu betrachten wir folgenden MEALY-Automaten:

$$A_1 = (\underline{X}_1, \underline{Z}_1, f_1, {}^a\underline{z}_1, \underline{Y}_1, h_1)$$
$$\underline{X}_1 = \{0,1\},$$
$$\underline{Y}_1 = \{0,1\},$$
$$\underline{Z}_1 = \{0,1,2,3\} \text{ und}$$

	$^1\underline{z}/\underline{y}$	
$\underline{z}$ \ $\underline{x}$	0	1
0	1/1	2/0
1	1/1	3/0
2	0/0	3/0
3	2/1	2/0

$$^1\underline{z} = f_1(\underline{x}, \underline{z})$$
$$\underline{y} = h_1(\underline{x}, \underline{z})$$

Der zu A_1 bezüglich des Ausgabeverhaltens äquivalente MOORE-Automat hat dann folgende Struktur:

$\underline{X}_2 = \{0,1\}$,
$\underline{Y}_2 = \{0,1\}$,
$\underline{Z}_2 = \{(0_0),(1_1),(2_0),(2_1),(3_0)\}$ und

$\underline{z}$ \ x	${}^1\underline{z}_y$ 0	${}^1\underline{z}_y$ 1	y
0	1	2_0	0
1	1	3	1
2_0	0	3	0
2_1	0	3	1
3	2_1	2_0	0

$${}^1\underline{z}_y = f_2(\underline{x},\underline{z}_y) = f_2(\underline{x}, \mathbf{f}_1(\mathbf{x},\mathbf{z})_{\mathbf{h}_1(\underline{x},\underline{z})})$$
$$\underline{y} = g_2(\underline{z}_y) = g_2(\mathbf{f}_1(\mathbf{x},\mathbf{z})_{\mathbf{h}_1(\underline{x},\underline{z})})$$

Der Zustand $\underline{z} = 2 \in \underline{Z}_1$ des MEALY-Automaten muß für den äquivalenten MOORE-Automaten in zwei neue Zustände $\underline{z} = (2/0) \in \underline{Z}_2$ und $\underline{z} = (2/1) \in \underline{Z}_2$ umgewandelt werden, da er im MEALY-Graphen von Kanten mit der Ausgabeforderung 0 <u>und</u> der Ausgabeforderung 1 erreicht wird.
In Form von Automatengraphen kann diese Umwandlung der Automaten wie folgt dargestellt werden.

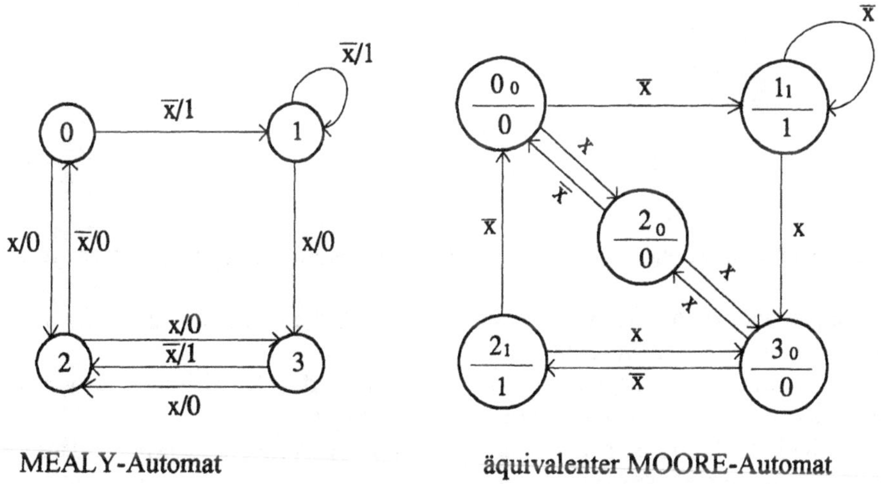

Bild 19.7.3 Beispiel für die Umwandlung eines MEALY- in einen MOORE-Automaten

19.8 Automatenzustandskodierung und -zustandsreduzierung

Die inneren Zustände eines Automaten $\underline{z}_\mu$ werden durch Zustandsvariablen $z_{\mu,\nu} \in \{0,1\}$ repräsentiert.
Jeder innere Zustand $\underline{z}_\mu$ der Zustandsmenge $\underline{Z}$ kann also durch einen 0-1 - Vektor

$$\underline{z}_\mu = (z_{\mu,n-1},\ldots,z_{\mu,\nu},\ldots,z_{\mu,0}) \quad \text{mit} \quad \mu \in \{0,\ldots,m-1\}, \quad \nu \in \{0,\ldots,n-1\} \tag{19.8.1}$$

dargestellt werden.
Der Zusammenhang zwischen der maximalen Anzahl der inneren Zustände m und der Anzahl der zu ihrer Darstellung benötigten Zustandsvariablen n ist damit

$$m = 2^n. \tag{19.8.2}$$

Bisher sind wir davon ausgegangen, daß die Zuordnung der 0-1 - Vektoren zu den inneren Zuständen $\underline{z}_\mu$ nach folgender Vorschrift erfolgt

$$\mu = \sum_{\nu=0}^{n-1} z_{\mu,\nu} \cdot 2^\nu . \tag{19.8.3}$$

Ein Automat mit vier inneren Zuständen $\underline{z}_\mu = (\underline{z}_0,\underline{z}_1,\underline{z}_2,\underline{z}_3)$ würde also für eine solche Kodiervorschrift zwei Zustandsvariablen $z_{\mu,\nu} = (z_{\mu,1},z_{\mu,0})$ erfordern.

$\underline{z}_\mu$	$z_{\mu,\nu}$	
	$z_{\mu,1}$	$z_{\mu,2}$
$\underline{z}_0$	0	0
$\underline{z}_1$	0	1
$\underline{z}_2$	1	0
$\underline{z}_3$	1	1

Tabelle 19.8.1 Kodierung der inneren Zustände $\underline{z}_\mu$ (m=4) eines Automaten nach der Vorschrift (19.8.3)

Aus realisierungstechnischer Sicht erweist sich jedoch die Kodierung nach der Vorschrift (19.8.3) nicht immer als vorteilhaft.
Andere Zustandskodierungen ergeben hinsichtlich des Realisierungsaufwandes der Kombinatorik des Automaten oft günstigere Lösungen.
Die aus der Literatur bekannten Kodierungstheorien für Automatenzustände darzustellen, würde den Rahmen dieses Buches sprengen.
Es soll hier lediglich auf diese Problematik aufmerksam gemacht und relevante Literatur angegeben werden, die eine Einarbeitung des interessierten Lesers in solche Kodierungsvorschriften ermöglicht.
In [19.4] z. B. sind Algorithmen zur Zustandskodierung synchroner Steuerwerke beschrieben. Ein von diesem Verfasser entwickeltes heuristisches Verfahren der

Zustandskodierung ermittelt ein globales Optimum für den Realisierungsaufwand der Kombinatorik eines synchronen Automaten.
Das Ergebnis einer Zustandskodierung nach diesem Verfahren wird im folgenden zur Motivation des Lesers dargestellt. Dabei erfolgt ein Vergleich zur Kodierung nach der Vorschrift (19.8.3). Gegeben sei ein Automatengraph für eine Impulsfolge - Erkennungsschaltung.

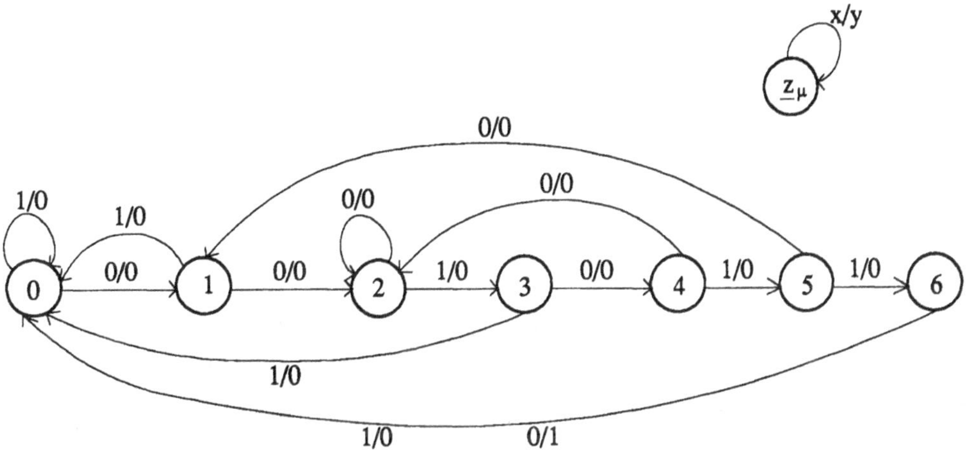

Bild 19.8.1 Automatengraph zur Erkennung der Impulsfolge "0010110"

Wird die Impulsfolge "0010110" erkannt, erfolgt eine Ausgabe y = 1. Die Struktur des MEALY-Automaten ist folgende:

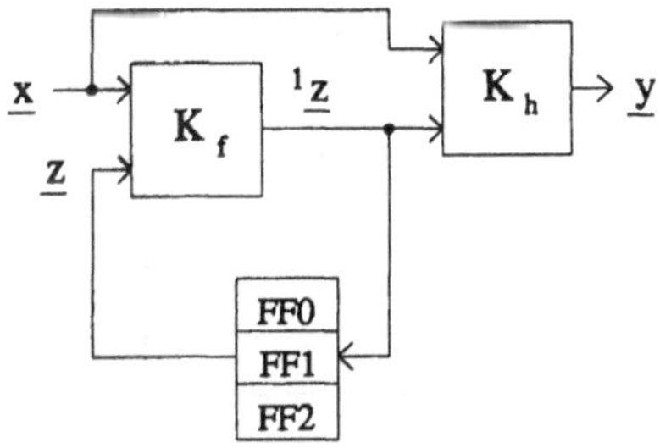

Bild 19.8.2 Blockschaltbild des MEALY-Automaten zur Impulsfolgeerkennung

Zur Kodierung der insgesamt 7 inneren Zustände $\underline{z}_\mu = (\underline{z}_0, \underline{z}_1, \ldots, \underline{z}_6)$ des Automaten genügen 3 Zustandsvariablen $z_{\mu,\nu} = (z_{\mu,2}, z_{\mu,1}, z_{\mu,0})$. Erfolgt die Kodierung der inneren Zustände $\underline{z}_\mu$ mit diesen 3 Zustandsvariablen $z_{\mu,\nu}$ nach der Vorschrift

$$\mu = \sum_{\nu=0}^{n-1} z_{\mu,\nu} \cdot 2^\nu \tag{19.8.3}$$

und werden für FFν im Bild 19.8.2 D-Flip-Flops ausgewählt, kann man mit der folgenden Automatentabelle den Realisierungsaufwand für die Kombinatorik K_f ermitteln.

						D_2	D_1	D_0	
$\underline{z}_\mu$	ε, μ	$z_{\mu,2}$	$z_{\mu,1}$	$z_{\mu,0}$	x	${}^1z_{\mu,2}$	${}^1z_{\mu,1}$	${}^1z_{\mu,0}$	${}^1\underline{z}_\mu$
0	0	0	0	0	0	0	0	1	1
	1	0	0	0	1	0	0	0	0
1	2	0	0	1	0	0	1	0	2
	3	0	0	1	1	0	0	0	0
2	4	0	1	0	0	0	1	0	2
	5	0	1	0	1	0	1	1	3
3	6	0	1	1	0	1	0	0	4
	7	0	1	1	1	0	0	0	0
4	8	1	0	0	0	0	1	0	2
	9	1	0	0	1	1	0	1	5
5	10	1	0	1	0	0	0	1	1
	11	1	0	1	1	1	1	0	6
6	12	1	1	0	0	0	0	0	0
	13	1	1	0	1	0	0	0	0

Tabelle 19.8.2 MEALY-Automatentabelle mit der Kodierung der inneren Zustände $\underline{z}_\mu$ nach der Vorschrift (19.8.3)

Die Ausgabefunktion $y = h(\underline{x}, {}^1\underline{z})$ soll hier unberücksichtigt bleiben. Für die Ermittlung der Ansteuerfunktionen der D-FF ergibt sich danach folgendes Blockschaltbild des Automaten.

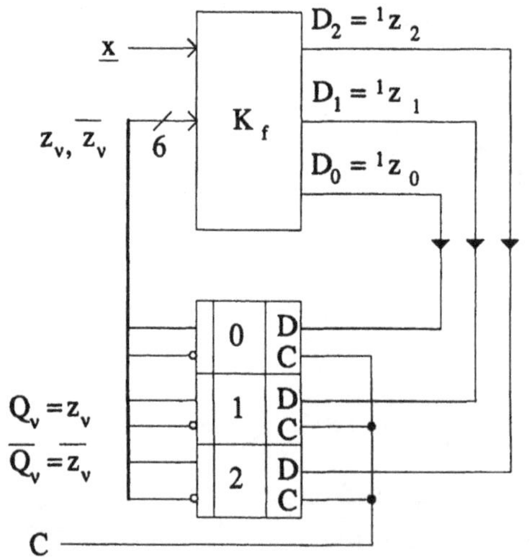

Bild 19.8.3 Blockschaltbild des MEALY-Automaten zur Impulsfolgeerkennung mit FF-Spezifikation

Aus der Tabelle 19.8.2 lassen sich die Ansteuerfunktionen für die D-FF und danach die Kombinatorik K_f wie folgt ermitteln:

				z_1	z_1
			x	x	
		0	0	0	0
	z_0	0	0	0	1
z_2	z_0	0	1	d	d
z_2		0	1	0	0

$$ {}^1z_2 = D_2 = z_1 z_0 \bar{x} + z_2 \bar{z}_1 x \qquad (19.8.4) $$

0	0	1	1
1	0	0	0
0	1	d	d
1	0	0	0

$$ {}^1z_1 = D_1 = \bar{z}_2 z_1 \bar{z}_0 + z_2 z_0 x + \bar{z}_2 \bar{z}_1 z_0 \bar{x} + z_2 \bar{z}_1 \bar{z}_0 \bar{x} \qquad (19.8.5) $$

1	0	1	0
0	0	0	0
1	0	d	d
0	1	0	0

$$ {}^1z_0 = D_0 = z_2 z_0 \bar{x} + \bar{z}_2 \bar{z}_1 \bar{z}_0 \bar{x} + \bar{z}_2 z_1 \bar{z}_0 x + z_2 \bar{z}_1 \bar{z}_0 x \qquad (19.8.6) $$

Realisiert man K_f in wilder Logik, so beträgt der Aufwand 13 Gatter mit insgesamt 45 Eingängen. Die benötigten negierten Variablen $\bar{z}_\nu$ stellen die Flip-Flop-Ausgänge $\overline{Q}_\nu$ zur Verfügung. $\bar{x}$ wird als extern bereitgestellt angenommen. Der Takt C muß mit dem Grundtakt der an x einlaufenden Impulsfolge synchronisiert sein.
Wendet man hingegen das Kodierungsverfahren nach [19.4] an, so ergibt sich als eine mögliche Lösung folgende Zuordnung:

$\underline{z}_\mu$	$z_{\mu,\nu}$		
	$z_{\mu,2}$	$z_{\mu,1}$	$z_{\mu,0}$
0	1	0	1
1	0	0	1
2	0	0	0
3	1	0	0
4	0	1	1
5	1	1	0
6	1	1	1

Tabelle 19.8.3 Kodierungsvorschrift nach [19.4] für die inneren Zustände $\underline{z}_\mu$ der Impulsfolge-Erkennungsschaltung

Mit dieser Kodierungsvorschrift nach Tabelle 19.8.3 ergibt sich die folgende Automatentabelle zur weiteren Ermittlung der Ansteuerfunktion D_ν für die Flip-Flops nach Bild 19.8.3 .

						D_2	D_1	D_0	
$\underline{z}_\mu$	ε, μ	$z_{\mu,2}$	$z_{\mu,1}$	$z_{\mu,0}$	x	${}^1z_{\mu,2}$	${}^1z_{\mu,1}$	${}^1z_{\mu,0}$	${}^1\underline{z}_\mu$
0	10	1	0	1	0	0	0	1	1
	11	1	0	1	1	1	0	1	0
1	2	0	0	1	0	0	0	0	2
	3	0	0	1	1	1	0	1	0
2	0	0	0	0	0	0	0	0	2
	1	0	0	0	1	1	0	0	3
3	8	1	0	0	0	0	1	1	4
	9	1	0	0	1	1	0	1	0
4	6	0	1	1	0	0	0	0	2
	7	0	1	1	1	1	1	0	5
5	12	1	1	0	0	0	0	1	1
	13	1	1	0	1	1	1	1	6
6	14	1	1	1	0	1	0	1	0
	15	1	1	1	1	1	0	1	0

Tabelle 19.8.4 MEALY-Automatentabelle nach der Kodierung der inneren Zustände $\underline{z}_\mu$ nach der Vorschrift [19.4]

Die Ansteuerfunktionen für D_v lassen sich nun aus Tabelle 19.8.4 darstellen:

0	1	d	d
0	1	1	0
0	1	1	1
0	1	1	0

$$^{1}z_2 = x + z_2 z_1 z_0$$

0	0	d	d
0	0	1	0
0	0	0	0
1	0	1	0

$$^{1}z_1 = z_2 \bar{z}_1 \bar{z}_0 \bar{x} + \bar{z}_2 z_1 x + z_1 \bar{z}_0 x$$

0	0	d	d
0	1	0	0
1	1	1	1
1	1	1	1

$$^{1}z_0 = z_2 + \bar{z}_1 z_0 x$$

Realisiert man auch hier die Kombinatorik K_f in wilder Logik, so beträgt der Aufwand nur noch 8 Gatter mit insgesamt 23 Eingängen. Der Kostenvergleich verdeutlicht den Vorteil einer Zustandskodierung nach [19.4] für das angegebene Beispiel:

Verfahren	nach (19.8.3)	nach [19.4]	Einsparung in %
Gatter-Anzahl	13	8	38,5
Summe der Eingänge	45	23	49

Tabelle 19.8.5 Aufwandsvergleich für die Kombinatorik K_f bei Anwendung unterschiedlicher Kodierungsverfahren der inneren Zustände $\underline{z}_\mu$ eines Automaten

Einschränkend muß hier allerdings angemerkt werden, daß eine solche Kostenreduzierung unter Voraussetzungen gilt, die praktisch so nicht immer gegeben sind. Viele andere Einflußfaktoren, das technologische Umfeld für die schaltungstechnische Umsetzung der Automaten u. a., nehmen unmittelbaren Einfluß auf den Realisierungsaufwand. Trotzdem sind die Verfahren für die Zustandskodierung und für den Entwurf der hier behandelten Automaten von entscheidender Bedeutung.
Ebenso ist zu berücksichtigen, daß die Zustandskodierung in engem Zusammenhang mit der Zustandsreduzierung steht.
Es soll als Anschauungsbeispiel ein Algorithmus zur Zustandsreduzierung im Falle eines MEALY-Automaten beschrieben werden. Die Zustandsreduzierung bedeutet, daß im betrachteten Automaten bestimmte Klassen von Zuständen zu jeweils einem Zustand zusammengefaßt werden. Es erweist sich zweckdienlich, diese Klassen durch eine Äquivalenzrelation "~" auf $\underline{Z}$ zu erklären. Eine Äquivalenzrelation "~" auf $\underline{Z}$ nennt man verträglich, wenn sie der folgenden Bedingung genügt:

$$\underline{z}_\mu \sim \underline{z}_j \quad \Rightarrow \quad f(\underline{x},\underline{z}_\mu) \sim f(\underline{x},\underline{z}_j) \qquad (19.8.7)$$

$$h(\underline{x},\underline{z}_\mu) = h(\underline{x},\underline{z}_j) \qquad (19.8.8)$$

für alle $\underline{x} \in \underline{X}$.

Es wird nun ein Verfahren zur Ermittlung einer verträglichen Äquivalenzrelation "~" angegeben, welche eine möglichst kleine Anzahl von Äquivalenzklassen besitzt.
Gegeben sei ein MEALY-Automat $A = (\underline{X},\underline{Z},f,{}^{a}\underline{z},\underline{Y},h)$ mit folgender Automatentabelle:

	${}^1\underline{z}_\mu$				$\underline{y}$			
$\underline{z}_\mu$ \ $x_1\ x_0$	0 0	0 1	1 0	1 1	0 0	0 1	1 0	1 1
0	0	1	0	3	0	0	0	0
1	0	2	0	3	0	0	0	0
2	0	2	1	3	0	0	0	0
3	0	3	4	3	0	0	0	0
4	1	4	5	4	0	1	0	0
5	3	4	5	6	0	0	0	0
6	2	4	5	6	0	1	0	0

Tabelle 19.8.6 MEALY-Automatentabelle für die Beispieldemonstration einer Zustandsreduzierung

Der zugehörige Automatengraph hat dann die folgende Gestalt:

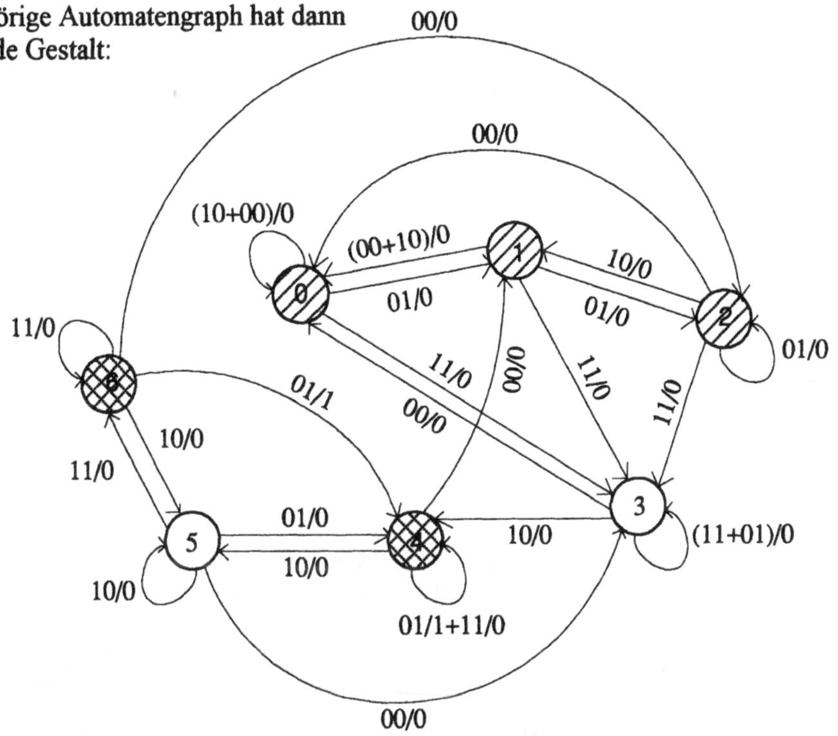

Bild 19.8.4 MEALY-Automatengraph nach Tabelle 19.8.6

Wir ermitteln zunächst aus der Automatentabelle alle diejenigen ungeordneten Paare verschiedener Zustände, welche der Bedingung (19.8.8) genügen. (Dies sind also alle Paare von Zuständen mit gleichem Ausgabeverhalten.) Wir ordnen diese Paare in der linken Spalte der folgenden Tabelle an.

äquivalente Paare nach (19.8.8)	
(0,1) (0,2) (0,3) (0,5)	
(1,2) (1,3) (1,5)	
(2,3) (2,5)	
(3,5)	
(4,6)	

Tabelle 19.8.7 Anordnung der Paare mit gleichem Ausgabeverhalten des Beispiel-MEALY-Automaten

In die rechte Spalte der Tabelle 19.8.7 tragen wir diejenigen Paare verschiedener Zustände ein, deren Äquivalenz gemäß (19.8.7) durch die Äquivalenz des entsprechenden Paares in der linken Spalte impliziert würde. Wir erklären dies am Beispiel des Paares (0,3).

$\underline{z}_\mu$ \ $x_1\ x_0$	0 0	0 1	1 0	1 1
0	0	1	0	3
1	.....	.....	.....	.....
2	.....	.....	.....	.....
3	0	3	4	3
4				
⋮				

Tabelle 19.8.8 Folgezustände des Zustandspaares (0,3) im Beispiel MEALY-Automat

Tabelle 19.8.8 enthält einen Auszug aus der Automatentabelle (19.8.6) und zeigt 4 mögliche Paare ((0,0),(1,3),(0,4),(3,3)) von Folgezuständen des Zustandspaares (0,3). Aus der Bedingung (19.8.7) ergibt sich, daß 0 und 3 nur dann äquivalent sein können, wenn auch (1,3) und (0,4) äquivalent sind. Damit erhält man folgende vollständig ausgefüllte Tabelle:

äquivalente Paare nach (19.8.8)	nach (19.8.7) erforderliche äquivalente Paare
(0,1)	(1,2)
(0,2)	(1,2) (0,1)
~~(0,3)~~	~~(1,3)~~ ~~(0,4)~~
~~(0,5)~~	~~(0,3)~~ ~~(1,4)~~ ~~(0,5)~~ ~~(3,6)~~
(1,2)	(0,1)
~~(1,3)~~	~~(2,3)~~ ~~(0,4)~~
~~(1,5)~~	~~(0,3)~~ ~~(2,4)~~ ~~(0,5)~~ ~~(3,6)~~
~~(2,3)~~	~~(1,4)~~
~~(2,5)~~	~~(0,3)~~ ~~(2,4)~~ ~~(1,5)~~ ~~(3,6)~~
~~(3,5)~~	~~(0,3)~~ ~~(3,4)~~ ~~(4,5)~~ ~~(3,6)~~
(4,6)	(1,2)

Tabelle 19.8.9 Ermittlung äquivalenter Paare des Beispiel-MEALY-Automaten für eine Zustandsreduzierung

Es werden nun alle diejenigen Paare in der rechten Spalte gestrichen (/), welche der Bedingung (19.8.8) nicht genügen. Wurde in einer Zeile auf der rechten Seite ein Paar gestrichen, so kann das entsprechende Paar auf der linken Seite nicht mehr äquivalent sein. Diese Paare werden nun ebenfalls gestrichen (/). Wir wiederholen diese Vorgehensweise, indem wir in der rechten Spalte alle Paare streichen (\), welche im letzten Schritt in der linken Spalte gestrichen wurden. Anschließend werden wieder alle Paare in der

linken Spalte gestrichen, in deren Zeile ein Paar auf der rechten Seite gestrichen wurde. Dies wird solange fortgesetzt, bis keine weiteren Streichungen erforderlich sind. Die verbleibenden Paare bilden dann die Äquivalenzrelation "~". Im Beispiel sind diese: (0,1), (1,2), (4,6), d.h. 0 ~ 1, 1 ~ 2, 4 ~ 6.
Der Automat, welcher durch Identifikation der gemäß "~" äquivalenten Zustände aus A hervorgeht, hat die folgende Gestalt:

	$^1\underline{z}_\mu$				$\underline{y}$			
$\underline{z}_\mu$	$x_1 x_0$ 0 0	0 1	1 0	1 1	$x_1 x_0$ 0 0	0 1	1 0	1 1
(0,1,2)	(0,1,2)	(0,1,2)	(0,1,2)	3	0	0	0	0
3	(0,1,2)	3	(4,6)	3	0	0	0	0
(4,6)	(0,1,2)	(4,6)	5	(4,6)	0	1	0	0
5	3	(4,6)	5	(4,6)	0	0	0	0

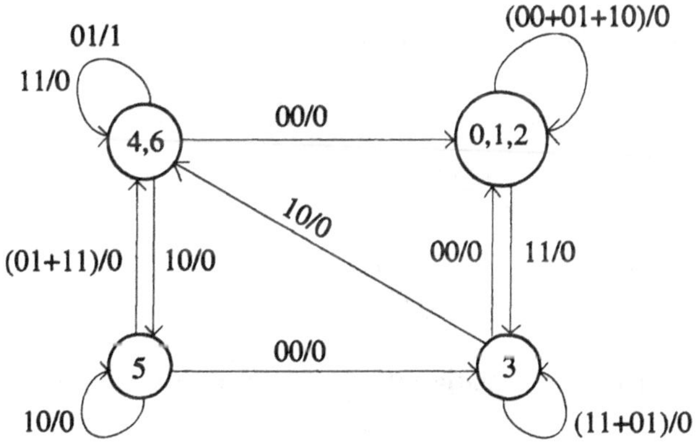

Bild 19.8.5 Automatentafel und -graph des zustandsreduzierten MEALY-Automaten

Für Leser, die sich über diese oder andere Algorithmen und Vorschriften zur Automaten-Zustands-Kodierung und -Reduzierung informieren möchten, wird die nachfolgende Literatur angegeben, die Forschungsergebnisse auf diesem Gebiet anbietet:

[19.5], [19.6], [19.7], [19.8], [19.9], [19.10], [19.11.].

19.9 Flip-Flops (FF), Bistabile Trigger

19.9.1 Flip-Flop-Typen (FF-Typen)

Flip-Flops sind sequentielle Schaltungen, die zwei stabile innere Zustände z_μ aufweisen. Sie besitzen sogenannte Informationseingänge, die den FF-Typ spezifizieren und deren Belegung über die Änderung des inneren Zustandes z_μ mit entscheidet. Die Mehrzahl aller FF-Typen haben komplementäre Ausgänge, die mit Q und $\overline{Q}$ bezeichnet werden. Bezüglich der möglichen Informationseingänge unterscheidet man folgende Flip-Flop-Typen:

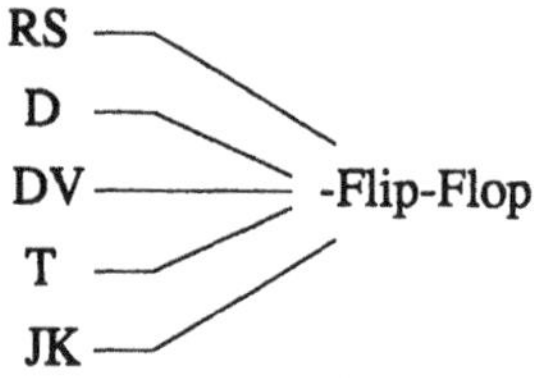

Bild 19.9.1 Flip-Flop-Typen nach Art ihrer Informationseingänge

Bezüglich der Betriebsweise von Flip-Flops unterscheidet man:

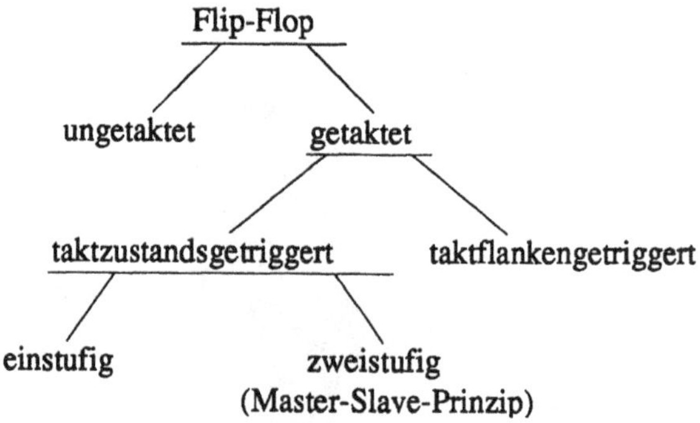

Bild 19.9.2 Flip-Flop-Typen nach Art ihrer Betriebsweise

Ungetaktete Flip-Flops nehmen den gewünschten inneren Zustand sofort bei Anlegen der erforderlichen Signale an ihre Informationseingänge ein.
Getaktete Flip-Flops besitzen einen zusätzlichen Takteingang, über den die Signale an den Informationseingängen zeitlich beeinflußbar den gewünschten inneren Zustand des Flip-Flops initiieren. Diese im Bild 19.9.2 dargestellten Betriebsweisen werden in den folgenden Abschnitten an konkreten Beispielen erläutert.

19.9.2 RS - Flip-Flop (RS-FF)

Ein RS-Flip-Flop besitzt mit R und S zwei Informationseingänge, wobei R für Reset (Rücksetzen) und S für Set (Setzen) steht. Ist R aktiv, nimmt der Ausgang Q des Flip-

Flops definitionsgemäß den Wert 0 an, ist S aktiv, wird Q = 1. Dies bedeutet, daß eine gleichzeitige Aktivierung von R und S widersprüchlich und damit unzulässig ist. Ein ungetaktetes RS-Flip-Flop wird auch als RS- Grund -Flip-Flop (RS-GFF) bezeichnet. Seine Arbeitsweise ist im Bild 19.9.3 dargestellt.

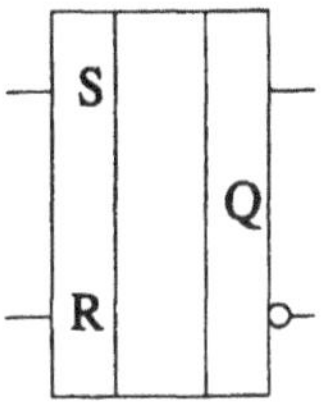

(ε,μ)	S	R	Q	^1Q
0	0	0	0	0
1	0	0	1	1
2	0	1	0	0
3	0	1	1	0
4	1	0	0	1
5	1	0	1	1
6	1	1	0	d
7	1	1	1	d

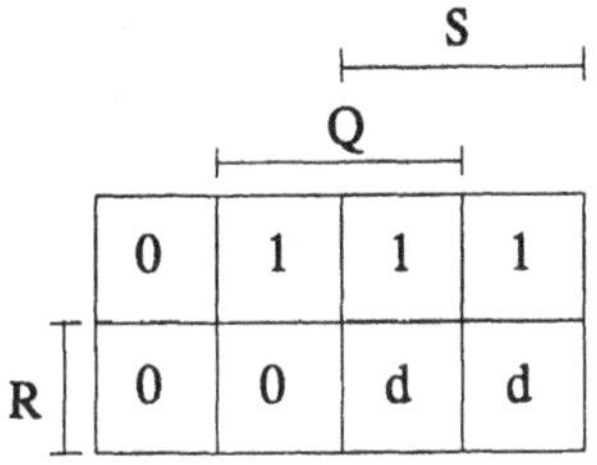

$^1Q = S + \overline{R}Q, \quad R \cdot S = 0$

Bild 19.9.3 Schaltbild, Wahrheitstabelle und Schaltfunktion für ein ungetaktetes RS-FF

In der Wahrheitstabelle erscheinen der Momentanzustand Q des FF und die Signale R und S als Eingangsgrößen. Damit existieren acht mögliche Eingangsbelegungen. ^1Q ist der Folgezustand des RS-FF als Funktion der aktuellen Eingangsbelegungen:

$$^1Q = f(Q,S,R) = S + \overline{R}Q, \quad R \cdot S = 0 \qquad (19.9.2.1)$$

Die Beziehung (19.9.2.1) wird als Schaltfunktion des RS-FF bezeichnet.
Wenn keiner der Informationseingänge des RS-FF aktiv ist (R = S = 0), wird das FF weder gesetzt, noch rückgesetzt. Der Momentanzustand Q bleibt unverändert. Diesen Zustand bezeichnet man als Speicherzustand des FF.
R = 1 und S = 0 bedeutet, daß $^1Q = 0$ wird, unabhängig vom Momentanzustand Q.
Die Belegung R = 0 und S = 1 bewirkt, daß $^1Q = 1$ wird, unabhängig vom Momentanzustand Q.
Die Belegung R = 1 und S = 1 ist verboten. Dies kann man mit der Bedingung R·S = 0 gewährleisten. Diese ist Bestandteil der Schaltfunktion

$$\begin{aligned} ^1Q &= S + RQ \\ S \cdot R &= 0 \end{aligned} \quad , \qquad (19.9.2.2)$$

die über den Karnaugh-Plan aus der Wahrheitstabelle ermittelt werden kann.
Mit NAND- bzw. NOR -Gattern realisierte RS-GFF sind im Bild 19.9.4 dargestellt.

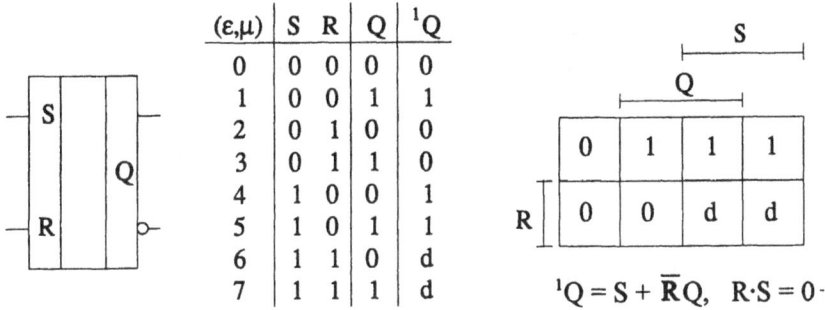

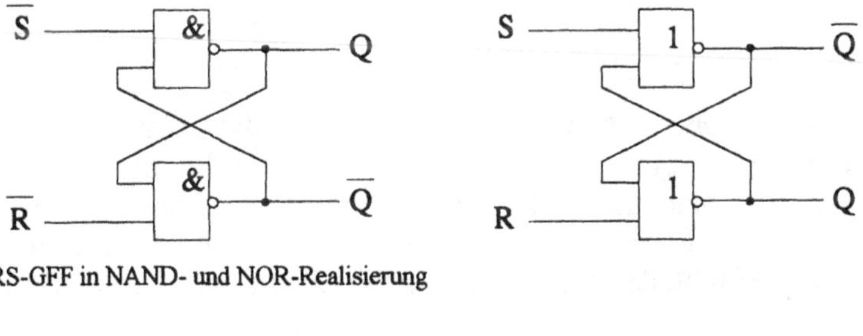

Bild 19.9.4 RS-GFF in NAND- und NOR-Realisierung

Die Funktionsweise einer solchen Schaltung soll am Beispiel der NAND-Realisierung mit der Schnittmethode (Abschnitt 19.13) analysiert werden.
Dazu betrachten wir das GFF als ungetakteten Automaten und lassen an den beiden Ausgängen alle vier möglichen Belegungen zu, d.h. anstelle der komplementären FF-Ausgänge Q und $\overline{Q}$ führen wir die Zustandsvariablen z_0 und z_1 ein. Danach schneiden wir die beiden Rückführungen an den Gatterausgängen auf und ermitteln die Schaltfunktion für die Folgezustandsvariablen ${}^1z_0$ und ${}^1z_1$.

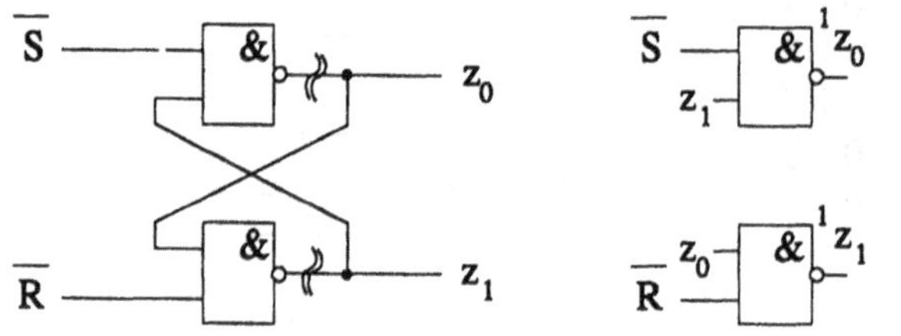

$$ {}^1z_0 = \overline{\bar{s}z_1} = s + \bar{z}_1 \qquad (19.9.2.3)$$

$$ {}^1z_1 = \overline{\bar{R}z_0} = R + \bar{z}_0 \qquad (19.9.2.4)$$

Mit Hilfe der Beziehungen (19.9.2.3) und (19.9.2.4) erstellen wir die Automatentabelle und den -graphen für diese zu analysierende Schaltung:

S R	z_1 z_0	${}^1z_1$ ${}^1z_0$
0 0	0 0	1 1
	0 1	0 1
	1 0	1 0
	1 1	0 0
0 1	0 0	1 1
	0 1	1 1
	1 0	1 0
	1 1	1 0
1 0	0 0	1 1
	0 1	0 1
	1 0	1 1
	1 1	0 1
1 1	0 0	1 1
	0 1	1 1
	1 0	1 1
	1 1	1 1

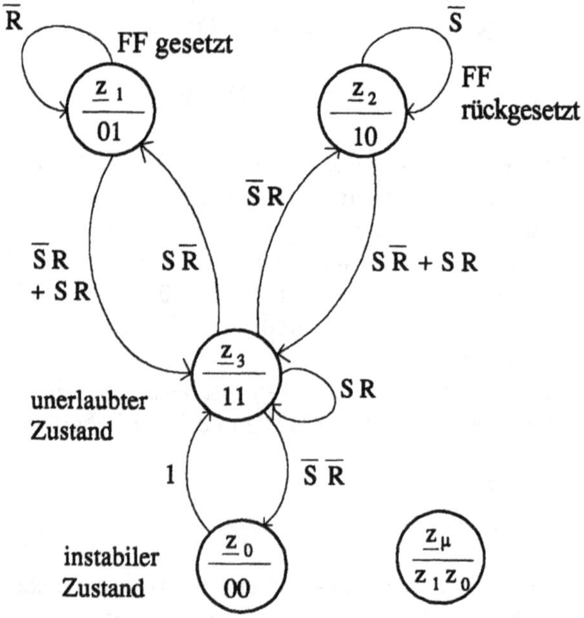

Bild 19.9.5 Automatentabelle und -graph eines NAND-GFF

Aus dem Automatengraphen ist ersichtlich, daß der Zustand z_0 instabil ist und sofort mit dem Kantengewicht $B_{0,3} = 1$ in den Zustand z_3 übergeht. Sind keine gezielten schaltungstechnischen Maßnahmen zur Vermeidung von z_0 vorgesehen, ist dessen Existenz dadurch nur sehr kurzzeitig, z.B. beim Zuschalten der Versorgungsspannung. Der Zustand z_3 ist unerlaubt, da der Automat als Flip-Flop arbeiten soll, also z_0 = Q und

$z_1 = \overline{Q}$ stets komplementär sein müssen. Da SR = 0 bereits vereinbart wurde, muß für den FF-Betrieb die Eigenschleife an z_3 entfallen, so daß nur die beiden erlaubten Zustände z_1 bzw. z_2 stabil eingenommen werden können. Diese Überlegungen führen zu folgendem realistischen Automatengraphen, der die Arbeitsweise eines RS-GFF repräsentiert.

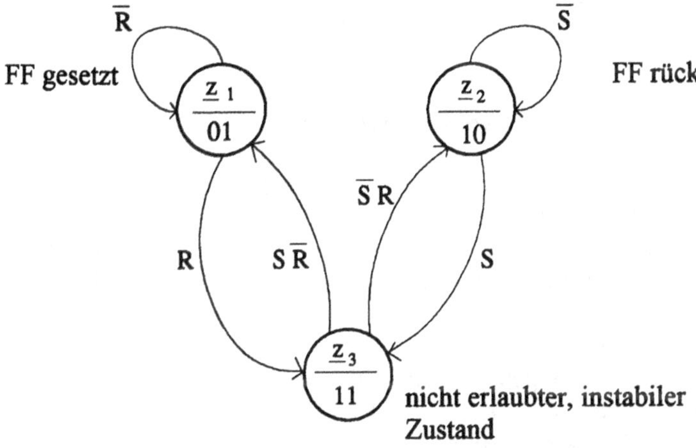

Bild 19.9.6 Automatengraph eines NAND-RS-GFF mit der Bedingung RS = 0

Der Zustand z_3 ist zwar unerwünscht und instabil, wird aber bei jedem Umschalten des GFF durchlaufen, d.h. Q und $\overline{Q}$ werden kurzzeitig beide "1".
Ein Beispiel für den idealisierten Signalverlauf eines RS-GFF ist im Bild 19.9.7 dargestellt.

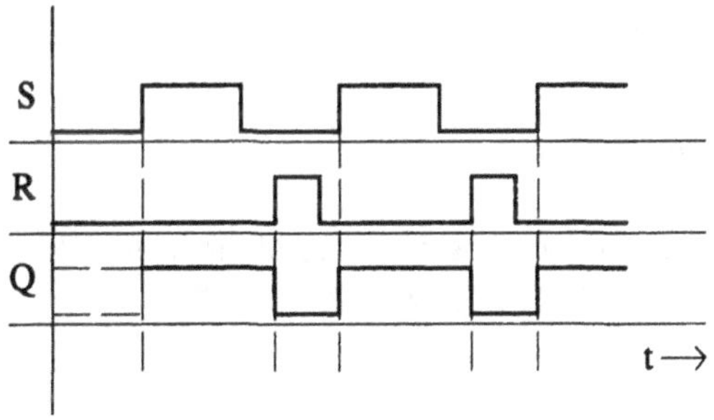

Bild 19.9.7 Beispiel - Signalverlauf an einem ungetakteten RS-GFF

Ein solches RS-GFF ist häufig Bestandteil anderer FF-Typen, insbesondere getakteter Schaltungen. Es wird u.a. auch verwendet als Latch (Eingangs-/Ausgangs-Puffer) und als hardwaremäßige Entprellung für mechanische Wechselkontakte (Bild 19.9.8).

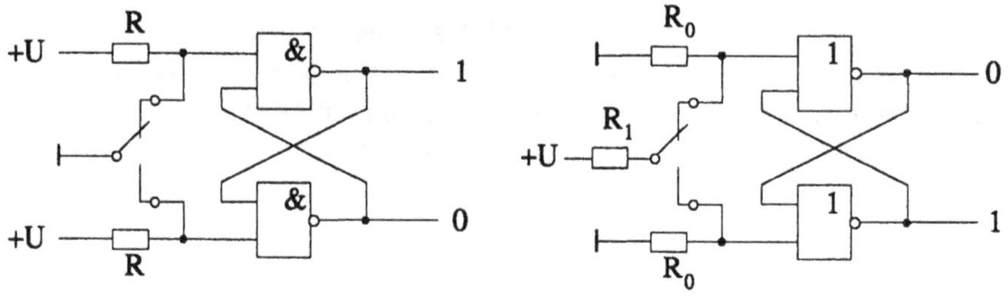

Bild 19.9.8 Einfache Entprellschaltung für Wechselkontakte mit RS-GFF

Das Wirkungsprinzip dieser Entprellschaltung für mechanische Kontakte beruht darauf, daß die gezeigten FF beim ersten Berühren des Mittel- und Schließkontaktes sofort umschalten. Auch wenn der Mittelkontakt in der Folgezeit durch "Prellen" noch mehrfach die Verbindung zu diesem Schließkontakt verliert, bleibt das FF solange in diesem neuen stabilen Zustand, bis der Mittelkontakt funktionsgemäß wieder in die andere Position zum Öffnerkontakt bewegt wird.
Von Interesse sind weiterhin getaktete RS-FF. Sie sind durch einen zusätzlichen Takteingang C gekennzeichnet. Im Bild 19.9.9 sind die NAND- und NOR-Realisierungen solcher FF spezifiziert.

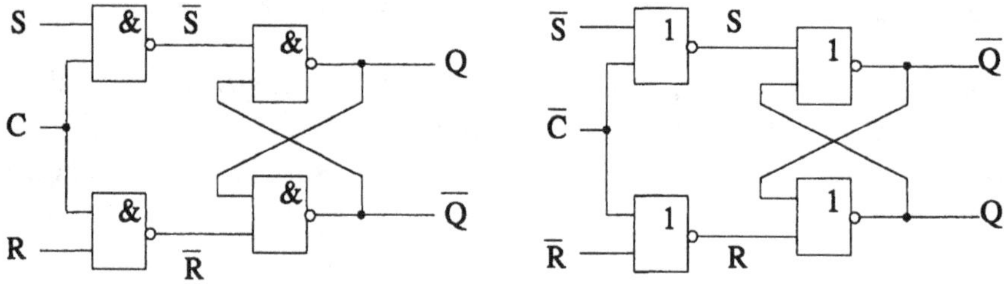

Bild 19.9.9 Getaktete RS-FF in NAND- und NOR-Realisierung

Unter Einbeziehung des Takteinganges C läßt sich über die Wahrheitstabelle für ein getaktetes RS-FF folgende realisierungsunabhängige Schaltfunktion ermitteln:

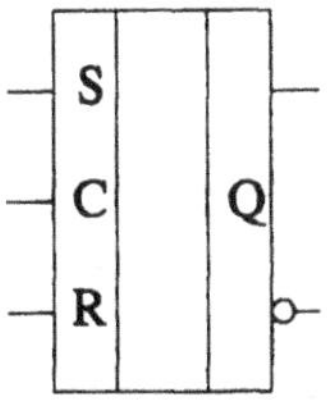

(ε,μ)	C	S	R	Q	^1Q
0	0	0	0	0	0
1	0	0	0	1	1
2	0	0	1	0	0
3	0	0	1	1	1
4	0	1	0	0	0
5	0	1	0	1	1
6	0	1	1	0	0
7	0	1	1	1	1
8	1	0	0	0	0
9	1	0	0	1	1
10	1	0	1	0	0
11	1	0	1	1	0
12	1	1	0	0	1
13	1	1	0	1	1
14	1	1	1	0	d
15	1	1	1	1	d

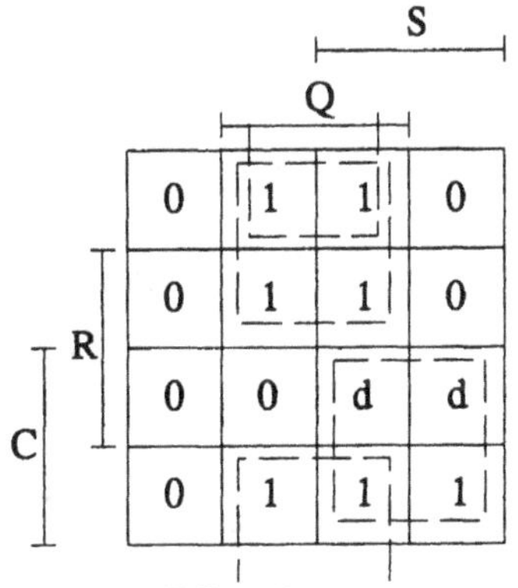

$$RS = 0$$

$$^1Q = \overline{C}Q + CS + \overline{R}Q \qquad (19.9.2.5)$$

für $C = 0$: $^1Q = Q$

für $C = 1$: $^1Q = S + \overline{R}Q$

Bild 19.9.10 Schaltbild, Wahrheitstabelle und Schaltfunktion eines getakteten RS-FF

Bezüglich der Taktung von RS-FF sind alle der im Bild 19.9.2 dargestellten Betriebsarten möglich. Verbreitet sind insbesondere die einstufigen taktzustandsgetriggerten und die taktflankengetriggerten RS-FF. Ihr Funktionsprinzip ist in den folgenden Bildern dargestellt.

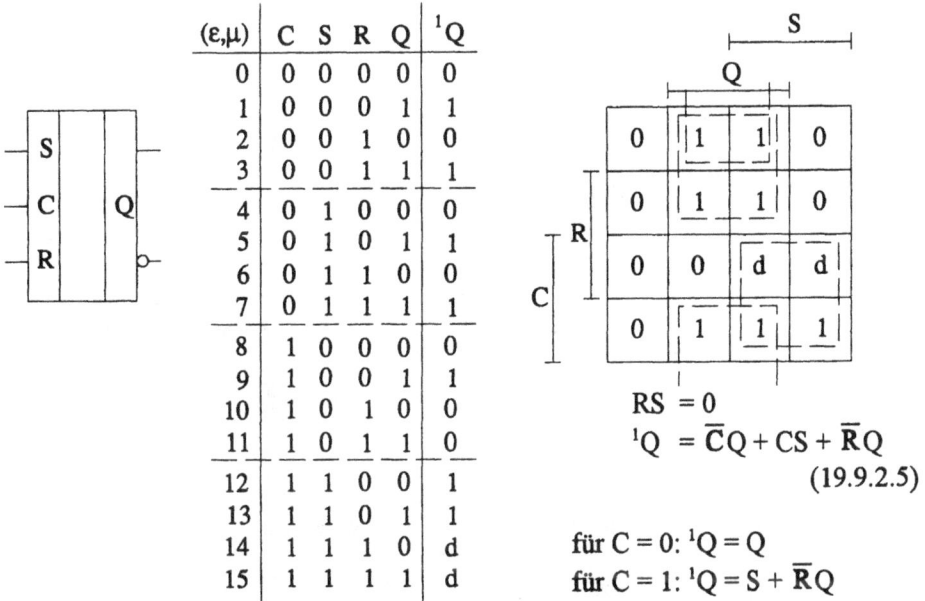

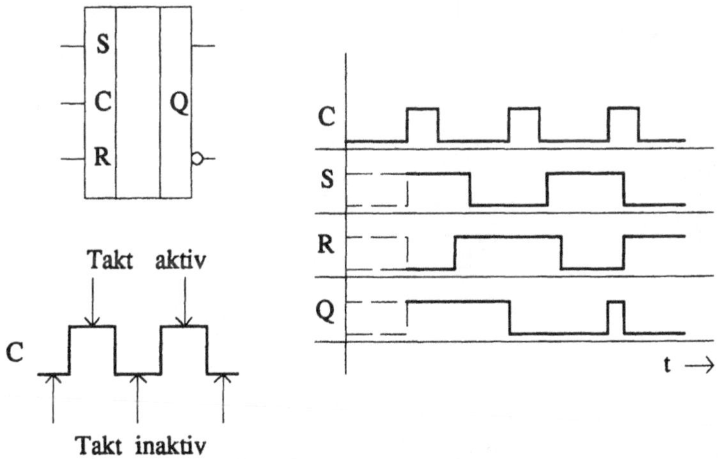

Bild 19.9.11/1 Schaltbilder und Beispiel-Signalverläufe für einstufige getaktete RS-FF

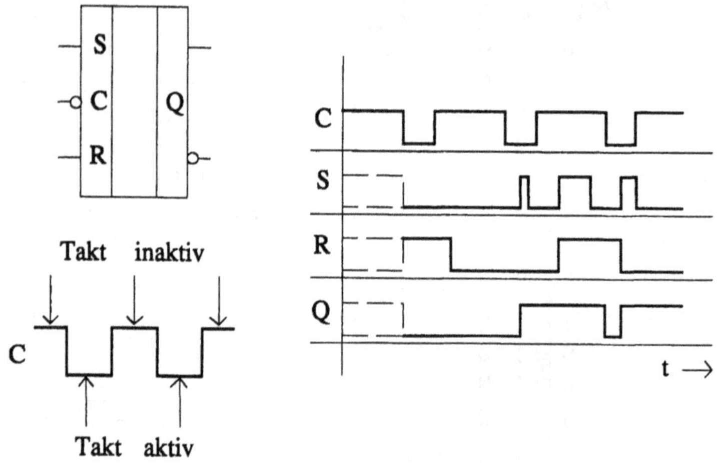

Bild 19.9.11/2 Schaltbilder und Beispiel-Signalverläufe für einstufige getaktete RS-FF

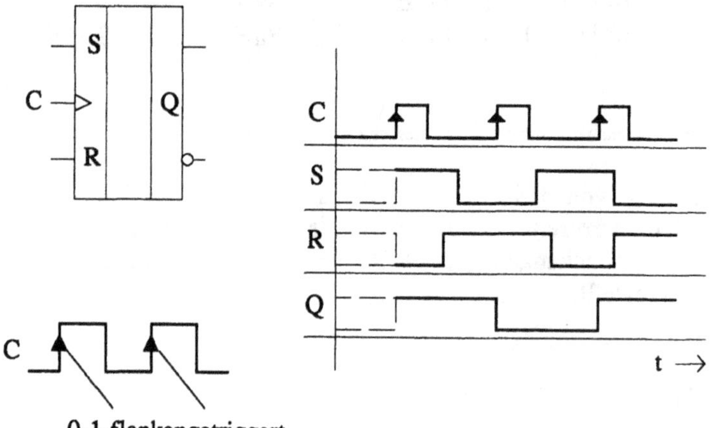

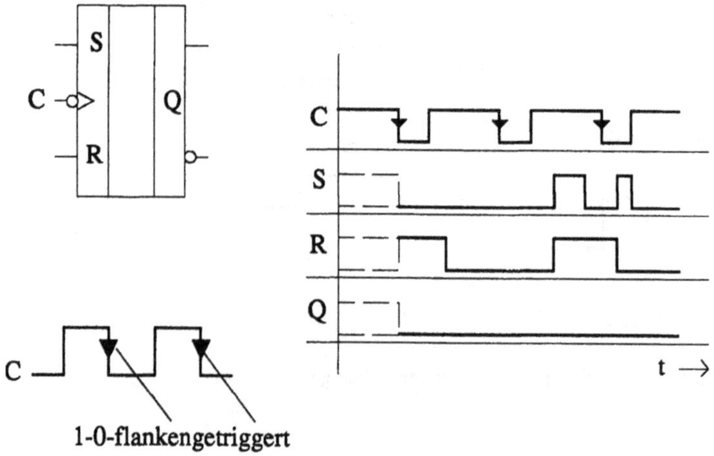

Bild 19.9.12 Schaltbilder und Beispiel-Signalverläufe für taktflankengetriggerte RS-FF

19.9.3 D-Flip-Flop (D-FF)

Ein D-FF besitzt einen Informationseingang D und einen Takteingang C, sowie die Ausgänge Q und $\overline{Q}$. D steht für DELAY (Verzögern). Ein D-FF arbeitet immer getaktet. Das Signal am Informationseingang D wird mit dem Taktsignal in das FF eingegeben. Da in der Mehrzahl aller Fälle das Informationssignal D anliegt, bevor der nächste Taktimpuls wirksam wird, spricht man von einem Verzögerungs-FF. Die Verzögerungszeit t_D ist die Differenz zwischen dem Moment des z.B. interessierenden "0-1" -Zustandswechsels des D-Signals am Informationseingang und seinem Erscheinen am Ausgang Q des D-FF infolge des Wirksamwerdens des Taktsignals C. Für ein einstufiges taktzustandsgetriggertes D-FF ergibt sich damit z.B. folgender Signalverlauf:

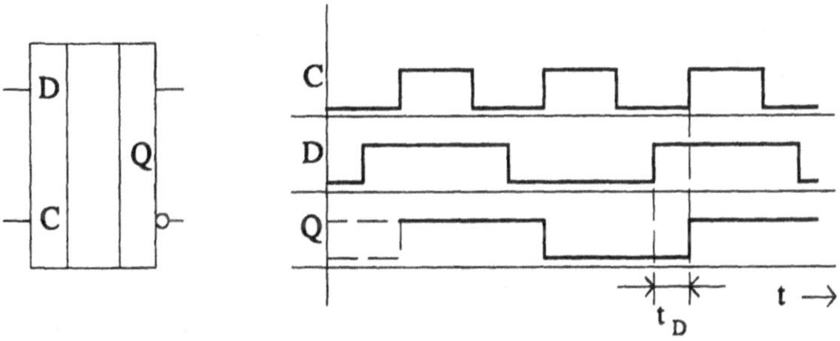

Bild 19.9.13 Beispiel-Signalverlauf für ein einstufiges taktzustandsgetriggertes D-FF

Der am D-Eingang dieses FF anliegende Wert 0 oder 1 wird also bei aktivem Taktsignal in das FF übernommen. Bei passivem Taktsignal wird der jeweilige Wert von D gespeichert, der am Ende der Aktivphase des Taktes aktuell übernommen wurde. Damit läßt sich folgende Funktionsweise dieses FF definieren:

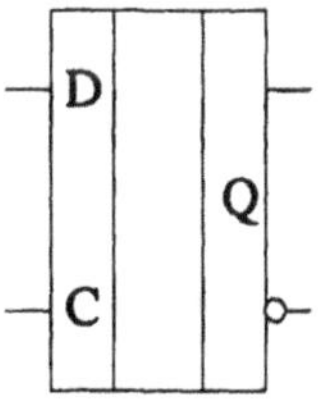

(ε,μ)	C	D	Q	^1Q
0	0	0	0	0
1	0	0	1	1
2	0	1	0	0
3	0	1	1	1
4	1	0	0	0
5	1	0	1	0
6	1	1	0	1
7	1	1	1	1

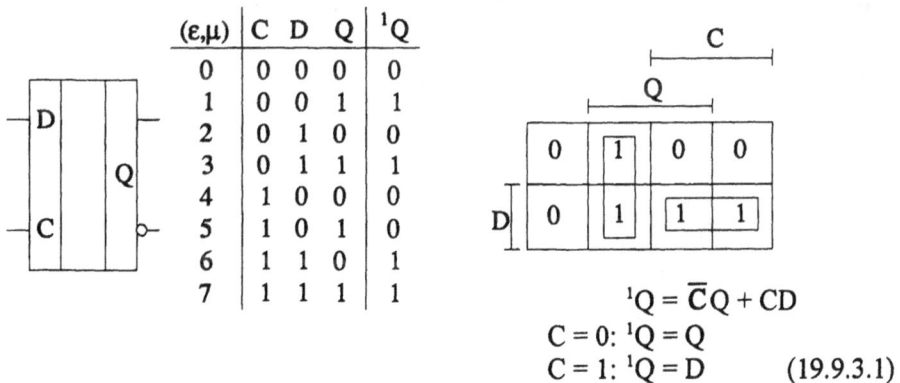

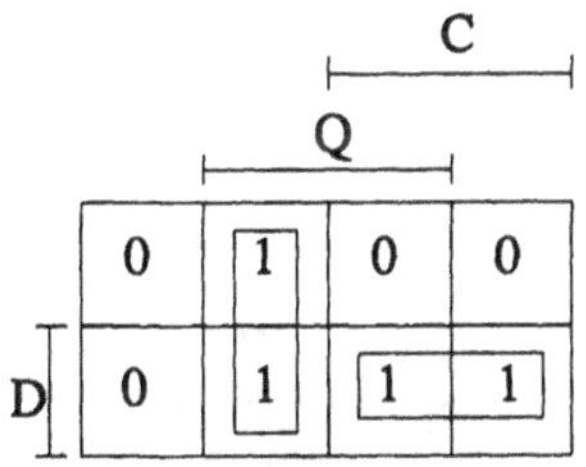

$$^1Q = \overline{C}Q + CD$$

$$C = 0:\ ^1Q = Q$$

$$C = 1:\ ^1Q = D \qquad (19.9.3.1)$$

Bild 19.9.14 Schaltbild, Wahrheitstabelle und Schaltfunktion eines D-FF

Die Schaltung eines einstufigen taktzustandsgetriggerten D-FF unter Verwendung eines RS-GFF kann wie folgt entworfen werden.

Geht man von einem mit NAND-Gates realisierten RS-GFF aus, ergeben sich für die vorzuschaltende Kombinatorik folgende Anforderungen:

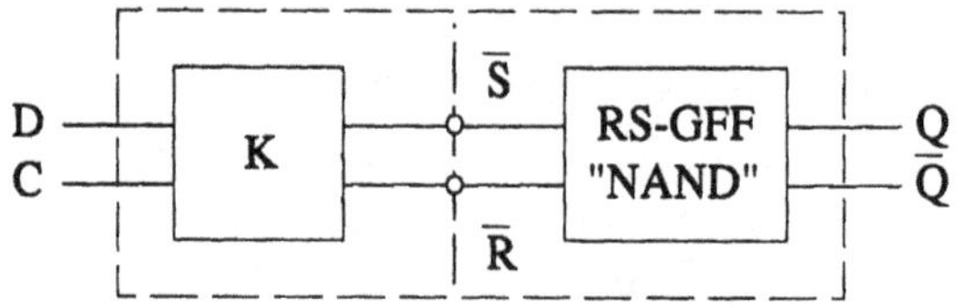

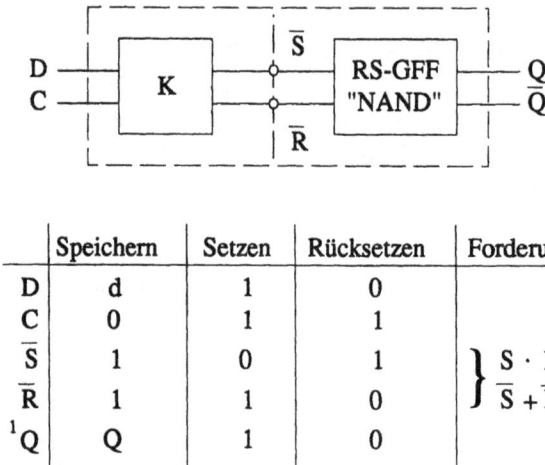

	Speichern	Setzen	Rücksetzen	Forderung
D	d	1	0	
C	0	1	1	
$\overline{S}$	1	0	1	$\left.\right\}$ $S \cdot R = 0$
$\overline{R}$	1	1	0	$\overline{S} + \overline{R} = 1$
^1Q	Q	1	0	

Bild 19.9.15 Blockschaltbild und Funktionstabelle für die Synthese eines D-FF unter Verwendung eines "NAND"-RS-GFF

Setzt man die Funktionstabelle (Bild 19.9.15) für ein D-FF in einen Signalflußgraphen um und ermittelt daraus die Wahrheitstabelle, so läßt sich die gesuchte Kombinatorik K über die Schaltfunktionen für $\overline{\mathbf{R}}$ und $\overline{\mathbf{S}}$ ermitteln.

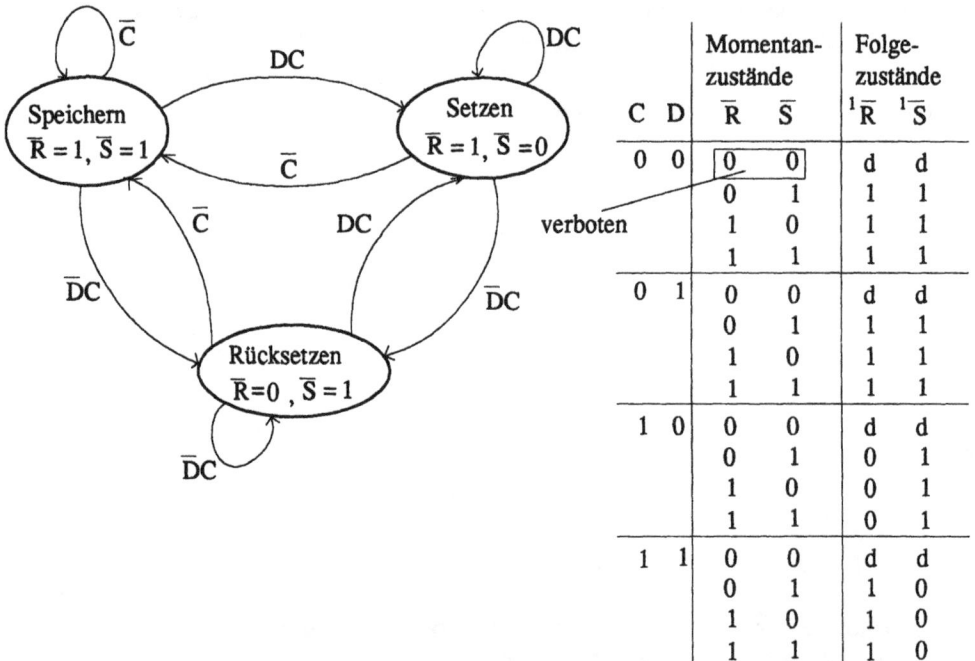

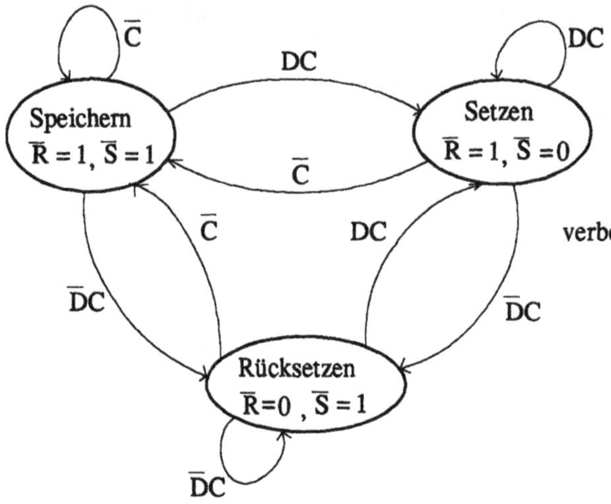

verboten (Zeile C D = 0 0, $\overline{R}$ $\overline{S}$ = 0 0)

C	D	Momentan-zustände $\overline{R}$	$\overline{S}$	Folge-zustände $^1\overline{R}$	$^1\overline{S}$
0	0	0	0	d	d
		0	1	1	1
		1	0	1	1
		1	1	1	1
0	1	0	0	d	d
		0	1	1	1
		1	0	1	1
		1	1	1	1
1	0	0	0	d	d
		0	1	0	1
		1	0	0	1
		1	1	0	1
1	1	0	0	d	d
		0	1	1	0
		1	0	1	0
		1	1	1	0

Bild 19.9.16/1 Signalflußgraph und Wahrheitstabelle für ein einstufiges, taktzustandsgetriggertes D-FF

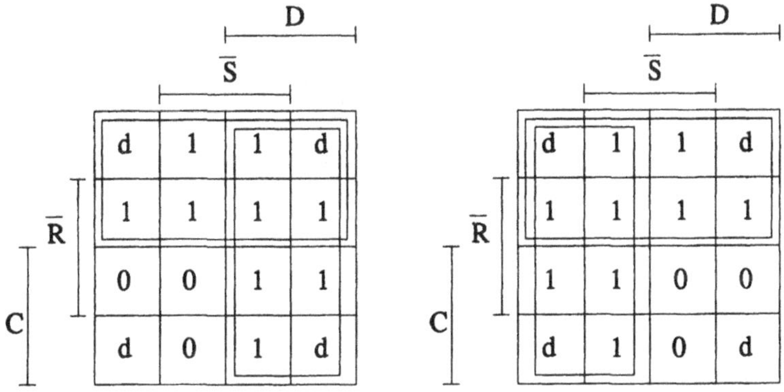

$^1\overline{R} = \overline{C} + D$ $\qquad$ $^1\overline{S} = \overline{C} + \overline{D}$

Bild 19.9.16/2 Ermittlung der Schaltfunktion für $^1\overline{R}$ und $^1\overline{S}$ zur Synthese einer D-FF Schaltung mit einstufiger Taktzustandstriggerung

Mit den Schaltfunktionen für $^1\overline{R}$ und $^1\overline{S}$ im Bild 19.9.16/2 ergeben sich folgende auf NAND-Basis realisierte Schaltungen für ein einstufiges taktzustandsgetriggertes D-FF.

$$^1\overline{R} = \overline{C} + D = \overline{\overline{\overline{C}+D}} = \overline{C\overline{D}}, \qquad ^1\overline{R} = \overline{C\overline{D}} = \overline{\overline{D}C + C\overline{C}} =$$

$$^1\overline{S} = \overline{C} + \overline{D} = \overline{\overline{\overline{C}+\overline{D}}} = \overline{CD} \qquad ^1\overline{R} = \overline{C(\overline{D}+\overline{C})} = \overline{C\overline{DC}} = \overline{C\;^1\overline{S}}$$

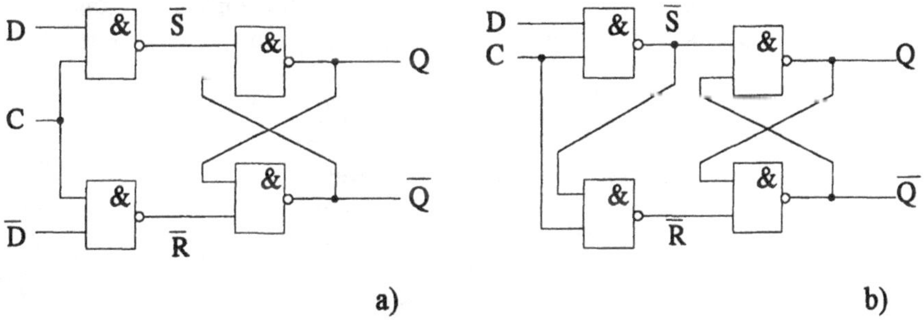

Bild 19.9.17 Schaltungen für ein einstufiges taktzustandsgetriggertes RS-FF

Für die Synthese eines taktflankengetriggerten D-FF geht man von der Überlegung aus, daß bezüglich seiner Arbeitsweise folgende vier inneren Zustände zu unterscheiden sind.

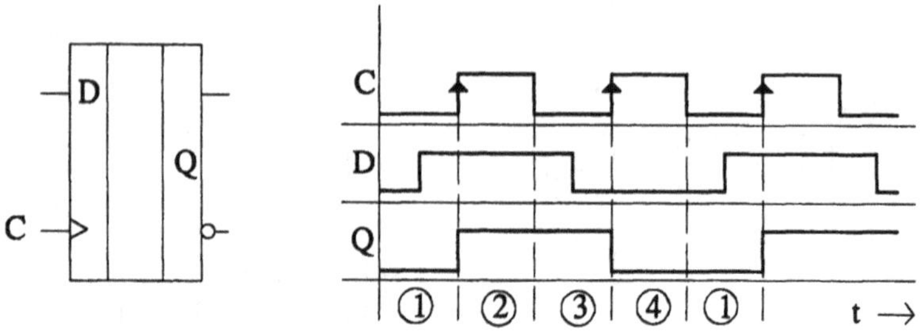

① FF rückgesetzt, C sensitiv
② FF gesetzt, C insensitiv
③ FF gesetzt, C sensitiv
④ FF rückgesetzt, C insensitiv

Bild 19.9.18 Arbeitsweise eines taktflankengetriggerten D-FF

Geht man von einer Schaltung des D-FF aus, die jeweils mit der 0-1-Flanke den aktuellen Wert vom D-Eingang übernimmt und am Ausgang Q bereitstellt, so unterscheidet man die im Bild 19.9.18 dargestellten vier inneren Zustände des FF.
Die "low"-Zustände des Taktsignals C bezeichnet man als sensitive Zustände, da nur von diesen ausgehend wieder eine 0-1-Flanke wirksam werden kann. Unmittelbar nach dem Setzen bzw. Rücksetzen des D-FF ist die Schaltung für die Dauer des "high"-Zustandes von C insensitiv, d.h. dieser Taktzustand muß erst in Richtung "low" wieder verlassen werden, bevor eine neue 0-1-Flanke als "Arbeitsflanke" wirksam werden kann.
Die Funktionsweise läßt sich in Form eines Signalflußgraphen wie folgt darstellen:

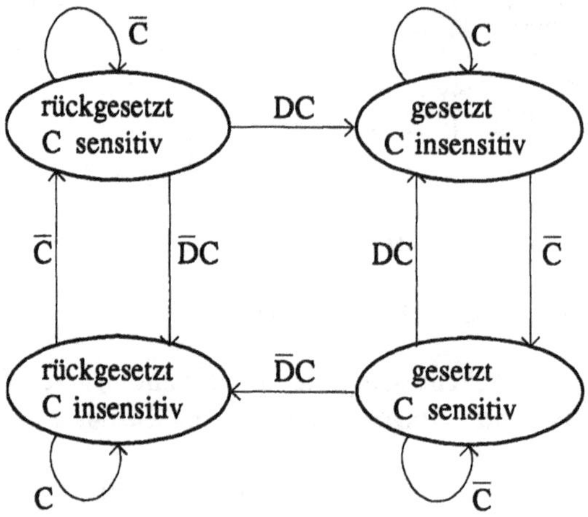

Bild 19.9.19 Signalflußgraph für ein taktflankengetriggertes D-FF (0-1-Flanke)

Eine unmittelbare schaltungstechnische Umsetzung dieses Signalflußgraphen ist möglich (10 NAND-Gatter und 4 Negatoren), aber in der Praxis nicht üblich. Auch taktflankengetriggerte D-FF werden unter Verwendung eines RS-GFF realisiert. Dies ergibt dann folgendes Blockschaltbild und den im Vergleich zum Bild 19.9.19 zustandsreduzierten Signalflußgraphen.

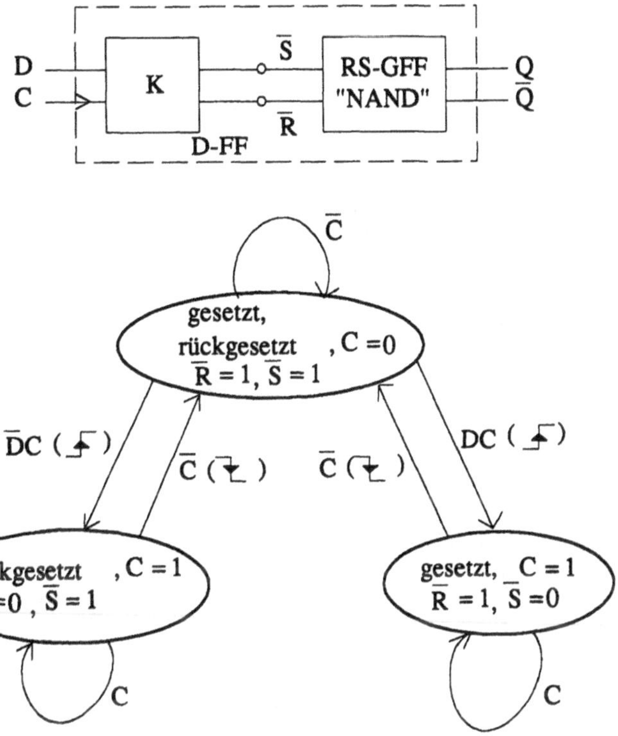

Bild 19.9.20 Blockschaltbild und Signalflußgraph für ein taktflankengetriggertes D-FF unter Verwendung eines RS-GFF

Unter Beachtung des Signalverlaufes von Bild 19.9.18 sowie der Darstellung im Bild 19.9.20 läßt sich die Funktionstabelle für das zu synthetisierende taktflankengetriggerte D-FF spezifizieren.

	gesetzt, rückgesetzt C sensitiv	setzen C: 0-1-Flanke	gesetzt, C insensitiv	rücksetzen C: 0-1-Flanke	rückgesetzt C insensitiv	
D	d	1	d	0	d	
C	0	↑	1	↑	1	
$\bar{S}$	1	↓	0	1	1	*
$\bar{R}$	1	1	1	↓	0	*
${}^{1}Q$	Q	↑	1	↓	0	

* Forderung: $R \cdot S = 0$, $\bar{R} + \bar{S} = 1$

Tabelle 19.9.1 Funktionstabelle für ein taktflankengetriggertes D-FF auf der Basis eines "NAND"-RS-GFF

Aus dieser Tabelle 19.9.1 lassen sich die Wahrheitstabellen, die Schaltfunktionen für $\overline{S}$ und $\overline{R}$ sowie die z.B. auch in NAND-Gattern realisierte Kombinatorik K ermitteln.

C	D	Momentanzustände $\overline{R}$	Momentanzustände $\overline{S}$	Folgezustände $^1\overline{R}$	Folgezustände $^1\overline{S}$
0	0	0	0	d	d
		0	1	1	1
		1	0	1	1
		1	1	1	1
0	1	0	0	d	d
		0	1	1	1
		1	0	1	1
		1	1	1	1
1	0	0	0	d	d
		0	1	0	1
		1	0	1	0
		1	1	0	1
1	1	0	0	d	d
		0	1	0	1
		1	0	1	0
		1	1	1	0

verboten (Zustand $\overline{R}=0$, $\overline{S}=0$)

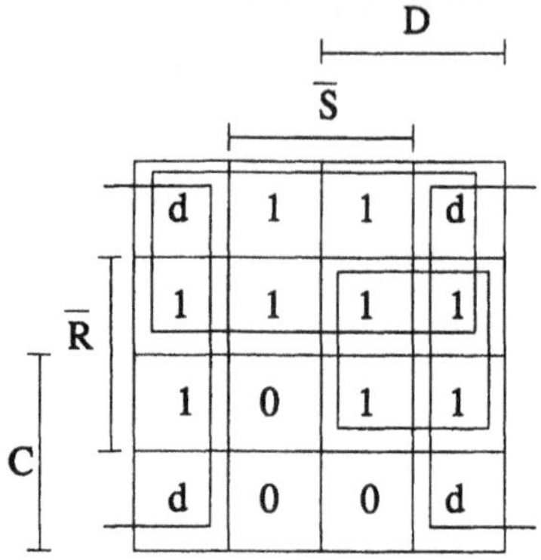

$$^1\overline{R} = \overline{C} + S + D\overline{R}$$

$$^1\overline{R} = \overline{\overline{\overline{C}+S+D\overline{R}}} = \overline{C\,\overline{S}\,\overline{D\overline{R}}}$$

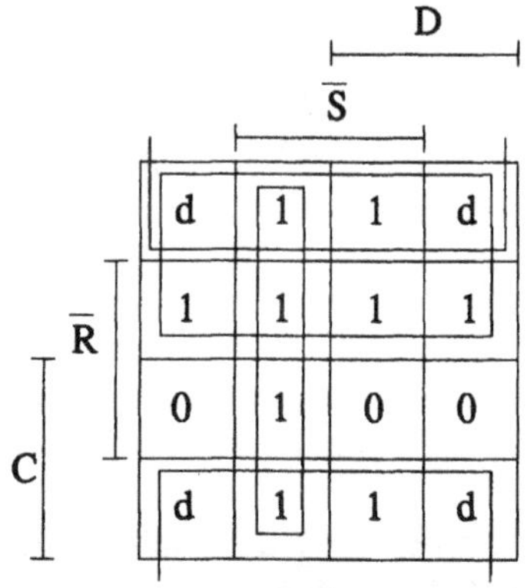

$$^1\overline{S} = \overline{C} + R + \overline{D}\,\overline{S}$$

$$^1\overline{S} = \overline{\overline{\overline{C}+R+\overline{D}\,\overline{S}}} = \overline{C\overline{R}\,\overline{\overline{D}\,\overline{S}}}$$

Bild 19.9.21 Wahrheitstabelle und Schaltfunktionen für die Kombinatorik K des taktflankengetriggerten D-FF

Damit ergeben sich folgende Schaltungen für das taktflankengetriggerte D-FF in "NAND"-Realisierung:

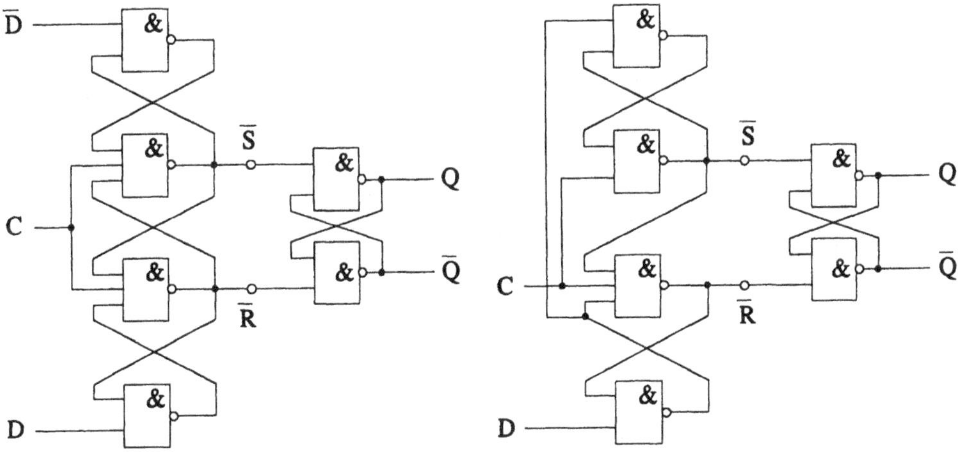

umgeformte Schalt-
funktion aus dem
Bild 19.9.21

$$
\begin{aligned}
{}^{1}\overline{S} &= \overline{C}+\overline{D}\,\overline{S}+R(\overline{S}+S)\\
&= \overline{C}+\overline{D}\,\overline{S}+R\overline{S}+RS\\
&= \overline{\overline{\overline{C}+\overline{S}\cdot(\overline{D}+R)}}\\
&= \overline{C\cdot\overline{(\overline{S}\cdot\overline{D\cdot\overline{R})}}}
\end{aligned}
$$

Bild 19.9.22 Schaltungen für ein taktflankengetriggertes D-FF ("NAND"-Realisierung, aktive 0-1-Taktflanke)

19.9.4 DV - Flip-Flop (DV-FF)

Das DV-FF ist nach dem Funktionsprinzip ein D-FF. Der zusätzliche Signaleingang V steht für "vorentscheiden". Ist er aktiviert, so arbeitet das DV-FF als D-FF. Ist er nicht aktiviert, wird die D-Operation nicht ausgeführt, d. h. der Takt C wird nicht wirksam.

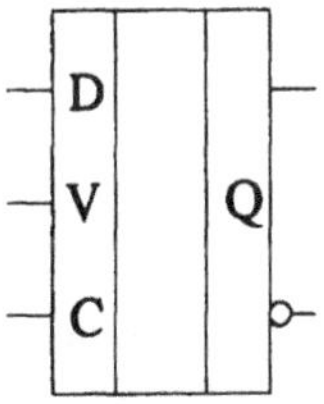

(ε,μ)	C	V	D	Q	${}^{1}Q$
0	0	0	0	0	0
1	0	0	0	1	1
2	0	0	1	0	0
3	0	0	1	1	1
4	0	1	0	0	0
5	0	1	0	1	1
6	0	1	1	0	0
7	0	1	1	1	1

(ε,μ)	C	V	D	Q	${}^{1}Q$
8	1	0	0	0	0
9	1	0	0	1	1
10	1	0	1	0	0
11	1	0	1	1	1
12	1	1	0	0	0
13	1	1	0	1	0
14	1	1	1	0	1
15	1	1	1	1	1

Bild 19.9.23/1 Schaltbild und Wahrheitstabelle eines DV-FF

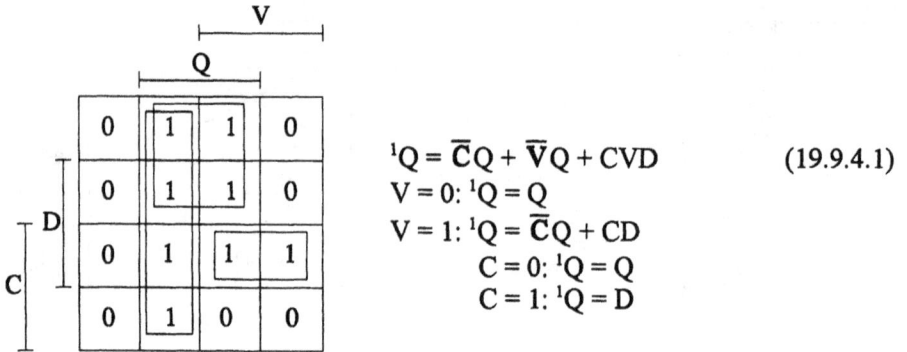

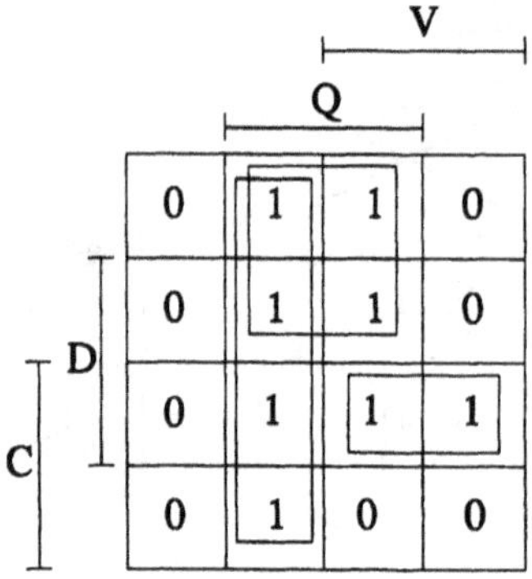

$${}^1Q = \overline{C}Q + \overline{V}Q + CVD \qquad (19.9.4.1)$$

$$V = 0:\ {}^1Q = Q$$

$$V = 1:\ {}^1Q = \overline{C}Q + CD$$

$$C = 0:\ {}^1Q = Q$$

$$C = 1:\ {}^1Q = D$$

Bild 19.9.23/2 Schaltfunktion eines DV-FF

Ein einstufiges taktzustandsgetriggertes DV-FF in NAND-Realisierung läßt sich durch Hinzufügung des V-Eingangs in der relevanten Schaltung des D-FF im Bild 19.9.17 b) wie folgt darstellen:

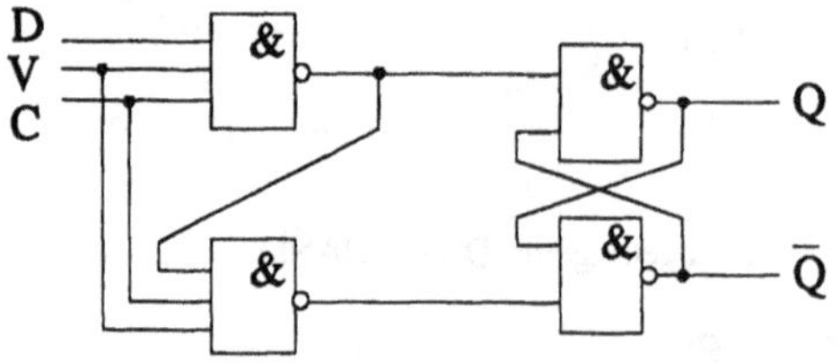

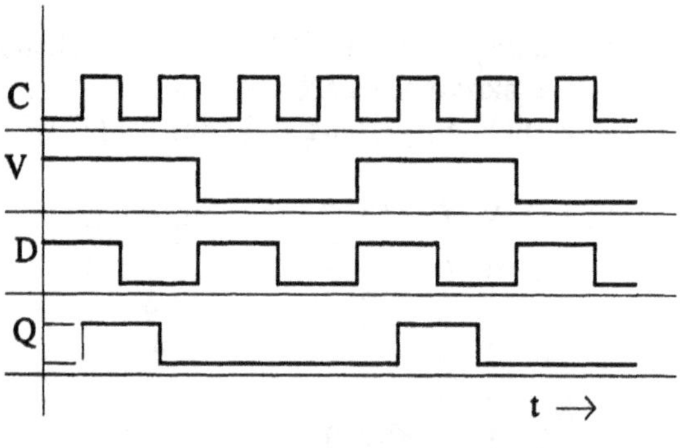

Bild 19.9.24 Schaltung eines einstufigen taktzustandsgetriggerten DV-FF mit einem Beispiel-Signalverlauf

Der Einsatz von DV-FF z. B. in Schieberegistern und speziellen synchronen Zählern ermöglicht im Vergleich zu anderen FF-Typen Einsparungen bezüglich Verdrahtungsaufwand und Anzahl der erforderlichen logischen Verknüpfungsglieder.

19.9.5 T-Flip-Flop (T-FF)

Man unterscheidet ungetaktete T-FF, die nur T als Signaleingang sowie die Ausgänge Q und $\overline{Q}$ aufweisen, und getaktete T-FF mit einem zusätzlichen Takteingang C. T steht für "Toggle" - Triggern.

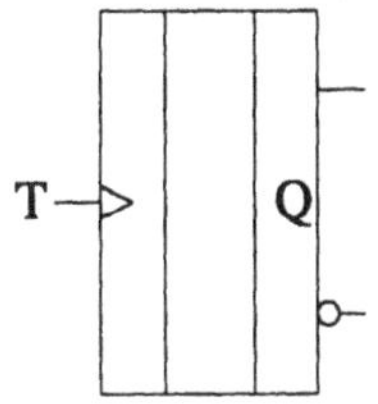

(ε,μ)	T	Q	¹Q
0	0	0	0
1	0	1	1
2	1	0	1
3	1	1	0

$$^{1}Q = \overline{T}Q + T\overline{Q} \qquad (19.9.5.1)$$

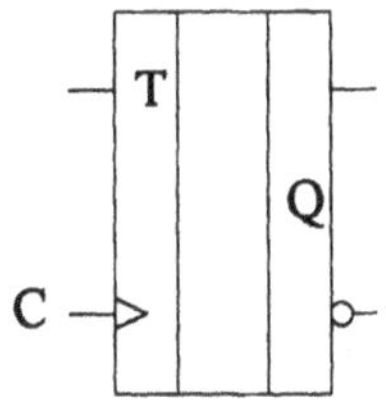

(ε,μ)	T	C	Q	¹Q
0	0	0	0	0
1	0	0	1	1
2	0	1	0	0
3	0	1	1	1
4	1	0	0	0
5	1	0	1	1
6	1	1	0	1
7	1	1	1	0

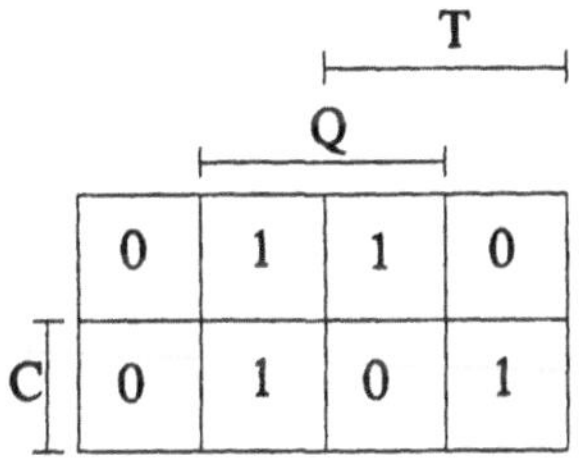

$$^{1}Q = \overline{C}Q + \overline{T}Q + TC\overline{Q} \qquad (19.9.5.2)$$

$$T = 0:\ ^{1}Q = Q$$

$$T = 1:\ ^{1}Q = \overline{C}Q + C\overline{Q}$$

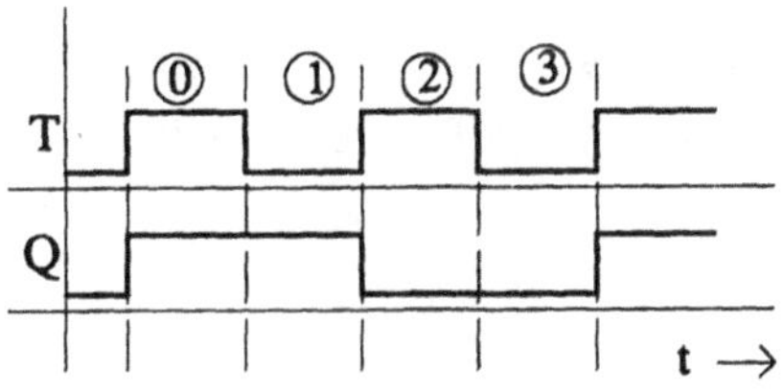

a) ungetaktet

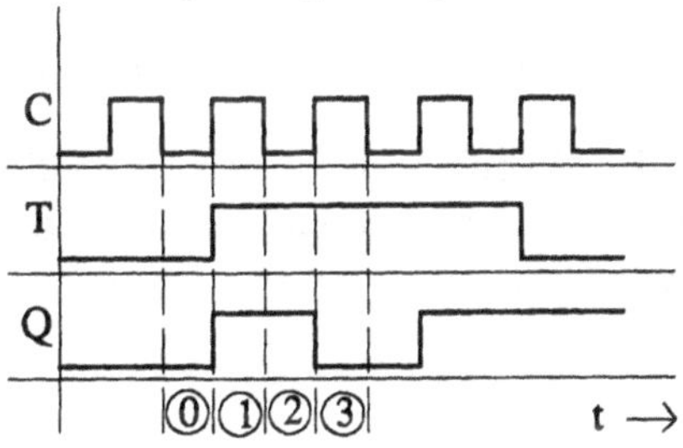

b) getaktet

Bild 19.9.25 Schaltbilder, Wahrheitstabellen, Schaltfunktionen und Beispiel - Signalverläufe für ein a) ungetaktetes und b) getaktetes T-FF

Ein ungetaktetes T-FF schaltet mit einer definierten Flanke des T-Signals in den jeweils komplementären Zustand.

Ein getaktetes T-FF schaltet mit einer definierten Flanke des C-Signals dann in den jeweils komplementären Zustand, wenn T aktiv ist. T ist in diesem Fall also ein Enable-Eingang.

Schaltungssynthese für ein ungetaktetes T-FF

Aus dem Signalverlauf im Bild 19.9.25 a) ist ersichtlich, daß es vier charakteristische, innere Zustände für ein solches FF gibt ($\mu = 0 \ldots 3$). Diese vier Zustände z_μ lassen sich mit zwei Zustandsvariablen z_1 und z_0 darstellen. Dazu benötigt man zwei interne FF (Bild 19.9.26 c)). Ordnet man die Aufeinanderfolge der vier inneren Zustände 0 bis 3 so wie im Bild 19.9.26 a) an, dann sind die Zustandsvariable z_0 und der Ausgang Q des T-FF identisch. Auf eine spezielle Ausgabefunktion kann damit verzichtet werden (Bild 19.9.26 b)).

T	z_1	Q z_0	$\underline{z}_\mu$
0	0	0	$\underline{z}_0$
1	1	0	$\underline{z}_2$
0	1	1	$\underline{z}_3$
1	0	1	$\underline{z}_1$
0			

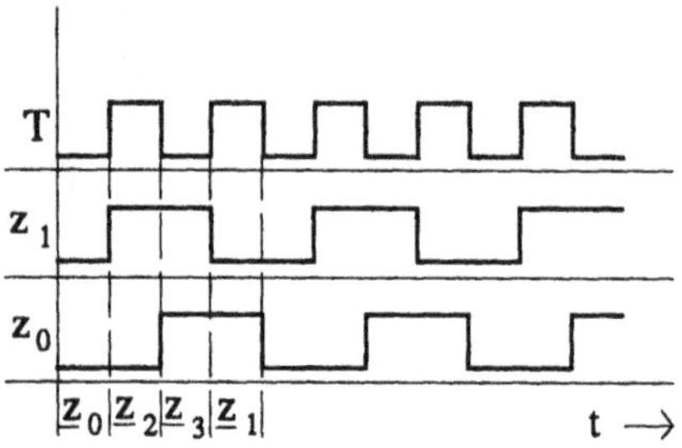

a) Zuordnung der inneren
   Zustände z_μ zum Signalverlauf

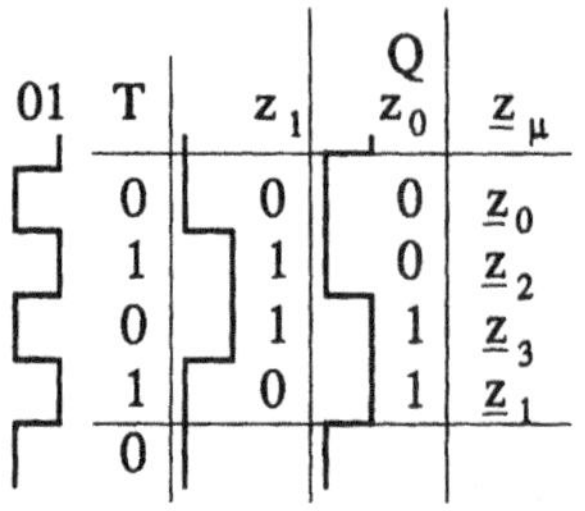

b) Kodierung der inneren
   Zustände z_μ mit z_1 und z_0

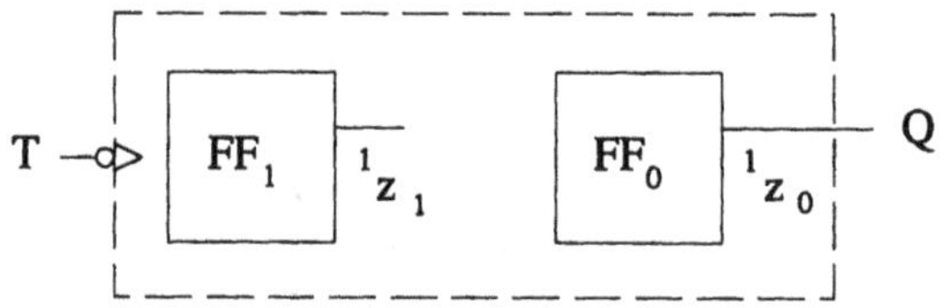

c) Blockstruktur eines T-FF

Bild 19.9.26 Spezifikationen zur Synthese eines ungetakteten T-FF

Für die Blockstruktur des ungetakteten T-FF im Bild 19.9.26 läßt sich ein Automatengraph mit den vier inneren Zuständen $z_\mu = (z_3, z_2, z_1, z_0)$ und dem Eingangssignal T wie folgt aufstellen.

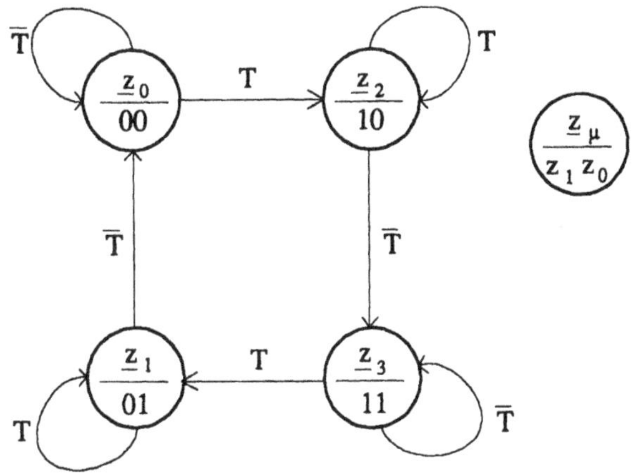

Bild 19.9.27 Automatengraph für ein ungetaktetes T-FF

Aus diesem Automatengraph läßt sich die Schaltung des T-FF über die Automatentabelle und die minimierten Schaltfunktionen für ${}^1z_1$ und ${}^1z_0$ ermitteln.

		$\underline{z}_\mu$		${}^1\underline{z}_\mu$	
(ε,μ)	T	z_1	z_0	${}^1z_1$	${}^1z_0$
0	0	0	0	0	0
4	1	0	0	1	0
6	1	1	0	1	0
2	0	1	0	1	1
3	0	1	1	1	1
7	1	1	1	0	1
5	1	0	1	0	1
1	0	0	1	0	0

		z_0	z_0, T	T
	0	0	0	1
z_1	1	1	0	1

$$ {}^1z_1 = T\bar{z}_0 + \bar{T}z_1 + [z_1\bar{z}_0]^* $$

		z_0	z_0, T	T
	0	0	1	0
z_1	1	1	1	0

$$ {}^1z_0 = Tz_0 + \bar{T}z_1 + [z_1z_0]^* $$

* Es erweist sich als zweckmäßig, diese redundanten Terme für die Synthese der FF-Schaltung mit einzubeziehen. Damit erhält man symmetrische Schaltungsstrukturen, die einerseits die Verwendung von RS-GFF ermöglichen und andererseits weniger hasardgefährdet sind.

Bild 19.9.28 Automatentabelle und Schaltfunktionen zur Synthese der T-FF-Schaltung

Die Schaltfunktionen für ${}^1z_1$ und ${}^1z_0$ sind für eine NAND-basierte Schaltungsrealisierung umzuformen:

$$
\begin{aligned}
{}^1z_1 &= T\overline{z}_0 + \overline{T}z_1 + z_1\overline{z}_0 \\
&= (\overline{T} + \overline{z}_0)z_1 + T\overline{z}_0 \\
&= \overline{\overline{(\overline{T}+\overline{z}_0)z_1 + T\overline{z}_0}} \\
&= \overline{\overline{\overline{T\cdot z_0}\cdot z_1}\cdot\overline{T\overline{z}_0}}
\end{aligned}
\qquad (19.9.5.1)
$$

$$
\begin{aligned}
{}^1z_0 &= Tz_0 + \overline{T}z_1 + z_1z_0 \\
&= (T + z_1)z_0 + \overline{T}z_1 \\
&= \overline{\overline{(T+z_1)z_0 + \overline{T}z_1}} \\
&= \overline{\overline{\overline{\overline{T}\cdot\overline{z}_1}\cdot z_0}\cdot\overline{\overline{T}z_1}}
\end{aligned}
\qquad (19.9.5.2)
$$

Mit (19.9.5.1/2) ergibt sich unmittelbar die Schaltung des ungetakteten T-FF.

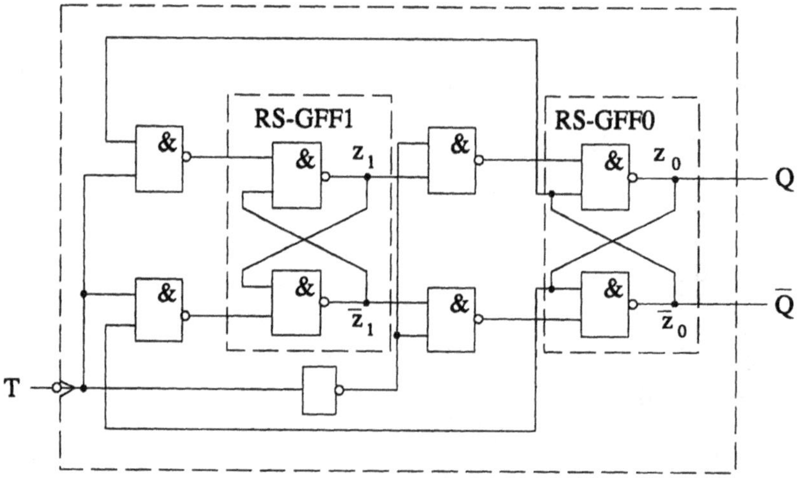

Bild 19.9.29 "NAND"-basierte Schaltung eines ungetakteten T-FF

Schaltungssynthese für ein getaktetes T-FF

Aus dem Signalverlauf im Bild 19.9.25 b) ist ersichtlich, daß es vier charakteristische innere Zustände z_μ für ein solches FF gibt ($\mu = 0 \ldots 3$). Diese vier Zustände z_μ lassen sich auch hier wie für das bereits synthetisierte ungetaktete T-FF mit zwei Zustandsvariablen z_1 und z_0 und auch mit der gleichen Blockschaltung nach Bild 19.9.26 c) darstellen.

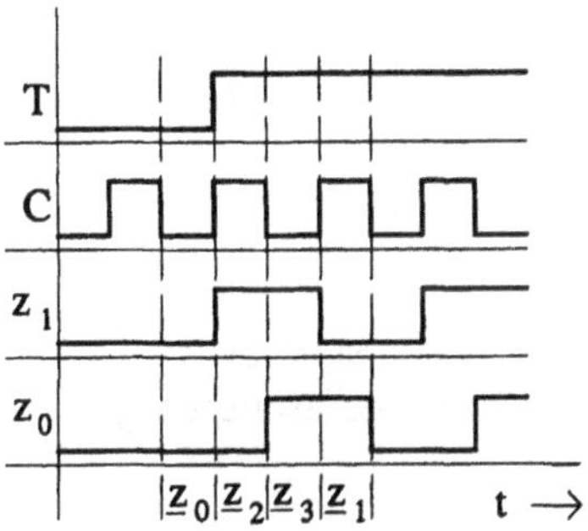

a) Zuordnung der inneren Zustände $\underline{z}_\mu$ zum Signalverlauf

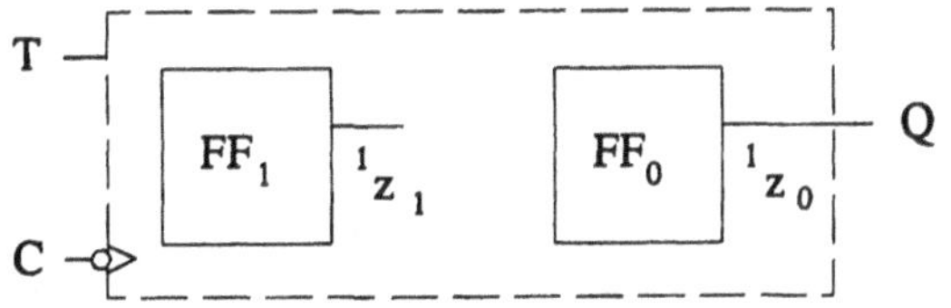

b) Blockschaltung eines getakteten T-FF

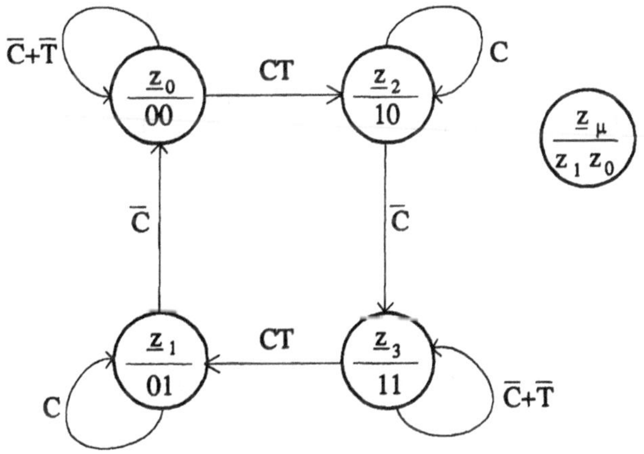

c) Automatengraph eines getakteten T-FF

Bild 19.9.30 Spezifikationen zur Synthese eines getakteten T-FF

Aus diesem Automatengraph läßt sich die Schaltung des T-FF über die Automatentabelle und die Schaltfunktionen für ${}^1z_1$ und ${}^1z_0$ ermitteln.

(ε,μ)	C	T	$\underline{z}_\mu$: z_1	z_0	$^1\underline{z}_\mu$: $^1z_1$	$^1z_0$
0	0	0	0	0	0	0
1			0	1	0	0
2			1	0	1	1
3			1	1	1	1
4	0	1	0	0	0	0
5			0	1	0	0
6			1	0	1	1
7			1	1	1	1
8	1	0	0	0	0	0
9			0	1	0	1
10			1	0	1	0
11			1	1	1	1
12	1	1	0	0	1	0
13			0	1	0	1
14			1	0	1	0
15			1	1	0	1

für T = 1 ergibt sich für die gewählte Kodierung von $\underline{z}_\mu$:

C	z_1	z_0	$^1z_1$	$^1z_0$	$Q \triangleq z_0$
0	0	0	0	0	
1	0	0	1	0	
1	1	0	1	0	
0	1	0	1	1	
0	1	1	1	1	
1	1	1	0	1	
1	0	1	0	1	
0	0	1	0	0	
0 1					0 1

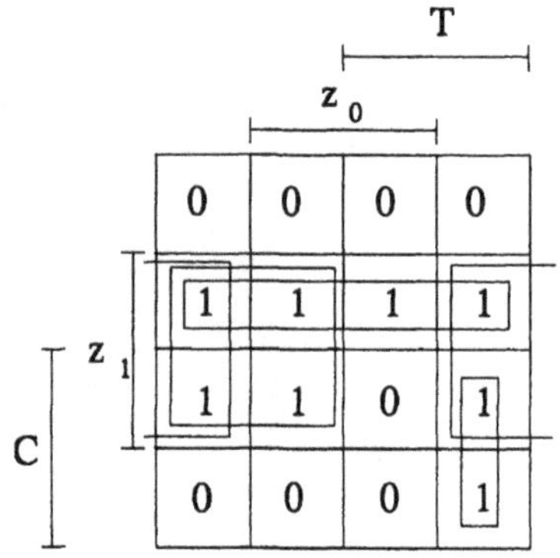

$$^1z_1 = CT\bar{z}_0 + \bar{C}z_1 + \bar{T}z_1 + (z_1\bar{z}_0)^*$$

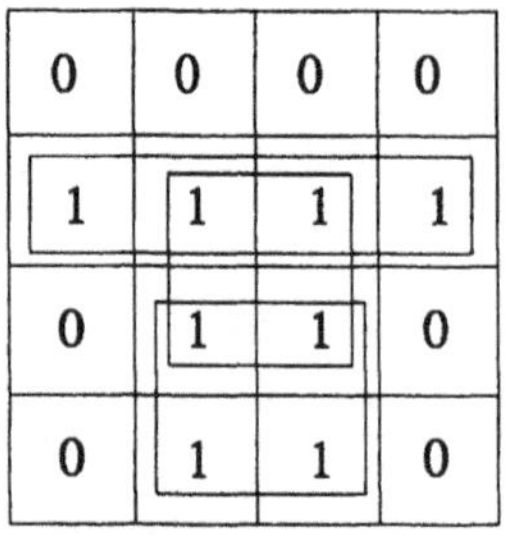

$$^1z_0 = \bar{C}z_1 + Cz_0 + (z_1z_0)^*$$

* Es erweist sich als zweckmäßig, diese redundanten Terme für die Synthese der FF-Schaltung mit einzubeziehen. Damit erhält man symmetrische Schaltungsstrukturen, die einerseits die Verwendung von RS-GFF ermöglichen und andererseits weniger hasardgefährdet sind.

Bild 19.9.31 Automatentabelle und Schaltfunktionen zur Synthese der T-FF-Schaltung

Die Schaltfunktionen für ${}^1z_1$ und ${}^1z_0$ sind für eine NAND-basierte Schaltungsrealisierung umzuformen:

$$
\begin{aligned}
{}^1z_1 &= CT\bar{z}_0 + \bar{C}z_1 + \bar{T}z_1 + z_1\bar{z}_0 \\
&= CT\bar{z}_0 + z_1(\bar{C}+\bar{T}+\bar{z}_0) \\
&= \overline{\overline{CT\bar{z}_0 + z_1(\bar{C}+\bar{T}+\bar{z}_0)}} \\
&= \overline{\overline{\overline{CT\bar{z}_0}\cdot[\bar{z}_1+CTz_0]}} \\
&= \overline{\overline{\overline{CT\bar{z}_0}+[z_1\overline{CTz_0}]}} \\
&= \overline{\overline{CT\bar{z}_0}\cdot\overline{z_1\cdot\overline{CTz_0}}}
\end{aligned}
\qquad (19.9.5.3)
$$

$$
\begin{aligned}
{}^1z_0 &= \bar{C}z_1 + Cz_0 + z_1z_0 \\
&= \bar{C}z_1 + z_0(C+z_1) \\
&= \overline{\overline{\bar{C}z_1+z_0(C+z_1)}} \\
&= \overline{\overline{\overline{\bar{C}z_1}\cdot[\bar{z}_0+\bar{C}\bar{z}_1]}} \\
&= \overline{\overline{\overline{\bar{C}\cdot z_1}+(z_0\cdot\overline{\bar{C}\,\bar{z}_1})}} \\
&= \overline{\overline{\bar{C}\cdot z_1}\cdot\overline{z_0\cdot\overline{\bar{C}\,\bar{z}_1}}}
\end{aligned}
\qquad (19.9.5.4)
$$

Mit (19.9.5.3 /4) ergibt sich unmittelbar die Schaltung eines getakteten T-FF.

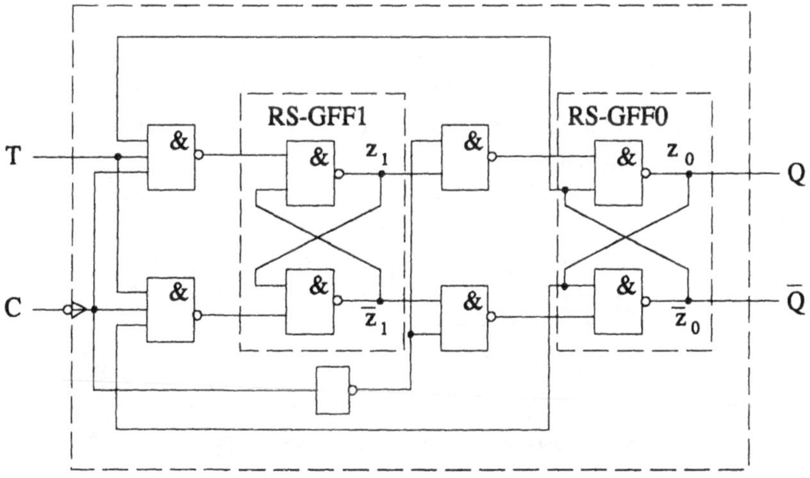

Bild 19.9.32 NAND-basierte Schaltung eines getakteten T-FF

19.9.6 JK - Flip-Flop (JK-FF)

Das JK-FF ist prinzipiell getaktet. Neben dem Takt C besitzt es die Informationseingänge J und K. In ihrer Funktionsweise sind sie mit den S- und R-Eingängen eines RS-FF vergleichbar. Im Gegensatz zum RS-FF können jedoch beim JK-FF beide Eingänge J und K gleichzeitig aktiviert werden. In diesem Fall schaltet das JK-FF jeweils in seinen komplementären Zustand ($^1Q = \overline{Q}$). Daraus erklären sich die Bezeichnungen der Eingänge mit J für Jump und K für Kill.
Die im Bild 19.9.33 dargestellte Wahrheitstabelle verdeutlicht die Zusammenhänge zwischen den acht möglichen Eingangsbelegungen von J, K und Q und den Ausgangsbelegungen für $^1Q \in \{0,1\}$.

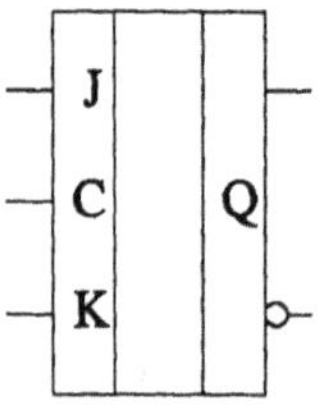

(ε,μ)	J	K	Q	^1Q
0	0	0	0	0
1	0	0	1	1
2	0	1	0	0
3	0	1	1	0
4	1	0	0	1
5	1	0	1	1
6	1	1	0	1
7	1	1	1	0

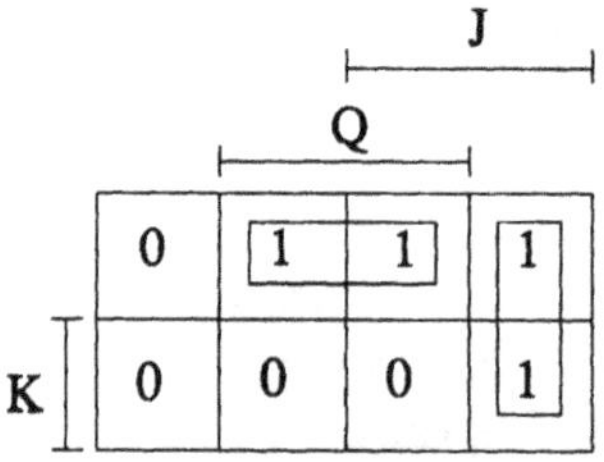

$$^1Q = J\,\overline{Q} + \overline{K}Q \qquad (19.9.6.1)$$

Bild 19.9.33 Schaltbild, Wahrheitstabelle und Schaltfunktion eines JK-FF

Nach ihrer Betriebsweise unterscheidet man taktzustandsgetriggerte und taktflankengetriggerte JK-FF.

<u>Taktzustandsgetriggerte JK-FF</u>

Taktzustandsgetriggerte JK-FF sind prinzipiell zweistufig, d. h. sie bestehen aus zwei internen Flip-Flops, die mit Master-FF (M) und Slave-FF (S) bezeichnet werden.
Das Schaltbild und die Blockschaltung eines solchen JK-Master-Slave-FF (JK-MS-FF) ist im folgenden Bild dargestellt.

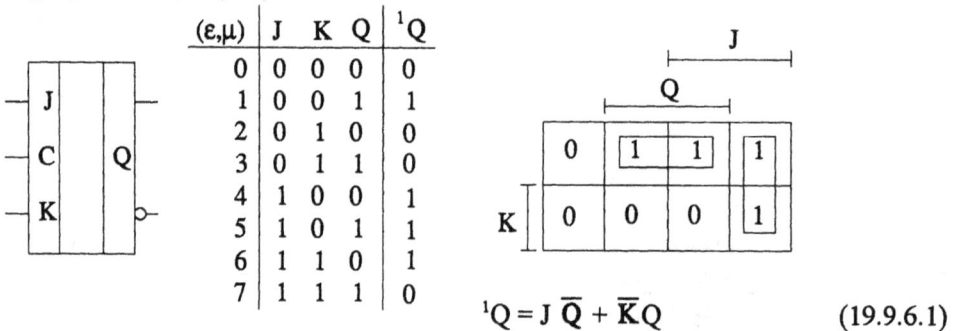

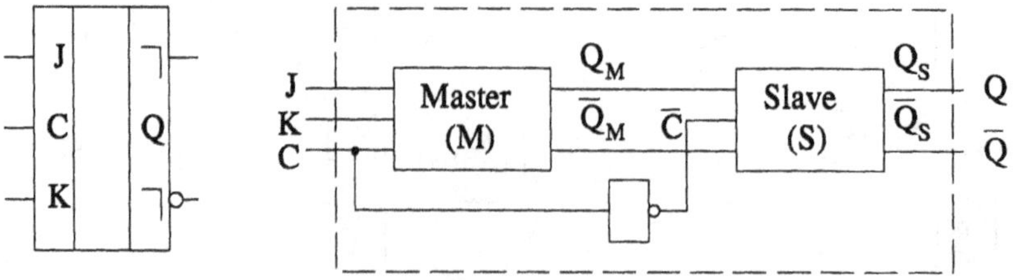

Bild 19.9.34 Schaltbild und Blockschaltung eines taktzustandsgetriggerten JK-MS-FF

Die Winkelzeichen an den Ausgängen Q des JK-MS-FF kennzeichnen die Zweistufigkeit der Betriebsweise. Die Informationsübernahme von den Eingängen JK mittels Takt C geschieht in der Reihenfolge vom Master zum Slave stufenweise.

Ein einstufiger Betrieb des JK-FF ist im Vergleich zum RS-FF deshalb nicht zu realisieren, weil die Belegung J = K = 1 zulässig ist. Aus der Wahrheitstabelle im Bild 19.9.33 ist ersichtlich, daß für diese Belegung das FF bei aktivem Takt C in den jeweils komplementären Zustand schaltet. Für J = K = 1 und aktivem C würde ein solches einstufiges JK-FF ständig zwischen 1 und 0 am Ausgang Q hin- und herschalten, also schwingen. Das zweistufige JK-MS-FF hingegen vermeidet solche instabilen Zustände dadurch, daß der Takt C den Master und der dazu negierte Takt $\overline{C}$ den Slave schaltet. Damit ergibt sich die im Bild 19.9.35 dargestellte zweistufige Betriebsweise.

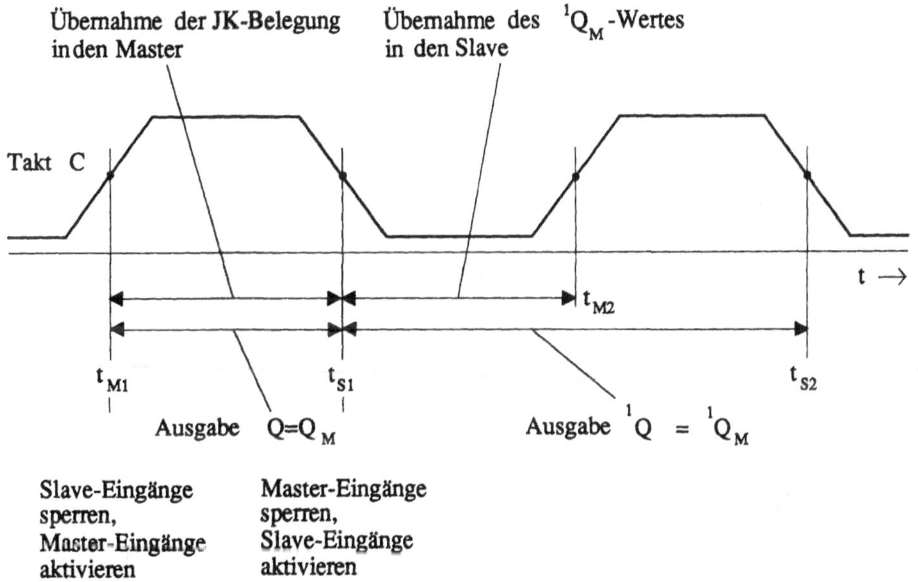

Bild 19.9.35 Schaltverhalten eines taktzustandsgetriggerten JK-FF

Zum Zeitpunkt t_{M1}, d. h. mit der 0-1-Flanke des Taktsignales C, wird der Slave vom Master getrennt, und es beginnt die Übernahme der Eingangsinformation von J und K in den Master. Zum Zeitpunkt t_{S1}, d. h. mit der 1-0-Flanke von C wird die Übernahme der Eingangsinformation von J und K in den Master beendet. Der Slave übernimmt die aktuelle Information $^{1}Q_M$ vom Masterausgang Q_M und stellt sie für den Zeitraum t_{S1} bis t_{S2} am Ausgang mit $^{1}Q = {}^{1}Q_M$ des JK-MS-FF bereit, d. h. bis zur folgenden 1-0-Flanke, mit der die neue Belegung von $^{2}Q_M$ in den Slave übernommen wird. $^{2}Q_M$ ist das Ergebnis der im Zeitraum t_{M2} bis t_{S2} inzwischen erneut erfolgten Informationsübernahme von JK in den Master ... usw. Diese Betriebsweise eines zweistufigen, taktzustandsgetriggerten JK-MS-FF verdeutlicht auch der folgende Beispiel-Signalverlauf.

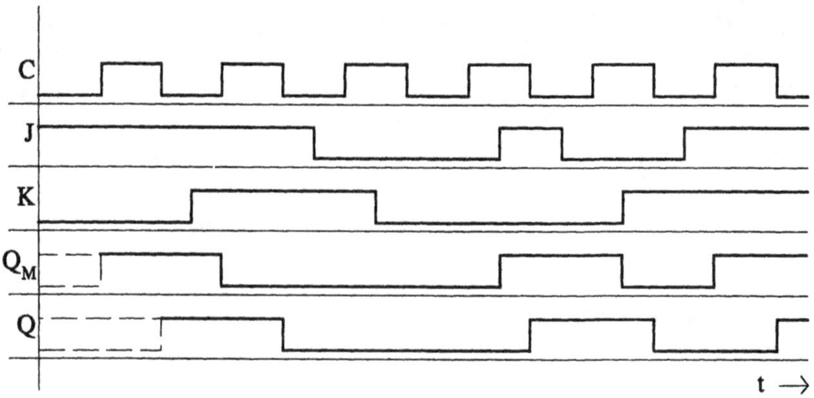

Bild 19.9.36 Beispiel-Signalverlauf für ein zweistufiges taktzustandsgetriggertes JK-MS-FF

<u>Schaltungssynthese eines JK-MS-FF</u>

Die beiden Master- und Slave-FF eines JK-MS-FF ermöglichen die Realisierung der insgesamt vier inneren Zustände $\underline{z}_\mu = (\underline{z}_0, \underline{z}_1, \underline{z}_2, \underline{z}_3)$, die für den zweistufigen Betrieb dieses FF erforderlich sind. Diese Zustände $\underline{z}_\mu$ kodieren wir mittels zweier Zustandsvariablen z_1 und z_0, die wir gleich den Ausgängen des Master- bzw. Slave-FF setzen:

$$z_1 = Q_M,\ z_0 = Q_S.$$

Daraus ergeben sich folgende Spezifikationen:

$\underline{z}_0$	($z_1 = 0$, $z_0 = 0$), Master rückgesetzt	($Q_M = 0$), Slave rückgesetzt	($Q_S = 0$),
$\underline{z}_1$	($z_1 = 0$, $z_0 = 1$), Master rückgesetzt	($Q_M = 0$), Slave gesetzt	($Q_S = 1$),
$\underline{z}_2$	($z_1 = 1$, $z_0 = 0$), Master gesetzt	($Q_M = 1$), Slave rückgesetzt	($Q_S = 0$),
$\underline{z}_3$	($z_1 = 1$, $z_0 = 1$), Master gesetzt	($Q_K = 1$), Slave gesetzt	($Q_S = 1$).

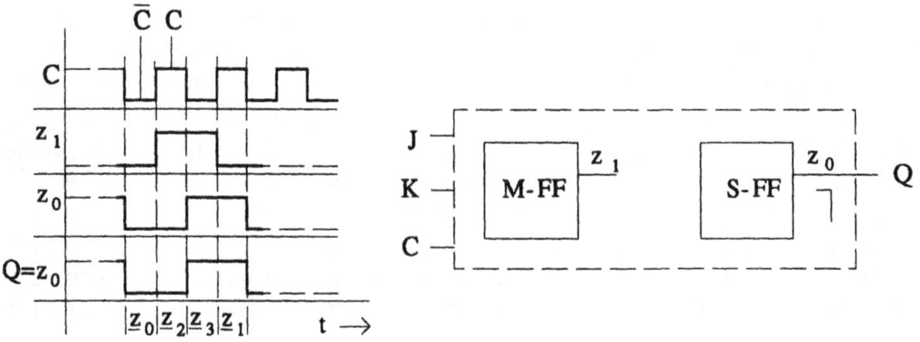

Bild 19.9.37 Spezifikation der vier inneren Zustände $\underline{z}_\mu$ eines JK-MS-FF

Diese vier Zustände $\underline{z}_\mu$ lassen sich im folgenden Automatengraphen für ein JK-MS-FF darstellen:

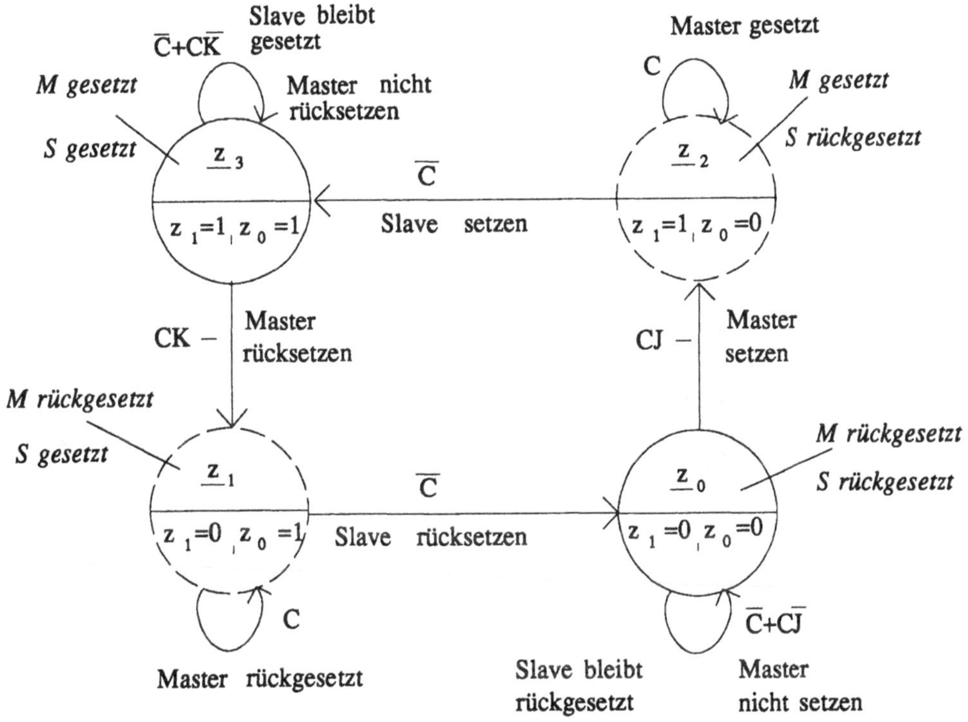

Bild 19.9.38 Automatengraph für ein JK-MS-FF

Die gestrichelt dargestellten Zustände $\underline{z}_1$ und $\underline{z}_2$ sind interne Zwischenstationen im Ablauf von "gesetzt" zu "rückgesetzt", der von CK ausgelöst wird, und umgekehrt von "rückgesetzt" nach "gesetzt", der von CJ initiiert wird. Deshalb sind die beiden Zustände nur mit der Eigenschleife C versehen. Mit dem Übergang jeweils von C nach $\overline{C}$ erfolgt das Weiterschalten in die von CK bzw. CJ initiierten Zustände $\underline{z}_0$ bzw. $\underline{z}_3$ über die Automatentabelle, die sich aus dem Graphen in Bild 19.9.38 unmittelbar ergibt. Über eine Minimierung mit dem Karnaugh-Plan erhält man die Schaltfunktionen für die beiden Zustandsvariablen $^1z_1$ und $^1z_0$.

(ε,μ)	C	J	K	z_1	z_0	${}^1z_1$	${}^1z_0$	Q= z_0
0,4,8,12	0	d	d	0	0	0	0	0
1,5,9,13				0	1	0	0	1
2,6,10,14				1	0	1	1	0
3,7,11,15				1	1	1	1	1
16	1	0	0	0	0	0	0	0
17				0	1	0	1	1
18				1	0	1	0	0
19				1	1	1	1	1
20	1	0	1	0	0	0	0	0
21				0	1	0	1	1
22				1	0	1	0	0
23				1	1	0	1	1
24	1	1	0	0	0	1	0	0
25				0	1	0	1	1
26				1	0	1	0	0
27				1	1	1	1	1
28	1	1	1	0	0	1	0	0
29				0	1	0	1	1
30				1	0	1	0	0
31				1	1	0	1	1

Bild 19.9.39/1 Automatentabelle für die Zustandsvariablen z_1, z_0 eines JK-MS-FF

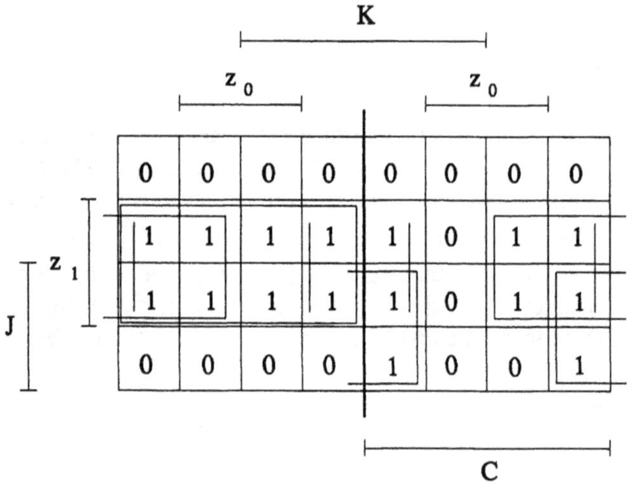

$$ {}^1z_1 = \overline{C} z_1 + z_1 \overline{K} + z_1 \overline{z}_0 + $$
$$ + JC\overline{z}_0 \qquad (19.9.6.2) $$

Bild 19.6.39/2 Schaltfunktion für die Zustandsvariable z_1 eines JK-MS-FF

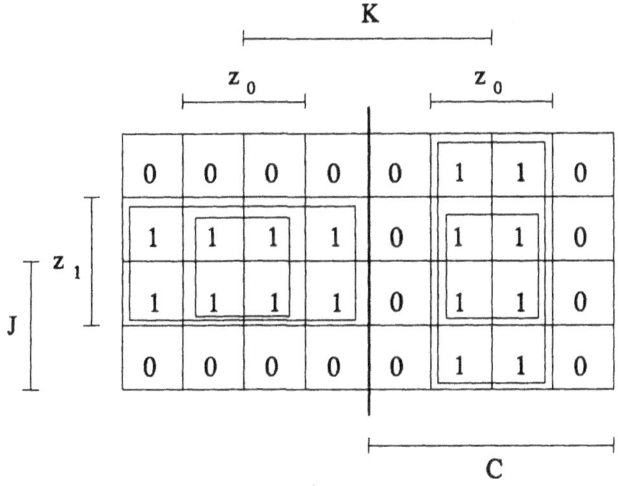

$$^1z_0 = \bar{C}z_1 + Cz_0 + (z_1z_0)^* \qquad (19.9.6.3)$$

Es erweist sich als zweckmäßig, diese redundanten Terme für die Synthese der FF-Schaltung mit einzubeziehen. Damit erhält man symmetrische Schaltungsstrukturen, die einerseits die Verwendung von RS-GFF ermöglichen und andererseits weniger hasardgefährdet sind.

Bild 19.9.39/3 Schaltfunktion für die Zustandsvariable z_0 eines JK-MS-FF

Die NAND-Realisierung des JK-MS-FF ergibt sich nach Umformung der Schaltfunktionen (19.9.6.2 /3):

$$^1z_1 = \overline{\overline{z_1(\bar{C}+\bar{K}+\bar{z}_0)+JC\bar{z}_0}} \qquad ^1z_0 = \overline{\overline{\bar{C}z_1+Cz_0+z_1z_0}}$$

$$^1z_1 = \overline{[\bar{z}_1+CKz_0]\cdot\overline{JC\bar{z}_0}} \qquad ^1z_0 = \overline{\overline{\bar{C}z_1}\cdot[\bar{z}_0+\bar{C}\;\bar{z}_1]}$$

$$^1z_1 = \overline{\overline{z_1\cdot\overline{CKz_0}+JC\bar{z}_0}} \qquad ^1z_0 = \overline{\overline{\bar{C}z_1+z_0\cdot\overline{\bar{C}\;\bar{z}_1}}}$$

$$^1z_1 = \overline{\overline{z_1\cdot\overline{CKz_0}}\cdot\overline{JC\bar{z}_0}} \qquad ^1z_0 = \overline{\overline{\bar{C}z_1}\cdot\overline{z_0\cdot\overline{\bar{C}\;\bar{z}_1}}}$$

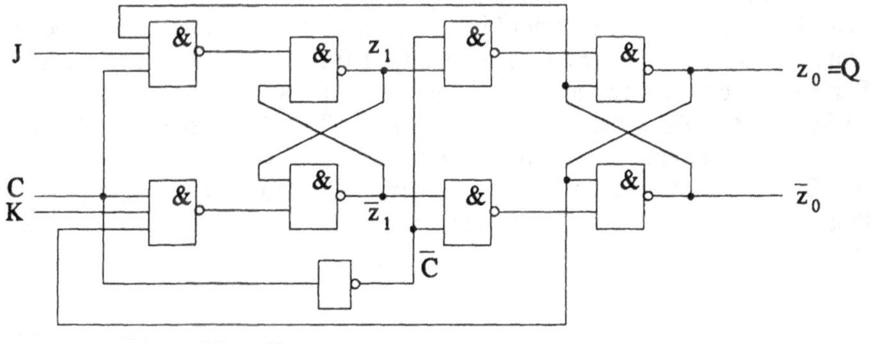

Bild 19.9.40 NAND-Schaltung eines JK-MS-FF

Die Schaltungssynthese hat als Master-FF ein RS-GFF mit der in Bild 19.9.40 dargestellten Ansteuerung ergeben. Eine solche Schaltung birgt die Gefahr, daß während des aktiven Zustandes von C, also im Zeitbereich t_M bis t_S im Bild 19.9.35 eventuell auftretende Störspikes das RS-Master-FF so triggern können, daß ein unerwünschtes

Verhalten des gesamten JK-MS-FF eintritt. Ein solches Fehlverhalten dieses JK-MS-FF soll an einem Beispiel erläutert werden:

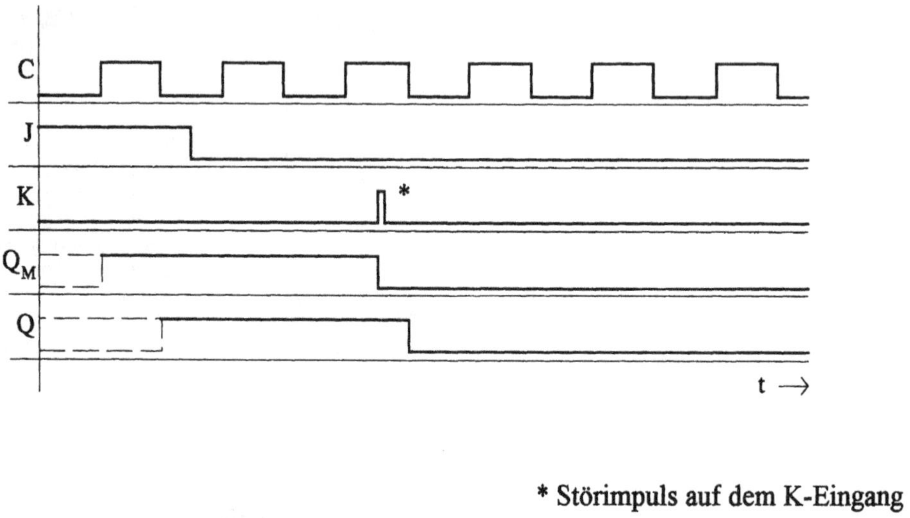

Bild 19.9.41 Beispiel - Signalverlauf für das unerwünschte Reagieren eines JK-MS-FF auf einen Störimpuls während der aktiven C-Phase

Nach der ersten 0-1 Flanke von C wird $Q_M = 1$. Mit der folgenden 1-0-Flanke wird dieser Wert vom Slave übernommen und erscheint am Ausgang Q des JK-MS-FF. Im weiteren Signalverlauf sind J = K = 0, d. h. Q = 1 sollte gespeichert bleiben. Ein Fehlimpuls am K-Eingang setzt jedoch das R-S-Master-FF zurück. Q_M wird sofort 0, und mit der folgenden 1-0-Flanke wird unerwünscht Q = 0. Um die Wahrscheinlichkeit eines solchen Fehlverhaltens des JK-MS-FF zu verringern, müßte man die aktive C-Phase, in der die Eingangsbelegungen JK ständig in das Master-FF übernommen werden, zeitlich verkürzen. Ideal wäre es, wenn z.B. mit der 0-1-Flanke von C die zu diesem Zeitpunkt gerade anliegende JK-Belegung in den Master übernommen wird und nach sicherer Übernahme dieser Information in das Master-FF sofort mit der 1-0-Flanke von C das Weiterschalten zum Slave-FF erfolgt. In diesem Fall könnte man vom zweiflankengetriggerten JK-FF entsprechend DIN 40900 sprechen. Das im Bild 19.9.41 demonstrierte Fehlverhalten eines JK - MS - FF könnte man auch mit einem D-FF als Master -FF umgehen.
Ein D - FF folgt entsprechend seiner Schaltfunktion $^1Q = D$ während des aktiven Zustandes von C immer allen JK-Eingangsbelegungen. (Ein vorgeschalteter JK → D Konverter ist dabei natürlich Voraussetzung!)

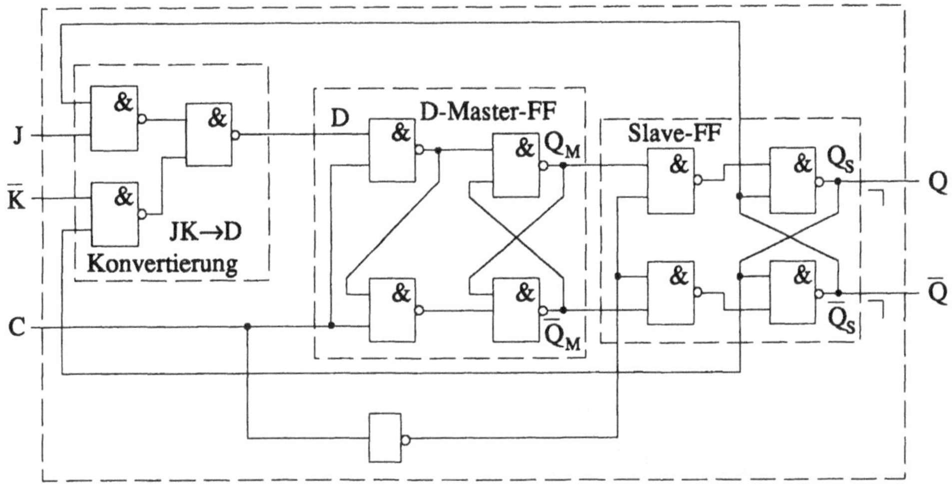

Bild 19.9.42 JK-MS-FF auf der Basis eines D-Master-FF zur Vermeidung von Fehlschaltungen während der aktiven Taktphase

Dies bedeutet, daß zum Zeitpunkt t_S der Taktflanke zur Übernahme des Masterinhaltes Q_M in den Slave der letzte aktuelle Wert im Zeitbereich t_M bis t_S (Bild 19.9.35) dominierend für das Schaltverhalten des gesamten JK-MS-FF ist, unabhängig von der Vorgeschichte, die im Zeitbereich t_M bis t_S jeweils auftritt. Ein solches JK-MS-FF mit einem D-Typ-Master könnte in NAND-Realisierung wie im Bild 19.9.42 aussehen.

Taktflankengetriggertes JK-FF

Da über zweiflankengetriggerte JK-FF bereits im vorhergehenden Abschnitt Aussagen getroffen wurden, wird hier die Synthese des einflankengetriggerten JK-FF dargestellt. Dabei geht man zweckmäßig wieder von einem RS-GFF aus, das über eine zu ermittelnde Kombinatorik angesteuert wird.

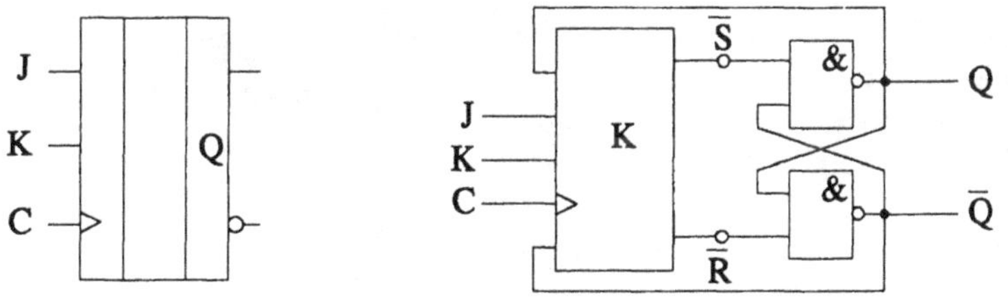

Bild 19.9.43/1 Schaltbild und Blockschaltung für ein taktflankengetriggertes JK-FF

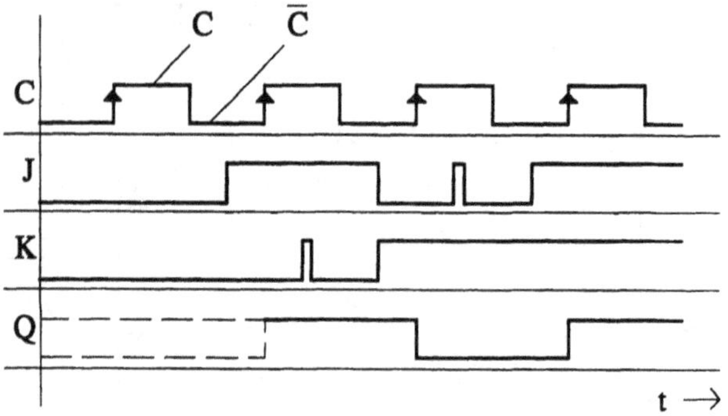

Bild 19.9.43/2 Beispiel-Signalverlauf für ein taktflankengetriggertes JK-FF

Für ein solches FF lassen sich vier innere Zustände unterscheiden:

1. JK-FF gesetzt, $C = 0$, $\overline{S} = 1$, $\overline{R} = 1$
2. JK-FF rückgesetzt, $C = 0$, $\overline{S} = 1$, $\overline{R} = 1$
3. JK-FF gesetzt, $C = 1$, $\overline{S} = 0$, $\overline{R} = 1$
4. JK-FF rückgesetzt, $C = 1$, $\overline{S} = 1$, $\overline{R} = 0$.

Diese vier inneren Zustände und die Übergangsbedingungen kann man in Form eines Automatengraphen darstellen.

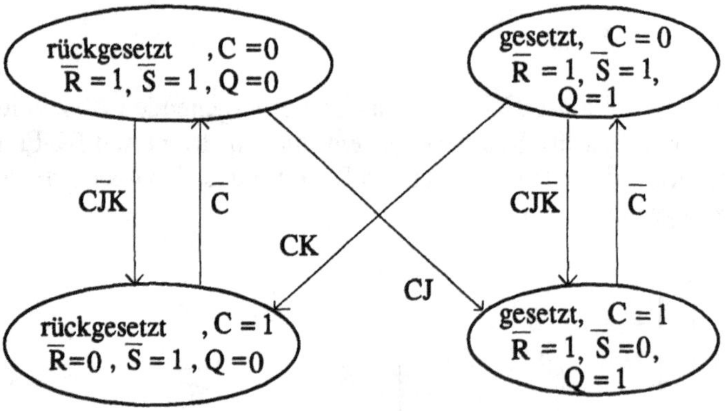

Bild 19.9.44 Automatengraph für ein einflankengetriggertes JK-FF

Aus diesem Automatengraph sind die gewünschten Schaltfunktionen für $\overline{S}$ und $\overline{R}$ über die Automatentabelle und mittels Karnaugh-Plan-Minimierung zu ermitteln.

(ε,μ)	C	J	K	$\overline{S}$	$\overline{R}$	Q	${}^1\overline{S}$	${}^1\overline{R}$
0,8,16,24	0	d	d	0	0	0	d	d
1,9,17,25				0	0	1	d	d
2,10,18,26				0	1	0	d	d
3,11,19,27				0	1	1	1	1
4,12,20,28	0	d	d	1	0	0	1	1
5,13,21,29				1	0	1	d	d
6,14,22,30				1	1	0	1	1
7,15,23,31				1	1	1	1	1
32,40,48,56	1	d	d	0	0	0	d	d
33,41,49,57				0	0	1	d	d
34,42,50,58				0	1	0	d	d
35,43,51,59				0	1	1	0	1
36,44,52,60	1	d	d	1	0	0	1	0
37,45,53,61				1	0	1	d	d
38,39	1	0	0	1	1	d	1	1
46,47	1	0	1	1	1	d	1	0
54,55	1	1	0	1	1	d	0	1
62	1	1	1	1	1	0	0	1
63	1	1	1	1	1	1	1	0

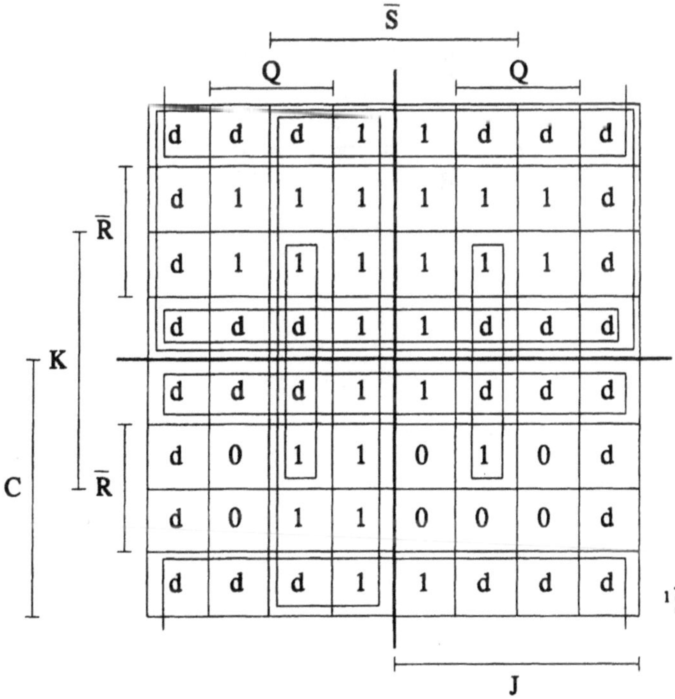

$$
{}^1\overline{S} = \overline{C} + R + \overline{J}\,\overline{S} + \overline{S}\,KQ \qquad (19.9.6.4)
$$

Bild 19.9.45/1 Automatentabelle und Schaltfunktion für $\overline{S}$ zur Synthese eines einflankengetriggerten JK-FF

d	d	d	1	1	d	d	d
d	1	1	1	1	1	1	d
d	1	1	1	1	1	1	d
d	d	d	1	1	d	d	d
d	d	d	0	0	d	d	d
d	1	0	0	1	0	1	d
d	1	1	1	1	1	1	d
d	d	d	0	0	d	d	d

$$^{1}\overline{R} = \overline{C} + S + \overline{K}\,\overline{R} + \overline{R}J\overline{Q} \qquad (19.9.6.5)$$

Bild 19.9.45/2 Schaltfunktion für $\overline{R}$ zur Synthese eines einflankengetriggerten JK-FF

Die NAND-Realisierung des einflankengetriggerten JK-FF ergibt sich nach Umformen der Schaltfunktionen (19.9.6.4 /5):

$$^{1}\overline{S} = \overline{\overline{\overline{C}+R+\overline{S}\cdot(\overline{J}+KQ)}}, \qquad ^{1}\overline{R} = \overline{\overline{\overline{C}+S+\overline{R}(\overline{K}+J\overline{Q})}}$$

$$^{1}\overline{S} = \overline{C\cdot\overline{\overline{R}}\cdot(S+J\cdot\overline{\overline{KQ}})}, \qquad ^{1}\overline{R} = \overline{C\cdot\overline{\overline{S}}\cdot(R+(K\cdot\overline{\overline{J\overline{Q}}}))}$$

$$^{1}\overline{S} = \overline{\overline{\overline{C\cdot\overline{\overline{R}}}+(\overline{\overline{S}\cdot J\cdot\overline{\overline{KQ}}})}}, \qquad ^{1}\overline{R} = \overline{\overline{\overline{C\cdot\overline{\overline{S}}}+(\overline{\overline{R}\cdot K\cdot J\overline{\overline{Q}}})}}$$

$$^{1}\overline{S} = \overline{C\overline{R}\cdot\overline{S}\cdot\overline{J\cdot\overline{\overline{KQ}}}}, \qquad ^{1}\overline{R} = \overline{C\overline{S}\cdot\overline{R}\cdot\overline{K\cdot\overline{\overline{J\overline{Q}}}}}$$

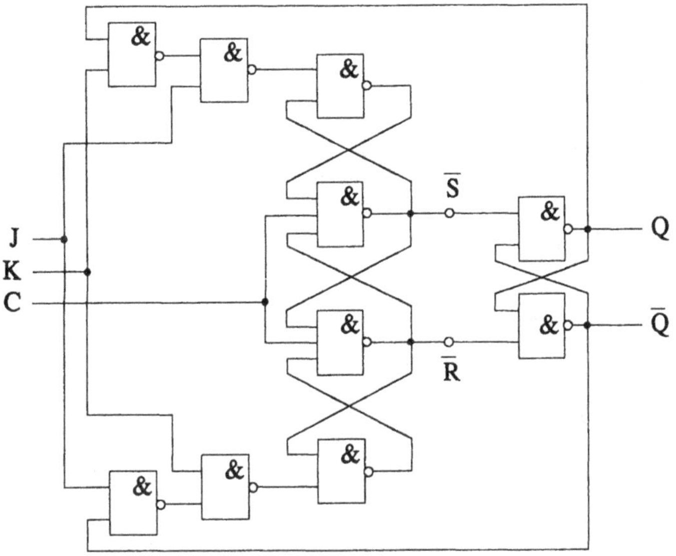

Bild 19.9.46 NAND-Schaltung eines einflankengetriggerten JK-FF

19.9.7 Reduzierte Wahrheitstabellen für Flip-Flops

Für die Synthese komplexer sequentieller Schaltungen wie Zähler, Teiler, Schieberegister usw., in denen vorwiegend Master-Slave-FF bzw. einflankengetriggerte FF Verwendung finden, sind reduzierte Wahrheitstabellen für die Ermittlung der anwendungsbezogenen Ansteuerfunktionen für diese FF effektiver einzusetzen als die bisher behandelten ausführlichen Tabellen.
Eine ausführliche Tabelle für ein JK-FF enthält z. B. für den Übergang

$$Q = 0 \rightarrow {}^1Q = 1$$

beide dafür möglichen Eingangsbelegungen für J und K

$$J = 1, K = 0 \text{ und } J = 1, K = 1.$$

Eine reduzierte Tabelle für ein JK-FF faßt diese beiden Eingangsbelegungen zusammen, d. h. für den Übergang

$Q = 0 \rightarrow {}^1Q = 1$ steht die Eingangsbelegung $J = 1, K = d$.

Damit ergibt sich für die bisher behandelten Flip-Flops folgende Gesamtübersicht:

<table>
<tr><th>FF-Typ</th><th>Schaltbild (Beispiele)</th><th>reduzierte Wahrheitstabelle</th><th>Schaltfunktion</th></tr>
<tr><td>RS</td><td>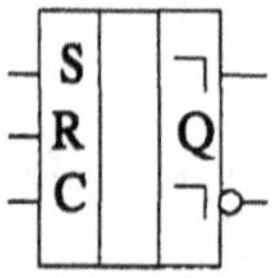</td><td><table><tr><th>Q</th><th>${}^1Q$</th><th>S</th><th>R</th></tr><tr><td>0</td><td>0</td><td>0</td><td>d</td></tr><tr><td>0</td><td>1</td><td>1</td><td>0</td></tr><tr><td>1</td><td>0</td><td>0</td><td>1</td></tr><tr><td>1</td><td>1</td><td>d</td><td>0</td></tr></table></td><td>$^1Q = S + \overline{R}Q$
$R \cdot S = 0$</td></tr>
<tr><td>D</td><td>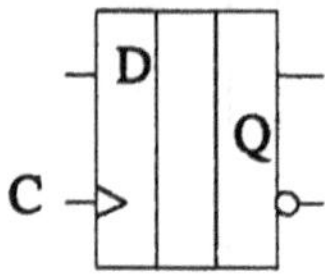</td><td><table><tr><th>Q</th><th>${}^1Q$</th><th>D</th></tr><tr><td>0</td><td>0</td><td>0</td></tr><tr><td>0</td><td>1</td><td>1</td></tr><tr><td>1</td><td>0</td><td>0</td></tr><tr><td>1</td><td>1</td><td>1</td></tr></table></td><td>$^1Q = D$</td></tr>
<tr><td>DV</td><td>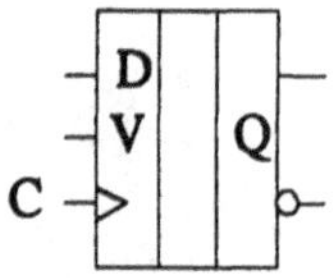</td><td><table><tr><th>Q</th><th>${}^1Q$</th><th>C</th><th>V</th><th>D</th></tr><tr><td>0</td><td>0</td><td>0</td><td>d</td><td>d</td></tr><tr><td>0</td><td>0</td><td>d</td><td>0</td><td>d</td></tr><tr><td>0</td><td>0</td><td>1</td><td>1</td><td>0</td></tr><tr><td>0</td><td>1</td><td>1</td><td>1</td><td>1</td></tr><tr><td>1</td><td>0</td><td>1</td><td>1</td><td>0</td></tr><tr><td>1</td><td>1</td><td>1</td><td>1</td><td>1</td></tr><tr><td>1</td><td>1</td><td>0</td><td>d</td><td>d</td></tr><tr><td>1</td><td>1</td><td>d</td><td>0</td><td>d</td></tr></table></td><td>$^1Q = \overline{C}Q + \overline{V}Q + CVD$</td></tr>
<tr><td>T</td><td>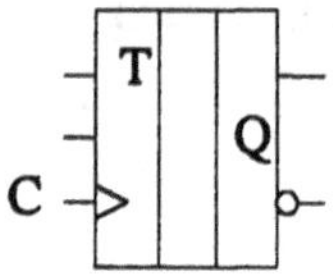</td><td><table><tr><th>Q</th><th>${}^1Q$</th><th>T</th><th>C</th></tr><tr><td>0</td><td>0</td><td>0</td><td>d</td></tr><tr><td>0</td><td>0</td><td>d</td><td>0</td></tr><tr><td>0</td><td>1</td><td>1</td><td>1</td></tr><tr><td>1</td><td>0</td><td>1</td><td>1</td></tr><tr><td>1</td><td>1</td><td>0</td><td>d</td></tr><tr><td>1</td><td>1</td><td>d</td><td>0</td></tr></table></td><td>$^1Q = \overline{C}Q + \overline{T}Q + TC\overline{Q}$</td></tr>
<tr><td>JK</td><td>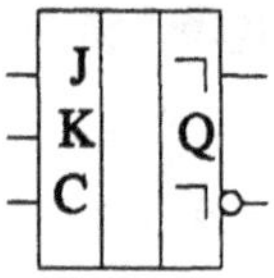</td><td><table><tr><th>Q</th><th>${}^1Q$</th><th>J</th><th>K</th></tr><tr><td>0</td><td>0</td><td>0</td><td>d</td></tr><tr><td>0</td><td>1</td><td>1</td><td>d</td></tr><tr><td>1</td><td>0</td><td>d</td><td>1</td></tr><tr><td>1</td><td>1</td><td>d</td><td>0</td></tr></table></td><td>$^1Q = J\overline{Q} + \overline{K}Q$</td></tr>
</table>

Bild 19.9.47 Reduzierte Wahrheitstabellen für wichtige Flip-Flop-Typen

19.9.8 Konvertierung von Flip-Flop-Typen

Die Umwandlung von Flip-Flop-Typen untereinander bezieht sich hier auf die Informationseingänge. Gleiche Betriebsweise (z. B. einflankengetriggerte bzw. Master-Slave-FF) wird jeweils bei beiden ineinander zu überführenden Flip-Flops vorausgesetzt. Diese Aufgabe der Umwandlung von Flip-Flops beschränkt sich auf die Synthese einer Kombinatorik K, die dem umzuwandelnden FF vorgeschaltet wird und die gewünschten Informationseingänge in die des gegebenen FF überführt.
Ist z. B. ein RS-FF in ein JK-FF zu konvertieren, so läßt sich die Aufgabenstellung wie folgt darstellen:

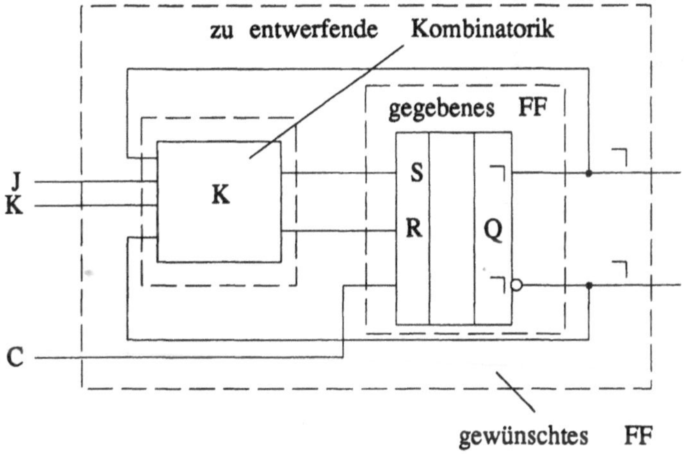

Bild 19.9.48 Darstellung der Konvertierungsstruktur eines RS- in ein JK-FF

Die Synthese der Kombinatorik K im Bild 19.9.48 erfolgt über die Erstellung der Wahrheitstabelle zunächst für das gesuchte Flip-Flop (hier JK) und danach für das gegebene Flip-Flop (hier RS):

	gesucht				gegeben	
(ε,μ)	J	K	Q	^{1}Q	S	R
0	0	0	0	0	0	d
1	0	0	1	1	d	0
2	0	1	0	0	0	d
3	0	1	1	0	0	1
4	1	0	0	1	1	0
5	1	0	1	1	d	0
6	1	1	0	1	1	0
7	1	1	1	0	0	1

		Q	Q, J	J
	0	d	d	1
K	0	0	0	1

$S = J\overline{Q}$

		Q	Q, J	J
	d	0	0	0
K	d	1	1	0

$R = KQ$

Bild 19.9.49 Wahrheitstabelle und Ermittlung der Schaltfunktionen für die RS- in JK-FF-Konvertierung

Mit den Ansteuerfunktionen für S und R ergibt sich folgende endgültige Schaltung:

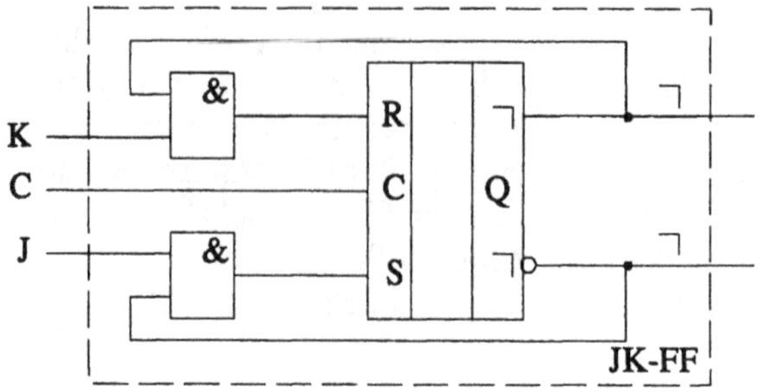

Bild 19.9.50 Schaltung des aus einem RS-FF konvertierten JK-FF (zweistufig taktzustandsgetriggert)

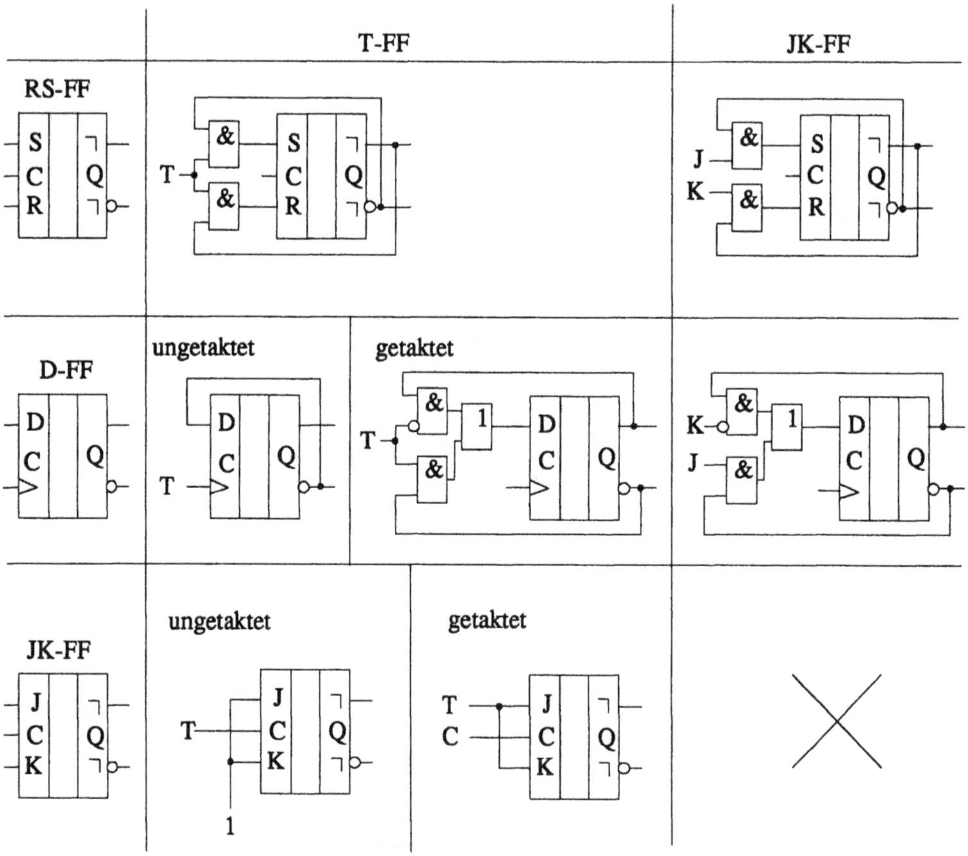

Bild 19.9.51 /1 Konvertierungstabelle für einige Flip-Flop-Typen

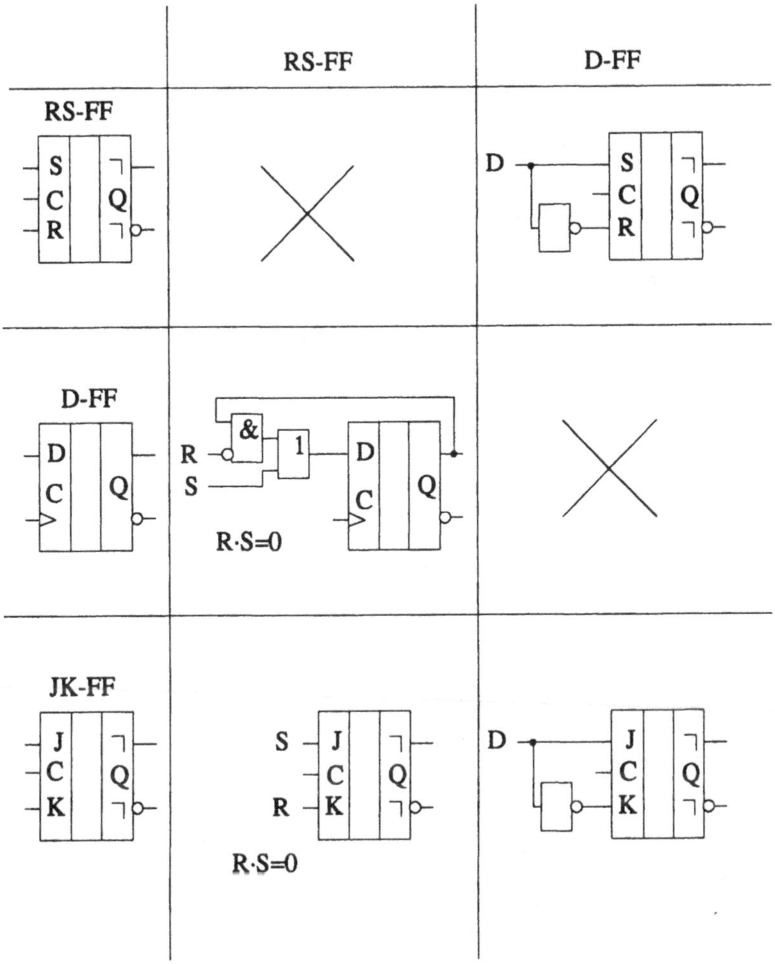

Bild 19.9.51 /2 Konvertierungstabelle für einige Flip-Flop-Typen

19.10 Schieberegister

Schieberegister bestehen aus taktflanken- oder zweistufigen taktzustandsgetriggerten Flip-Flops. Je nach Anwendungsbereich des Schieberegisters werden diese FF auf unterschiedliche Weise zusammengeschaltet. Die häufigsten Schieberegister-Anwendungen sind:

1. serielle Eingabe → serielle Ausgabe, also Links- bzw. Rechtsschieben von 0-1-Folgen;

2. parallele Eingabe → parallele Ausgabe, in Form eines Speicherregisters;

3. serielle Eingabe → parallele Ausgabe, z. B. als Seriell/Parallel-Wandler;

4. parallele Eingabe → serielle Ausgabe, z. B. als Parallel/Seriell-Wandler.

Synthese eines seriellen Schieberegisters

Entworfen werden soll je ein 3stufiges Schieberegister für das Rechtsschieben von 0-1-Folgen auf der Basis von D-FF und JK-FF. Man geht zweckmäßig davon aus, daß sich zu Beginn alle FF im Initialzustand $Q_v = 0$ befinden. Am Informationseingang E soll konstant eine ·1· anliegen, die mit drei Taktzyklen in allen drei D-FF bzw. JK-FF eingeschoben wird. Demzufolge ist mit den Spezifikationen

Knoten: Zustandsvariable z_v: Kodierung von $\underline{z}_\mu$ mit $z_{\mu,v}$:

$z_2 = Q_2,\ z_1 = Q_1,\ z_0 = Q_0,$

$$\sum_{\nu=0}^{n-1} \mu = z_{\mu,\nu}\cdot 2^{\nu}$$

folgender Automatengraph zu entwerfen:

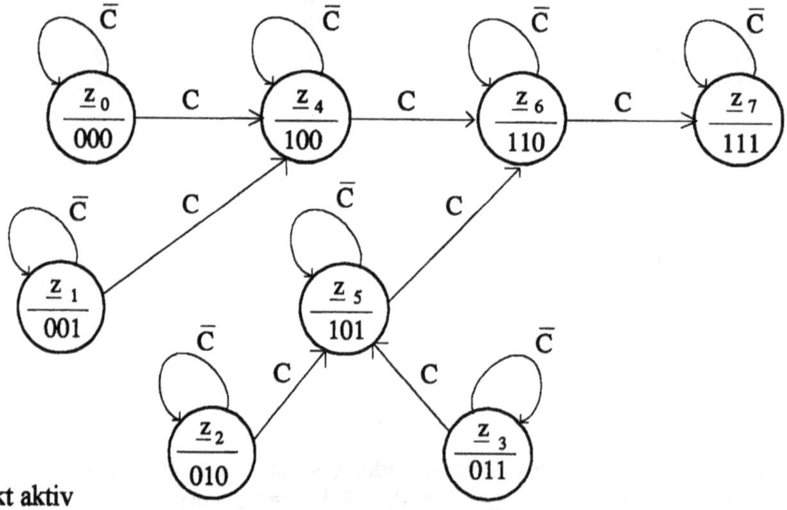

C - Takt aktiv
$\overline{C}$ - Takt inaktiv.

Bild 19.10.1 Automatengraph für ein dreistufiges serielles Schieberegister

Aus diesem Automatengraph ergeben sich die Ansteuerungsfunktionen z. B. für die vorgegebenen D-FF bzw. JK-FF.

μ	z_2	z_1	z_0	D_2 $^1z_2$	D_1 $^1z_1$	D_0 $^1z_0$	J_2	K_2	J_1	K_1	J_0	K_0
0	0	0	0	1	0	0	1	d	0	d	0	d
1	0	0	1	1	0	0	1	d	0	d	d	1
2	0	1	0	1	0	1	1	d	d	1	1	d
3	0	1	1	1	0	1	1	d	d	1	d	0
4	1	0	0	1	1	0	d	0	1	d	0	d
5	1	0	1	1	1	0	d	0	1	d	d	1
6	1	1	0	1	1	1	d	0	d	0	1	d
7	1	1	1	1	1	1	d	0	d	0	d	0

$D_2 = 1$

$D_1 = z_2 = Q_2$

$D_0 = z_1 = Q_1$

$J_2 = 1, K_2 = 0$

J_1:

		z_0	z_0, z_2	z_2
	0	0	1	1
z_1	d	d	d	d

$J_1 = z_2 = Q_2$

K_1:

d	d	d	d
1	1	0	0

$K_1 = \bar{z}_2 = \overline{Q}_2$

J_0:

0	d	d	0
1	d	d	1

$J_0 = z_1 = Q_1$

K_0:

d	1	1	d
d	0	0	d

$K_0 = \bar{z}_1 = \overline{Q}_1$

Bild 19.10.2 Ermittlung der Ansteuerfunktionen für die D- bzw. JK-Eingänge der Schieberegister -FF

Die Schaltungen des dreistufigen seriellen Schieberegisters mit den vorgegebenen FF-Typen sind damit:

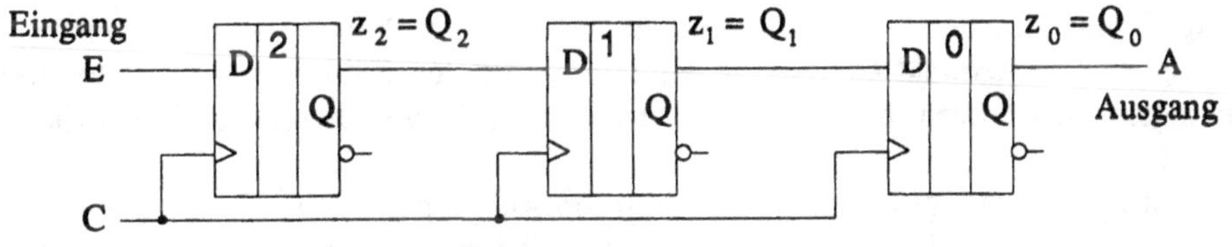

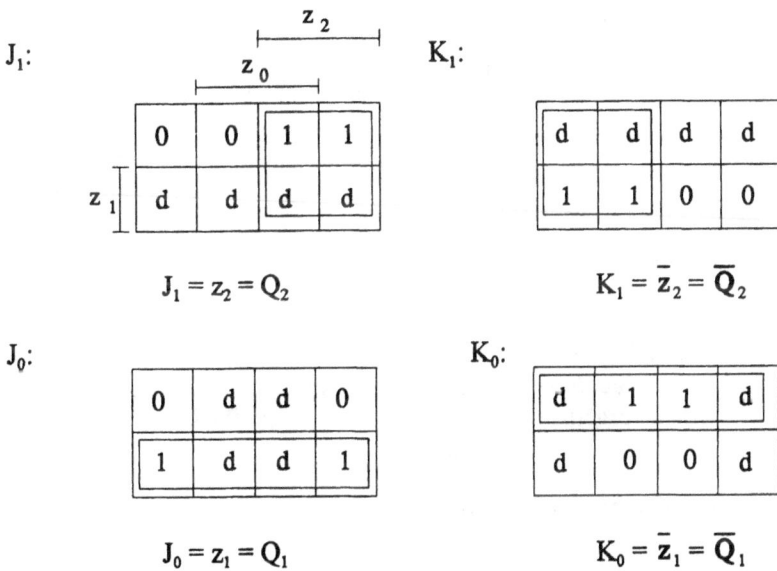

Bild 19.10.3 /1 Schaltung für ein dreistufiges serielles Schieberegister mit D-FF

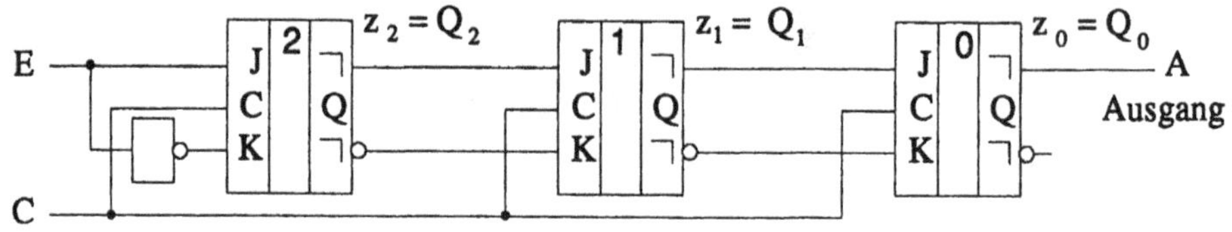

Bild 19.10.3 /2 Schaltung für ein dreistufiges serielles Schieberegister mit JK-FF

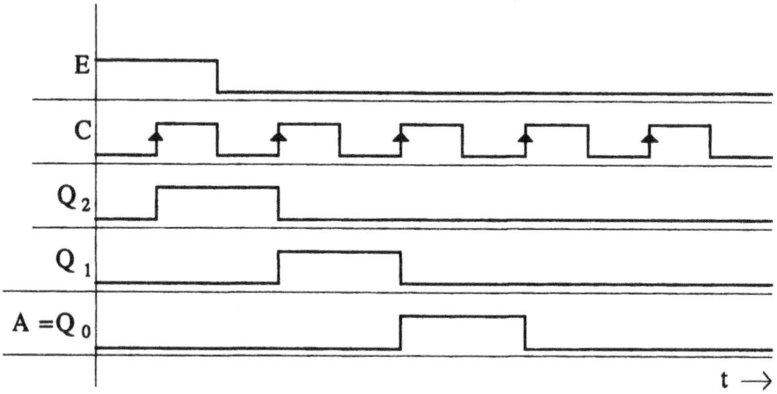

Bild 19.10.4 Beispiel-Signalverlauf für das "Durchschieben" einer "1" in einem seriellen dreistufigen Schieberegister (einflankengetriggerte FF)

Diese im Bild 19.10.3 dargestellten Grundschaltungen von Schieberegistern werden für die bereits genannten unterschiedlichen Anwendungen modifiziert und mit der erforderlichen "Randelektronik" ergänzt, z. B. für den Wechsel der Rechts-/Links-Schiebérichtung oder die parallele Ein- und Ausgabe usw.

19.11 Entwurf synchroner Zähler und Teiler

Synchrone Zähler und Teiler sind sequentielle Schaltungen, die Flip-Flops und mindestens eine Kombinatorik K_f enthalten. K_f generiert die zur Funktion der Zähler und Teiler erforderlichen Ansteuerfunktionen für die Signaleingänge dieser Flip-Flops. Die Takteingänge aller Flip-Flops sind mit einem für alle einheitlichen Systemtakt C beschaltet. Damit ist gewährleistet, daß alle Ausgangssignale der entworfenen Zähler- und Teilerschaltungen zueinander synchron sind, d. h. ihre Flanken haben bei Verwendung gleicher Flip-Flop-Typen immer eine einheitliche, schaltungstechnisch bedingte zeitliche Zuordnung zum Systemtakt C. Externe Signale $\underline{E}$, die den Zähler- und Teilerbetrieb anwendungsspezifisch beeinflussen sollen, werden ebenfalls von dieser Kombinatorik K_f verarbeitet.
In den meisten Anwendungsfällen sind die Flip-Flop-Ausgänge Q_ν ($\nu = 0,\ldots,n-1$) und die Ausgänge der Zähler und Teiler identisch. Ist aus realisierungstechnischen Gründen eine Umkodierung dieser an Q_ν anliegenden Signale für die Ausgabe erforderlich, muß dafür eine zusätzliche Kombinatorik K_g vorgesehen werden (siehe Bild 19.11.1).

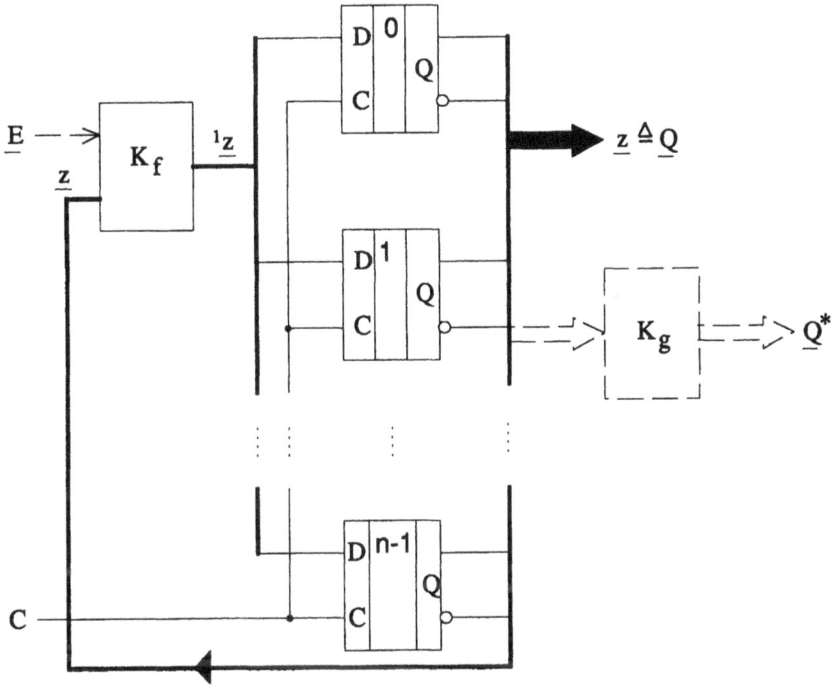

Bild 19.11.1 Blockschaltbild eines synchronen Zählers bzw. Teilers

Damit liegen der im folgenden darzustellenden Realisierung von Zähler- und Teilerschaltungen die bereits im Abschnitt 19.2 behandelten Modelle für MOORE- bzw. MEALY- Automaten zugrunde. Sinngemäß gelten auch hier die bereits dort definierten Zusammenhänge zwischen den beteiligten Eingangs-, Zustands- und Ausgangsvariablen. Als Flip-Flop können in Zählern und Teilern grundsätzlich alle im Abschnitt 19.9 beschriebenen Typen eingesetzt werden, die nach Art ihrer Informationseingänge klassifiziert sind. Die Entscheidung, ob man z. B. JK-FF oder D-FF oder andere Typen zur Schaltungssynthese verwendet, hängt vordergründig von anwendungsbezogenen Vorgaben ab. Zu beachten ist aber, daß bezüglich ihrer Betriebsweise nur zweistufige taktzustandsgetriggerte (Master-Slave-FF) oder taktflankengetriggerte Flip-Flop-Typen eingesetzt werden dürfen.

Das im folgenden vorgestellte Syntheseverfahren gilt gleichermaßen für Zähler und Teiler. Beide Schaltungstypen generieren mit ihrem Systemtakt C Binärwörter $\underline{Q}_{\mu} = (Q_{\mu,n-1},...,Q_{\mu,\nu},...,Q_{\mu,0})$ mit $\mu = (0,...,m-1)$, die im Falle eines Zählers die gewünschten Folgen eines Zählkodes bilden, im Falle eines Teilers die erforderlichen Folgen der Ausgangssignale darstellen (Bild 19.11.2).

μ	Q_2	Q_1	Q_0
0	0	0	0
1	0	0	1
3	0	1	1
2	0	1	0
6	1	1	0
7	1	1	1
5	1	0	1
4	1	0	0
0	0	0	0

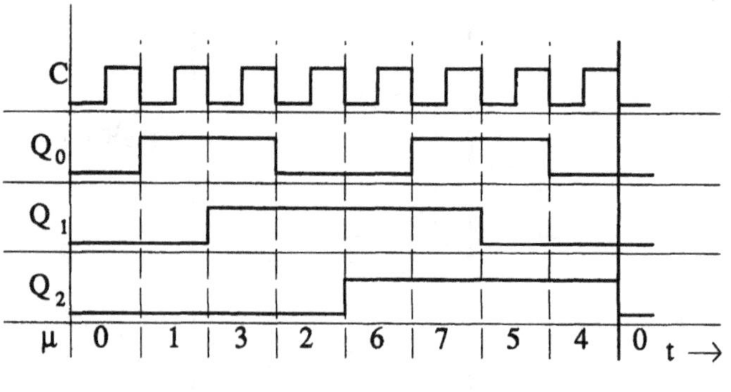

a)

μ	Q_2	Q_1	Q_0
0	0	0	0
1	0	0	1
2	0	1	0
3	0	1	1
4	1	0	0
5	1	0	1
6	1	1	0
7	1	1	1
0	0	0	0

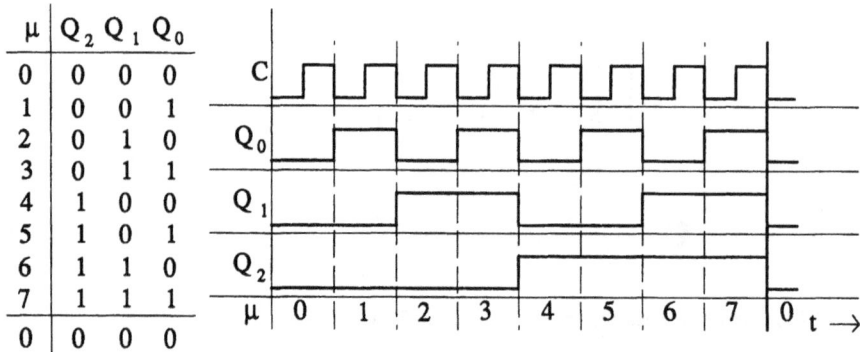

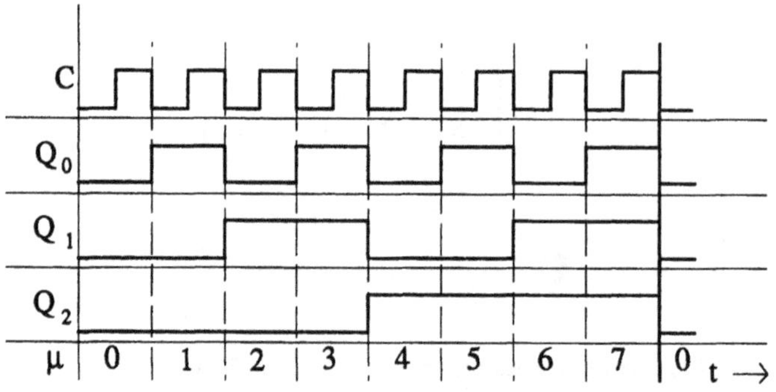

b)

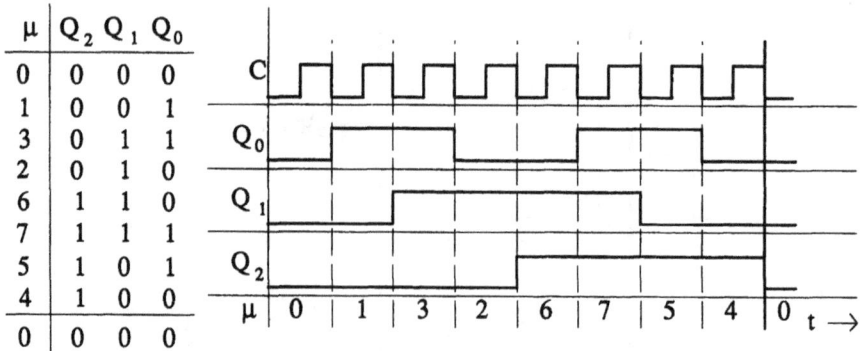

Bild 19.11.2 Automatentabellen und Signalverläufe für einen Beispiel-Zähler und -Teiler
a) Graykode-Zähler (n = 3 bit)
b) Teiler mit den Ausgängen
Q_0: 1 : 2
Q_1: 1 : 4 Teilerverhältnis
Q_2: 1 : 8

Die maximale Anzahl der in Zähler- bzw. Teilerschaltungen zu generierenden Binärwörter $\underline{Q}_\mu$ ist mit $m = 2^n$ ($\mu = 0,\ldots,m-1$) gleich der maximalen Anzahl der inneren Zustände $\underline{z}_\mu$ dieser Automaten. Die Darstellung dieser inneren Zustände $\underline{z}_\mu$ erfolgt durch die Zustandsvariablen z_ν, von denen mindestens

$$n = \text{ld}\, m\,,\; \nu = (0,\ldots,n-1) \qquad (19.11.1)$$

benötigt werden.

Jede Zustandsvariable z_ν ist schaltungstechnisch durch ein Flip-Flop repräsentiert. Im allgemeinen sind die Zustandsvariablen z_ν mit den Flip-Flop-Ausgängen Q_ν identisch. Werden für den zu entwerfenden Zähler bzw. Teiler nicht alle $m = 2^n$ maximal möglichen inneren Zustände $\underline{z}_\mu$ ausgeschöpft, so gilt:

$$n_{min} = \lceil \text{ld}\, m \rceil, \qquad (19.11.2)$$

wobei das Symbol ⌈i⌉ für die nächste ganze Zahl ≥ i steht. Im folgenden sollen Entwürfe von synchronen Zähler- und Teilerschaltungen demonstriert werden:

<u>Beispiel 1:</u> Synchroner Vorwärtszähler, BCD-Kode, zyklisch $\mu = (0,\ldots,5)$, JK-Flip-Flops

Anzahl der benötigten Flip-Flops: $n = \lceil \text{ld } m \rceil = \lceil \text{ld } 6 \rceil = 3$
Automatentabelle:

	$\underline{z}_\mu$			${}^1\underline{z}_\mu$								
μ	z_2	z_1	z_0	${}^1z_2$	${}^1z_1$	${}^1z_0$	J_2	K_2	J_1	K_1	J_0	K_0
0	0	0	0	0	0	1	0	d	0	d	1	d
1	0	0	1	0	1	0	0	d	1	d	d	1
2	0	1	0	0	1	1	0	d	d	0	1	d
3	0	1	1	1	0	0	1	d	d	1	d	1
4	1	0	0	1	0	1	d	0	0	d	1	d
5	1	0	1	0	0	0	d	1	0	d	d	1

z	${}^1z$	J	K
0	0	0	d
0	1	1	d
1	0	d	1
1	1	d	0

(19.11.3)

Die Werte J_v und K_v für die Ansteuerfunktionen ermittelt man für jeden Momentanzustand $z_{\mu,v}$ unter Berücksichtigung des erforderlichen Folgezustandes ${}^1z_{\mu,v}$ und mit Hilfe der reduzierten Wahrheitstabellen für den verwendeten Flip-Flop-Typ (siehe Bild 19.9.7.1 bzw. rechte Tabelle 19.11.3). Für den Momentanzustand z. B. $\underline{z}_0 = (\overline{z}_2, \overline{z}_1, \overline{z}_0)$ ist vor Wirksamwerden des ersten Taktimpulses $z_{0,2} = 0$. Im Folgezustand ${}^1\underline{z}_0 = \underline{z}_1 = (\overline{z}_2, \overline{z}_1, z_0)$ ist ebenfalls ${}^1z_{0,2} = z_{1,2} = 0$, also darf FF2 mit dem ersten Taktimpuls nicht gesetzt werden, d. h. $J_2 = 0$ und $K_2 = d$. So ergänzt man Schritt für Schritt alle Werte für J_v und K_v in der Automatentabelle.
Ermittlung der Ansteuerfunktionen $J_v, K_v = f(z_v, {}^1z_v)$:

(z_0 über Spalten 2–3, z_2 über Spalten 3–4, z_1 an Zeile 2)

	0	0	d	d
z_1	0	1	d	d

$J_2 = z_1 z_0$

d	d	1	0
d	d	d	d

$K_2 = z_0$

(19.11.4)

0	1	0	0
d	d	d	d

$J_1 = \overline{z}_2 z_0$

d	d	d	d
0	1	d	d

$K_1 = z_0$ $J_0 = 1, K_0 = 1$

Schaltung in Form der Automatenstruktur nach Bild 19.11.1:

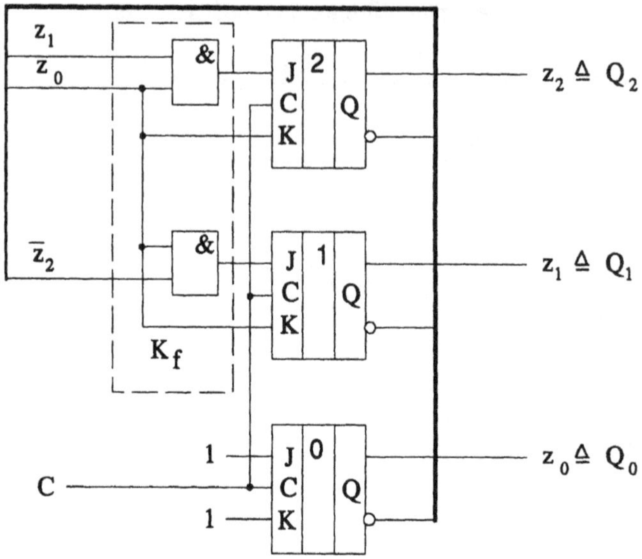

Bild 19.11.3 Beispielschaltung eines zyklischen BCD-Vorwärtszählers $\mu = (0,...,5)$ in Form eines MOORE-Automaten

Üblich ist jedoch die Darstellung von Zähler- und Teilerschaltungen mit "Reihenanordnung" der beteiligten Flip-Flops, beginnend mit dem Flip-Flop 0. Ordnung von links:

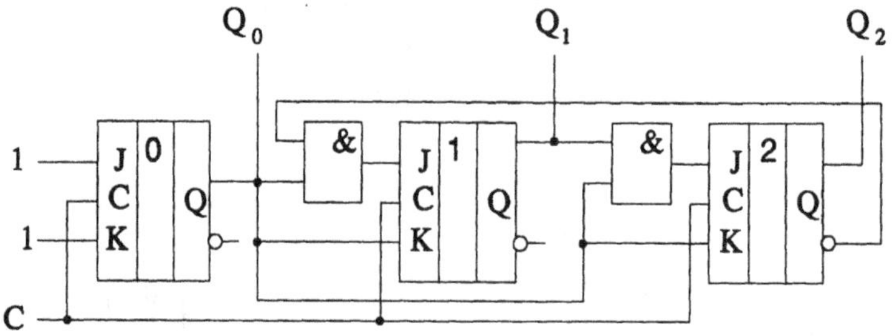

Bild 19.11.4 Beispielschaltung eines zyklischen BCD-Vorwärtszählers $\mu = (0,...,5)$

Die Inbetriebnahme von realisierten Zähler- und Teilerschaltungen erfordert unter Umständen Maßnahmen zur gezielten Initialisierung der Flip-Flops.

Dazu kann ein POWER-ON-RESET genutzt werden, das beim Zuschalten der Versorgungsspannung zum Zähler oder Teiler ein gezieltes Setzen oder Rücksetzen der Flip-Flops in den Anfangszustand oder in einen der gültigen Zustände des Zähl- bzw. Teilerzyklus veranlaßt. Dies geschieht meistens mittels asynchron wirkenden Setz-(S-) bzw. Rücksetz-(R-)-Eingängen, mit denen die verwendeten Flip-Flops ausgestattet sind oder für diese Zwecke ausgestattet werden müssen. Andererseits kann man auf eine solche Rücksetz-Aktivität verzichten, wenn man nach dem Zuschalten der Versorgungsspannung den sich dabei dann zufällig einstellenden Pseudo-Zustand, der nicht dem

Zähl- oder Teilerzyklus angehört, akzeptiert und sich davon überzeugt, daß dieser Pseudo-Zustand letztlich mit dem folgenden oder mehreren folgenden Taktzyklen zum gewünschten Betriebszyklus führt.
Dieses Verhalten läßt sich mit Hilfe eines vollständigen Zustandsgraphen mit den $m = 2^n$ max. möglichen inneren Zuständen der entworfenen Schaltung darstellen und kontrollieren.

	$\underline{z}_\mu$			J_2	K_2		J_1	K_1		J_0	K_0		
μ	z_2	z_1	z_0	$z_1 z_0$	z_0	$^1z_2$	$\overline{z}_2 z_0$	z_0	$^1z_1$	=1	=1	$^1z_0$	$^1\mu$
0	0	0	0	0	0	0	0	0	0	1	1	1	1
1	0	0	1	0	1	0	1	1	1	1	1	0	2
2	0	1	0	0	0	0	0	0	1	1	1	1	3
3	0	1	1	1	1	1	1	1	0	1	1	0	4
4	1	0	0	0	0	1	0	0	0	1	1	1	5
5	1	0	1	0	1	0	0	1	0	1	1	0	0
6	1	1	0	0	0	1	0	0	1	1	1	1	7
7	1	1	1	1	1	0	0	1	0	1	1	0	0

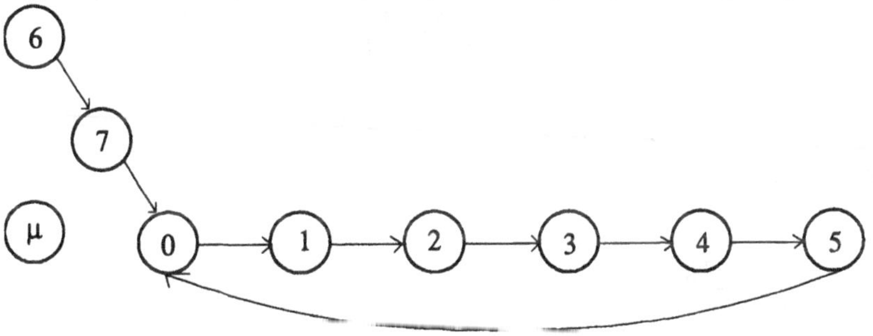

Bild 19.11.5 Vollständige Automatentabelle und Zustandsgraph für die entworfene Zählerschaltung

Zu diesem Zweck ordnet man tabellarisch alle $m = 2^n$ möglichen inneren Zustände $\underline{z}_\mu$, die ermittelten Ansteuerfunktionen $J_\nu, K_\nu = f(\underline{z}_\mu)$ und die sich mit jedem Systemtakt C ergebenden Folgezustände $^1\underline{z}_\mu$ entsprechend der in Bild 19.11.5 dargestellten Tabelle an. Für jeden Momentanzustand μ, repräsentiert durch $\underline{z}_\mu$, wird der Folgezustand $^1\mu$, repräsentiert durch $^1\underline{z}_\mu$, ermittelt. Im Ergebnis erhält man den ebenfalls in Bild 19.11.5 dargestellten vereinfachten Zustandsgraphen und damit sowohl eine Bestätigung der gewünschten Funktionsweise der entworfenen Schaltung (hier den Zählerzyklus $\mu = (0,\ldots,5)$), als auch das Einschwingverhalten bezüglich der nicht für den Funktionsablauf vorgesehenen Pseudo-Zustände (hier z_6 und z_7). Im gegebenen Fall kann also der Anwender entscheiden, ob bei Inbetriebnahme dieses Zählers die möglicherweise auftretenden z_6 und/oder z_7 toleriert werden können, oder ob bei Nichtakzeptanz dieser Zustände eine gezielte Anfangsinitialisierung zusätzlich vorgesehen werden muß, die z. B. über spezielle Setz- bzw. Rücksetzimpulse der beteiligten Flip-Flops realisierbar ist.
Es folgen zwei weitere Beispiele für den Entwurf des gleichen synchronen Vorwärtszählers mit dem gleichen Zählzyklus $\mu = (0,\ldots,5)$ in BCD-Kode, aber unter Verwendung von

D-Flip-Flops (Beispiel 2) bzw. RS-Flip-Flops (Beispiel 3). Der Entwurfsablauf entspricht der in Beispiel 1 bereits ausführlich dargestellten Reihenfolge von der Automatentabelle bis hin zum vollständigen Zustandsgraphen, der die exakte Funktionsweise und das Einschwingverhalten auch aus den nicht beteiligten Zuständen ausweist.

Beispiel 2: synchroner Vorwärtszähler, BCD-Kode, zyklisch $\mu = (0,\ldots,5)$ D-Flip-Flops

Anzahl der benötigten Flip-Flops:

$$n = \lceil \mathrm{ld}\, m \rceil = \lceil \mathrm{ld}\, 6 \rceil = 3$$

Automatentabelle:

μ	z_μ: z_2	z_1	z_0	${}^1z_\mu$: ${}^1z_2$	${}^1z_1$	${}^1z_0$	D_2	D_1	D_0
0	0	0	0	0	0	1	0	0	1
1	0	0	1	0	1	0	0	1	0
2	0	1	0	0	1	1	0	1	1
3	0	1	1	1	0	0	1	0	0
4	1	0	0	1	0	1	1	0	1
5	1	0	1	0	0	0	0	0	0

z	${}^1z$	D
0	0	0
0	1	1
1	0	0
1	1	1

(19.11.5)

Ermittlung der Ansteuerfunktionen $D_\nu = f({}^1z_\nu)$:

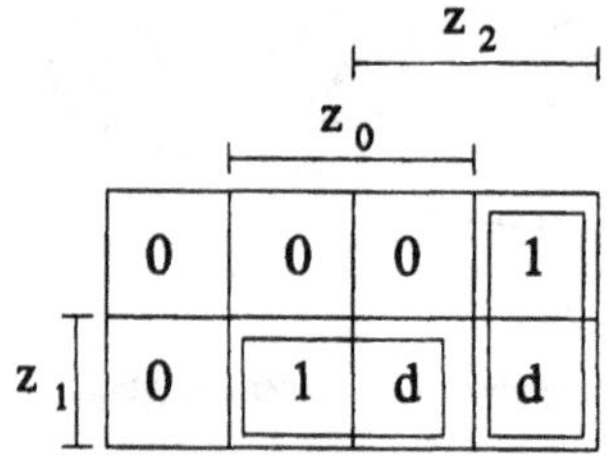

$D_2 = z_1 z_0 + z_2 \bar{z}_0$

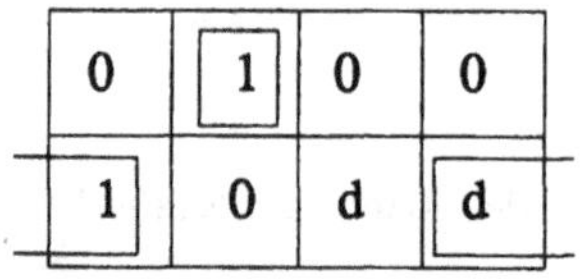

$D_1 = z_1 \bar{z}_0 + \bar{z}_2 \bar{z}_1 z_0$

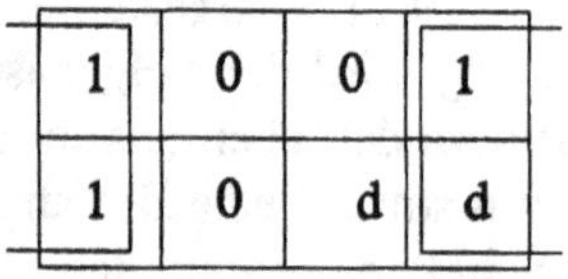

(19.11.6)

$D_0 = \bar{z}_0$

Schaltung:

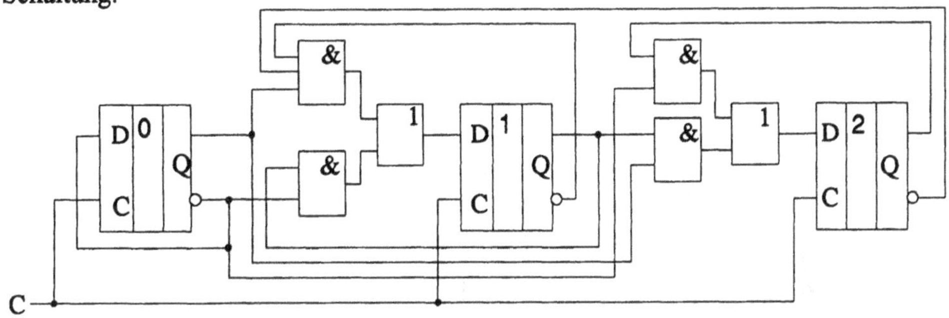

Bild 19.11.6 Schaltung eines synchronen zyklischen Vorwärtszählers, BCD-Kode, μ = (0,...,5)

Vollständige Automatentabelle:

	$\underline{z}_\mu$			$D_2 = {}^1z_2$	$D_1 = {}^1z_1$	$D_0 = {}^1z_0$	
μ	z_2	z_1	z_0	$z_1 z_0 + z_2 \overline{z}_0$	$z_1 \overline{z}_0 + \overline{z}_2 \overline{z}_1 z_0$	$\overline{z}_0$	${}^1\mu$
0	0	0	0	0+0 = 0	0+0 = 0	1	1
1	0	0	1	0+0 = 0	0+1 = 1	0	2
2	0	1	0	0+0 = 0	1+0 = 1	1	3
3	0	1	1	1+0 = 1	0+0 = 0	0	4
4	1	0	0	0+1 = 1	0+0 = 0	1	5
5	1	0	1	0+0 = 0	0+0 = 0	0	0
6	1	1	0	0+1 = 1	1+0 = 1	1	7
7	1	1	1	1+0 = 1	0+0 = 0	0	4

(19.11.7)

Vollständiger Automatengraph:

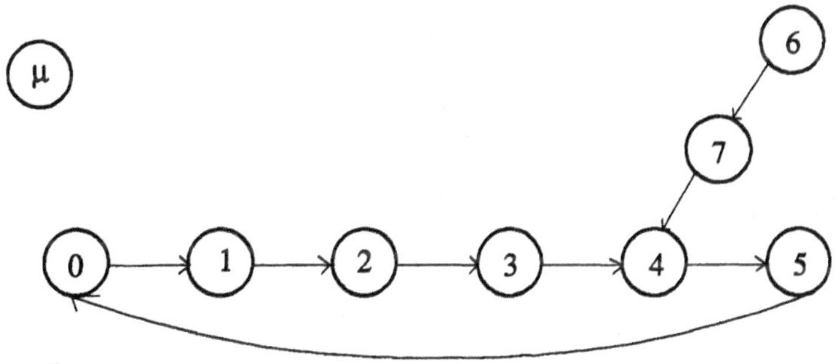

(19.11.8)

Beispiel 3: synchroner Zähler, BCD-Kode, zyklisch 0 bis 5, RS-Flip-Flops

Anzahl der benötigten Flip-Flops:

$$n = \lceil \text{ld } m \rceil = \lceil \text{ld } 6 \rceil = 3$$

Automatentabelle:

μ	$\underline{z}_\mu$: z_2	z_1	z_0	$^1\underline{z}_\mu$: $^1z_2$	$^1z_1$	$^1z_0$	S_2	R_2	S_1	R_1	S_0	R_0
0	0	0	0	0	0	1	0	d	0	d	1	0
1	0	0	1	0	1	0	0	d	1	0	0	1
2	0	1	0	0	1	1	0	d	d	0	1	0
3	0	1	1	1	0	0	1	0	0	1	0	1
4	1	0	0	1	0	1	d	0	0	d	1	0
5	1	0	1	0	0	0	0	1	0	d	0	1

z	^1z	S	R
0	0	0	d
0	1	1	0
1	0	0	1
1	1	d	0

(19.11.9)

Ermittlung der Ansteuerfunktionen: $S_\nu, R_\nu = f(z_\nu, {}^1z_\nu)$:

(19.11.10)

z_2, z_0, z_1

0	0	0	d
0	1	d	d

$S_2 = z_1 z_0$

d	d	1	0
d	0	d	d

$R_2 = \overline{z}_1 z_0$

0	1	0	0
d	0	d	d

$S_1 = \overline{z}_2 \overline{z}_1 z_0$

d	0	d	d
0	1	d	d

$R_1 = z_1 z_0$

1	0	0	1
1	0	d	d

$S_0 = \overline{z}_0$

0	1	1	0
0	1	d	d

$R_0 = z_0$

Schaltung:

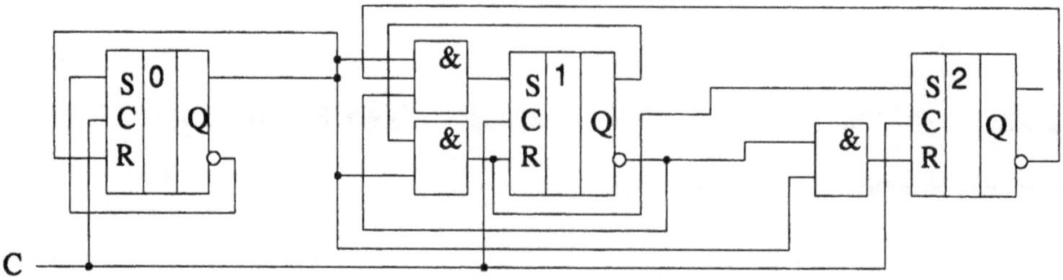

Bild 19.11.7 Schaltung eines synchronen zyklischen Vorwärtszählers, BCD-Kode, $\mu = (0,...,5)$

Vollständige Automatentabelle:

μ	$\underline{z}_\mu$: z_2	z_1	z_0	S_2: $z_1 z_0$	R_2: $\overline{z}_1 z_0$	$^1z_2$	S_1: $\overline{z}_2 \overline{z}_1 z_0$	R_1: $z_1 z_0$	$^1z_1$	S_0: $\overline{z}_0$	R_0: z_0	$^1z_0$	$^1\mu$
0	0	0	0	0	0	0	0	0	0	1	0	1	1
1	0	0	1	0	1	0	1	0	1	0	1	0	2
2	0	1	0	0	0	0	0	0	1	1	0	1	3
3	0	1	1	1	0	1	0	1	0	0	1	0	4
4	1	0	0	0	0	1	0	0	0	1	0	1	5
5	1	0	1	0	1	0	0	0	0	0	1	0	0
6	1	1	0	0	0	1	0	0	1	1	0	1	7
7	1	1	1	1	0	1	0	1	0	0	1	0	4

(19.11.11)

Vollständiger Automatengraph:

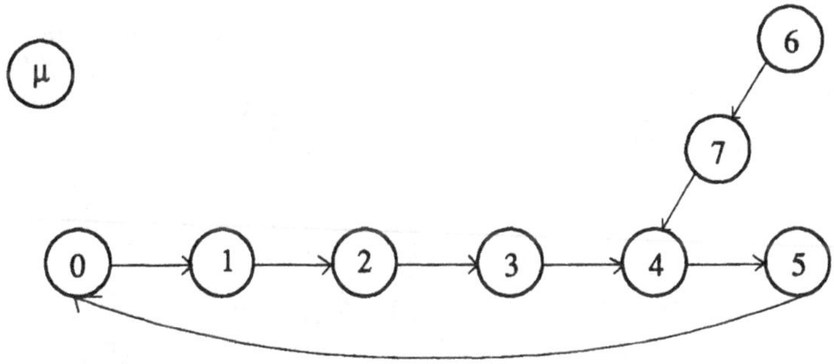

(19.11.12)

<u>Beispiel 4:</u>

Es wird eine synchrone Zählerschaltung entworfen, die ständig wechselnd die Zyklen $\mu_0 = (0,...,m_0\text{-}1) = (0,...,3)$ und $\mu_1 = (0,...,m_1\text{-}1) = (0,...,5)$ im BCD - Kode realisiert. Verwendet werden z. B. JK-Flip-Flops. Die max. Anzahl der inneren Zustandsvariablen n, d. h. der erforderlichen Flip-Flops ist für beide Zyklen jeweils

$$n = \lceil \text{ld } m_1 \rceil = \lceil \text{ld } 6 \rceil = 3.$$

Zur notwendigen Unterscheidung der beiden Zyklen μ_0 und μ_1 kann eine weitere innere Zustandsvariable, d. h. ein weiteres Flip-Flop FF_U (U $\hat{=}$ Unterscheidung) verwendet werden.
Im Bild 19.11.8 ist die Funktionsweise eines solchen Zählers als schematischer Zustandsgraph dargestellt.

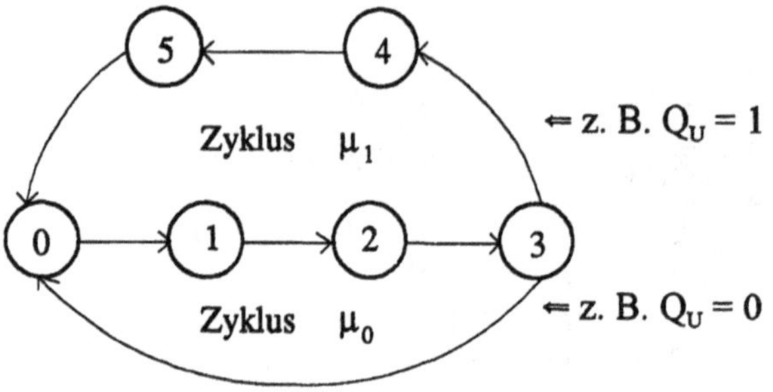

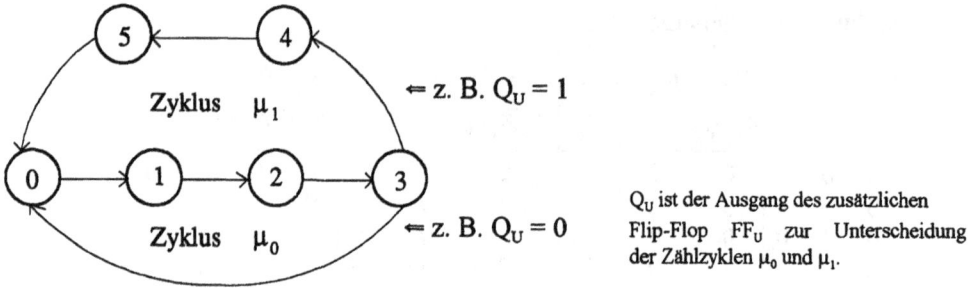

Q_U ist der Ausgang des zusätzlichen Flip-Flop FF_U zur Unterscheidung der Zählzyklen μ_0 und μ_1.

Bild 19.11.8 Schematische Darstellung der Arbeitsweise einer Schaltung mit zwei alternierenden Zählzyklen $\mu_0 = (0,\ldots,3)$ und $\mu_1 = (0,\ldots,5)$

Die inneren Zustände $z_{\mu,0}$ und $z_{\mu,1}$ dieser Zählerschaltung kodiert man zweckmäßig so, daß die Ausgänge Q_v der dafür benötigten drei Flip-Flops sofort als Zählerausgänge (Q_2,Q_1,Q_0) verwendbar sind. Das Unterscheidungs- Flip-Flop FF_U wird so in diese Schaltung einbezogen, daß es ein zusätzliches bit - und zwar das führende - im damit vierstelligen Zustandskode bildet. Dazu legt man z. B. fest, daß für den Teilzyklus μ_0 $Q_U = 0$ und für den Teilzyklus μ_1 $Q_U = 1$ sein soll. Damit ergibt sich folgende Tabelle und das Prinzipschaltbild des Automaten:

				$\underline{Q}_\mu$				${}^1\underline{Q}_\mu$										
μ	μ_0	μ_1	Q_u	Q_2	Q_1	Q_0	${}^1Q_u$	${}^1Q_2$	${}^1Q_1$	${}^1Q_0$	J_u	K_u	J_2	K_2	J_1	K_1	J_0	K_0
0	0	–	0	0	0	0	0	0	0	1	0	d	0	d	0	d	1	d
1	1	–	0	0	0	1	0	0	1	0	0	d	0	d	1	d	d	1
2	2	–	0	0	1	0	0	0	1	1	0	d	0	d	d	0	1	d
3	3	–	0	0	1	1	1	0	0	0	1	d	0	d	d	1	d	1
8	–	0	1	0	0	0	1	0	0	1	d	0	0	d	0	d	1	d
9	–	1	1	0	0	1	1	0	1	0	d	0	0	d	1	d	d	1
10	–	2	1	0	1	0	1	0	1	1	d	0	0	d	d	0	1	d
11	–	3	1	0	1	1	1	1	0	0	d	0	1	d	d	1	d	1
12	–	4	1	1	0	0	1	1	0	1	d	0	d	0	0	d	1	d
13	–	5	1	1	0	1	0	0	0	0	d	1	d	1	0	d	d	1

(19.11.13)

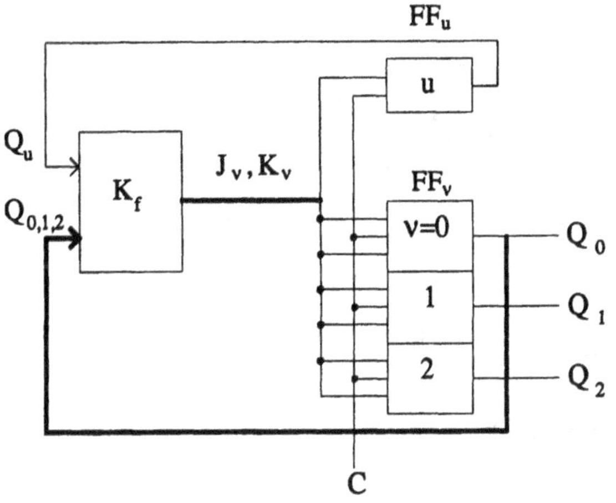

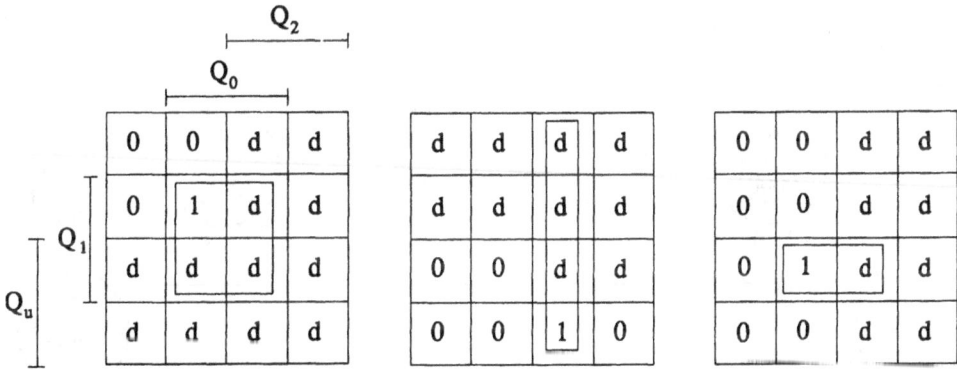

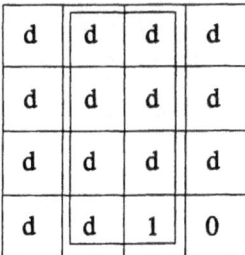

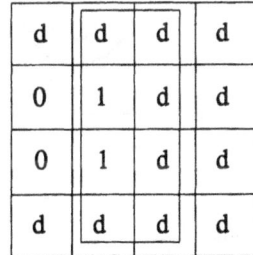

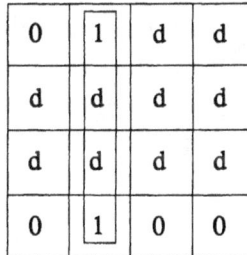

Ermittlung der Ansteuerfunktionen $J_v, K_v = f(Q_U, Q_v, {}^1Q_U, {}^1Q_v)$:

		Q_0	Q_0, Q_2	Q_2
	0	0	d	d
Q_1	0	1	d	d
Q_1, Q_u	d	d	d	d
Q_u	d	d	d	d

$J_U = Q_1Q_0$

d	d	d	d
d	d	d	d
0	0	d	d
0	0	1	0

$K_U = Q_2Q_0$

0	0	d	d
0	0	d	d
0	1	d	d
0	0	d	d

$J_2 = Q_UQ_1Q_0$

d	d	d	d
d	d	d	d
d	d	d	d
d	d	1	0

$K_2 = Q_0$

$J_0 = K_0 = 1$

0	1	d	d
d	d	d	d
d	d	d	d
0	1	0	0

$J_1 = \overline{Q}_2Q_0$

d	d	d	d
0	1	d	d
0	1	d	d
d	d	d	d

$K_1 = Q_0$

(19.11.14)

Schaltung:

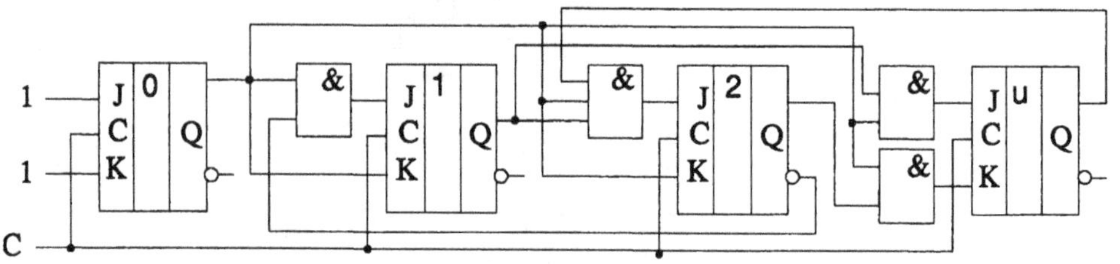

Bild 19.11.9 Schaltung eines synchronen Zählers mit zwei alternierenden Zählerzyklen $\mu_0 = (0,...,3)$ und $\mu_1 = (0,...,5)$, BCD-Kode

vollständiger Automatengraph:

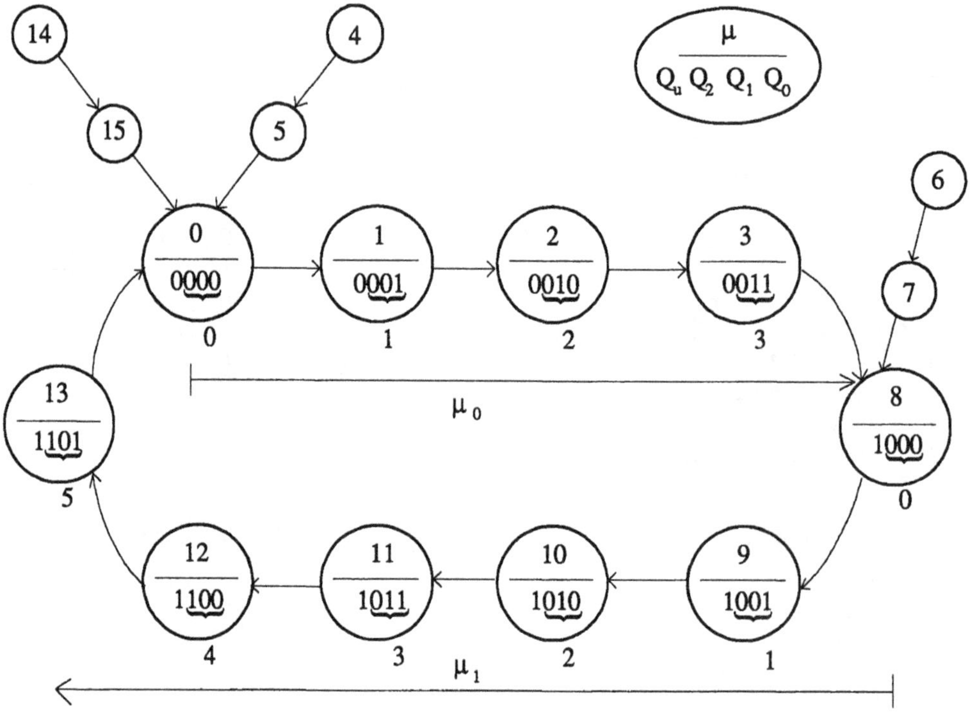

(19.11.15)

Beispiel 5:

Es wird eine synchrone Zählerschaltung entworfen, die in Abhängigkeit von einem externen Signal $E \in \{0,1\}$ für $E = 0$ im Zyklus 0,...,7 vorwärts und für $E = 1$ im Zyklus 6,...,3 rückwärts zählt. Der Zähler arbeitet im BCD-Kode und ist auf der Basis von JK-FF realisiert. Das Umschalten der Zählerzyklen in Abhängigkeit von E erfolgt synchron mit dem Taktsignal C.

Automatentabelle:

Anzahl der Eingangsvariablen (x = E)	: $k = 1$, $e = 2^k = 2$, $\varepsilon = 0,1$
Anzahl der Zustandsvariablen z_ν	: $n = \lceil \mathrm{ld}\, m \rceil = \lceil \mathrm{ld}\, 8 \rceil = 3$
	$m = 2^n = 8$, $\mu = 0,\dots,7$
Eingangsraum für die Kombinatorik K_f	: $d = n+k = 4$, $e \cdot m = 2^d = 16$
	$(\varepsilon,\mu) = 0,\dots,15$

			$\underline{Q}_\mu$			${}^1\underline{Q}_\mu$								
(ε,μ)	ε,E	μ	Q_2	Q_1	Q_0	${}^1Q_2$	${}^1Q_1$	${}^1Q_0$	J_2	K_2	J_1	K_1	J_0	K_0
0	0	0	0	0	0	0	0	1	0	d	0	d	1	d
1	0	1	0	0	1	0	1	0	0	d	1	d	d	1
2	0	2	0	1	0	0	1	1	0	d	d	0	1	d
3	0	3	0	1	1	1	0	0	1	d	d	1	d	1
4	0	4	1	0	0	1	0	1	d	0	0	d	1	d
5	0	5	1	0	1	1	1	0	d	0	1	d	d	1
6	0	6	1	1	0	1	1	1	d	0	d	0	1	d
7	0	7	1	1	1	0	0	0	d	1	d	1	d	1
8	1	0	0	0	0	1	1	0	1	d	1	d	0	d
9	1	1	0	0	1	1	1	0	1	d	1	d	d	1
10	1	2	0	1	0	1	1	0	1	d	d	0	0	d
11	1	3	0	1	1	1	1	0	1	d	d	0	d	1
12	1	4	1	0	0	0	1	1	d	1	1	d	1	d
13	1	5	1	0	1	1	0	0	d	0	0	d	d	1
14	1	6	1	1	0	1	0	1	d	0	d	1	1	d
15	1	7	1	1	1	1	1	0	d	0	d	0	d	1

(19.11.16)

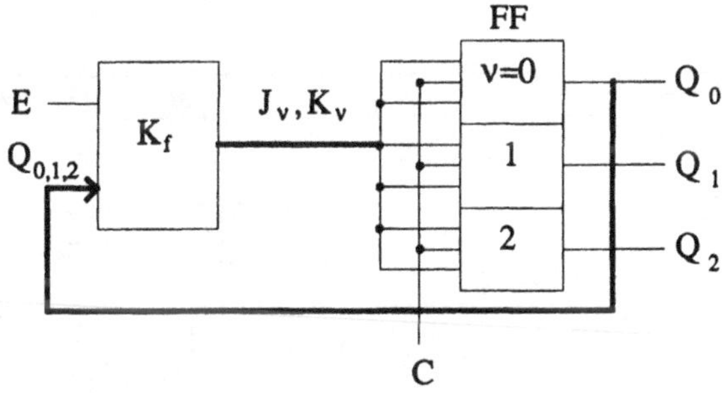

Ermittlung der Ansteuerfunktionen $J_v, K_v = f(E, Q_v, {}^1Q_v)$

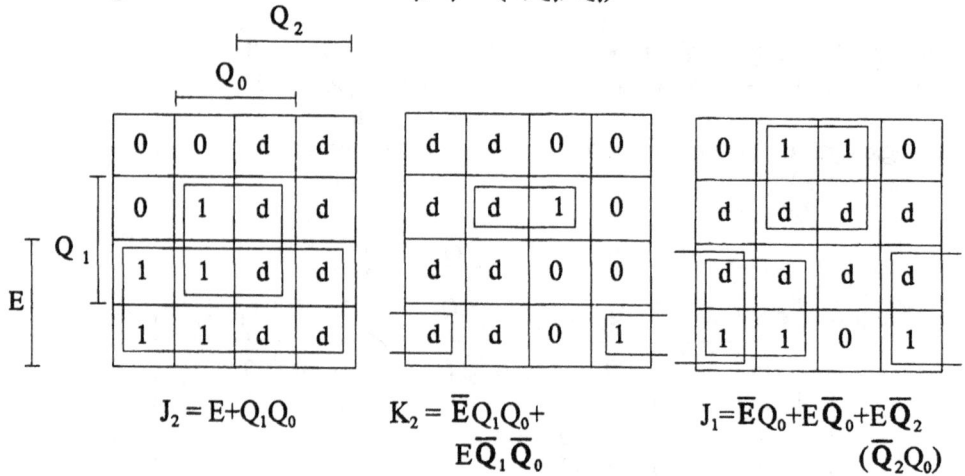

(Karnaugh-Diagramme: Spalten markiert mit Q_0 und Q_2, Zeilen markiert mit Q_1 und E)

0	0	d	d
0	1	d	d
1	1	d	d
1	1	d	d

$J_2 = E + Q_1Q_0$

d	d	0	0
d	d	1	0
d	d	0	0
d	d	0	1

$K_2 = \overline{E}Q_1Q_0 + E\overline{Q}_1\overline{Q}_0$

0	1	1	0
d	d	d	d
d	d	d	d
1	1	0	1

$J_1 = \overline{E}Q_0 + E\overline{Q}_0 + E\overline{Q}_2$ $(\overline{Q}_2Q_0)$

d	d	d	d
0	1	1	0
0	0	0	1
d	d	d	d

1	d	d	1
1	d	d	1
0	d	d	1
0	d	d	1

(19.11.17)

$K_1 = \overline{E}Q_0 + EQ_2\overline{Q}_0$

$J_0 = \overline{E} + Q_2$

$K_0 = 1$

Schaltung:

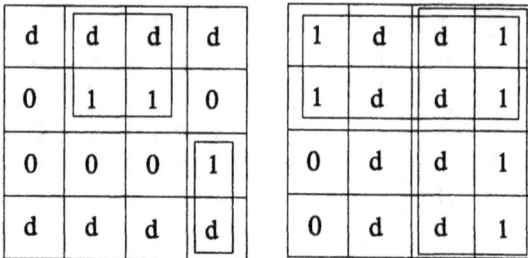

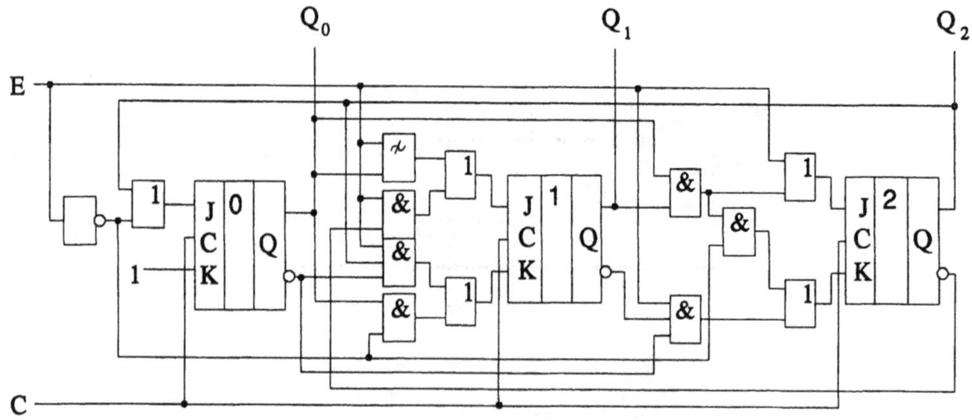

Bild 19.11.10 Schaltung eines synchronen Zählers mit externem Signal E, für E = 0 erfolgt Vorwärtszählen zyklisch von 0...7, für E = 1 Rückwärtszählen zyklisch von 6...3, BCD-Kode

Automatengraph:

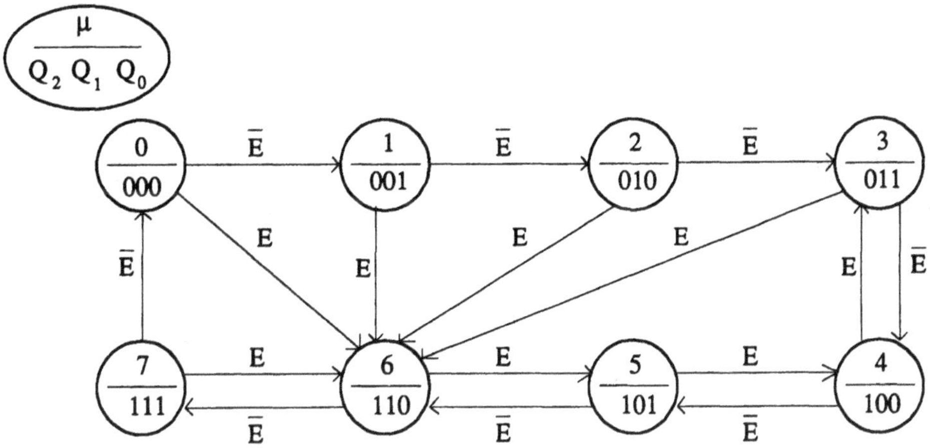

(19.11.18)

Beispiel 6:

Es wird eine Teilerschaltung entworfen, die aus dem Systemtakt C an vier Ausgängen Signale im Teilerverhältnis 1:4 mit folgender Konfiguration generiert (Viertaktsystem):

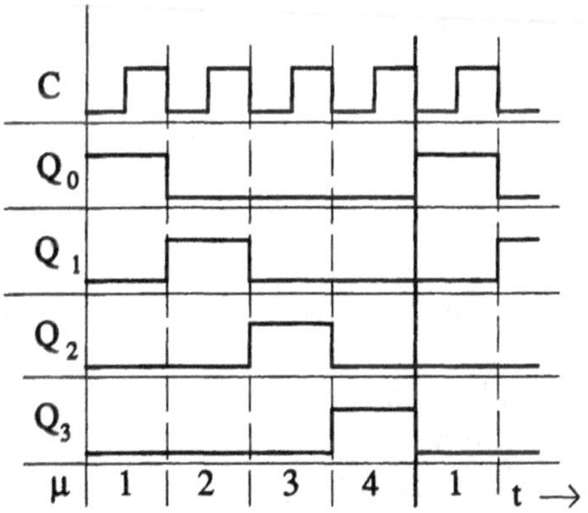

(19.11.19)

Für die Schaltungssynthese sollen JK-Flip-Flops verwendet werden, die mit der 1 → 0-Flanke die aktuelle Information $Q_{\mu,\nu} \in \{0,1\}$ am Ausgang Q_ν bereitstellen.
Automatentabelle:

	$\underline{Q}_\mu$				$^1\underline{Q}_\mu$											
μ	Q_3	Q_2	Q_1	Q_0	$^1Q_3$	$^1Q_2$	$^1Q_1$	$^1Q_0$	J_3	K_3	J_2	K_2	J_1	K_1	J_0	K_0
1	0	0	0	1	0	0	1	0	0	d	0	d	1	d	d	1
2	0	0	1	0	0	1	0	0	0	d	1	d	d	1	0	d
4	0	1	0	0	1	0	0	0	1	d	d	1	0	d	0	d
8	1	0	0	0	0	0	0	1	d	1	0	d	0	d	1	d

(19.11.20)

Ermittlung der Ansteuerfunktionen $J_\nu, K_\nu = f(Q_\nu, {}^1Q_\nu)$:

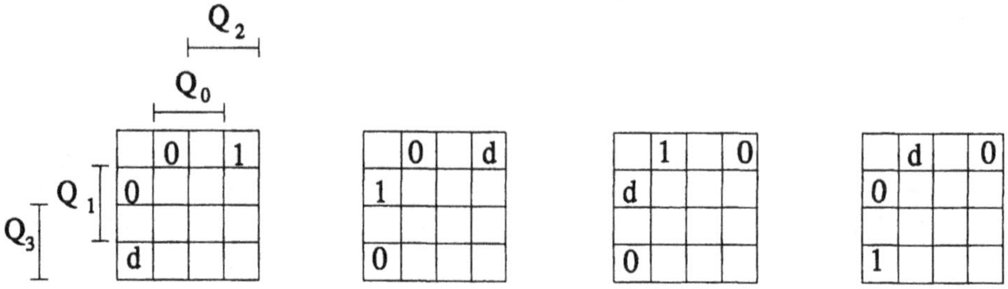

$J_3 = Q_2$ $J_2 = Q_1$ $J_1 = Q_0$ $J_0 = Q_3$

$K_3 = 1$ $K_2 = 1$ $K_1 = 1$ $K_0 = 1$

(19.11.21)

Schaltung:

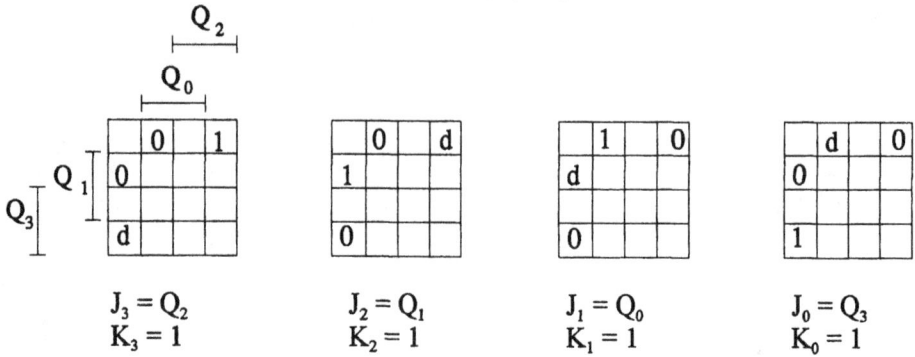

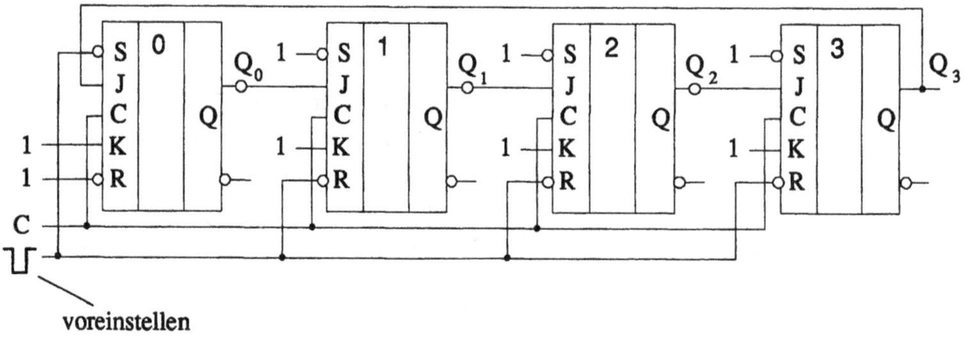

Bild 19.11.11 Schaltung eines synchronen Viertaktsystems zur Erzeugung der Signale nach (19.11.19)

Die für die Schaltung im Bild 19.11.11 abzuleitende vollständige Automatentabelle und der dazugehörige Automatengraph verdeutlichen die notwendige Voreinstellung der Flip-Flops bei Inbetriebnahme dieser Teilerschaltung.

Vollständige Automatentabelle:

	$\underline{Q}_\mu$				J_3	K_3		J_2	K_2		J_1	K_1		J_0	K_0		
μ	Q_3	Q_2	Q_1	Q_0	Q_2	1	${}^1Q_3$	Q_1	1	${}^1Q_2$	Q_0	1	${}^1Q_1$	Q_3	1	${}^1Q_0$	${}^1\mu$
0	0	0	0	0	0	1	0	0	1	0	0	1	0	0	1	0	0
1	0	0	0	1	0	1	0	0	1	0	1	1	1	0	1	0	2
2	0	0	1	0	0	1	0	1	1	1	0	1	0	0	1	0	4
3	0	0	1	1	0	1	0	1	1	1	1	1	0	0	1	0	4
4	0	1	0	0	1	1	1	0	1	0	0	1	0	0	1	0	8
5	0	1	0	1	1	1	1	0	1	0	1	1	1	0	1	0	10
6	0	1	1	0	1	1	1	1	1	0	0	1	0	0	1	0	8
7	0	1	1	1	1	1	1	1	1	0	1	1	0	0	1	0	8
8	1	0	0	0	0	1	0	0	1	0	0	1	0	1	1	1	1
9	1	0	0	1	0	1	0	0	1	0	1	1	1	1	1	0	2
10	1	0	1	0	0	1	0	1	1	1	0	1	0	1	1	1	5
11	1	0	1	1	0	1	0	1	1	1	1	1	0	1	1	0	4
12	1	1	0	0	1	1	0	0	1	0	0	1	0	1	1	1	1
13	1	1	0	1	1	1	0	0	1	0	1	1	1	1	1	0	2
14	1	1	1	0	1	1	0	1	1	0	0	1	0	1	1	1	1
15	1	1	1	1	1	1	0	1	1	0	1	1	0	1	1	0	0

Vollständiger Automatengraph: (19.11.22)

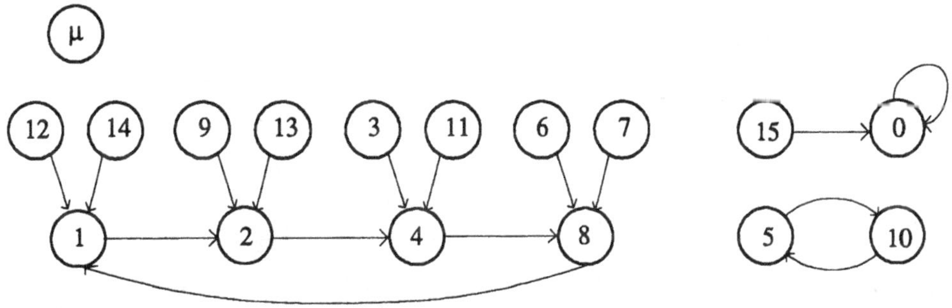

(19.11.23)

Aus dem vollständigen Automatengraphen (19.11.23) ist ersichtlich, daß die Schaltung eine gezielte Initialisierung erfordert, da die sich beim Einschalten möglicherweise ergebenden Zustände $\underline{Q}_0$ und $\underline{Q}_{15}$ bzw. $\underline{Q}_5$ und $\underline{Q}_{10}$ zur Blockierung im Zustand $\underline{Q}_0$ bzw. $\underline{Q}_5$ und $\underline{Q}_{10}$ zum parasitären Zyklus $\underline{Q}_5 \leftrightarrow \underline{Q}_{10}$ führen würden.

<u>Beispiel 7:</u>

Es wird eine Teilerschaltung entworfen, die aus dem Systemtakt C folgende Ausgangssignale Q_2, Q_1, Q_0 generiert:

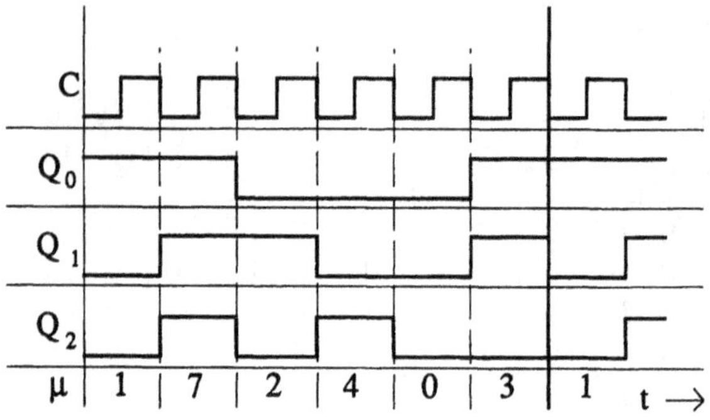

(19.11.24)

Für die Schaltungssynthese sollen JK-Flip-Flops verwendet werden, die mit der 1 → 0 - Flanke die aktuelle Information $Q_{\mu,\nu} \in \{0,1\}$ am Ausgang Q_ν bereitstellen.
Automatentabelle:

	$\underline{Q}_\mu$			$^1\underline{Q}_\mu$								
μ	Q_2	Q_1	Q_0	$^1Q_2$	$^1Q_1$	$^1Q_0$	J_2	K_2	J_1	K_1	J_0	K_0
1	0	0	1	1	1	1	1	d	1	d	d	0
7	1	1	1	0	1	0	d	1	d	0	d	1
2	0	1	0	1	0	0	1	d	d	1	0	d
4	1	0	0	0	0	0	d	1	0	d	0	d
0	0	0	0	0	1	1	0	d	1	d	1	d
3	0	1	1	0	0	1	0	d	d	1	d	0

(19.11.25)

Ermittlung der Ansteuerfunktionen $J_\nu, K_\nu = f(Q_\nu, {}^1Q_\nu)$:

Q_2 (Spalten 3–4), Q_0 (Spalten 2–3), Q_1 (untere Zeile)

0	1		d
1	0	d	

$J_2 = \overline{Q}_1 Q_0 + Q_1 \overline{Q}_0$
$= Q_1 \not+ Q_0$
$K_2 = 1$

1	1		0
d	d	d	

$J_1 = \overline{Q}_2$

d	d		d
1	1	0	

$K_1 = \overline{Q}_2$

(19.11.26)

1	d		0
0	d	d	

$J_0 = \overline{Q}_2 \overline{Q}_1$

d	0		d
d	0	1	

$K_0 = Q_2$

Schaltung:

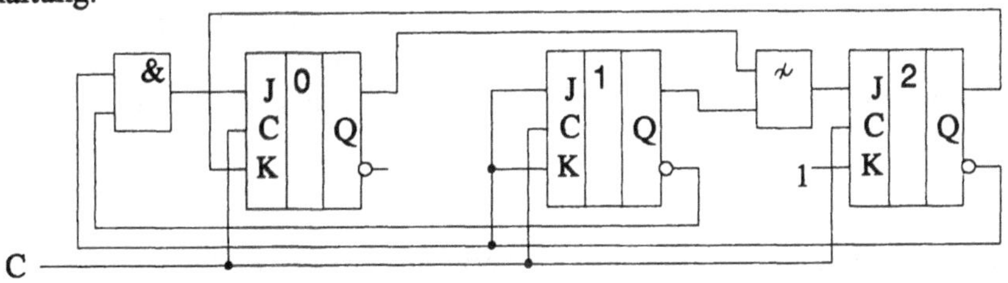

Bild 19.11.12 Schaltung eines synchronen Teilers zur Erzeugung der Signale nach (19.11.29)

Vollständiger Automatengraph:

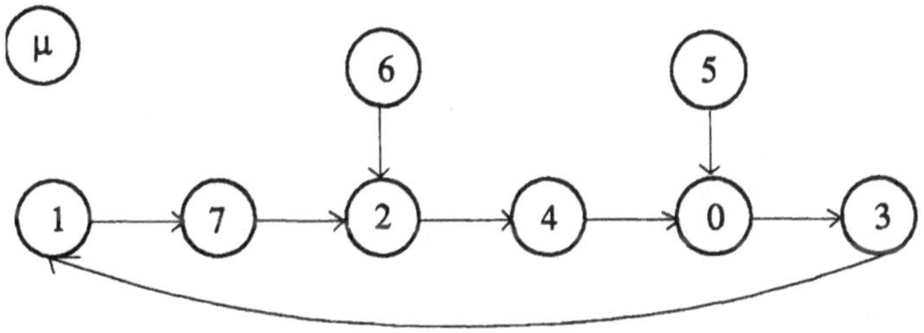

(19.11.27)

Werden die Pseudo-Zustände $\underline{Q}_5$ und $\underline{Q}_6$ nicht toleriert, so ist bei Inbetriebnahme dieser Teilerschaltung eine Anfangsinitialisierung in z. B. $\underline{Q}_1$ vorzusehen.

Beispiel 8:

Es wird eine Teilerschaltung entworfen, die aus dem Systemtakt C folgende Ausgangssignale $Q_v = Q_0, Q_1, Q_2$ generiert:

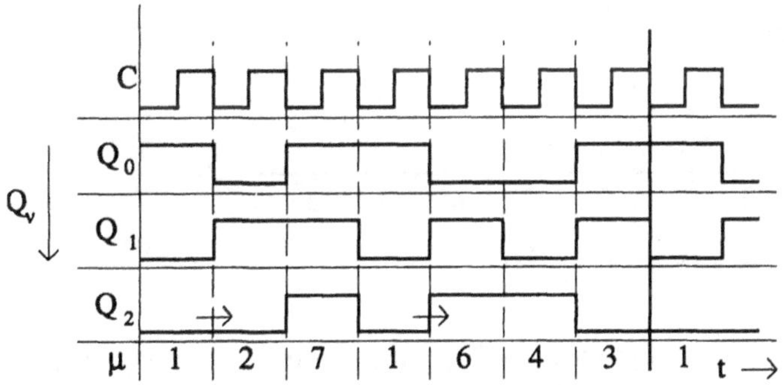

(19.11.28)

Im Unterschied zum Signalverlauf (19.11.24) von Beispiel 7 tritt hier ein Zustand $\underline{Q}_\mu = (Q_{\mu,2}, Q_{\mu,1}, Q_{\mu,0})$ im Teilerzyklus zweimal auf, nämlich $\underline{Q}_\mu = \underline{Q}_1 = (0,0,1)$. Mit seinen beiden Folgezuständen $\underline{Q}_2$ bzw. $\underline{Q}_6$ ergeben sich nur für FF_0 und FF_1 eindeutige Ansteuerfunktionen, denn der Ausgang Q_0 des FF_0 muß beim Übergang von $Q_{\mu,v} = Q_{1,0}$ auf $Q_{2,0}$ und auch von $Q_{1,0}$ auf $Q_{6,0}$ von 1 auf 0 schalten und der Ausgang Q_1 des FF_1 muß bei diesen gleichen Übergängen von 0 auf 1 schalten.

Nicht eindeutig hingegen ist das Schaltverhalten des FF_2 festzulegen, denn beim Übergang von $Q_{1,2}$ auf $Q_{2,2}$ müßte sein Ausgang Q_2 den Wert 0 beibehalten, beim Übergang von $Q_{1,2}$ auf $Q_{6,2}$ jedoch müßte Q_2 von 0 auf 1 schalten (siehe "→" in (19.11.28)). Dieses Dilemma läßt sich z. B. mit den folgenden zwei Lösungswegen umgehen.

* Lösung 1:

Es wird ein zusätzliches, viertes Flip-Flop FF_3 verwendet. Damit erhöht sich die Anzahl der zu kodierenden Signalzustände von ehemals $m = 2^3 = 8$ auf $m' = 2^4 = 16$.
Die ursprünglichen in (19.11.28) dargestellten Kodierungen für die zu erzeugenden Ausgangssignale $Q_v = Q_0, Q_1, Q_2$ werden beibehalten.
Einem der zum Konflikt führenden Zustände $\underline{Q}_\mu = \underline{Q}_1$ wird mit dem Signal Q_3 zusätzlich eine $Q_{\mu,v} = Q_{1,3} = 1$ angefügt. Damit entsteht an dieser Stelle das Kodewort $\underline{Q}_\mu' = \underline{Q}_9 = (1,0,0,1)$.
Für den zweiten ursprünglichen Zustand $\underline{Q}_\mu = \underline{Q}_1$ muß $Q_{\mu,v} = Q_{1,3} = 0$ sein (Signalverlauf von Q_3 in (19.11.29)). Die restlichen Belegungen für $Q_{\mu,3} \in \{0,1\}$ mit $\mu = 2,7,6,4,3$ sind für die Funktion der Teilerschaltung nicht entscheidend. Beeinflussen können diese lediglich den Realisierungsaufwand für die Ansteuerfunktionen $J_v, K_v = f(Q_v, {}^1Q_v)$ der Flip-Flops.
Hier sind diese Belegungen alle z. B. gleich 0 gesetzt worden.

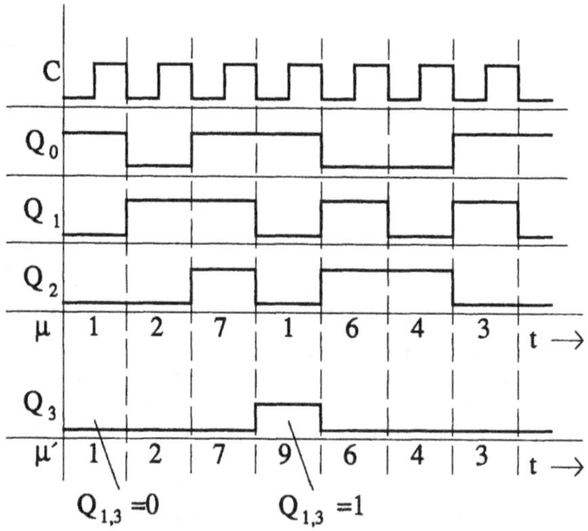

(19.11.29)

Die Teilerschaltung wird nun mit vier Flip-Flops und damit für die erweiterte Zustandsfolge mit dem laufenden Index μ' entworfen.

Automatentabelle:

			$\underline{Q}_\mu$				${}^1\underline{Q}_\mu$										
μ'	Q_3	μ	Q_2	Q_1	Q_0	${}^1Q_3$	${}^1Q_2$	${}^1Q_1$	${}^1Q_0$	J_3	K_3	J_2	K_2	J_1	K_1	J_0	K_0
1	0	1	0	0	1	0	0	1	0	0	d	0	d	1	d	d	1
2	0	2	0	1	0	0	1	1	1	0	d	1	d	d	0	1	d
7	0	7	1	1	1	1	0	0	1	1	d	d	1	d	1	d	0
9	1	1	0	0	1	0	1	1	0	d	1	1	d	1	d	d	1
6	0	6	1	1	0	0	1	0	0	0	d	d	0	d	1	0	d
4	0	4	1	0	0	0	0	1	1	0	d	d	1	1	d	1	d
3	0	3	0	1	1	0	0	0	1	0	d	0	d	d	1	d	0

(19.11.30)

Ermittlung der Ansteuerfunktionen $J_\nu, K_\nu = f(Q_\nu, {}^1Q_\nu)$:

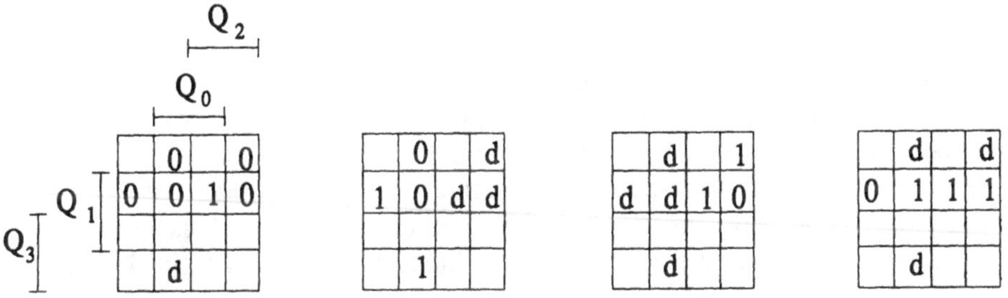

$J_3 = Q_2 Q_0$
$K_3 = 1$

$J_2 = Q_3 + \overline{Q}_0$

$K_2 = \overline{Q}_1 + Q_0$

$J_1 = 1$
$K_1 = Q_2 + Q_0$

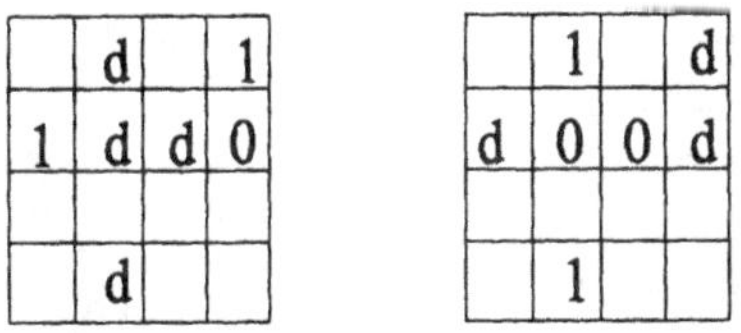

(19.11.31)

$J_0 = \overline{Q}_2 + \overline{Q}_1$

$K_0 = \overline{Q}_1$

Schaltung:

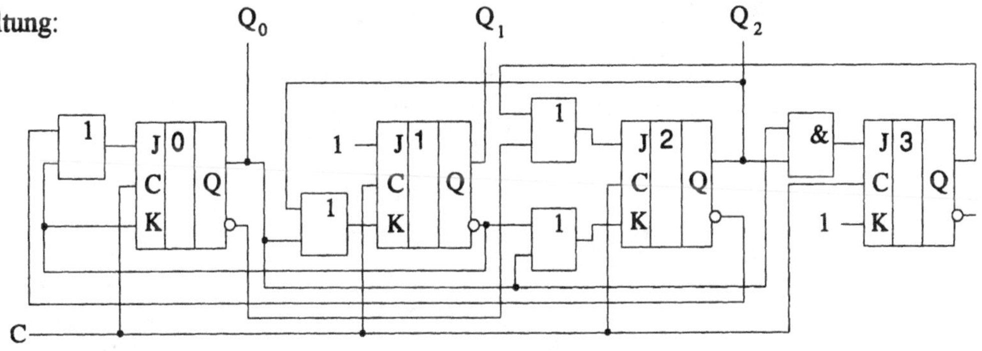

Bild 19.11.13 Schaltung eines synchronen Teilers zur Erzeugung der Ausgangssignale nach (19.11.28)

Vollständiger Automatengraph:

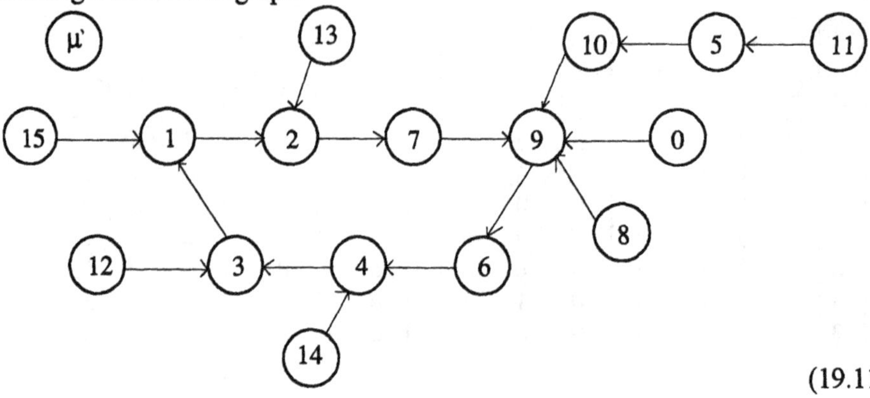

(19.11.32)

* Lösung 2:

Da der Teilerzyklus im gegebenen Beispiel nicht alle m = 2^n = 8 inneren Zustände $\underline{Q}_\mu$ belegt (μ = 0 und μ = 5 fehlen!), kann einer der beiden Zustände $\underline{Q}_1$ entweder mit $\underline{Q}_0$ oder $\underline{Q}_5$ kodiert werden. Damit läßt sich diese Schaltung mit drei Flip-Flops realisieren. Q_0 und Q_1 können unmittelbar als Ausgangssignale genutzt werden, während das dritte Signal, hier mit y bezeichnet, über eine zusätzliche Kombinatorik K_g als Funktion von Q_2^*, Q_1 und Q_0 asynchron erzeugt werden muß. Diese Lösung spart im Vergleich zur 1. Variante ein Flip-Flop ein, ist aber nicht mehr streng synchron bezüglich der Ausgangssignale und erfordert eine zusätzliche Kombinatorik.

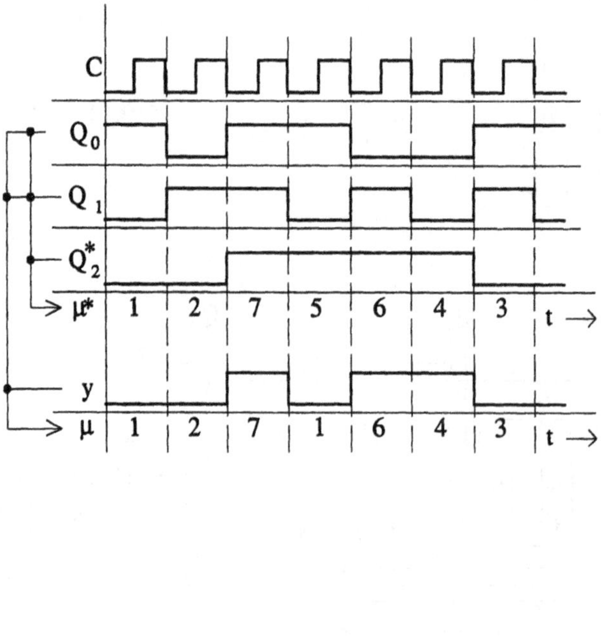

(19.11.33)

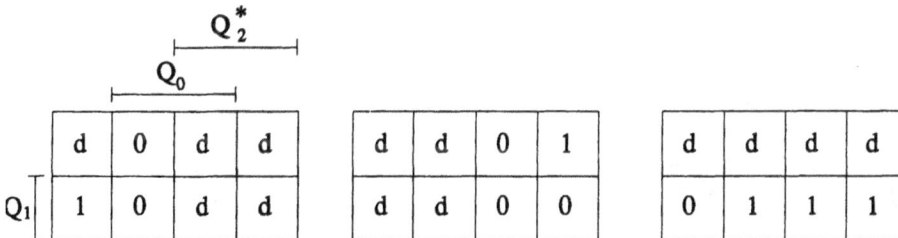

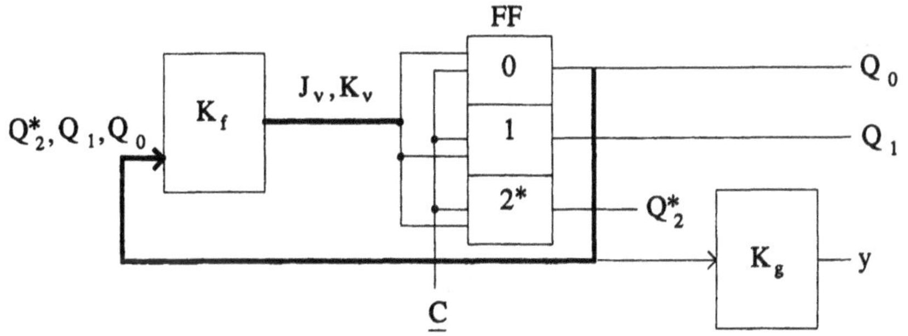

Eine der ursprünglichen Zustandsbelegungen $\underline{Q}_1$ ist hier durch $\underline{Q}_5 = (Q^*_{1,2}, Q_{1,1}, Q_{1,0}) = (101)$ ersetzt. Q_2^* repräsentiert diese Änderung. μ^* ist der laufende Index für die neue Folge der inneren Zustände $\underline{Q}_\mu^*$.
Die Teilerschaltung wird nun mit den drei Flip-Flops, FF_0, FF_1, und FF_2^* für die Zustandsfolge mit dem laufenden Index μ^* entworfen.
Automatentabelle:

	$\underline{Q}_\mu$			$^1\underline{Q}_\mu$													
μ^*	Q^*_2	Q_1	Q_0	$^1Q^*_2$	$^1Q_1$	$^1Q_0$	J^*_2	K^*_2	J_1	K_1	J_0	K_0	μ	y	Q_1	Q_0
1	0	0	1	0	1	0	0	d	1	d	d	1	1	0	0	1
2	0	1	0	1	1	1	1	d	d	0	1	d	2	0	1	0
7	1	1	1	1	0	1	d	0	d	1	d	0	7	1	1	1
5	1	0	1	1	1	0	d	0	1	d	d	1	1	0	0	1
6	1	1	0	1	0	0	d	0	d	1	0	d	6	1	1	0
4	1	0	0	0	1	1	d	1	1	d	1	d	4	1	0	0
3	0	1	1	0	0	1	0	d	d	1	d	0	3	0	1	1

(19.11.34)

Ermittlung der Ansteuerfunktionen $J_v^{(*)}, K_v^{(*)} = f(Q_v^{(*)}, {}^1Q_v^{(*)})$:

Q^*_2 (Spalten 2–4), Q_0 (Spalten 2–3), Q_1 (Zeile 2)

	d	0	d	d
Q_1	1	0	d	d

d	d	0	1
d	d	0	0

d	d	d	d
0	1	1	1

$J_2^* = \overline{Q}_0$ $K_2^* = \overline{Q}_1\,\overline{Q}_0$ $K_1 = Q_2^* + Q_0$
$J_1 = 1$

(19.11.35)

d	d	d	1
1	d	d	0

d	1	1	d
d	0	0	d

$J_0 = \overline{Q}_2^* + \overline{Q}_1$ $K_0 = \overline{Q}_1$

Ermittlung der Ausgabefunktion $y = g(Q_2^*, Q_1, Q_0)$

d	0	0	1
0	0	1	1

(19.11.36)

$$y = Q_2^*\overline{Q}_0 + Q_2^*Q_1$$
$$= Q_2^*Q_1 + \overline{Q}_1\,\overline{Q}_0$$

Schaltung:

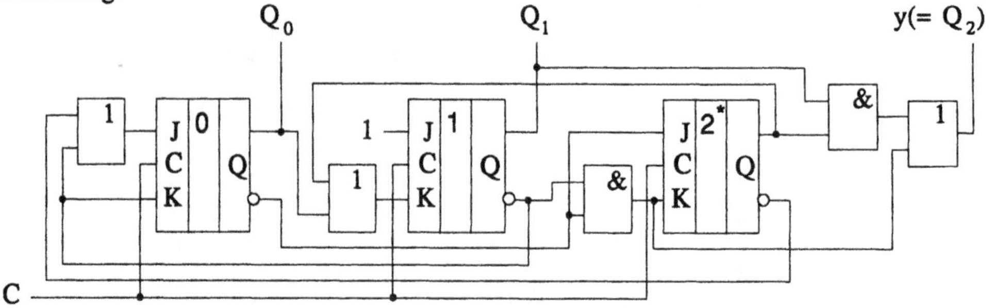

Bild 19.11.14 Schaltung eines synchronen Teilers zur Erzeugung der Ausgangssignale nach (19.11.28)

Vollständiger Automatengraph:

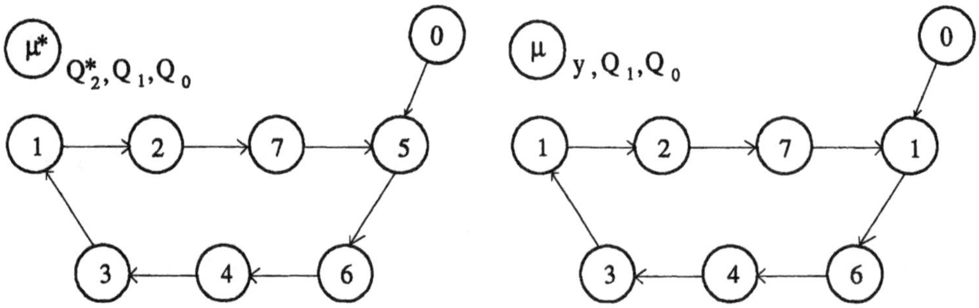

(19.11.37)

19.12 Entwurf asynchroner Zähler und Teiler

Asynchrone Zähler und Teiler sind sequentielle Schaltungen, die bezüglich der prinzipiellen Vorgehensweise, wie die bereits in Abschnitt 19.11 behandelten synchronen Schaltungen, entworfen werden:

- Ermittlung der benötigten Flip-Flop-Anzahl n_{min},
- Aufstellen der Automatentabelle,
- Ermittlung der Ansteuerfunktionen für die Flip-Flops,
- Erstellung der Schaltung,
- Ermittlung evtl. Initialisierungsbedingungen bei Inbetriebnahme der Schaltung.

Von den synchronen Schaltungen unterscheiden sich die asynchronen aber dadurch, daß nicht alle beteiligten Flip-Flops von dem bisher als Systemtakt bezeichneten Eingangstakt C geschaltet werden. Von diesem Eingangstakt C wird bei asynchronen Schaltungen jedoch immer das in der Reihenfolge des Zählens bzw. Teilens erste Flip-Flop geschaltet. Für die restlichen Flip-Flops werden nach Möglichkeit Taktsignale von geeigneten Ausgängen der vorgelagerten Flip-Flops verwendet. Dies hat zwei Vorteile:

1. Nicht alle Flip-Flops müssen für die maximale Frequenz des Eingangstaktes C ausgelegt sein.

2. Da nicht alle Flip-Flops mit dem Eingangstakt C schalten, vereinfachen sich die Ansteuerfunktionen für diese Flip-Flops, d. h. die Kombinatorik K_f im Bild 19.12.1 reduziert sich in ihrer Komplexität im Vergleich zu den synchronen Zähler- und Teilerschaltungen.

Das Blockschaltbild für asynchrone Zähler und Teiler läßt sich damit korrespondierend mit dem Bild 19.11.1 für synchrone Schaltungen wie folgt darstellen:

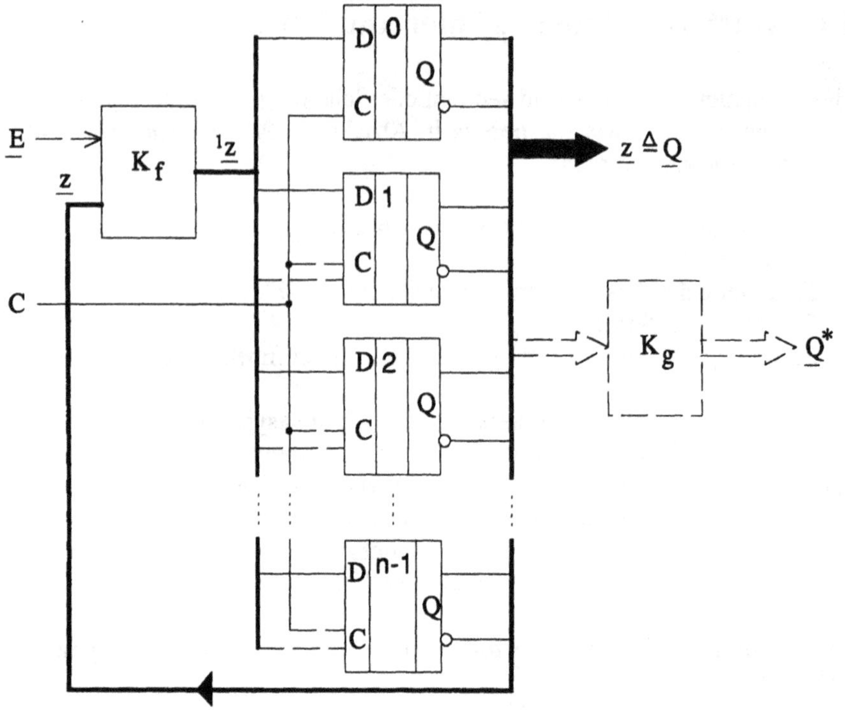

Bild 19.12.1 Blockschaltbild eines asynchronen Zählers bzw. Teilers (z. B. mit D-FF)

Der Eingangstakt C ist zwingend nur noch auf den Takteingang C_0 des 0-ten Flip-Flop geschaltet. Die Taktsignale C_ν für die restlichen beteiligten Flip-Flops werden im Entwurfsprozeß definiert. Sie können für einige weitere Flip-Flops gleich dem Eingangstakt C sein, andere rekrutieren sich aus den Ausgängen $z_\nu = Q_\nu$ der vorgeschalteten Flip-Flops. Daraus erklärt sich der asynchrone Charakter dieser Schaltungen. Die Polaritätswechsel der generierten Ausgangssignale können, bezogen auf den Eingangstakt, mit unterschiedlichen Verzögerungen erfolgen, die vor allem durch interne Signallaufzeiten in den beteiligten Flip-Flops und in der Kombinatorik K_f hervorgerufen werden.
Bezüglich der möglichen externen Signale $\underline{E}$, der Ausgabekombinatorik K_g und der zu verwendenden Flip-Flop-Typen gelten für asynchrone Schaltungen die gleichen Aussagen, wie sie eingangs im Abschnitt 19.11 für synchrone Schaltungen bereits getroffen wurden. Der Entwurfsablauf beginnt mit der Ermittlung aller erforderlichen Taktsignale für die beteiligten Flip-Flops der asynchronen Zähler- bzw. Teilerschaltungen.
Im folgenden wird zur Erläuterung der dabei erforderlichen Vorgehensweise die Automatentabelle stufenweise für eine Beispielschaltung entwickelt. Es soll z. B. ein asynchroner Zähler entworfen werden, der zyklisch im BCD-Kode vorwärts von 0 bis 5 zählt. Für die Schaltung sollen JK-Flip-Flops verwendet werden, die jeweils mit der $1 \rightarrow 0$ - Flanke die aktuelle Information $Q_{\mu,\nu} \in \{0,1\}$ an ihrem Ausgang Q_ν bereitstellen.
Die Anzahl der benötigten Flip-Flops ist $n = \lceil \text{ld } m \rceil = \lceil \text{ld } 6 \rceil = 3$ (siehe (19.11.2)). Im Unterschied zur synchronen Schaltung werden hier die Momentanzustände $\underline{z}_\mu = \underline{Q}_\mu$ und die Folgezustände ${}^1\underline{z}_\mu = {}^1\underline{Q}_\mu$ in der Automatentabelle nicht neben-, sondern untereinander geschrieben, um ihre zeitliche Zuordnung zu den Taktsignalen übersichtlich darstellen zu

können. Der erste Zustand in der Zähler- bzw. Teilerfolge (Beispiel: $\mu = 0$) ist also nochmals am Ende des Zyklus unter den letzten Zustand (Beispiel: $\mu = 5$) zu schreiben:

μ	Q_2	Q_1	Q_0	C
0	0	0	0	
1	0	0	1	
2	0	1	0	
3	0	1	1	
4	1	0	0	
5	1	0	1	
0	0	0	0	t

(19.12.1)

Das Flip-Flop FF_0 (Ausgang Q_0) wird, wie bereits erklärt, mit dem Eingangstakt C beschaltet. Diesen Takt C kann man sich zur Verdeutlichung der Arbeitsweise dieses asynchronen Zählers rechts neben der Spalte mit den Momentan- und Folgezuständen $\underline{Q}_\mu$ bzw. ${}^1\underline{Q}_\mu$ von oben nach unten als Rechteckfolge darstellen. Dies geschieht so, daß jeweils die 1 → 0 -Flanken zeitlich zwischen den Zuständen $Q_{\mu,\nu}$ des FF_0 angeordnet werden. Mit diesen 1 → 0 -Flanken erfolgt also der Übergang vom jeweils gegebenen Momentanzustand $Q_{\mu,0}$ in den Folgezustand ${}^1Q_{\mu,0}$ des Flip-Flop FF_0.
Da man aus Effektivitätsgründen diesen Zeitverlauf des Eingangstaktes C nicht immer wieder in dieser Rechteckform darstellen wird, kann man die Schaltzeitpunkte für die Übergänge am FF_0 mit Pfeilen symbolisch wiedergeben:

μ	Q_2	Q_1	Q_0	
0	0	0	0	
				←
1	0	0	1	
				←
2	0	1	0	
				←
3	0	1	1	
				←
4	1	0	0	
				←
5	1	0	1	
				←
0	0	0	0	

(19.12.2)

Diese symbolischen Pfeile in (19.12.2) sind für das Flip-Flop FF_0 immer zwischen Momentanzustand $Q_{\mu,0}$ und Folgezustand ${}^1Q_{\mu,0}$ anzuordnen, unabhängig davon, ob $Q_{\mu,0}$ einem Zustandswechsel unterliegt oder nicht. Damit ist für die Ermittlung der Taktsignale C_ν folgender Zwischenstand erreicht:

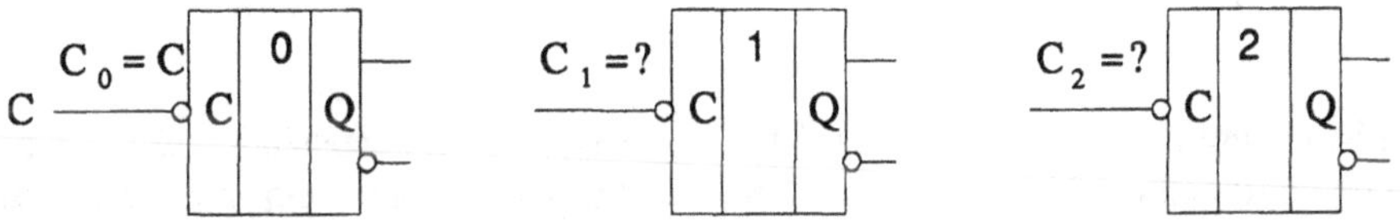

(19.12.3)

Weiter ordnet man in der Folgezustandstabelle (19.12.2) für Q_1 und Q_2 überall dort Pfeile an, wo im zeitlichen Ablauf ein Zustandswechsel $Q_{\mu,\nu}$ erfolgt, d. h. wo eine 1 → 0 -Flanke des Taktsignals C_ν erforderlich ist, um den Ausgang Q_ν des FF_ν von 1 auf 0 bzw. 0 auf 1 umzuschalten:

μ	Q_2	Q_1	Q_0
0	0	0	0
1	0	0	1
2	0	1	0
3	0	1	1
4	1	0	0
5	1	0	1
0	0	0	0

(19.12.4)

Im nächsten Schritt ist festzustellen, ob das benötigte Taktsignal C_ν vom Ausgang $Q_{\nu-1}$ des vorhergehenden FF bzw. von einem weiteren davorliegenden FF-Ausgang zur Verfügung gestellt werden kann. Im konkreten Beispiel bestätigt sich, daß für die Umschaltung von $Q_{\mu\nu} = Q_{1,1} = 0$ auf $Q_{2,1} = 1$ und von $Q_{3,1} = 1$ auf $Q_{4,1} = 0$ der Ausgang Q_0 jeweils eine 1 → 0 -Flanke liefert. D. h. Q_0 kann zur Taktung des FF_1 verwendet werden. Damit ist $C_1 = Q_0$. Man erhält:

μ	Q_2	Q_1	Q_0
0	0	0	0
1	0	0	1
2	0	1	0
3	0	1	1
4	1	0	0
5	1	0	1
0	0	0	0

(19.12.5)

und

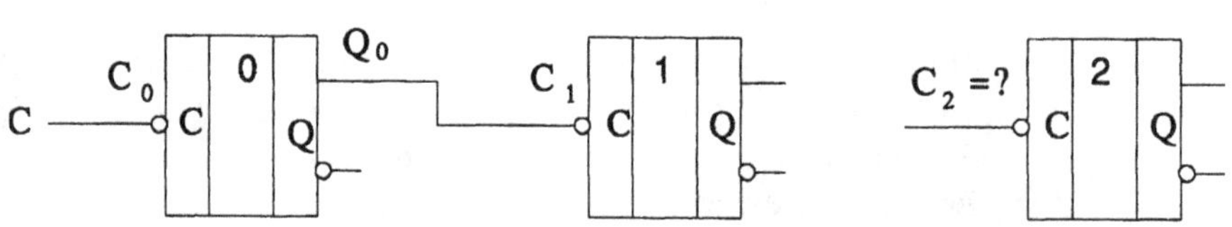

(19.12.6)

Wichtig ist es jetzt, im zeitlichen Ablauf für $Q_{\mu,1}$ zwischen den Zuständen $Q_{5,1} = 0$ und $Q_{0,1} = 0$ ebenfalls einen Pfeil zu vermerken, da Q_0 zu diesem Zeitpunkt auch eine 1 → 0 -Flanke liefert, obwohl sie für das FF_1 eigentlich nicht erforderlich wäre.

Man erhält also endgültig für C_1:

μ	Q_2	Q_1	Q_0
0	0	0	0
1	0	0	1
2	0	1	0
3	0	1	1
4	1	0	0
5	1	0	1
0	0	0	0

(19.12.7)

Weiter ist zu prüfen, ob das erforderliche Taktsignal C_2 vom Ausgang Q_1 des vorhergehenden Flip-Flop bereitgestellt wird. Dies ist nicht der Fall, da Q_1 zum Zeitpunkt des Zustandswechsels $Q_{5,2} = 1$ auf $Q_{0,2} = 0$ keine $1 \rightarrow 0$ -Flanke liefert.
Also ist nun zu prüfen, ob C_2 vom Ausgang Q_0 bereitgestellt wird. Das ist so, nur muß man einen Taktpfeil auch zwischen $Q_{1,2} = 0$ und $Q_{2,2} = 0$ anordnen, da ihn Q_0 liefert, unabhängig vom Bedarf seitens C_2! Damit ergibt sich:

μ	Q_2	Q_1	Q_0
0	0	0	0
1	0	0	1
2	0	1	0
3	0	1	1
4	1	0	0
5	1	0	1
0	0	0	0

(19.12.8)

und

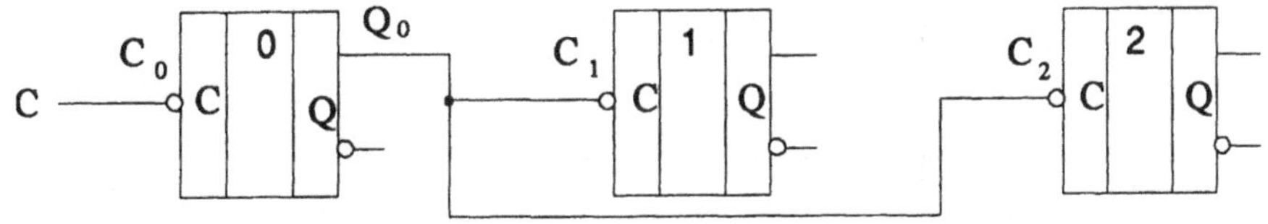

Bild 19.12.2 Taktung eines asynchronen zyklischen Vorwärtszählers $\mu = (0,\ldots,5)$, BCD-Kode ($1 \rightarrow 0$ -Flanke)

Die Taktung des asynchronen Zählers ist damit für dieses Beispiel festgelegt. Nun können die Ansteuerfunktionen für die Flip-Flops ermittelt werden.

Automatentabelle:

μ	Q_2	Q_1	Q_0	J_2	K_2	J_1	K_1	J_0	K_0
0	0	0	0 ←	d	d	d	d	1	d
1	0 ←	0 ←	1 ←	0	d	1	d	d	1
2	0	1	0 ←	d	d	d	d	1	d
3	0 ←	1 ←	1 ←	1	d	d	1	d	1
4	1	0	0 ←	d	d	d	d	1	d
5	1 ←	0 ←	1 ←	d	1	0	d	d	1
0	0	0	0						

(19.12.9)

In der Automatentabelle (19.12.9) sind die Werte für J_v und K_v eingetragen, die zur Ermittlung der Ansteuerfunktionen für die hier verwendeten JK-FF erforderlich sind. Für die Zustandsfolge $Q_{\mu,0}$ am Flip-Flop-Ausgang Q_0 gelten zur Ermittlung von J_0 und K_0 die gleichen Bedingungen wie für einen Synchronzähler (siehe (19.11.3)), da hier der Eingangstakt C anliegt. Für die Zustandsfolgen $Q_{\mu,1}$ und $Q_{\mu,2}$ kommen die speziellen Besonderheiten einer asynchronen Zählerschaltung zum Tragen. Diese bestehen darin, daß nur für diejenigen Zeitpunkte, zu denen einer der vorher ermittelten Taktpfeile anliegt, die Werte für J_v und Q_v festgelegt werden müssen. Zu diesen Zeitpunkten erhält das betreffende Flip-Flop ein Taktsignal. J_v und K_v legen damit den Folgezustand ${}^1Q_{\mu,v} \in \{0,1\}$ eindeutig fest. Zu allen anderen Zeitpunkten, zu denen kein Taktpfeil anliegt, spielt die Belegung von J_v und K_v für die Funktion der asynchronen Zählerschaltung keine Rolle, da ja das betreffende Flip-Flop kein Taktsignal erhält und damit der im Flip-Flop einmal gespeicherte Wert unverändert bleibt. Deswegen ist zu diesen Zeitpunkten die Belegung von J_v und K_v jeweils mit "d" (- don't care) angegeben. Diese "d" -Belegungen führen, wie bereits anfangs in diesem Abschnitt angekündigt, zu einfacheren Ansteuerfunktionen $J_v, K_v = f(Q_v, {}^1Q_v)$ und damit zu einer geringeren Komplexität der kombinatorischen Schaltung K_v (Bild 19.11.1) im Vergleich zu synchronen Schaltungen.

Ermittlung der Ansteuerfunktionen $J_v, K_v = f(Q_v, {}^1Q_v, C_v)$

		Q_0	Q_0, Q_2	Q_2
	d	0	d	d
Q_1	d	1	d	d

d	1	0	d
d	d	d	d

(19.12.10)

$J_2 = Q_1$ $\qquad$ $J_1 = \overline{Q}_2$ $\qquad$ $J_0 = 1$

$K_2 = 1$ $\qquad$ $K_1 = 1$ $\qquad$ $K_0 = 1$

Schaltung:

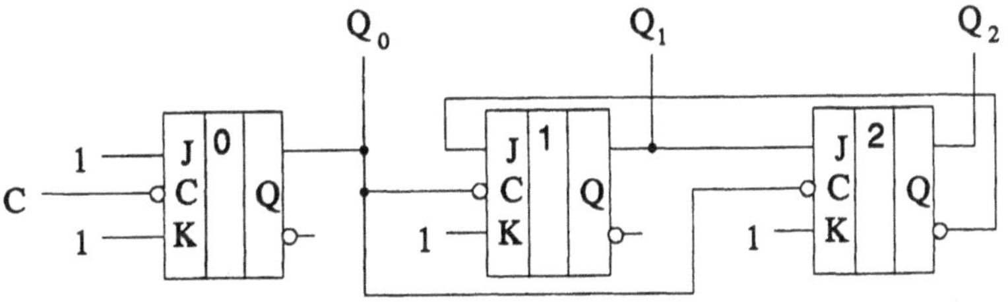

Bild 19.12.3 Schaltung eines asynchronen zyklischen Vorwärtszählers, BCD-Kode, $\mu = (0,...,5)$, 1→0-Taktflanke

Vergleicht man diese asynchrone Schaltung im Bild 19.12.3 mit der synchronen Schaltung in Bild 19.11.4, die ebenfalls einen zyklischen Zähler von 0 bis 5 darstellt, so ist die einfachere Ansteuerkombinatorik K_f für die Flip-Flops in asynchronen Schaltungen ersichtlich. Für dieses Beispiel im Bild 19.12.3 entfällt K_f völlig. Verdeutlichen muß man sich in diesem Zusammenhang aber auch den asynchronen Charakter dieser Schaltung, den der Anwender tolerieren muß.
Die Taktsignale C_1 und C_2 für Flip-Flops FF_1 bzw. FF_2 sind im Vergleich zum Eingangstakt C, der identisch mit C_0 für FF_0 ist, verzögert (hier z. B. um die Laufzeit zwischen der 1 → 0 -Flanke von C_0 und dem Zeitpunkt, zu dem sich der jeweils aktuelle Wert $Q_{\mu,0}$ am Ausgang Q_0 des FF_0 einstellt).
Berücksichtigt man zunächst diese Verzögerungen nicht, ergibt sich folgender Automatengraph:

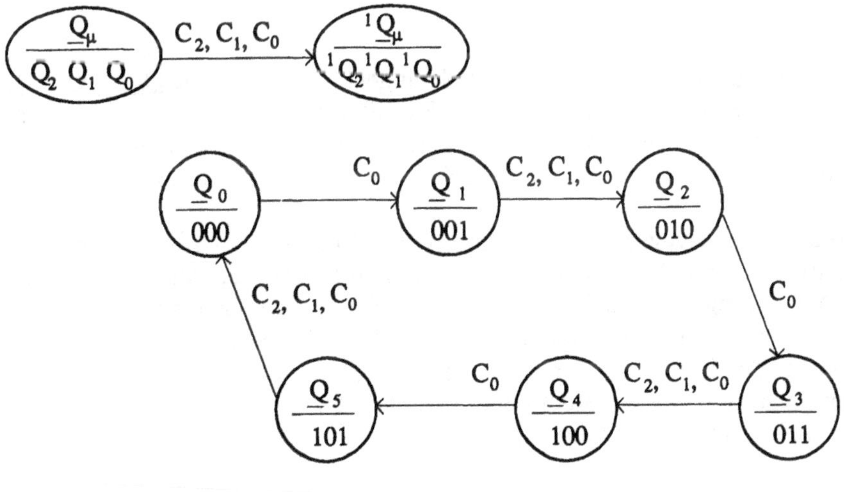

(19.12.11)

Berücksichtigt man aber, daß C_0 immer erst wirksam geworden sein muß, bevor C_1 und C_2 generiert werden, ergibt sich folgender realer Automatengraph, in dem für dieses Beispiel drei unerwünschte Zwischenzustände $\underline{Q}_\mu$ auftreten, die für dieses Schaltungsbeispiel charakteristisch sind.

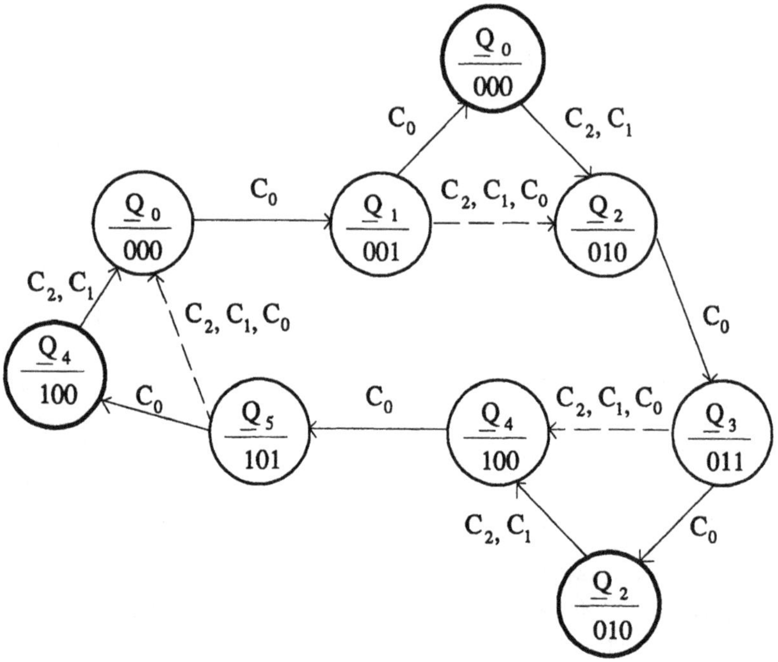

Bild 19.12.4 Automatengraph der asynchronen Zählerschaltung nach Bild 19.12.3. mit Darstellung der kurzzeitig auftretenden betriebsbedingten Zwischenzustände

Die im Automatengraphen (Bild 19.12.4) dick eingekreisten Zustände $\underline{Q}_0$, $\underline{Q}_2$ und $\underline{Q}_4$ treten sehr kurzzeitig in der Größenordnung einer Flip-Flop-Schaltzeit auf. Kann dies aus applikativer Sicht toleriert werden, wird man eine solche asynchrone Zählerschaltung nutzen. Sonst muß man auf eine synchrone Schaltung z. B. nach Bild 19.11.4 zurückgreifen.

Um das Verhalten von asynchronen Schaltungen zum Zeitpunkt ihrer Inbetriebnahme, d. h. beim Zuschalten der Betriebsspannung, beurteilen zu können, kann auch hier der vollständige Automatengraph nützlich sein. Die Vorgehensweise für seine Erstellung ist ähnlich wie die für synchrone Schaltungen (Bild 19.11.5), lediglich die asynchrone Taktung muß bei der Ermittlung der Folgezustände $^1\underline{Q}_\mu$ in der dafür zu erstellenden vollständigen Automatentabelle berücksichtigt werden. Für den asynchronen Beispielzähler $\mu = (0,...,5)$ sieht das wie folgt aus:

μ	Q_2	Q_1	Q_0	$J_2\ K_2$ $Q_1\ 1$	$^1Q_2$	$J_1\ K_1$ $\bar{Q}_2\ 1$	$^1Q_1$	$J_0\ K_0$ $1\ 1$	$^1Q_0$	$^1\mu$
0	0	0	0	k.T.	0	k.T.	0	1 1	1	1
1	0	0	1	0 1	0	1 1	1	1 1	0	2
2	0	1	0	k.T.	0	k.T.	1	1 1	1	3
3	0	1	1	1 1	1	1 1	0	1 1	0	4
4	1	0	0	k.T.	1	k.T.	0	1 1	1	5
5	1	0	1	0 1	0	0 1	0	1 1	0	0
6	1	1	0	k.T.	1	k.T.	1	1 1	1	7
7	1	1	1	1 1	0	0 1	0	1 1	0	0

(19.12.12)

k.T. - kein Takt

Vollständiger Automatengraph:

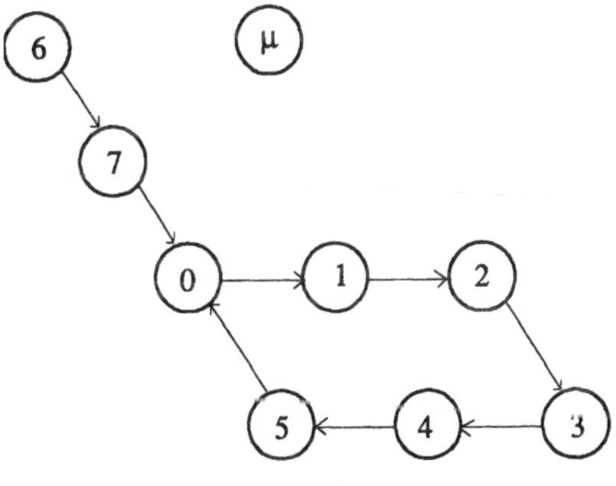

(19.12.13)

Kann aus applikativen Gesichtspunkten das in (19.12.13) gezeigte Startverhalten dieser asynchronen Schaltung nicht toleriert werden, muß eine Initialisierung der Flip-Flops in den gewünschten Anfangszustand vorgenommen werden.
Im folgenden werden weitere Entwürfe asynchroner Zähler- und Teilerschaltungen dargestellt.

<u>Beispiel 1:</u> asynchroner Vorwärtszähler, BCD-Kode, zyklisch $\mu = (0,...,5)$,
$0 \rightarrow 1$ -Taktflanke

Zur Ermittlung der Taktung aller für diesen Zähler benötigten drei Flip-Flops erstellt man zunächst wieder die Automatentabelle mit den Momentanzuständen $\underline{Q}_\mu$, den Folgezuständen $^1\underline{Q}_\mu$ und dem Eingangstakt C. Die verwendeten Flip-Flops sollen mit den $0 \rightarrow 1$ - Flanken den jeweils aktuellen Wert an ihren Ausgängen $\underline{Q}_\nu$ bereitstellen.

μ	Q_2	Q_1	Q_0	C
0	0	0	0	
1	0	0	1	
2	0	1	0	
3	0	1	1	
4	1	0	0	
5	1	0	1	
0	0	0	0	t

(19.12.14)

FF_0 wird, wie bereits erklärt, mit C beschaltet:

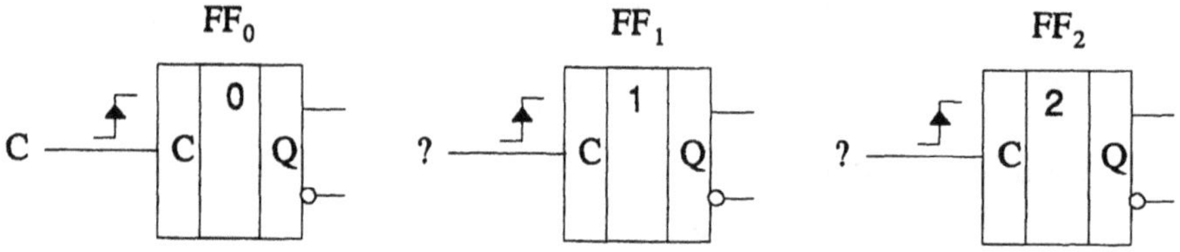

(19.12.15)

Die benötigten Taktflanken für $Q_{\mu,1}$ und $Q_{\mu,2}$ werden in (19.12.14) eingetragen:

μ	Q_2	Q_1	Q_0
0	0	0	0
1	0	0	1
2	0	1	0
3	0	1	1
4	1	0	0
5	1	0	1
0	0	0	0

(19.12.16)

Aus der Tabelle (19.12.16) wird deutlich, daß die Taktung von FF_1 und FF_2 vom Ausgang des FF_0 erfolgen kann. Da hier aber die 0 → 1 -Taktflanke Verwendung finden soll, ist nicht Q_0, sondern $\overline{Q}_0$ zu nutzen und ,wie bereits in (19.12.4) begründet, ist dann letzlich (19.12.16) mit Taktpfeilen wie folgt zu ergänzen:

μ	Q_2	Q_1	Q_0
0	0	0	0
1	0	0	1
2	0	1	0
3	0	1	1
4	1	0	0
5	1	0	1
0	0	0	0

(19.12.17)

Damit ist die Taktbelegung für die asynchronen Zählerschaltungen mit 0 → 1 -Taktflanken bestimmt. Die Ansteuerfunktionen bei Verwendung von JK-Flip-Flops sind die gleichen, wie sie bereits eingangs in diesem Abschnitt (19.12.9) und (19.12.10) für den gleichen Zähler, aber mit 1 → 0 -Taktflanken, ermittelt wurden.

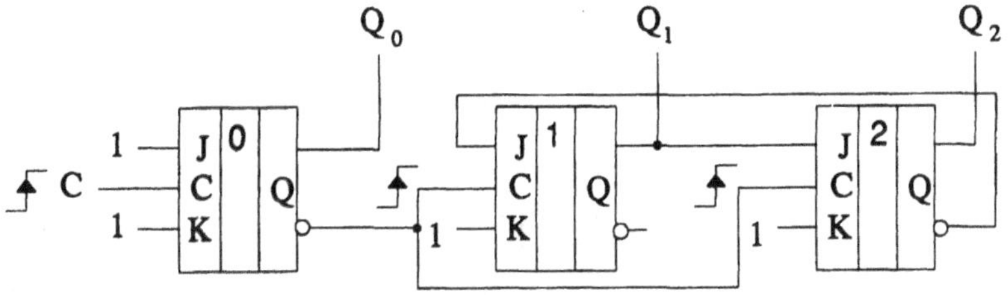

Bild 19.12.5 Schaltung eines asynchronen zyklischen Vorwärtszählers, BCD-Kode, μ = (0,...,5), 0 → 1 -Taktflanke

<u>Beispiel 2:</u> asynchroner Rückwärtszähler, BCD-Kode, zyklisch, μ = (7,...,0), 1 → 0 -Taktflanke, JK-FF (Binärteiler mit $1:2^n$ Teilerverhältnis)

Anzahl der benötigten Flip-Flops: $n=\lceil \text{ld } m \rceil = \lceil \text{ld } 8 \rceil = 3$
Automatentabelle:

μ	Q_2	Q_1	Q_0	J_2	K_2	J_1	K_1	J_0	K_0
7	1	1	1	d	d	d	d	d	1
6	1	1	0	d	d	d	1	1	d
5	1	0	1	d	d	d	d	d	1
4	1	0	0	d	1	1	d	1	d
3	0	1	1	d	d	d	d	d	1
2	0	1	0	d	d	d	1	1	d
1	0	0	1	d	d	d	d	d	1
0	0	0	0	1	d	1	d	1	d
7	1	1	1						

(19.12.18)

Schaltung:

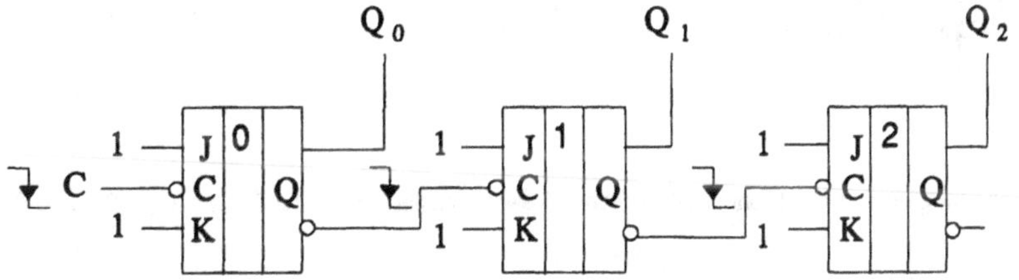

Bild 19.12.6 Schaltung eines asynchronen zyklischen Rückwärtszählers, BCD-Kode, μ = (7,...,0), 1→0-Taktflanke

Beispiel 3: asynchroner Rückwärtszähler, BCD-Kode, zyklisch, $\mu = (7,...,0)$, $1 \rightarrow 0$ - Taktflanke, D-FF

Automatentabelle:

μ	Q_2	Q_1	Q_0	D_2	D_1	D_0
7	1	1	1	d	d	0
6	1	1	0	d	0	1
5	1	0	1	d	d	0
4	1	0	0	0	1	1
3	0	1	1	d	d	0
2	0	1	0	d	0	1
1	0	0	1	d	d	0
0	0	0	0	1	1	1
7	1	1	1			

(19.12.19)

Ermittlung der Ansteuerfunktionen $D_\nu = f(Q_\nu, {}^1Q_\nu, C_\nu)$:

Q_2 (columns 2–4), Q_0 (columns 1–3)

	1	d	d	0
1	d	d	d	d

1	d	d	1
0	d	d	0

1	0	0	1
1	0	0	1

$D_2 = \overline{Q}_2$ $D_1 = \overline{Q}_1$ $D_0 = \overline{Q}_0$

(19.12.20)

Schaltung:

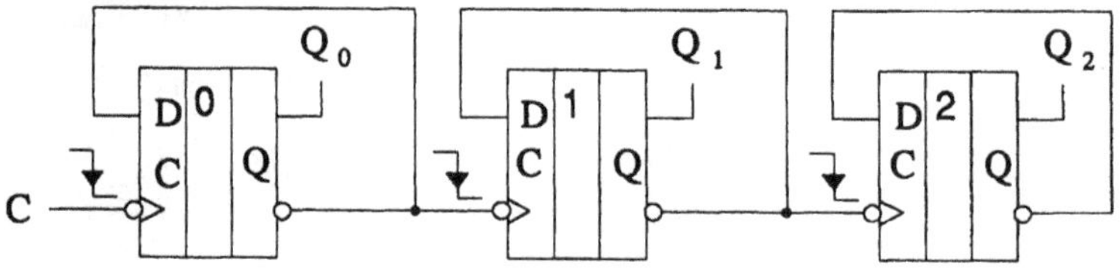

Bild 19.12.7 Schaltung eines asynchronen zyklischen Rückwärtszählers, BCD-Kode, $\mu = (7,...,0)$, $1 \rightarrow 0$-Taktflanke

Automatengraph:

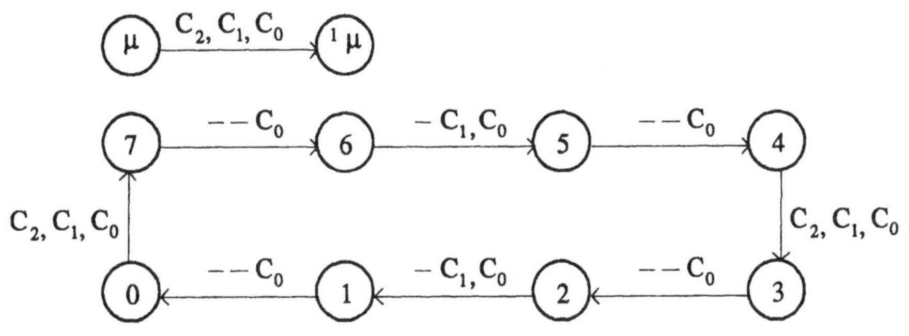

(19.12.21)

Automatengraph mit den kurzzeitig auftretenden Zwischenzuständen, die der asynchronen Betriebsweise geschuldet sind:

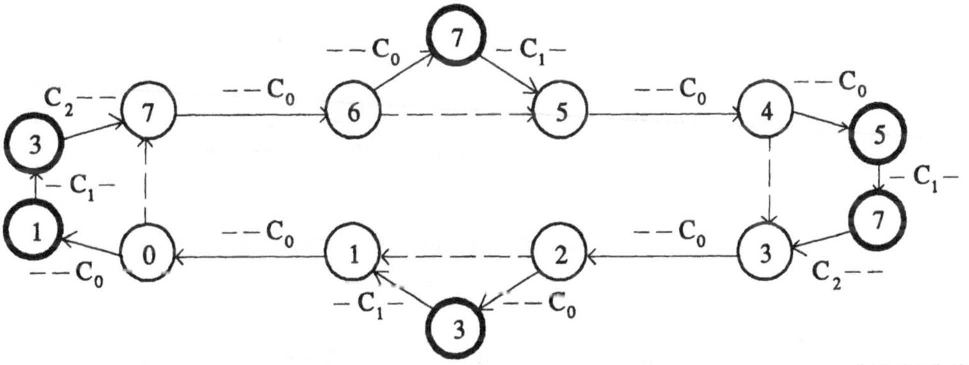

(19.12.22)

Die gewünschten Folgezustände ${}^1\underline{Q}_\mu$ (=${}^1\mu$) im Automatengraphen (19.12.22), die durch Einwirkung nur von C_0 entstehen, stellen sich nach einer Flip-Flop-Schaltzeit t_F ein. Dies sind $\underline{Q}_6$, $\underline{Q}_4$, $\underline{Q}_2$ und $\underline{Q}_0$.
Die gewünschten Folgezustände ${}^1\underline{Q}_\mu$, die durch Einwirkung von C_0 und C_1 entstehen, stellen sich nach zwei Flip-Flop-Schaltzeiten $2t_F$ ein. Dies sind $\underline{Q}_5$ und $\underline{Q}_1$. Schließlich erscheinen die gewünschten Zustände $\underline{Q}_3$ und $\underline{Q}_7$ nach drei Flip-Flop-Schaltzeiten infolge der zeitlich seriell wirkenden Takte C_0, C_1 und C_2.
Damit erklären sich auch die in (19.12.22) mit den dicken Einkreisungen dargestellten kurzzeitigen Zwischenzustände $\underline{Q}_7$, $\underline{Q}_5$, $\underline{Q}_3$ und $\underline{Q}_1$. Das folgende Diagramm zeigt einen zeitlichen Ausschnitt aus den Signalverläufen dieser Schaltung. Es verdeutlicht die hier vorliegende Asynchronität im Zeitverlauf.

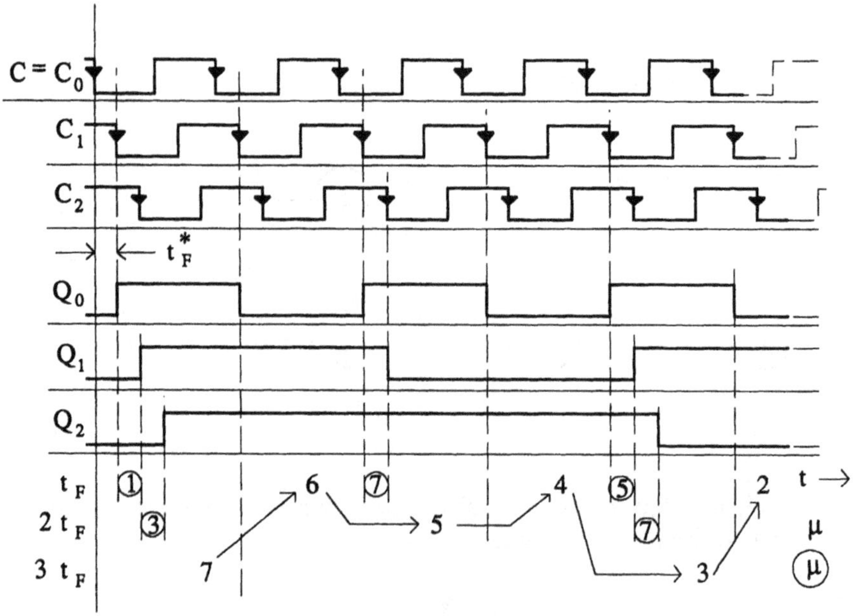

*t_F - zeitlich extrem vergrößert dargestellte Verzögerung zwischen 1 → 0 -Taktflanke C_v und Ausgangssignal Q_v am Flip-Flop FF_v

Bild 19.12.8 Ausschnitt aus den Signalverläufen des asynchronen Rückwärtszählers (Binärteiler $1:2^n$) in Bild 19.12.7

Im Bild 19.12.8 sind, von oben nach unten dargestellt, die Taktsignale C_v, die Ausgangssignale Q_v und in drei Stufen die Indexe μ, der sich im Betrieb des Zählers einstellenden Zustände $\underline{Q}_\mu$. Dabei sind in der ersten Zeile die Indexe μ derjenigen Zustände $\underline{Q}_\mu$ angegeben, die sich nach einer Verzögerungszeit t_F der verwendeten Flip-Flops einstellen, in der zweiten Zeile diejenigen mit $2t_F$ Verzögerungszeit usw. Die eingekreisten μ sind die Indexe der unerwünscht auftretenden Zwischenzustände aufgrund der asynchronen Betriebsweise.

Beispiel 4: asynchroner Vorwärtszähler, zyklisch, $\mu = (2,...,10)$, Binärkode, JK-FF, $1 \rightarrow 0$ -Taktflanke

Taktermittlung: $n = \lceil ld\ m \rceil = \lceil ld\ 9 \rceil = 4$

μ	Q_3	Q_2	Q_1	Q_0
2	0	0	1	0
3	0	0	1	1
4	0	1	0	0
5	0	1	0	1
6	0	1	1	0
7	0	1	1	1
8	1	0	0	0
9	1	0	0	1
10	1	0	1	0
2	0	0	1	0

(19.12.23)

Das Flip-Flop FF_0 wird vom Eingangstakt geschaltet, also ist für jeden Übergang $\underline{Q}_\mu$ nach ${}^1\underline{Q}_\mu$ ein Taktpfeil vorzusehen. Für die folgenden drei Flip-Flops FF_1 bis FF_3 sind in (19.12.23) überall dort Taktpfeile angeordnet, wo sie zum Umschalten der Ausgangsbelegungen Q_ν benötigt werden. Es ist ersichtlich, daß alle Wechsel für Q_1 mit $C_1 = Q_0$ und für Q_2 mit $C_2 = Q_1$ realisiert werden können. Für Q_3 läßt sich der Wechsel von $Q_{\mu,\nu} = Q_{10,3} = 1$ auf $Q_{2,3} = 0$ nur wieder mit dem Eingangstakt C vollziehen. Damit ergibt sich folgende Taktbeschaltung der Flip-Flops:

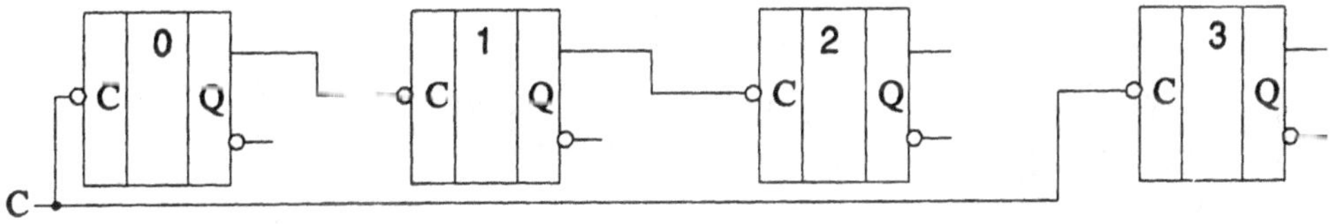

(19.12.24)

Automatentabelle:

μ	Q_3	Q_2	Q_1	Q_0	J_3	K_3	J_2	K_2	J_1	K_1	J_0	K_0
2	0	0	1	0	0	d	d	d	d	d	1	d
3	0	0	1	1	0	d	1	d	d	1	d	1
4	0	1	0	0	0	d	d	d	d	d	1	d
5	0	1	0	1	0	d	d	d	1	d	d	1
6	0	1	1	0	0	d	d	d	d	d	1	d
7	0	1	1	1	1	d	d	1	d	1	d	1
8	1	0	0	0	d	0	d	d	d	d	1	d
9	1	0	0	1	d	0	d	d	1	d	d	1
10	1	0	1	0	d	1	d	d	d	d	0	d
2	0	0	1	0								

(19.12.25)

Ermittlung der Ansteuerfunktionen $J_v, K_v = f(Q_v, {}^1Q_v, C_v)$:

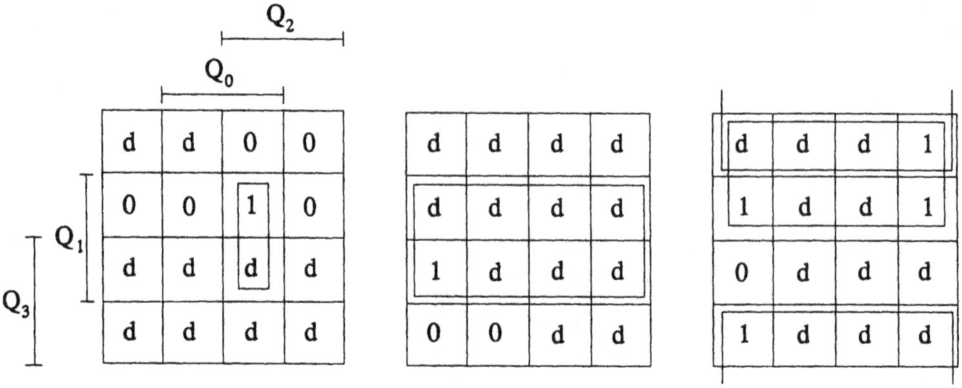

$J_3 = Q_2 Q_1 Q_0$ $\qquad K_3 = Q_1$ $\qquad J_0 = \overline{Q}_3 + \overline{Q}_1$

$J_2 = J_1 = K_2 = K_1 = K_0 = 1$

(19.12.26)

Schaltung:

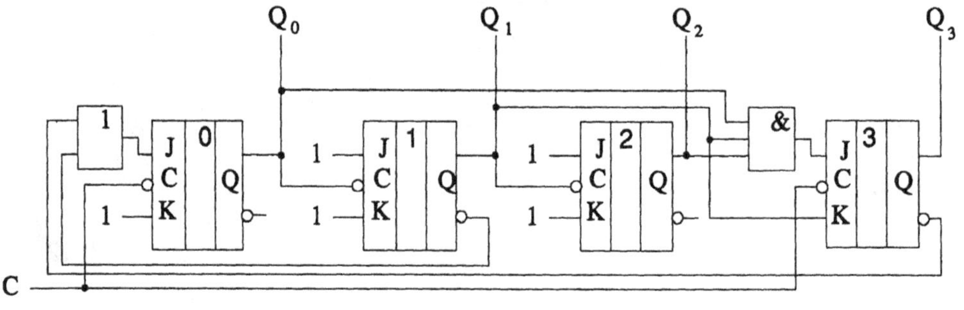

Bild 19.12.9 Schaltung eines asynchronen zyklischen Vorwärtszählers, Binärkode, μ = (2,...,10), JK-FF, 1→0-Taktflanke

Vollständige Automatentabelle:

μ	Q_3	Q_2	Q_1	Q_0	J_3^*	K_3	${}^1Q_3$	J_2	K_2	${}^1Q_2$	J_1	K_1	${}^1Q_1$	J_0^*	K_0	${}^1Q_0$	${}^1\mu$
						1		1	1		1	1			1		
0	0	0	0	0	0	0	0	k.T.		0	k.T.		0	1	1	1	1
1	0	0	0	1	0	0	0	k.T.		0	1	1	1	1	1	0	2
2	0	0	1	0	0	1	0	k.T.		0	k.T.		1	1	1	1	3
3	0	0	1	1	0	1	0	1	1	1	1	1	0	1	1	0	4
4	0	1	0	0	0	0	0	k.T.		1	k.T.		0	1	1	1	5
5	0	1	0	1	0	0	0	k.T.		1	1	1	1	1	1	0	6
6	0	1	1	0	0	1	0	k.T.		1	k.T.		1	1	1	1	7
7	0	1	1	1	1	1	1	1	1	0	1	1	0	1	1	0	8
8	1	0	0	0	0	0	1	k.T.		0	k.T.		0	1	1	1	9
9	1	0	0	1	0	0	1	k.T.		0	1	1	1	1	1	0	10
10	1	0	1	0	0	1	0	k.T.		0	k.T.		1	0	1	0	2
11	1	0	1	1	0	1	0	1	1	1	1	1	0	0	1	0	4
12	1	1	0	0	0	0	1	k.T.		1	k.T.		0	1	1	1	13
13	1	1	0	1	0	0	1	k.T.		1	1	1	1	1	1	0	14
14	1	1	1	0	0	1	0	k.T.		1	k.T.		1	0	1	0	6
15	1	1	1	1	1	1	0	1	1	0	1	1	0	0	1	0	0

k. T. - kein Takt $\quad J_3^* = Q_2 Q_1 Q_0 \qquad J_0^* = \bar{Q}_3 + \bar{Q}_1$

(19.12.27)

Vollständiger Automatengraph:

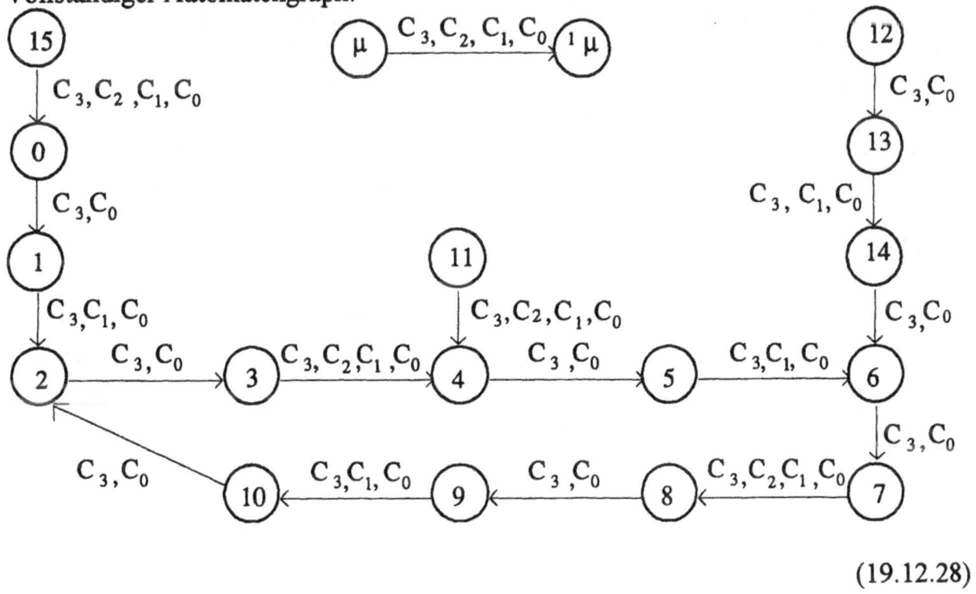

(19.12.28)

19.13. Entwurf komplexer Schaltungen auf der Basis von MOORE- und MEALY-Automaten

In den Abschnitten 19.9 bis 19.12 ist der Entwurf komplexer Standard- und anwenderspezifischer Schaltungen mit Flip-Flops, Schieberegistern, Zählern und Teilern auf der Basis von MOORE- bzw. MEALY-Automaten beschrieben worden. Ausgangspunkt der dabei verwendeten Syntheseverfahren sind Verhaltensbeschreibungen in Form von z. B. zeitlichen Verläufen der Ein- und Ausgangssignale, Automatengraphen oder Automatentabellen für die zu entwerfenden Schaltungen und Systeme. Diese Beschreibungsformen und der nachfolgende Syntheseablauf mit der Ermittlung der Ansteuerfunktionen für die Flip-Flops und der Konzipierungen einer evtl. erforderlichen Ausgabekombinatorik sind für den Entwurf beliebiger sequentieller Schaltungen bis zu einer bestimmten Komplexität generell anwendbar. Die Komplexität solcher Schaltungen ist vorrangig durch die maximale Anzahl k der Eingangsvariablen $\underline{x} = (x_{k-1},...,x_0)$ und der maximalen Anzahl n der Zustandsvariablen $\underline{z} = (z_{n-1},...,z_0)$ bestimmt. Der Eingangsraum für die Kombinatorik K_f (siehe Abschnitt 19.2) der zu konzipierenden Schaltungen besteht aus allen 0-1-Zeilenvektoren der Dimensionen $d = k + n$, d. h. es existieren 2^d solcher Vektoren, die in die Schaltungssynthese einbezogen werden können.
Für z. B. d = 5 Variablen am Eingang der Kombinatorik K_f eines Automaten ergeben sich im Falle einer kanonischen Repräsentation bereits 32 solcher 0-1-Zeilenvektoren. In der Praxis überwiegen allerdings die nichtkanonischen Automaten, in deren Synthese nicht alle theoretisch möglichen Eingangsvektoren einbezogen werden.
Die modellhafte Darstellung solcher Automaten bezeichnet man auch als Statecharts. Dieser Begriff hat inzwischen Eingang gefunden in umfangreiche kommerzielle Werkzeuge, die hierarchische und parallel arbeitende Automaten synthetisieren.
Damit läßt sich die Komplexität praktisch realisierbarer Schaltungen und Systeme weiter erhöhen. Basismodule solcher komplexen Systeme sind jedoch immer auch die bisher beschriebenen sogenannten "flachen" Automaten, die keine parallelen und hierarchischen Komponenten enthalten. Zwei weitere Beispiele für die Synthese komplexer Schaltungen im Sinne von "flachen Automaten" ergänzen diesen Abschnitt.

Beispiel 1: Schaltung zur Erkennung einer Impulsfolge

Es ist eine Schaltung zu synthetisieren, die eine vorgegebene Folge von "0"-en und "1"-en identifiziert, die z. B. aus 6 bit der Konfiguration x = (0,0,1,1,0,1) besteht. Es wird vorausgesetzt, daß diese Folge mit der linken 0 als führendes bit und getaktet mit C am Eingang x anliegt.

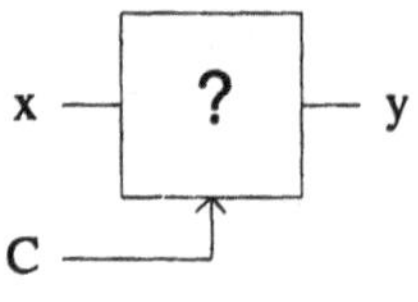

(19.13.1)

Ist die Folge erkannt, soll am Ausgang y eine "1" ausgegeben werden, sonst eine "0".

<u>Realisierung der Schaltung zur Impulsfolgeerkennung mit einem MEALY-Automaten:</u>

Automatengraph:

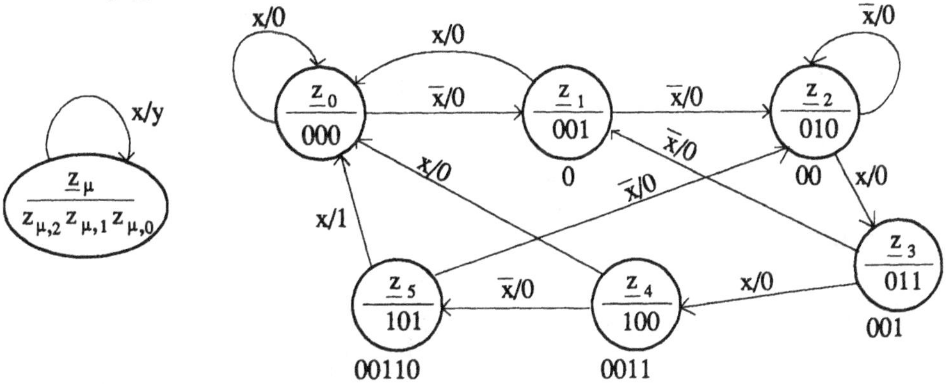

(19.13.2)

Startpunkt im Automatengraphen ist der Knoten $\underline{z}_0$. Solange keine "0" am Eingang x erscheint, verbleibt die Erkennungsschaltung im Zustand, der durch $\underline{z}_0$ charakterisiert ist. Mit der ersten einlaufenden "0" erfolgt der Übergang nach $\underline{z}_1$, mit der zweiten nach $\underline{z}_2$ usw. Erscheint im Zustand $\underline{z}_1$ jedoch wieder eine "1" anstelle der gewünschten "0", so erfolgt der dargestellte Übergang zurück zu $\underline{z}_0$ usw.
Unterhalb der Knoten $\underline{z}_\mu$ ist die am Eingang x der Schaltung eingelaufene Impulsfolge vermerkt.
Ermittlung der Ansteuerfunktionen z. B. für JK-Flip-Flops, mit denen diese Schaltung realisiert werden soll:

		$\underline{z}_\mu$			${}^1\underline{z}_\mu$									
(ε,μ)	x	z_2	z_1	z_0	${}^1z_2$	${}^1z_1$	${}^1z_0$	J_2	K_2	J_1	K_1	J_0	K_0	$y_{(\varepsilon,\mu)}$
0	0	0	0	0	0	0	1	0	d	0	d	1	d	0
1	0	0	0	1	0	1	0	0	d	1	d	d	1	0
2	0	0	1	0	0	1	0	0	d	d	0	0	d	0
3	0	0	1	1	0	0	1	0	d	d	1	d	0	0
4	0	1	0	0	1	0	1	d	0	0	d	1	d	0
5	0	1	0	1	0	1	0	d	1	1	d	d	1	0
6	0	1	1	0	d	d	d	d	d	d	d	d	d	d
7	0	1	1	1	d	d	d	d	d	d	d	d	d	d
8	1	0	0	0	0	0	0	0	d	0	d	0	d	0
9	1	0	0	1	0	0	0	0	d	0	d	d	1	0
10	1	0	1	0	0	1	1	0	d	d	0	1	d	0
11	1	0	1	1	1	0	0	1	d	d	1	d	1	0
12	1	1	0	0	0	0	0	d	1	0	d	0	d	0
13	1	1	0	1	0	0	0	d	1	0	d	d	1	1
14	1	1	1	0	d	d	d	d	d	d	d	d	d	d
15	1	1	1	1	d	d	d	d	d	d	d	d	d	d

(19.13.3)

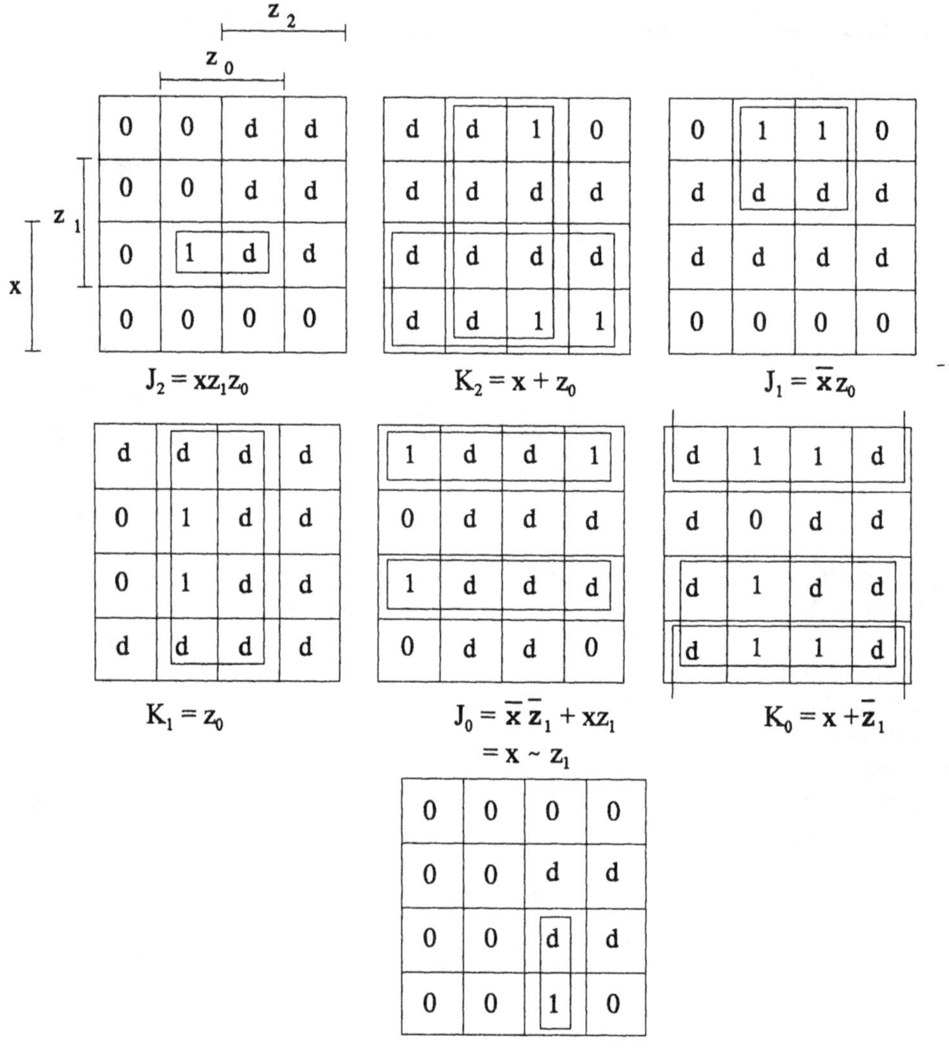

$J_2 = x z_1 z_0$ $K_2 = x + z_0$ $J_1 = \overline{x} z_0$

$K_1 = z_0$ $J_0 = \overline{x}\,\overline{z}_1 + x z_1 = x \sim z_1$ $K_0 = x + \overline{z}_1$

Schaltung: $y = x z_2 z_0$

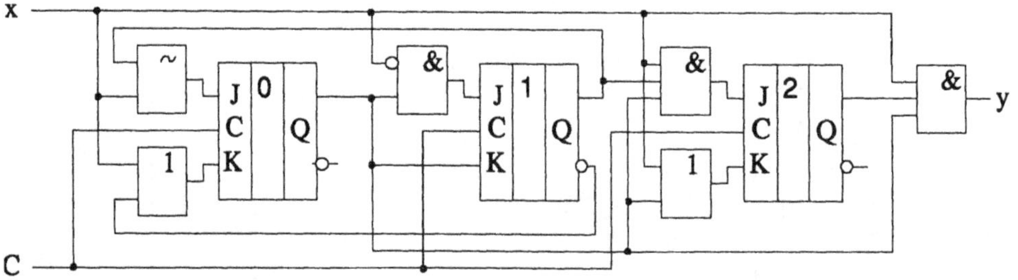

Bild 19.13.1 Schaltung zur Erkennung der Impulsfolge x = (001101) auf der Basis eines MEALY-Automaten.

Eine Anfangsinitialisierung auf z_0 (z. B. power-on-reset) ist für die exakte Arbeitsweise dieser Schaltung erforderlich.

<u>Realisierung der Schaltung zur Impulsfolgeerkennung mit einem MOORE-Automaten:</u>

Automatengraph:

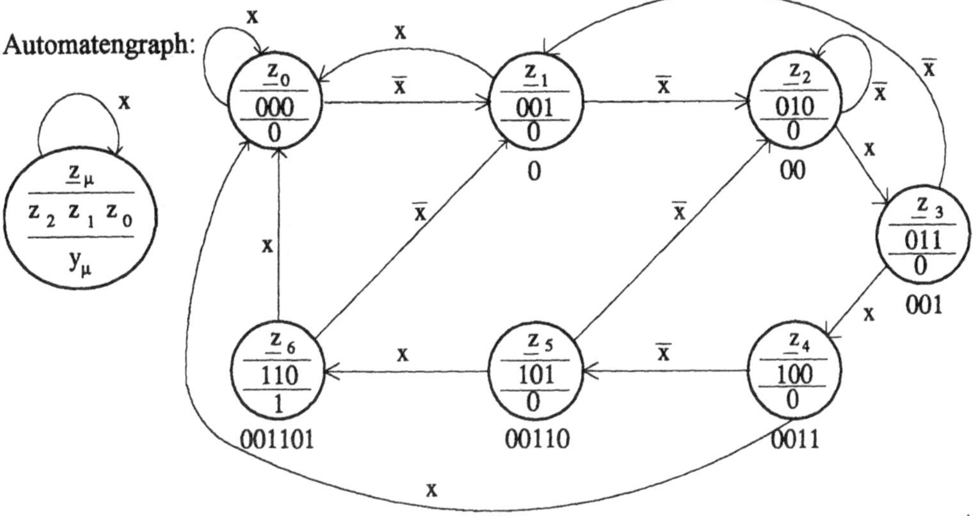

(19.13.4)

Unterhalb der Knotenpunkte $\underline{z}_\mu$ ist die am Eingang x der Schaltung mit jedem Takt C eingelaufene Impulsfolge x vermerkt.
Ermittlung der Ansteuerfunktionen für JK-Flip-Flops, mit denen z. B. diese Schaltung realisiert werden kann:

		$\underline{z}_\mu$			${}^1\underline{z}_\mu$									
(ε,μ)	x	z_2	z_1	z_0	${}^1z_2$	${}^1z_1$	${}^1z_0$	J_2	K_2	J_1	K_1	J_0	K_0	y_μ
0	0	0	0	0	0	0	1	0	d	0	d	1	d	0
1	0	0	0	1	0	1	0	0	d	1	d	d	1	0
2	0	0	1	0	0	1	0	0	d	d	0	0	d	0
3	0	0	1	1	0	0	1	0	d	d	1	d	0	0
4	0	1	0	0	1	0	1	d	0	0	d	1	d	0
5	0	1	0	1	0	1	0	d	1	1	d	d	1	0
6	0	1	1	0	0	0	1	d	1	d	1	1	d	1
7	0	1	1	1	d	d	d	d	d	d	d	d	d	d
8	1	0	0	0	0	0	0	0	d	0	d	0	d	0
9	1	0	0	1	0	0	0	0	d	0	d	d	1	0
10	1	0	1	0	0	1	1	0	d	d	0	1	d	0
11	1	0	1	1	1	0	0	1	d	d	1	d	1	0
12	1	1	0	0	0	0	0	d	1	0	d	0	d	0
13	1	1	0	1	1	1	0	d	0	1	d	d	1	0
14	1	1	1	0	0	0	0	d	1	d	1	0	d	1
15	1	1	1	1	d	d	d	d	d	d	d	d	d	d

(19.13.5)

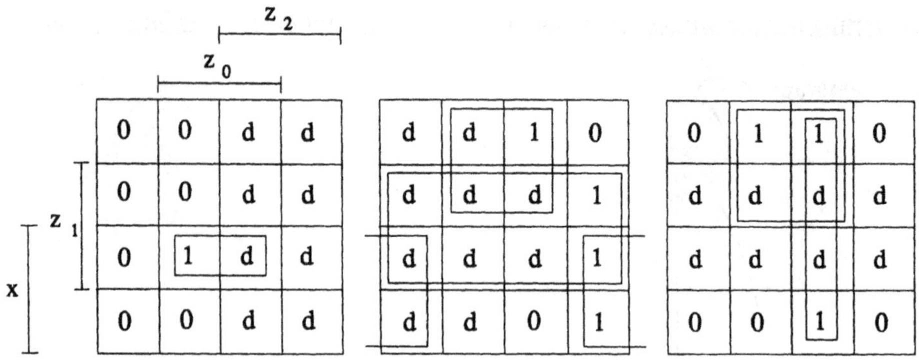

$J_2 = x z_1 z_0$

$K_2 = z_1 + x\bar{z}_0 + \bar{x} z_0 = z_1 + x \oplus z_0$

$J_1 = z_2 z_0 + \bar{x} z_0$

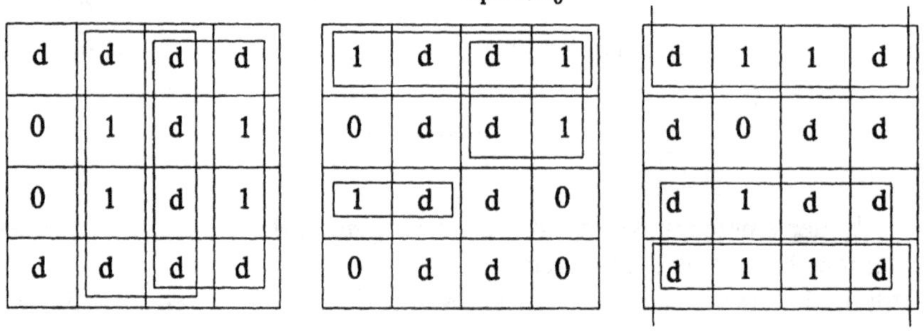

$K_1 = z_0 + z_2$

$J_0 = \bar{x}\,\bar{z}_1 + \bar{x} z_2 + x\bar{z}_2 z_1$

$K_0 = x + \bar{z}_1$

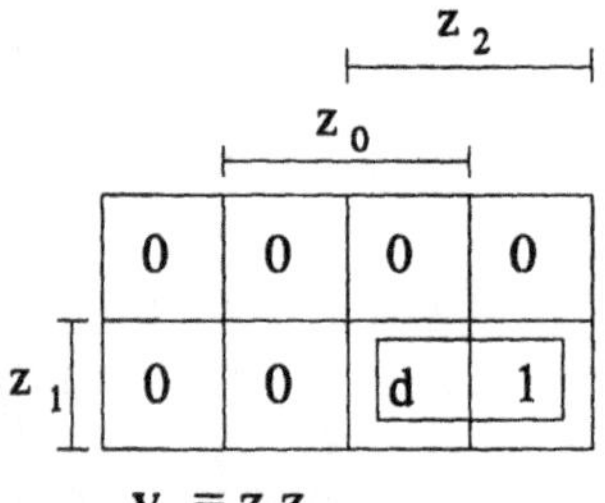

$y_\mu = z_2 z_1$

Schaltung:

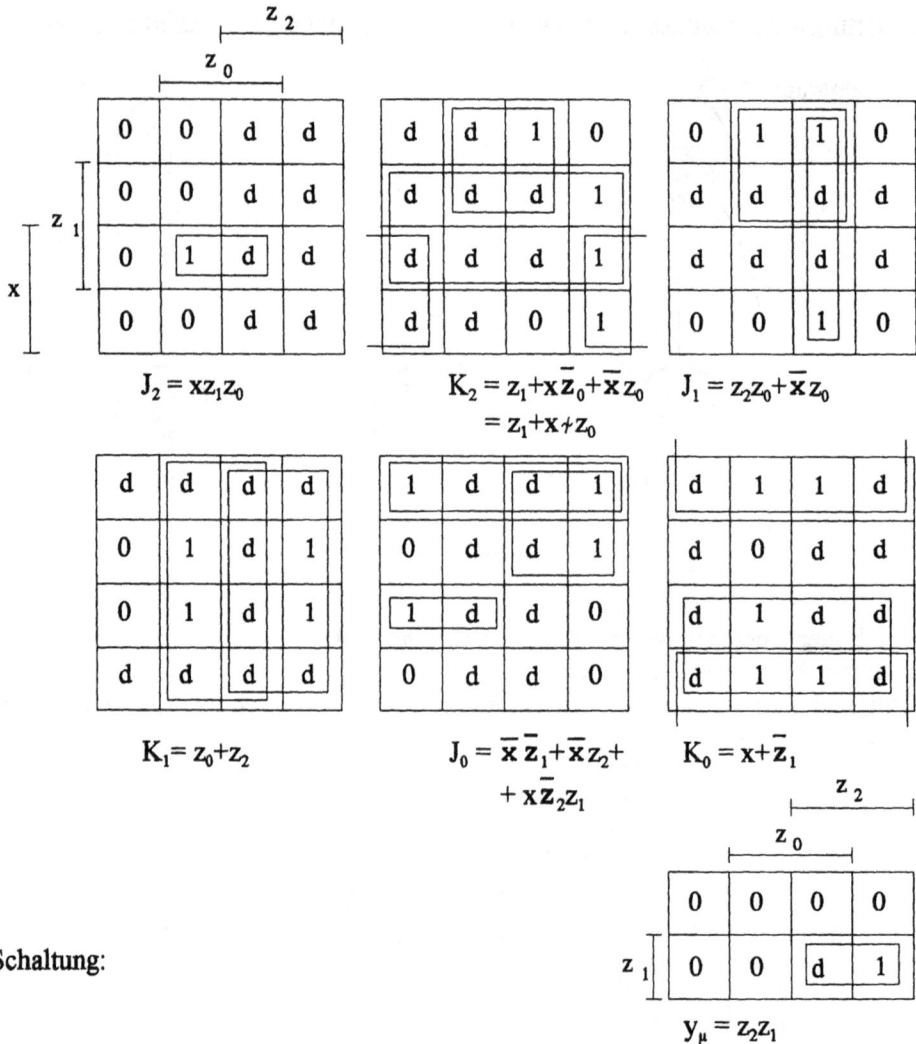

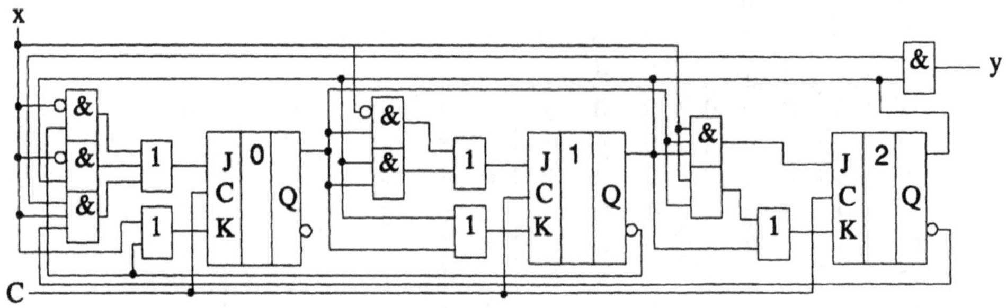

Bild 19.13.2 Schaltung zur Erkennung der Impulsfolge x = (001101) auf der Basis eines MOORE-Automaten

Eine Anfangsinitialisierung auf z_0 (z. B. power-on-reset) ist für die exakte Arbeitsweise dieser Schaltung erforderlich.

Beispiel 2: Initialisierungsschaltung für eine Stoppuhr

Diese Schaltung soll auf die Betätigungssignale der beiden Bedientasten

S_1 - Rücksetzen/Runde (RESET/LAP) und
S_2 - Start/Stop (RUN/STOP)

reagieren und dabei die drei Steuersignale "LADEN", "RÜCKSETZEN" und "HALTEN" generieren. Diese Signale wirken auf Zähler, Register und die Anzeige der Uhrenelektronik.

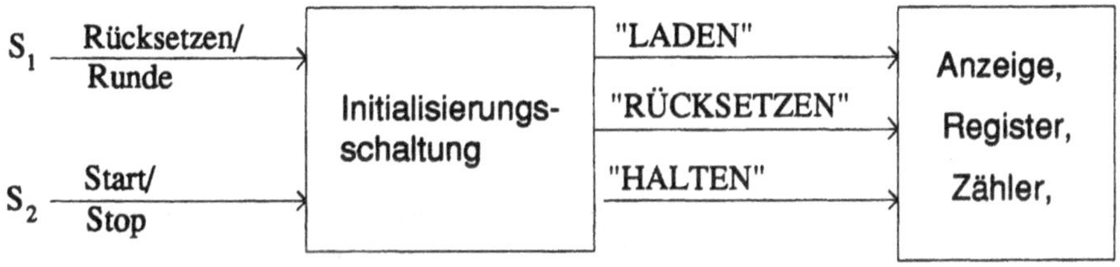

Bild 19.13.3 Ein- und Ausgangssignalbezeichnungen für die zu entwerfende Initialisierungsschaltung einer elektronischen Stoppuhr

Für die Initialisierungsschaltung sind prinzipiell vier innere Zustände vorzusehen:

RESET - Zähler und Anzeige sind rückgesetzt,
RUN - Zähler und Anzeige sind gestartet,
LAP - Rundenzeit wird dargestellt, Zähler läuft weiter,
STOP - Zähler ist angehalten, aktuelle Zeit wird dargestellt.

Des weiteren sind diese vier inneren Zustände doppelt darzustellen, nämlich jeweils im sogenannten sensitiven und insensitiven Modus. Sensitiver Modus bedeutet, daß keine der Tasten S_1 und S_2 betätigt ist. Der insensitive Modus wird bei Betätigen einer der Tasten S_1 oder S_2 eingenommen und beibehalten, bis die jeweilige Taste wieder ihre Ausgangslage einnimmt. Werden ungewollt beide Tasten S_1 und S_2 gleichzeitig betätigt, soll S_1 priorisiert wirken. Folgender Automatengraph verdeutlicht diese Zusammenhänge und definiert den Gesamtablauf aller Prozesse zur Generierung der Ausgangssignale "L" (LADEN), "R" (RÜCKSETZEN) und "H" (Halten).

Automatengraph:

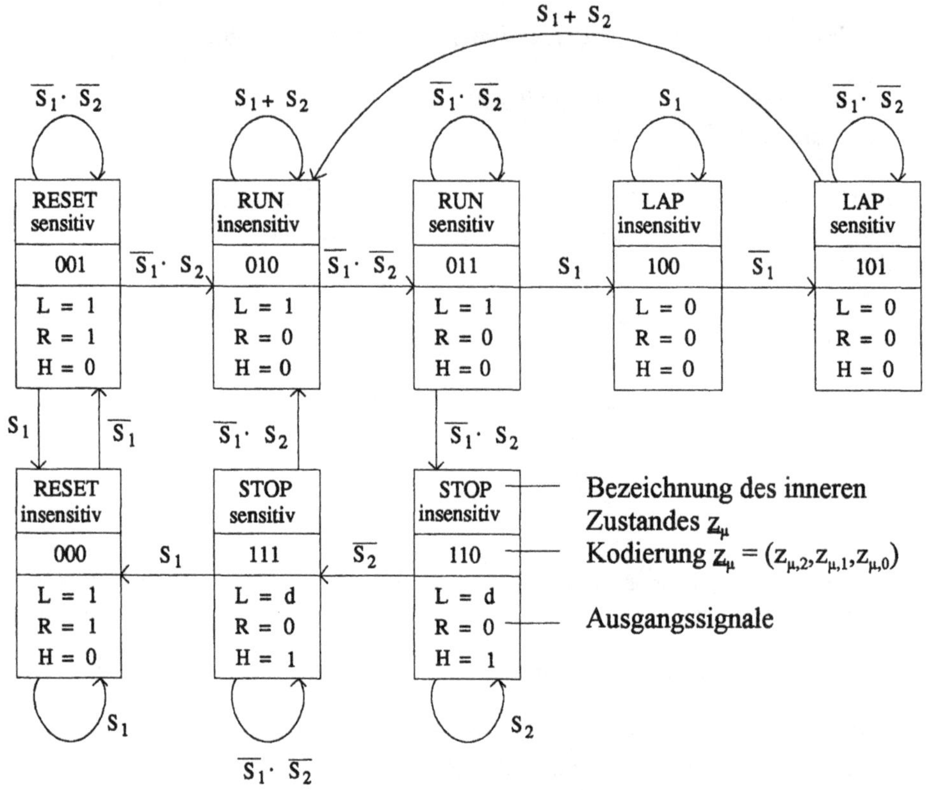

(19.13.6)

Startpunkt im Automatengraphen ist der Knoten "RESET, sensitiv" mit der Kodierung $z_\mu = (z_{\mu,2}, z_{\mu,1}, z_{\mu,0}) = (0,0,1)$. Wird keine der Tasten S_1 und S_2 betätigt, verbleibt er in diesem Zustand. Mit S_2 wird die Stoppuhr gestartet (Zustand "RUN, insensitiv"). Nach "Loslassen" der Taste S_2 verbleibt die Schaltung im Zustand "RUN", nimmt aber den Modus "RUN, sensitiv" ein. Mit erneutem Betätigen von S_2 kann die Zeitnahme gestoppt werden ("STOP", Anhalten des Zählers) oder mit S_1 kann die Schaltung in den Zustand ("LAP", Weiterlaufen des Zählers, Zeitanzeige bei Betätigung von S_1) geschaltet werden, usw..

Ermittlung der Ansteuerfunktionen z. B. für JK-Flip-Flops, mit denen diese Schaltung realisiert werden kann:

				$\underline{z}_\mu$			$^1\underline{z}_\mu$											
(ε,μ)	S_2	S_1	z_2	z_1	z_0	$^1z_2$	$^1z_1$	$^1z_0$	J_2	K_2	J_1	K_1	J_0	K_0	"L"	"R"	"H"
0	0	0	0	0	0	0	0	1	0	d	0	d	1	d	1	1	0
1	0	0	0	0	1	0	0	1	0	d	0	d	d	0	1	1	0
2	0	0	0	1	0	0	1	1	0	d	d	0	1	d	1	0	0
3	0	0	0	1	1	0	1	1	0	d	d	0	d	0	1	0	0
4	0	0	1	0	0	1	0	1	d	0	0	d	1	d	0	0	0
5	0	0	1	0	1	1	0	1	d	0	0	d	d	0	0	0	0
6	0	0	1	1	0	1	1	1	d	0	d	0	1	d	d	0	1
7	0	0	1	1	1	1	1	1	d	0	d	0	d	0	d	0	1
8	0	1	0	0	0	0	0	0	0	d	0	d	0	d			
9	0	1	0	0	1	0	0	0	0	d	0	d	d	1			
10	0	1	0	1	0	0	1	0	0	d	d	0	0	d			
11	0	1	0	1	1	1	0	0	1	d	d	1	d	1			
12	0	1	1	0	0	1	0	0	d	0	0	d	0	d			
13	0	1	1	0	1	0	1	0	d	1	1	d	d	1			
14	0	1	1	1	0	1	1	1	d	0	d	0	1	d			
15	0	1	1	1	1	0	0	0	d	1	d	1	d	1			
16	1	0	0	0	0	0	0	1	0	d	0	d	1	d			
17	1	0	0	0	1	0	1	0	0	d	1	d	d	1			
18	1	0	0	1	0	0	1	0	0	d	d	0	0	d			
19	1	0	0	1	1	1	1	0	1	d	d	0	d	1			
20	1	0	1	0	0	1	0	1	d	0	0	d	1	d			
21	1	0	1	0	1	0	1	0	d	1	1	d	d	1			
22	1	0	1	1	0	1	1	0	d	0	d	0	0	d			
23	1	0	1	1	1	0	1	0	d	1	d	0	d	1			
24	1	1	0	0	0	0	0	0	0	d	0	d	0	d			
25	1	1	0	0	1	0	0	0	0	d	0	d	d	1			
26	1	1	0	1	0	0	1	0	0	d	d	0	0	d			
27	1	1	0	1	1	1	0	0	1	d	d	1	d	1			
28	1	1	1	0	0	1	0	0	d	0	0	d	0	d			
29	1	1	1	0	1	0	1	0	d	1	1	d	d	1			
30	1	1	1	1	0	1	1	0	d	0	d	0	0	d			
31	1	1	1	1	1	0	0	0	d	1	d	1	d	1			

(19.13.7)

z_2; z_0; z_0; z_1; S_1; S_2

0	0	d	d	d	d	0	0
0	0	d	d	d	d	1	0
0	1	d	d	d	d	1	0
0	0	d	d	d	d	0	0

$$J_2 = S_1 z_1 z_0 + S_2 z_1 z_0 = z_1 z_0 (S_1 + S_2)$$

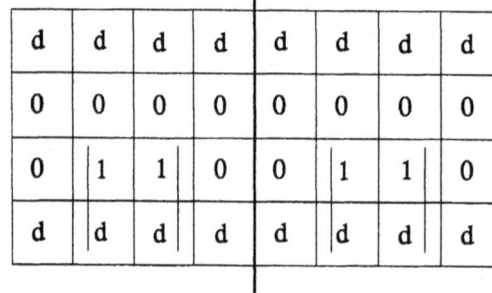

d	d	0	0	0	1	d	d
d	d	0	0	0	1	d	d
d	d	1	0	0	1	d	d
d	d	1	0	0	1	d	d

$$K_2 = S_1 z_0 + S_2 z_0 = z_0 (S_1 + S_2)$$

0	0	0	0	0	1	1	0
d	d	d	d	d	d	d	d
d	d	d	d	d	d	d	d
0	0	1	0	0	1	0	0

$$J_1 = S_1 z_2 z_0 + S_2 \overline{S}_1 z_0$$

d	d	d	d	d	d	d	d
0	0	0	0	0	0	0	0
0	1	1	0	0	1	1	0
d	d	d	d	d	d	d	d

$$K_1 = S_1 z_0$$

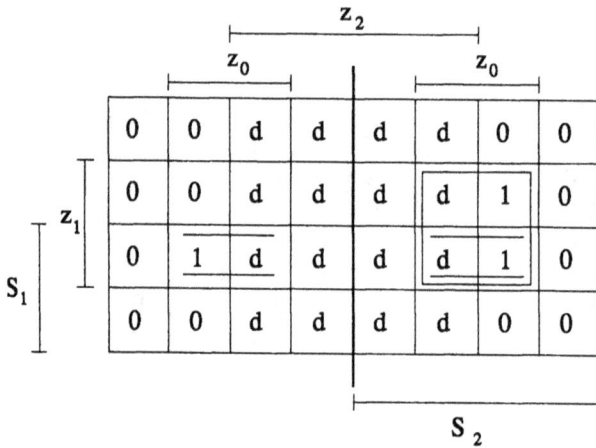

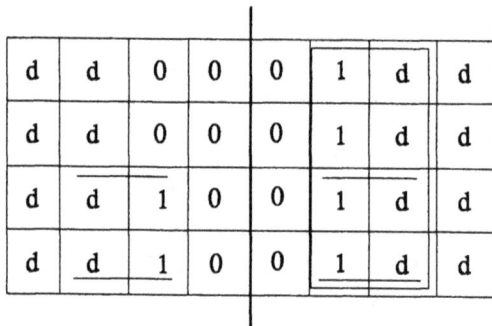

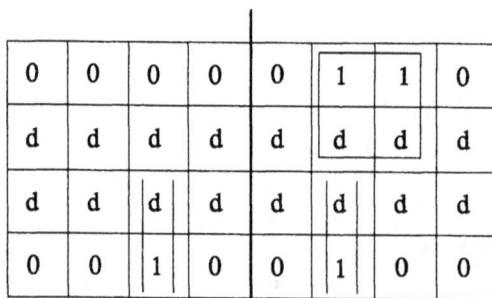

1	d	d	1	1	d	d	1
1	d	d	1	0	d	d	0
0	d	d	1	0	d	d	0
0	d	d	0	0	d	d	0

$$J_0 = \overline{\mathbf{S}}_1\overline{\mathbf{z}}_1 + \overline{\mathbf{S}}_2\overline{\mathbf{S}}_1 +$$
$$= \overline{\mathbf{S}}_2 z_2 z_1$$

d	0	0	d	d	1	1	d
d	0	0	d	d	1	1	d
d	1	1	d	d	1	1	d
d	1	1	d	d	1	1	d

$$K_0 = S_2 + S_1$$

Ermittlung der Ausgangssignale:

z_2 (Spalten 2–3), z_0 (Spalten 3–4), z_1 (Zeile 2)

1	1	0	0
1	1	d	d

"L" = $\overline{\mathbf{z}}_2$

1	1	0	0
0	0	0	0

"R" = $\overline{\mathbf{z}}_2\overline{\mathbf{z}}_1$

0	0	0	0
0	0	1	1

"H" = $z_2 z_1$

Schaltung:

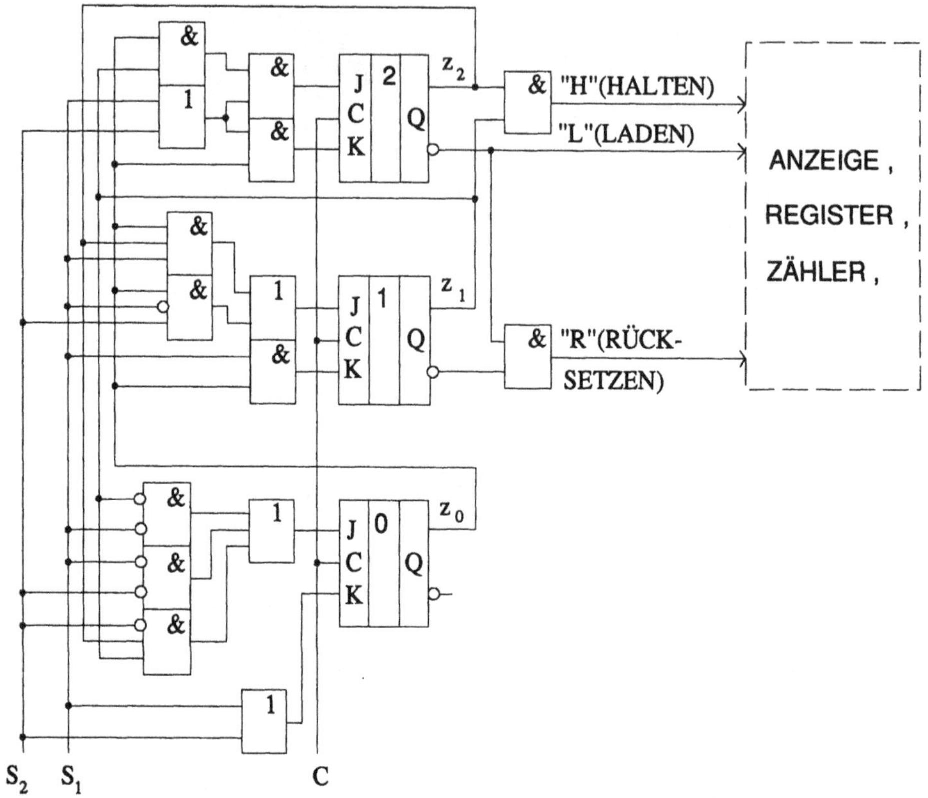

Bild 19.13.4 Initialisierungsschaltung einer elektronischen Stoppuhr (S_1 - Rücksetzen/Runde, S_2 - Start/Stop)

19.14 Stabilitätsuntersuchungen von rückgekoppelten digitalen Schaltungen mittels Schnittmethode

Diese Analysemethode untersucht digitale Schaltungen mit Rückführungen daraufhin, ob und welche Eingangsbelegungen ($x_{e,k-1},\ldots,x_{e,\kappa},\ldots,x_{e,0}$) zum ständigen, nicht gewünschtem Umschalten zwischen den logischen Zuständen 0 und 1 an einem oder mehreren Ausgängen der Schaltung führen. Für die Ermittlung solcher kritischer Eingangsbelegungen trennt man den oder die Rückführungszweige - zweckmäßig unmittelbar am Ausgang der Schaltung - auf.
Damit entstehen kombinatorische Schaltungen (ohne Rückführung), an deren Eingängen neben dem Eingangsvektor $\underline{x}$ die Momentanzustände $\underline{z}_\mu$, repräsentiert durch die Zustandsvariablen $z_{\mu,\nu}$ und am Ausgang die Folgezustände in Form der Folgezustandsvariablen $^1z_{\mu,\nu}$ anliegen.
Bild 19.14.1 verdeutlicht diese Aussagen für rückgekoppelte Schaltungen mit einem bzw. zwei Ausgängen.

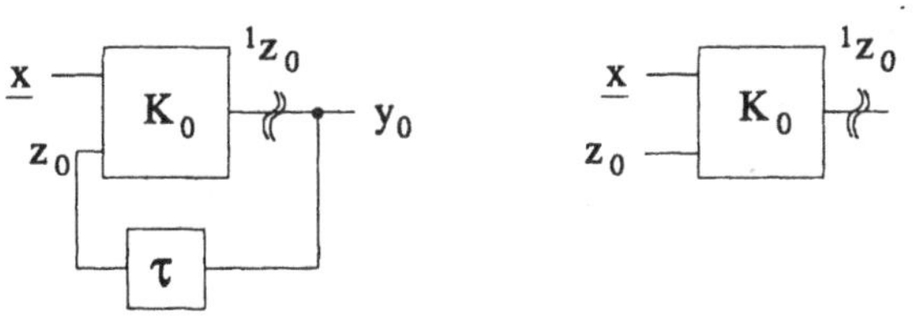

Ein innerer Zustand $\underline{z}_0$ ist durch die Zustandsvariable z_0 repräsentiert $\underline{z}_0 = (z_0)$

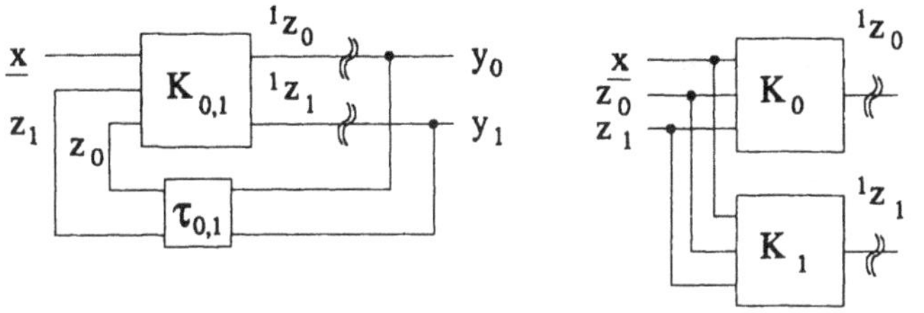

Vier innere Zustände $\underline{z}_\mu$ ($\mu = 0,...,3$) sind durch zwei Zustandsvariable $\underline{z}_\mu = (z_{\mu,1}, z_{\mu,0})$ repräsentiert

Bild 19.14.1 Schnittmethode für Schaltungen mit einem und zwei Ausgängen y_λ

Erfolgt die Kodierung der inneren Zustände $\underline{z}_\mu$ mit den Zustandsvariablen $z_{\mu,\nu}$ nach dem Binärkode, dann gilt:

$$\mu = \sum_{\nu=0}^{n-1} z_{\mu,\nu} \cdot 2^\nu, \qquad (19.14.1)$$

$m = 2^n$ max. Zahl der $\underline{z}_\mu$
$\mu = 0,...,m-1$
n - max. Zahl der $z_{\mu,\nu}$
$\nu = 0,...,n-1$.

Beispielsweise sind damit die vier inneren Zustände der unteren Schaltung im Bild 19.14.1 wie folgt kodiert.

$\underline{z}_\mu$	$z_{\mu,\nu}$: z_1	z_0
$\underline{z}_0$	0	0
$\underline{z}_1$	0	1
$\underline{z}_2$	1	0
$\underline{z}_3$	1	1

(19.14.2)

Im weiteren ist für jede Folgezustandsvariable $^1z_\nu$ aus der Schaltung die Boolesche Funktion

$$^1z_\nu = f_\nu(\underline{x}_e, \underline{z}_\mu), \qquad ^1z_\nu = f_\nu(\underline{x}_e, z_{n-1}, \ldots, z_\nu, \ldots, z_0) \qquad (19.14.3)$$

zu ermitteln. Die Booleschen Funktionen ermöglichen ihrerseits das Aufstellen der Automatentabellen, die neben den Folgezustandsvariablen $^1z_{\mu,\nu}$ alle Eingangsbelegungen

$\underline{x}_e = (x_{e,k-1},\ldots,x_{e,\kappa},\ldots,x_{e,0})$ und Momentanzustandsvariablen $z_{\mu,\nu}$ enthalten.
Für einfache Schaltungen mit z. B. nur einer Rückführung und damit einer Zustandsvariablen, kann diejenige Eingangsbelegung $\underline{x}_e$, für die am Ausgang der Schaltung ein ständiger Wechsel zwischen 0 und 1 entsteht, mühelos aus der Automatentabelle abgelesen werden. Für umfangreichere Schaltungen empfiehlt sich die zusätzliche Verwendung des Automatengraphen, der bei angenommener Widerspruchsfreiheit ohne Eigenschleifen in den Knoten dargestellt werden kann.
An einem Beispiel wird im folgenden die Stabilitätsanalyse einer Schaltung nach dieser Schnittmethode demonstriert.
Die im Bild 19.14.2 dargestellte Schaltung sei gegeben.

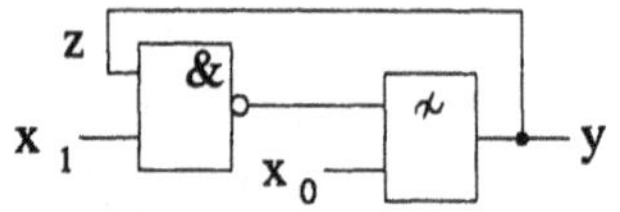

Bild 19.14.2 Schaltung mit einer Rückführung

Für den Schnitt des Rückkopplungskreises gibt es hier zwei Möglichkeiten, die zwar zu unterschiedlichen Automatengraphen, aber zum gleichen Ergebnis bezüglich der Stabilitätsaussage führen.

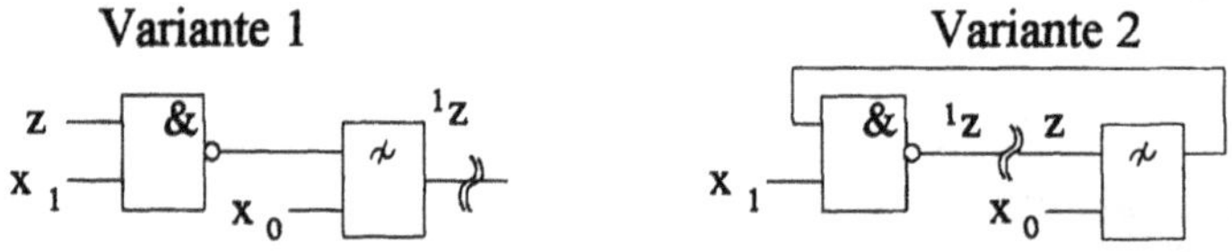

Bild 19.14.3 Resultierende kombinatorische Schaltung nach dem Schnitt im Rückkopplungszweig in zwei Varianten

Im weiteren ermittelt man die Schaltfunktion für ${}^1z = f(z,x_1,x_0)$ und stellt die Automatentabellen für beide Varianten auf.

Variante 1

$$ {}^1z = \overline{z x_1} \not+ x_0 $$
$$ = (\overline{z}+\overline{x}_1)\overline{x}_0 + z\, x_1 x_0 $$
$$ = \overline{z}\,\overline{x}_0 + \overline{x}_1\,\overline{x}_0 + z\, x_1 x_0 $$

ε	x_1	x_0	z	${}^1z$
0	0	0	0	1
1	0	0	1	1
2	0	1	0	0
3	0	1	1	0
4	1	0	0 →	1
5	1	0	1 →	0
6	1	1	0	0
7	1	1	1	1

Variante 2

$$ {}^1z = \overline{x_1 \cdot (z \not+ x_0)} $$
$$ {}^1z = \overline{x_1 \cdot (\overline{z} x_0 + z \overline{x}_0)} $$
$$ {}^1z = \overline{x}_1 + \overline{z}\,\overline{x}_0 + z\, x_0 $$

ε	x_1	x_0	z	${}^1z$
0	0	0	0	1
1	0	0	1	1
2	0	1	0	1
3	0	1	1	1
4	1	0	0 →	1
5	1	0	1 →	0
6	1	1	0	0
7	1	1	1	1

(19.14.4)

Aus den Automatentabellen ist zu erkennen, daß die Übergänge von 0 nach 1 und zurück von 1 nach 0 für den inneren Zustand z bzw. ^1z für die gleiche Eingangsbelegung $x_1 = 1$ und $x_0 = 0$ (Zeilen $\varepsilon = 4{,}5$) erfolgen.
Damit ist diejenige Eingangsbelegung $\mathbf{x}_e$ für diese Beispielschaltung selektiert, die einen ständigen Wechsel der logischen Zustände 0 und 1 am Ausgang y hervorruft. Dieses Verhalten läßt sich auch sehr anschaulich am Automatengraphen erkennen. Für kompliziertere Schaltungen ist es ohnehin empfehlenswert, nach dem Aufstellen der Automatentabellen noch den zugehörigen A-Graphen darzustellen. Mit seiner Hilfe lassen sich "schwingende Kreise" auch über mehr als zwei Knoten sofort erkennen und mit Hilfe des Eintragens aller beteiligten Kantengewichte in den Karnaugh-Plan auch die kritischen Eingangsbelegungen ermitteln, die zur Instabilität der Schaltung führen.
Zunächst erstellen wir die beiden A-Graphen für die Schaltung im Bild 19.14.2

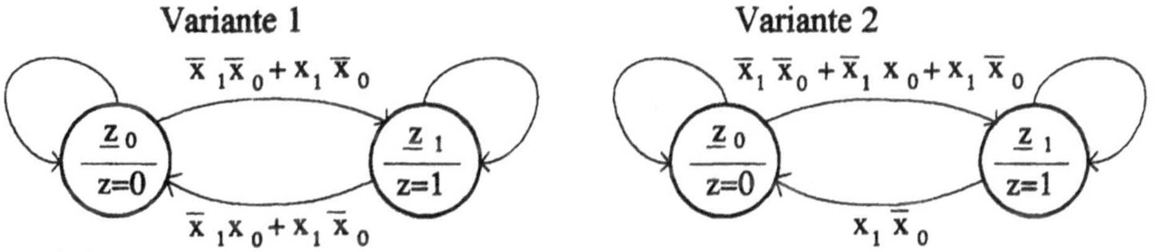

Bild 19.14.4 Automatengraphen als Ergebnis der beiden Schnittvarianten für die Beispielschaltung in Bild 19.14.2

Befindet sich die Schaltung im Zustand $\underline{z}_0$ (d.h. $z = 0$), so erfolgt ein Übergang in den Zustand $\underline{z}_1$ genau dann, wenn die Eingangsbelegung den Term $\overline{x}_1\overline{x}_0 + x_1\overline{x}_0$ zu 1 macht (siehe Bild 19.14.4). Die Rückkehr vom Zustand $\underline{z}_1$ zu $\underline{z}_0$ erfolgt genau dann, wenn auch der Term $\overline{x}_1x_0 + x_1\overline{x}_0$ den Wert 1 annimmt. Unsere Schaltung ist also genau dann instabil, wenn es eine solche Eingangsbelegung gibt, welche beide Terme zu 1 macht. Da der Minterm $x_1\overline{x}_0$ in beiden Kantengewichten auftritt, ist die Schaltung (wie bereits oben bemerkt) für die Eingangsbelegung $\mathbf{x}_2 = (1,0)$ instabil. Zur Ermittlung dieser instabilen oder, wie wir auch schreiben wollen, kritischen Eingangsbelegung können auch Karnaugh-Pläne herangezogen werden. Nichtreduzierte A-Graphen[1)] sind dabei Voraussetzung.
Wir stellen dazu die K-Pläne für die beiden beteiligten Kantengewichte ($\overline{x}_1\overline{x}_0 + x_1\overline{x}_0$, $\overline{x}_1x_0 + x_1\overline{x}_0$ bzw. $\overline{x}_1\overline{x}_0 + x_1\overline{x}_0 + \overline{x}_1x_0$, $x_1\overline{x}_0$) auf und tragen die sich ergebenden Belegungen in ein und dasselbe Schema ein (Bild 19.14.5).

1) Geht man bei der Ermittlung von "kritischen" Eingangsbelegungen mittels K-Plan von reduzierten (minimierte Kantengewichte!) Graphen aus, können Zweideutigkeiten entstehen, die auf Mehrfachverwendungen von Ausgangsbelegungen y_e bei der Blockbildung während des Minimierungsvorganges zurückzuführen sind.

z. B.

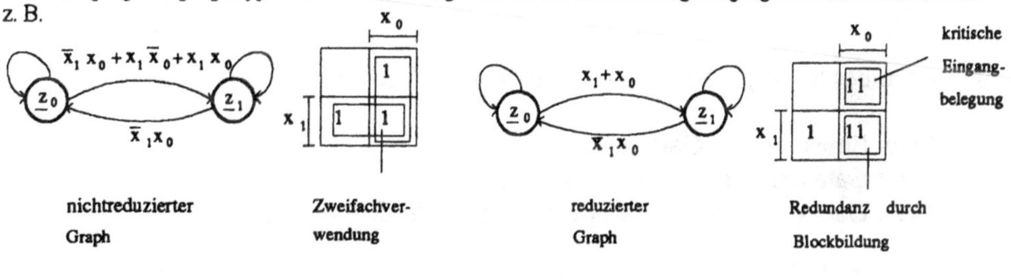

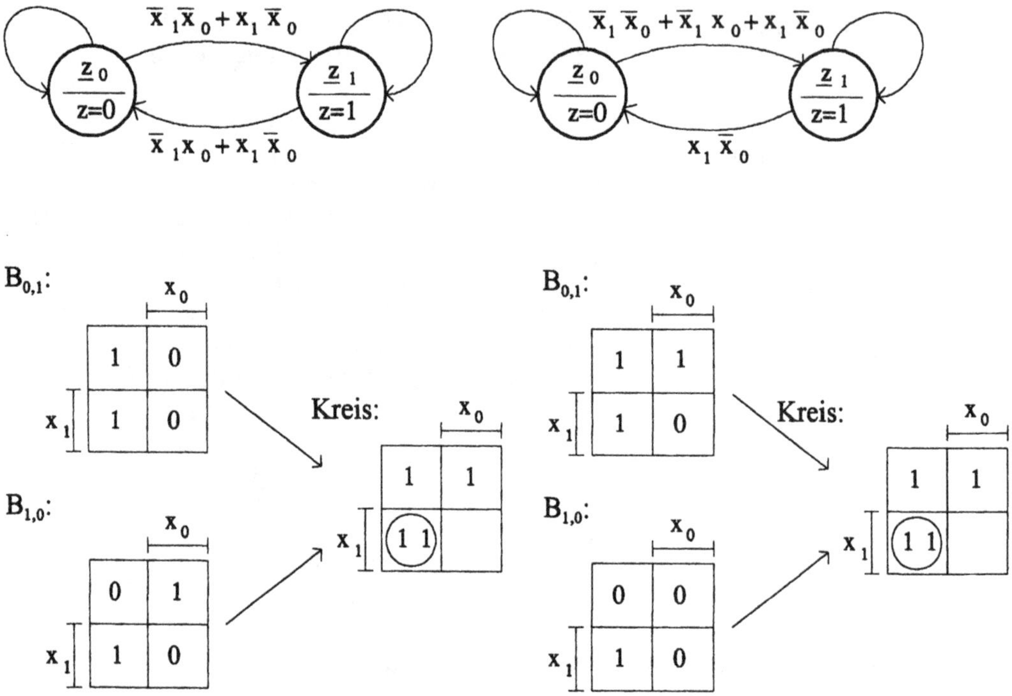

kritische Eingangsbelegung: $\underline{x}_2 = (1,0)$

Bild 19.14.5 Beispiel für die Ermittlung der kritischen Eingangsbelegung $\underline{x}_e$ mittels K-Plan aus einem A-Graphen

Für die Analyse komplexer oder auf den ersten Blick unübersichtlicher digitaler Schaltungen mit Rückführungen kann es hilfreich sein, aus der Schaltung zunächst einen Strukturgraphen zu erstellen.

Der Strukturgraph unterstützt die Selektion der Rückführungen in der Schaltung bzw. der schwingfähigen Kreise im zugeordneten Automatengraphen. Zur Erstellung eines Strukturgraphen (S-Graph) sind folgende Schritte notwendig:

1. In Knotenpunkte des S-Graphen sind umzuwandeln

   * Eingänge
   * Ausgänge
   * Gatter und
   * galvanische Verzweigungen der Schaltung.

2. In Kanten des S-Graphen sind umzuwandeln die Verbindungen

   * von Eingängen zu Gattereingängen
   * von Gatterausgängen zu Ausgängen und
   * von Gatterausgängen zu Gattereingängen der Schaltung.

Die Schaltung eines asynchronen R-S-Flip-Flops auf NAND-Gatter-Basis soll als Beispiel in einen Strukturgraphen umgewandelt und ihre Stabilität für die zulässigen Eingangsbelegungen untersucht werden.

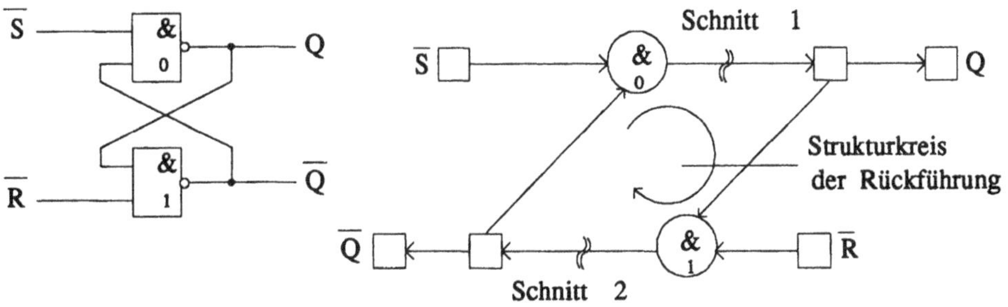

Bild 19.14.6 Schaltung und Strukturgraph eines RS-Flip-Flops

Aus dem Strukturgraphen im Bild 19.14.6 ist zu erkennen, daß ein Schnitt für die Stabilitätsanalyse der Schaltung hinreichend ist. Dafür gibt es zwei Möglichkeiten:

Variante 1: Schnitt am Ausgang des NAND-Gatters 0
Variante 2: Schnitt am Ausgang des NAND-Gatters 1

Führen wir die Stabilitätsanalyse wie im ersten Beispiel beschrieben durch:

Variante 1

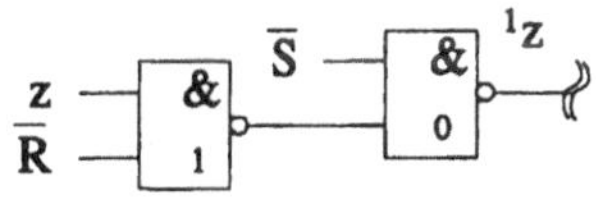

$$^1z = \overline{\overline{S}\cdot\overline{z\overline{R}}}$$

$$^1z = S + z\overline{R}$$

S	R	z	^1z
0	0	0	0
0	0	1	1
0	1	0	0
0	1	1	0
1	0	0	1
1	0	1	1
1	1	0	1
1	1	1	1

Variante 2

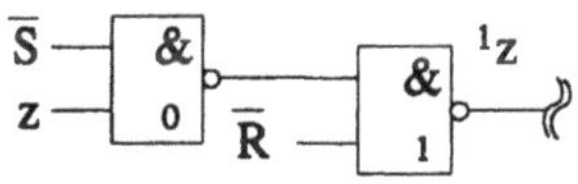

$$^1z = \overline{\overline{R}\cdot\overline{z\overline{S}}}$$

$$^1z = R + z\overline{S}$$

S	R	z	^1z
0	0	0	0
0	0	1	1
0	1	0	1
0	1	1	1
1	0	0	0
1	0	1	0
1	1	0	1
1	1	1	1

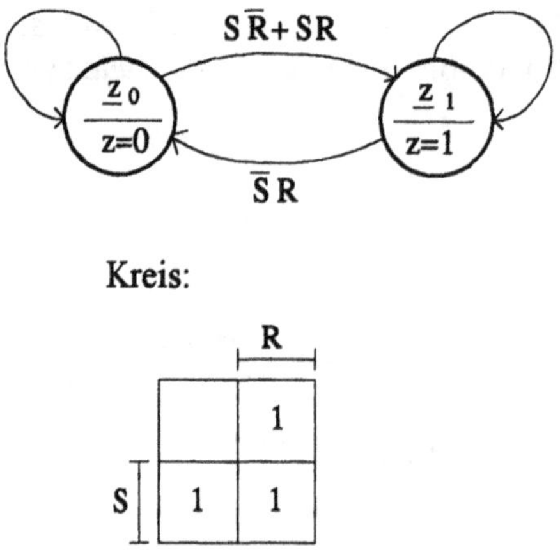

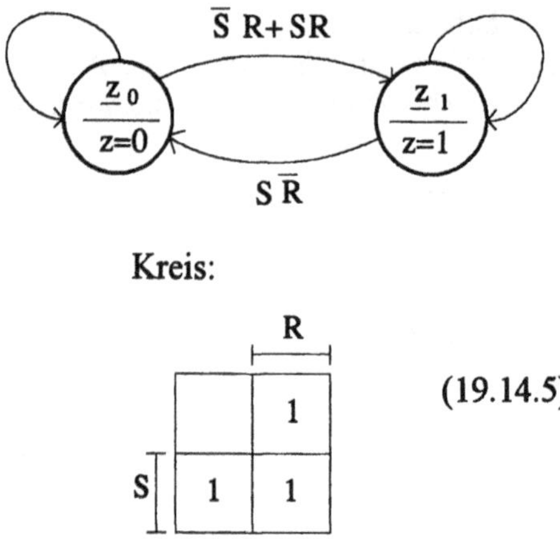

(19.14.5)

Es zeigt sich, daß die Schaltung stabil ist, d. h. keine Eingangsbelegung von S und R führt zum Schwingen des untersuchten Flip-Flops. Die erforderliche Vermeidung der Belegung R = 1 und S = 1 sowie die exakte Darstellung der Arbeitsweise dieses RS-Flip-Flops mit dem momentanen Auftreten der Zustände Q = 1, $\overline{Q}$ = 1 beim Umschalten von einem Zustand in den anderen wurde bereits im Abschnitt 19.9.2 behandelt. Jeder der im Bild 19.14.4 dargestellten Graphen mit m = 2 inneren Zuständen $\underline{z}_\mu$ enthält einen Kreis, der sich aus der Folge des Knotens $\underline{z}_0$, der Kante $B_{0,1}$, des Knotens $\underline{z}_1$ und der Kante $B_{1,0}$ zusammensetzt und damit in sich geschlossen ist (Bild 19.14.7).

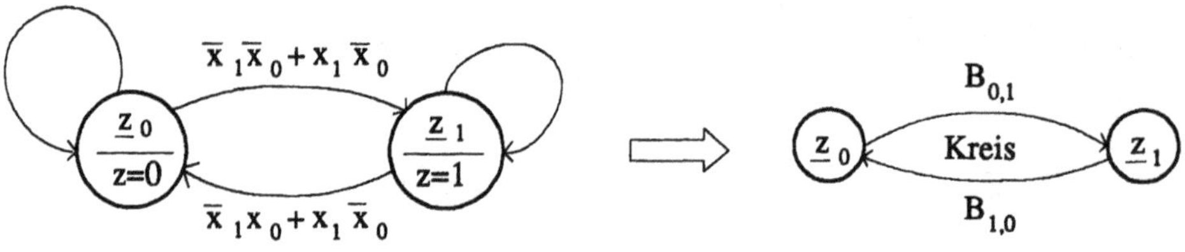

Bild 19.14.7 Gerichteter Kreis eines A-Graphen

Für A-Graphen ist ein gerichteter Kreis der Länge j (j ≥ 2) als eine alternierende Folge $(\underline{z}_0,B_{0,1},\underline{z}_1,B_{1,2},\ldots,\underline{z}_i,B_{i,i+1},\ldots,\underline{z}_{j-1},B_{j-1,0},\underline{z}_0)$ definiert, wobei $\underline{z}_i$ Ausgangspunkt und $\underline{z}_{i+1}$ Endpunkt der Kante $B_{i,i+1}$ (i=0,...,j-1) ist.

Solch gerichtete Kreise sind in den A-Graphen der auf Stabilität zu analysierenden Schaltungen mit m inneren Zuständen $\underline{z}_\mu$ aufzufinden und auf ihre Schwingfähigkeit zu untersuchen.

Ein gerichteter Kreis der Länge j ist schwingfähig, wenn j Einsen in mindestens einem der Felder des gemeinsamen Schemas der K-Pläne für die Gewichte der Kanten des Kreises auftreten.

An dem folgenden Beispiel wird die Analyse einer Schaltung (Bild 19.14.8) mit m = 4 inneren Zuständen $\underline{z}_\mu$ demonstriert.

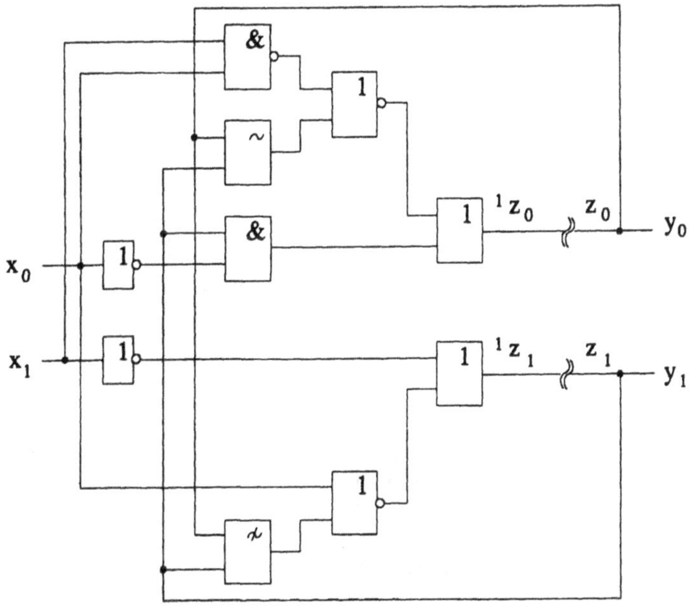

Bild 19.14.8 Beispielschaltung mit m = 4 inneren Zuständen z_μ

1. Die Schnitte sind in der Beispielschaltung bereits angebracht.

2. Bestimmung der Booleschen Funktion für $^1z_0$ und $^1z_1$

$$^1z_0 = \bar{x}_0 z_1 + \overline{(z_1 \sim z_0) + \overline{x_1 x_0}}$$

$$= \bar{x}_0 z_1 + (z_1 \bar{z}_0 + \bar{z}_1 z_0) \cdot x_1 x_0, \qquad \overline{z_1 \sim z_0} = z_1 \nsim z_0$$

$$= \bar{x}_0 z_1 + x_1 x_0 z_1 \bar{z}_0 + x_1 x_0 \bar{z}_1 z_0 \tag{19.14.6}$$

$$^1z_1 = \bar{x}_1 + \overline{(z_1 \nsim z_0) + x_0}$$

$$= \bar{x}_1 + (z_1 \sim z_0) \cdot \bar{x}_0 \qquad \overline{z_1 \nsim z_0} = z_1 \sim z_0$$

$$= \bar{x}_1 + \bar{x}_0 z_1 z_0 + \bar{x}_0 \bar{z}_1 \bar{z}_0 \tag{19.14.7}$$

3. Aufstellen der Automatentabellen und der Automatengraphen

x_1	x_0	z_1	z_0	$'z_1$	$'z_0$
0	0	0	0	1	0
		0	1	1	0
		1	0	1	1
		1	1	1	1
0	1	0	0	1	0
		0	1	1	0
		1	0	1	0
		1	1	1	0
1	0	0	0	1	0
		0	1	0	0
		1	0	0	1
		1	1	1	1
1	1	0	0	0	0
		0	1	0	1
		1	0	0	1
		1	1	0	0

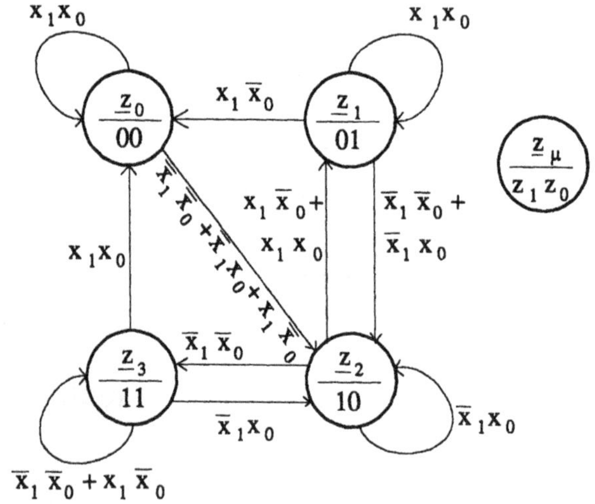

4. Ermittlung der Kreise

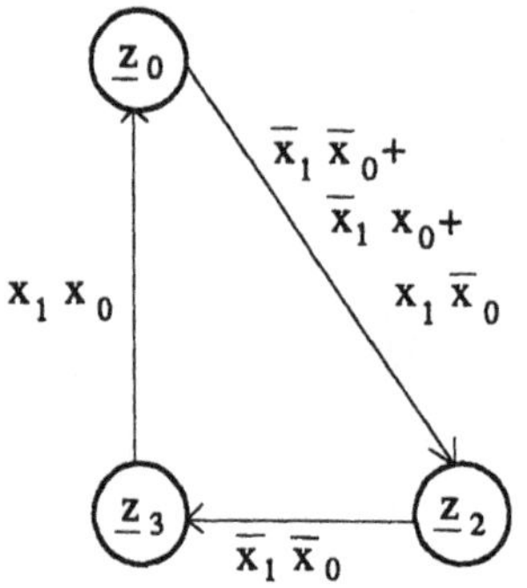

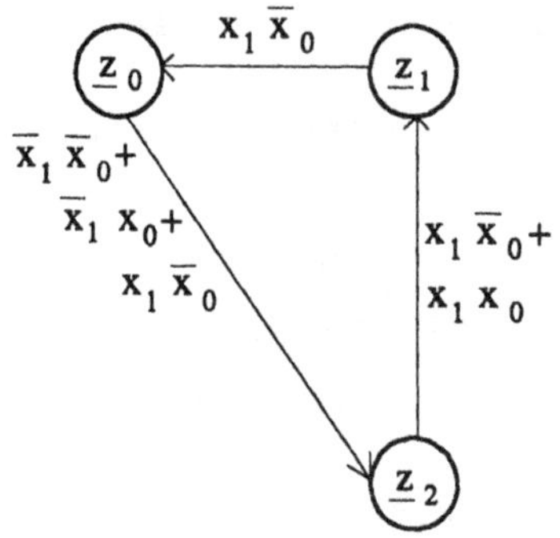

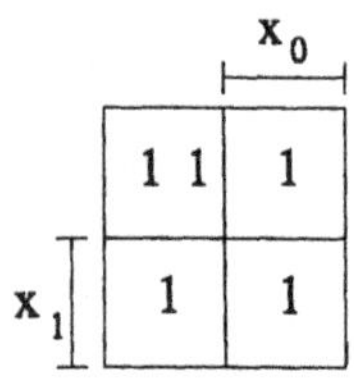

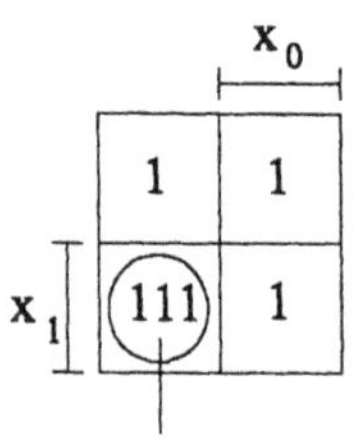

kritische Eingangsbelegung

$x_1 = 1$

$x_0 = 0$

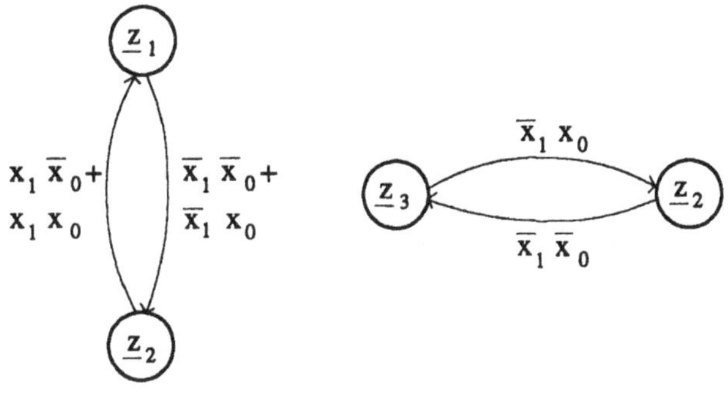

Bei der Eingangsbelegung $x_1=1$, $x_0=0$ schwingt die Schaltung zwischen den Zuständen $\underline{z}_0(z_1=0,\ z_0=0)$, $\underline{z}_2(z_1=1,\ z_0=0)$ und $\underline{z}_1(z_1=0,\ z_0=1)$, d. h. die Ausgänge y_0 und y_1 wechseln mit der maximalen Schwingfrequenz der Schaltung zwischen den Belegungen

$y_0 = z_0$: 0 0 1 0 0 1 ...
$y_1 = z_1$: 0 1 0 0 1 0 ...

20 Literaturverzeichnis

[1.1] H. Dallmann, K.-H. Elster
Einführung in die höhere Mathematik für Naturwissenschaftler und Ingenieure
Fischer Verlag Jena, 1987, 2. Auflage

[15.1] A. Auer
Programmierbare Logik-IC
Hüthig Buch Verlag Heidelberg, 1994

[15.2] Firmenschriften "International Circuit Technology Corp.", USA, Data Sheet "PEEL"

[15.3] Firmenschriften "Actel", USA,
ACT™1-Series FPGAs, Data Sheets, 1996

[15.4] Firmenschriften "LATTICE Semiconductor Corporation", USA, Data Sheets: PAL and GAL Products, 1997-2000

[15.5] U. Tietze, Ch. Schenk
Halbleiterschaltungstechnik
Springer-Verlag, Berlin Heidelberg New York, 2000, 11. Auflage

[19.1] A. Hertwig, R. Brück
Entwurf digitaler Systeme
Carl Hanser Verlag, München Wien, 2000

[19.2] J. E. Hopcraft, J.D. Ullman
Einführung in die Automatentheorie, Formale Sprachen und Komplexitätstheorie
Oldenbourg Verlag GmbH, München, 2000

[19.3] T. Villa
Synthesis of finite state machines: logic optimization
Kluwer Acad. Publ., 1997

[19.4] K.-H. Kaiser
Algorithmen zur Zustandskodierung synchroner Steuerwerke
VDI Verlag, Düsseldorf, Fortschritt-Berichte VDI,
Reihe 9: Elektronik, Nr. 90, 1989

[19.5] R. Amann, U.G. Baitinger
Optimal State Chaines and State Codes in Finite State Machines
IEEE Trans. on Computer Aided Design, 1989,
No. 2, Vol. 8, p. 153 - 170

[19.6] S. Devadas, H.-K. T. Ma, R. A. Newton
A. Sangiovanni-Vincentelli
Mustang: State Assigment of Finite State Machines Targeting
Multi-Level Logic Implementation
IEEE Trans. on Computer Aided Design, 1988
No. 12, Vol. 7, p. 1290 - 1299

[19.7] G. De Micheli, R. K. Brayton
A. Sangiovanni-Vincentelli
Optimal State Assigment for Finite State Machines
IEEE Trans. on Computer Aided Design, 1985
No. 7, Vol. 4, p. 269 - 285

[19.8] M. Koegst , G. Franke, K. Feske
State Assignment for FSM Low Power Design
EURO-DAC'96, Sept. 1996, Geneva, Switzerland, pp. 28-33

[19.9] E.I. Goldberg, T. Villa, R.K. Brayton, A.L. Sangiovanni-Vicentelli
Theory and Algorithms for facet Hypercube Embedding
IEEE Transactions on Computer-Aided Design of Integrated Circuits
and Systems, Vol. 17, No. 6, June 1998

[19.10] M. Koegst, O. Coudert, St. Rülke
A Generalized Constraint-Driven State Encoding Strategy
EUROMICRO'99, September 8-10, Milano, Italy

[19.11] M. Martinez, M.J. Avedillo, J.M. Quintana, J.L. Huertas
An Algorithm for Facet-Constrained Encoding of Symbols Using
Minimum Code Length
DATE'99, March 9-12, 1999, Munich, Germany, pp. 521-525

21. Sachregister

www.ingramcontent.com/pod-product-compliance
Lightning Source LLC
Chambersburg PA
CBHW081528190326
41458CB00015B/5489